Fahrer- und Werkstatt-Handbuch

BMW | R 1250 GS |

& Adventure

Thomas Jung & Uwe Altmann

moto pool

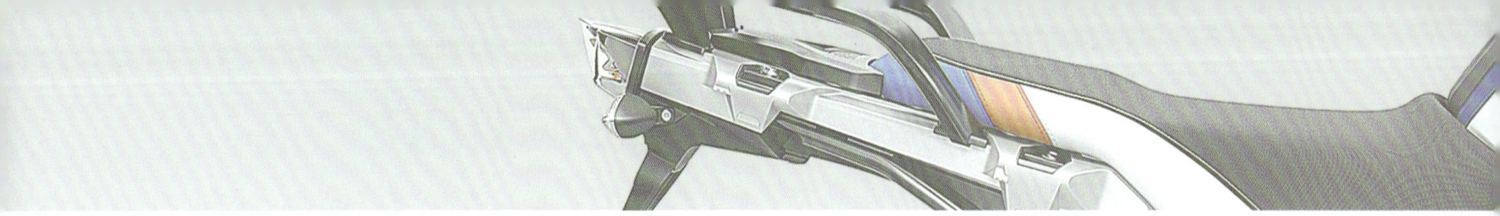

Impressum

Redaktion:
Uwe Altmann
Th. Jung (Text)

Fotos:
Uwe Altmann,
BMW AG, München

3. Auflage August 2025

motopool
Bahnhofstraße 41
71691 Freiberg am Neckar

www.moto-pool.de

ISBN: 978-3-948697-27-3

Zündkerzengesichter und Bildtexte mit freundlicher Genehmigung der Robert Bosch GmbH, Stuttgart.

Vorwort

Lieber Leser,

angesichts der komplexen Steuerung von Motor und Bremssystem an aktuellen Motorrädern kommt oftmals die Frage auf, ob an einem modernen Motorrad überhaupt noch etwas in Eigenregie zu reparieren ist.
Das vorliegende Buch ist wohl die beste Antwort darauf. Hier wird Schritt für Schritt erklärt, wie der technisch interessierte Fahrer seinen Untersatz selbst in Schuss hält. Und es wird dankbar zur Kenntnis genommen, dass auf Grund der erwähnten komplexen Steuerung des Motors manche Arbeitsgänge, die noch vor Jahren ein fester Bestandteil des Standard-Repertoires des engagierten Hobby-Schraubers waren, heute unter den Tisch fallen. Als Beispiel seien hier die Einstellung des Zündzeitpunkts (womöglich noch mit Einstellung des Unterbrecher-Abstands) oder die Justierung der Leerlaufdrehzahl genannt. Eine weitere Segnung moderner Zeiten sind Wartungsintervalle, von denen die Altvorderen nur träumen konnten. Immerhin sind die ach so romantischen Schraubereien am Straßenrand von anno dunnemals (z. B. eben mal nach dem Elektroden-Abstand der Zündkerze schauen) die absolute Ausnahme. Voraussetzung ist natürlich die Einhaltung der Wartungsintervalle und deren korrekte Ausführung.

Diese Anleitung kann keine Motorradmechaniker-Ausbildung ersetzen, aber dem ambitionierten Fahrer und Hobbyschrauber Zusammenhänge vermitteln. Und bietet so eine Entscheidungshilfe bei der Frage: Was kann in Eigenregie durchgeführt werden, was muss in der BMW-Werkstatt durchgeführt werden?
Bestimmte Arbeitsgänge, zu deren Durchführung Sonderwerkzeuge und ein umfangreicher Maschinenpark benötigt werden, die unsere Hobbymechaniker-Verhältnisse übersteigen, scheiden da von vornherein natürlich aus und werden zur Durchführung in der BMW-Werkstatt empfohlen.
Arbeiten an der Bremsanlage – insbesondere Bremssysteme mit ABS-Unterstützung – sind den versierten Fachkräften der BMW-Werkstatt vorbehalten!

Die Arbeitsschritte sind wie folgt gekennzeichnet:

- • Arbeitsschritt
- ! Hinweis oder Warnhinweis
- 👁 Sichtkontrolle
- → Folgerung

Inhalt

K50
werksinterne Typbezeichnung ab Modelljahr 2013 GS (1200er-und 1250er)

K51
werksinterne Typbezeichnung ab Modelljahr 2013 GS der Adventure (1200er-und 1250er)

Oft gesucht – schnell gefunden

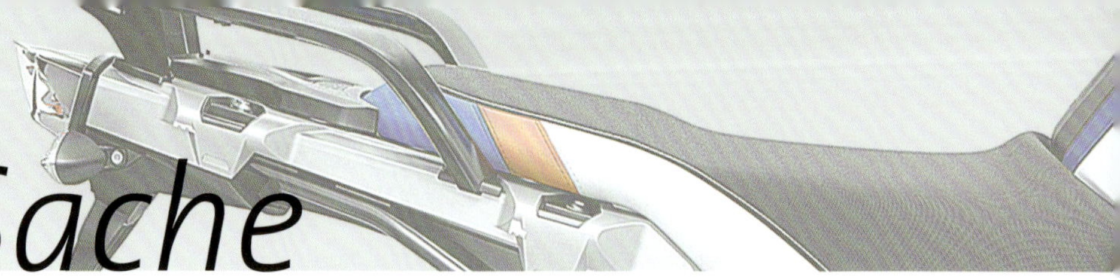

Zur Sache

Das Herz der BMW-Motorradphilosophie ist der Boxermotor. Der Grundstein dafür wurde vor über 100 Jahren gelegt.

SHIFT CAM
Die Drehzahl- und Last-abhängige variable Steuerung der Nockenwellen-Profile ermöglicht in jedem Drehzahlbereich bedarfsgerechte Füllung der Zylinder und üppige Leistungsabgabe bei .

Seit dem Jahr 1923 ist BMW untrennbar mit dem Boxermotor verbunden. Die damals präsentierte BMW vom Typ R 32 des bayerischen Flugmotoren-Herstellers mit dem blau-weißen stilisierten Propeller als Emblem hat als Grundaufbau einen Boxermotor mit angeflanschter Kupplung, Getriebe und Wellenantrieb zum Hinterrad. Alles schön logisch in dieser Reihenfolge hintereinander. Und an diesem Grundlayout wird fast genau 90 Jahre lang festgehalten. Auch wenn die technischen Details natürlich immer dem Stand der Technik angepasst werden. Über die Jahre hat die Weiterentwicklung nie aufgehört, vom seinerzeit üblichen Seitenventiler aus den Anfängen bis hin zur echten DOHC-Steuerung der Ventile.
So nebenbei eröffnen sich die BMW-Menschen auch anderen Motorkonzepten. Anfangs der 1990er Jahre etwa wird wieder ein Einzylinder-Motorrad präsentiert, rund dreißig Jahre nach der R 27, dem letzten Einzylinder, der noch der linearen Kraftübertragung huldigt. Die damals präsentierte F 650 hatte damit nichts mehr am Hut. Nach BMW-Vorgaben bei ROTAX entwickelt und hergestellt, entsprach der Motor den üblichen Spezifikationen eines modernen Antriebs eines agilen Spaßmotorrads. Dem zu Folge präsentierten die Müchner die Gemeinschaftsproduktion als "Funduro". Und diese Gemeinschaftsproduktion ging sogar soweit, dass die Softenduro bei APRILIA in Italien gefertigt wurde. War für ganz eingefleischte BMW-Fans nicht leicht zu verkraften...
Aber das war nur die Ouverture für ganz andere Kaliber. Etwa die K-Modellreihe mit ihren flach liegenden Vierzlinder-Aggregaten als technologische Flaggschiffe. Immerhin gelang BMW im Lauf der Jahre damit der Schritt vom Hersteller spezieller Liebhaber-Motorräder für ein eingefleischtes Klientel fast zum Vollsortimenter. Heute umfasst diese Angebotspalette nicht nur

Das Kernstück der Glückseligkeit: Zwei gegeneinander laufende Kastenkolben, auf das Nötigste reduziert.

die Boxermodelle, sondern reicht vom Elektroroller über die Sechszylinder-Supertourer bis zum Reihenvierer-Superbike, welches anno 2024 den Bajuwaren den ersten Weltmeistertitel in einer Soloklasse beschert.
Der Motorikone Boxermotor, dem Firmen-Vermächtnis, ist man stets treu geblieben und hat die Auslegung ständig angepasst und verbessert.
Aber mit der 2013 präsentierten R 1200 GS setzt es einen Paukenschlag, der sich gewaschen hat.
Bei der neuen Grundkonstruktion des Motors bleibt kein Stein auf dem anderen, alles dreht sich um Effizienz, Leichtigkeit und kompakte Maße.
Und natürlich Leistungsfähigkeit. Und zwar mit **Wasserkühlung**. Es scheint, als sei zuerst einmal ein idealer Brennraum geschaffen worden und alles andere muss sich dem unterordnen – und das ist keine leichte Aufgabe angesichts des Boxerprinzips, das der Verwendung in einem Einspurfahrzeug eigentlich nicht so recht zu Pass kommt. Trotzdem ist es den Frauen und Mannen in München gelungen, die Vorzüge der gegenläufigen Kolben auf einem neuen, bis dato unbekannten Niveau auf die Straße zu bringen. Mit einer neuen Entwicklungsstufe wird die Kraft der beiden gegeneinander pumpenden Kolben neu kultiviert.
Und mit der 1250er-Shift Cam bleibt den Münchnern der Zuspruch des Publikums erhalten: Eingebettet in unterschiedlichste Motorrad-Konzepte mit universellen Einsatzmöglichkeiten erfüllen sie die Anforderungen anspruchsvoller Kradler rund um den Globus.

Adressen

Hier eine Zusammenstellung interessanter Kontakte, die das Leben mit dem Boxer angenehmer machen können. Wer sucht, findet hier:

www.bmw-motorrad.de, —.at oder —.ch
- Hier kann leicht der nächstgelegene BMW Motorrad Partner gefunden und es können Reifenfreigaben heruntergeladen werden.

Gepäck
- Hepco & Becker
  www.hepco-becker.de
- Krauser
  www.krauser.de
- SW MOTECH
  www.sw-motech.com

Verschleißteile/Zubehör/Ergonomie/Kommunikation
- Lucas (TRW)
  www.lucas-bikersworld.com
- Touratech
  www.touratech.de
- Wüdo
  www.wuedo.de
- Wunderlich
  www.wunderlich.de
- Hornig
  www.motorradzubehoer-hornig.de

Internetforen (unvollständig)
- www.gs-forum.eu
- www.gs-world.eu
- www.r1200gs.info

Technik

Nach 90 Jahren Motorradbau mit Boxermotoren erhält BMWs Motorikone eine komplett neue Architektur.

Motorschnitt des 1250er Shift-Cam-Motors

Motortyp: A74B12M

Drei Millimeter mehr Hub und 1,5 Millimeter größere Kolben gegenüber der 1200er-Variante bescheren das Mehr an Hubraum. Von den Innereien her sind beide Ausgaben grundsätzlich identisch. Neben dem Shift-Cam-Programm kann die 1250er auch mit einer Zahnkette (statt Rollenkette) zum Antrieb der Nockenwellen aufwarten.

2013 präsentiert BMW eine neue 1200er GS mit dem komplett umgekrempelten neuen Boxermotor. Fortan wird von der LC-GS gesprochen, LC für liquid cooled – wassergekühlt!

Dass es sich hierbei um eine Flüssigkeitskühlung, die konzentriert die höchst belastete Region kühlt, und nicht die komplette Zylinder-/Zylinderkopf-Garnitur, spielt keine Rolle. Die obere Region des Zylinders, der obere Umkehrpunkt des Kolbens, hier greift die Flüssigkeitskühlung ein, am heißesten Bereich des Motors. Die Kühlrippen dienen also auch weiterhin auch der Sicherung des Wärmehaushalts und sind nicht nur gestalterisches Stilmittel.

Der LC-Boxer hat mit dem Grundaufbau der Antriebseinheit der Boxermotorräder gründlich aufgeräumt. Ziel ist ein kompakterer und vor allem ein kürzerer Motor. Neben dem Kampf gegen das Gewicht trägt diese Komprimierung zu mehr Freiraum bei der Auslegung der Fahrwerksmaße bei. So wird z. B. der Einbau einer langen Schwinge unterstützt. Was sich wiederum auf das Ansprechverhalten derselben positiv auswirkt. Stichwort Fahrstuhl-Effekt beim Beschleunigen. Wobei diesem Effekt auch schon das Paralever-System entgegen wirkt, fördert diese Maßnahme insgesamt zu besserer Übertragung der Drehkraft auf die Straße. Nebenbei wandert die Endantriebswelle von der rechten auf die linke Maschinenseite.

Die Liste der Konstruktionsmerkmale, die der rigorosen Einsparung an Massse und Raum unterliegen, wird mit den Zylindern fortgesetzt werden. Diese werden nicht einzeln dem Motorgehäuse aufgeflanscht, sondern sind Teil des Motorgehäuses. Seit langem geübte Praxis auch im Hause BMW, aber jetzt ist auch der Boxer dran. Die Laufflächen der Zylinder aus Spezialstahl werden im Lichtbogen-Draht-Spritzverfahren aufgetragen. Die Vorteile liegen in der hohen Verschleißfestigheit, sehr guter Wärmeableitung mit homogener Materialbeschaffenheit. Vorraussetzung für maßtreue Rundheit der Zylinder unter allen Betriebsbedingungen für geringen Ölverbrauch und Minimierung von Blow-by-Gasen. Der Nachteil besteht im Reparaturfall: das Motorgehäuse muss dann komplett gewechselt werden. Die leichten Kolben (485 Gramm für einen 600-Kubikkolben sind ein Wort) sind hochwertige Schmiede-Ausführungen mit besonders dünnen Kolbenringen, die besonders flexibel an der Zylinderwand anliegen und dadurch, dass sie so dünn sind, entsprechend wenig Reibung/Wärme verursachen.

Einlauflack mit Graphit-Einlagerungen am Kolbenhemd verhindert Laufflächen-Beschädigung durch Vollbelastung bei ungenügender Betriebstemperatur. (Was nicht heisen soll, dass jetzt im kalten Zustand gleich am Drehgriff gekurbelt werden soll!) →

Der neue Kolbenmechanismus in der Ölwanne hält den Öldruck im Antrieb konstant hoch. Er wirkt vor allem den Bremseffekten entgegen, der Kolben besorgt dann die Ölansaugung von vorn, beim Beschleunigen von hinten.

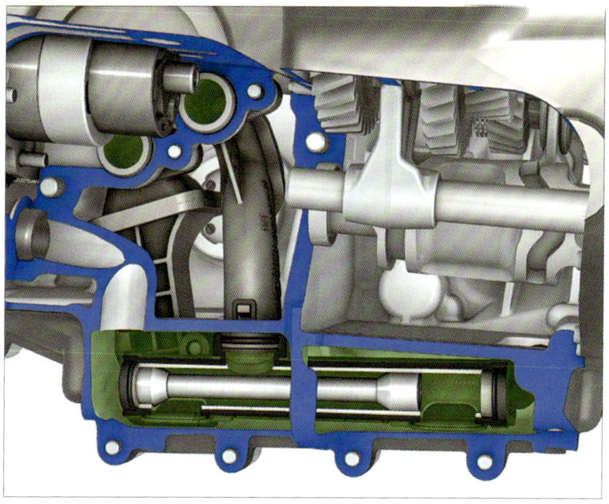

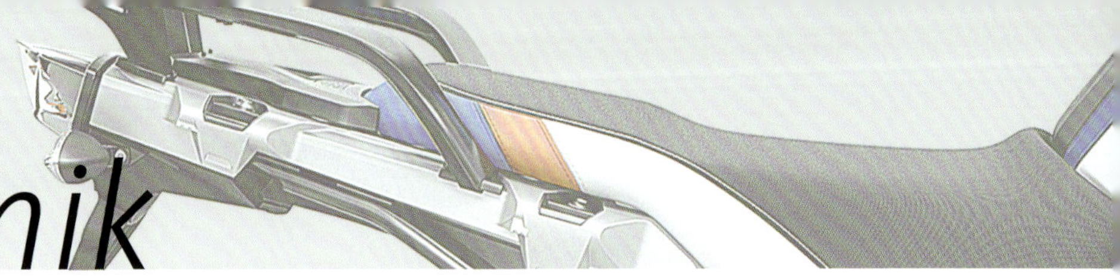

Technik

Mit der Shift-Cam-Ventilsteuerung wird ein neues Kapitel in der Entwicklung des Boxermotors geschrieben.

Die Kolben leiten den Druck über Pleuel mit "gebrochenen" Pleuelfüßen an die Kurbelwelle weiter (Crackpleuel). Diese passen nur in einer Stellung in ursprünglicher Zuammensetzung.
Von der Kurbelwelle gehts naturgemäß weiter an die Kupplung. Und die sitzt nun vor der Kurbelwelle im Motor-Brustschild, wird per Zahnrad angetrieben und läuft im Ölbad. Mehr "anders als vorher" geht eigentlich nicht. Älteren Semestern wird jetzt Hondas CX 500-Baureihe oder der ST 1100, einem längs eingebautem V4-Motor aus gleichem Hause, in den Sinn kommen. Diese sind im Prinzip ebenso aufgebaut, aber ob dies tatsächlch die Inspiration war, wäre interessant zu wissen. Durch den Zahnradantrieb dreht die Kupplung entgegen der Drehrichtung der Kurbelwelle. Feinfühlige bemerken das dadurch gemilderte Rückdrehmoment des Motors im Rahmen.
Von der Kupplung gehts via langer Welle in ein japanisches Sechsganggetriebe. BMW betont allerdings die Entwicklungsarbeit im eigenen Hause und verweist auf die geänderten Geschäftsinteressen des Getriebespezialisten GETRAG, dem langjährigen Zulieferer. Mittels besagter langen Welle wird übrigens auch die Ventilsteuerung des rechten Zylinders bewerkstelligt. Außerdem wird noch ein Ausgleichsgewicht zur Dämmung der Motorvibrationen angetrieben.
Die Nockenwellen des linken Zylinders werden von der Kurbelwelle angetrieben.
Bei der 1200er kommen Rollenketten zum Antrieb der Nockenwellen zum Einsatz, beim 1250er Block Zahnketten. Vorteil Zahnkette: ruhigerer Lauf und verschleißfester. Das Getriebe ist in Kassetten-Bauweise ausgeführt. D.h. es wird komplett samt Deckel vom Motorgehäuse abgenommen, und im Reparaturfall komplett gewechselt. Die Zahnräder sind schrägverzahnt, was einen leisen Lauf begünstigt und eine bessere Flächenausnutzung der Zahnflanken ermöglicht, die Bauteile können leichter ausgeführt werden. Allerdings erhöht sich durch Schrägverzahnung die Axialbelastung der Getriebelager. Es ist davon auszugehen, dass BMW die Lager deswegen entsprechend dimensioniert hat.
Das ausgebaute Getriebe gibt dann den Blick und Zugriff auf den Generator frei. Im Reparaturfall natürlich eine harte Nummer. Aber eben platzsparender als ein seperat verbauter Generator.

Der 1200er-Boxer ab 2013: Die Zylinder sind Teil des Kurbelgehäuses. Der Motor baut extrem kurz und schafft so technische und gestalterische Freiräume für unterschiedliche Fahrzeugkonzepte. Die 1250er mit anderer Zylinderkopf-Gestaltung...

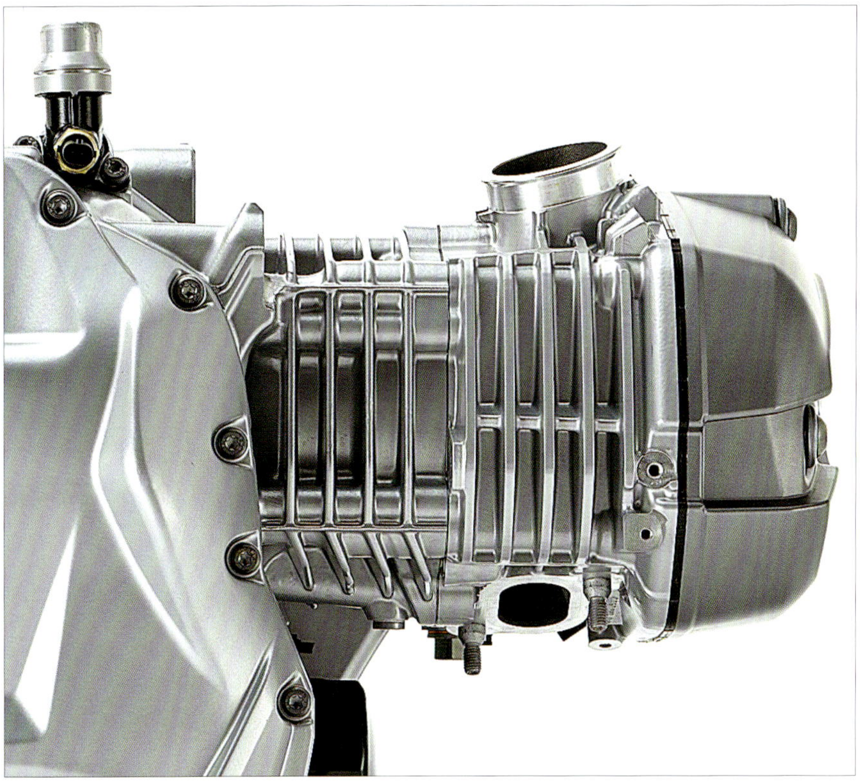

Der Zylinderkopf wird nicht mehr von hinten nach vorn "durchspült", sondern von oben nach unten. Somit baut der Motor kompakter mit günstigeren Ansaugwegen.
Die Kühlrippen sind keine Deko, sondern tragen tatsächlich zur Beherrschung der Wärmeabfuhr bei.

Der 1250er-Boxer ab Jahrgang 2018 arbeitet mit Shift-Cam, der variablen Ventilsteuerung. Für Bruchteile einer Sekunde fahren die Stifte aus der Verstelleinheit heraus und greifen in die Nockenwellen-Kulisse ein, um die Einlasswelle zu verschieben. Der kleine Nocken (kleiner Ventilhub) ist zuständig für genügsames Motorradwandern, und je nach Last (Gasgriffstellung) und Drehzahl übernimmt der große Nocken (großer Ventilhub) wenn's flott wird. 100 000 Kilometer soll dieses Ensemble durchhalten, mindestens.

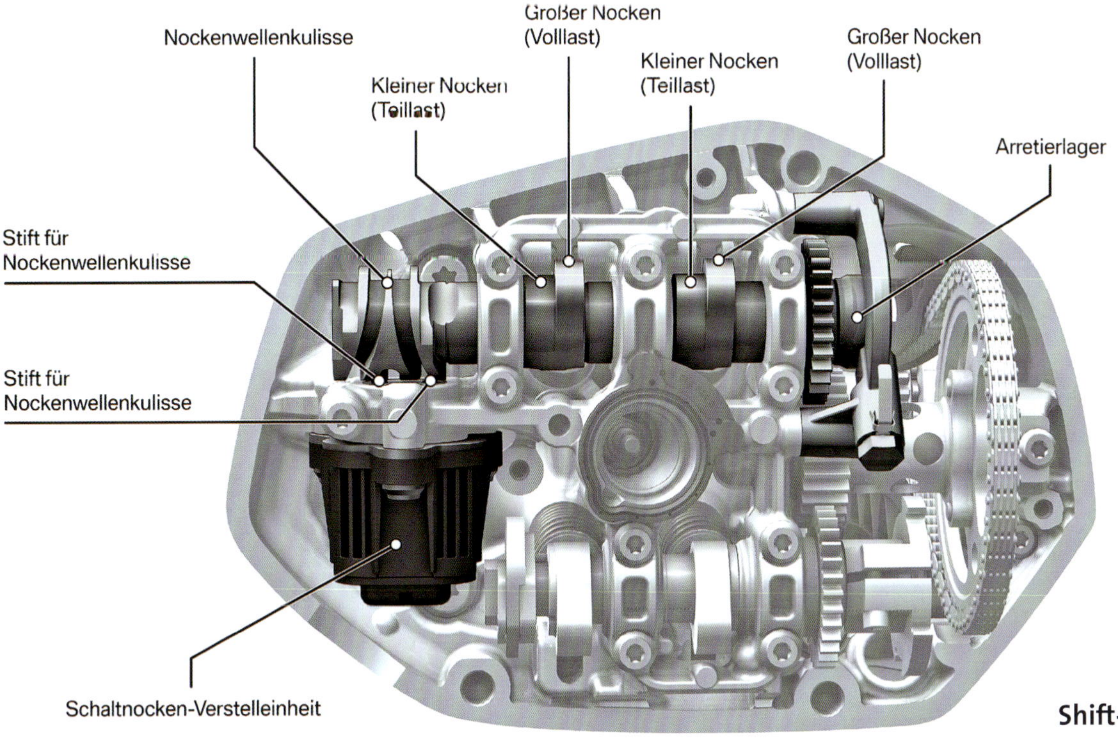

Shift-Cam-Ventilsteuerung

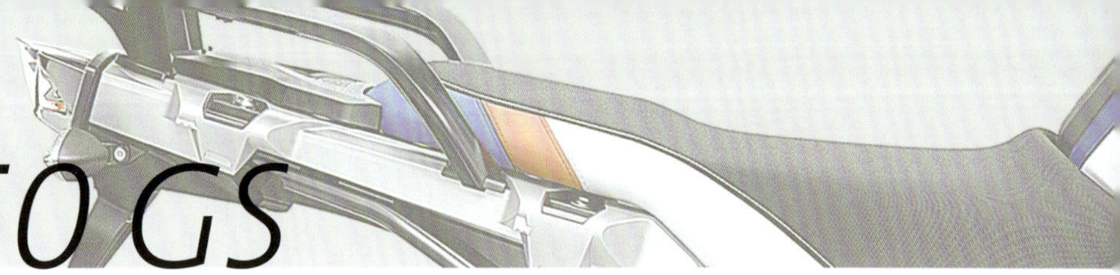

R 1250 GS

Nicht nur der Antrieb unterliegt ständiger Weiterentwicklung, sondern auch Ausstattung und Formgebung.

Die 1250er GS im HP-Stil in ihrem typischen Einsatzfeld. HP steht für High Performence. Allerdings wird eine "echte" HP-Version seitens BMW nicht mehr angeboten. Lediglich der HP-Stil. Da braucht's keine Gepäckbrücke.

Mit der Vorstellung der R 1250 GS im Spätherbst 2018 haben die Münchner und Berliner organisatorisch eine Punktlandung hingelegt: zeitgleich mit der Präsentation auf der Zweiradmesse INTERMOT vor Publikum begann die Auslieferung an die Händler. Erst auf den zweiten Blick fallen dem Publikum die Unterschiede zur 1200er-Ausgabe auf. So fallen die Krümmerrohre nicht mehr so weitschweifig nach vorn aus. Der Bremsen-Zulieferer heist jetzt Hayes und am Zylinderkopf-Deckel ist Hand angelegt worden. Und zwar arbeitet da drunter jetzt eine variable Einlass-Nockenwelle. Zum ersten Mal von BMW in einem Serien-Motorrad verbaut. Je nach Last und Drehzahl wird im Drehzahlbereich von 1000 bis 5000 Umdrehungen/Minute zwischen zwei Nockenprofilen hin- und hergeschaltet. (Siehe Seite 11 unten.) Und das SHIFT CAM genannte System liefert. Satter Durchzug aus allen Drehlzahlbreichen steht jederzeit zur Verfügung. Obendrein verbessert dieses Arrangement die Verbrennung. Daran haben auch neue zweistrahlige Einspritzdüsen ihren Anteil. Die Abgase werden jetzt von drei Lambdasonden beobachtet. Diese sind jetzt messtechnisch günstiger, weil weiter oben am Krümmer, angebracht. Die dritte Einheit sitzt am Krümmersammler und dient als Monitoring-Sonde.
Drei Millimeter mehr Kolbenhub und eine 1,5 Millimeter dickere Zylinderbohrung sind von außen nicht zu sehen. Ergeben ein Plus von 80 Kubikzentimetern gegenüber der 1200er (tatsächlich mit 1170 Kubik unterwegs).

Im Ergebnis verhelfen die Variabilität der Nockenwellen und die oben genannten Maßnahmen an Ein- und Auslasstrakt zu vorbildlichen Drehmoment-Werten. 143 Nm liegen jetzt schon bei 6250/min an, gegenüber den 125 Nm bei 6500/min bei der 1200er. Leistungsmäßig wurde auch nachgelegt, allerdings lag das Haupt-

Das neu gestaltete Kombiinstrument gehört zu den übersichtlichsten und informativsten seiner Art.

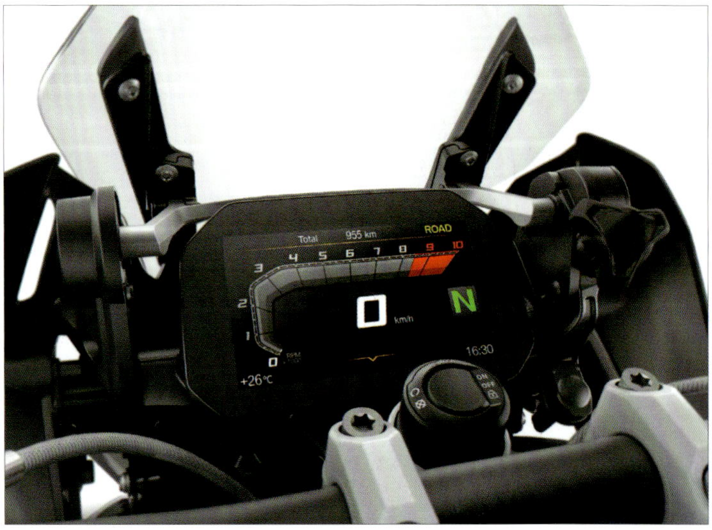

augenmerk auf der geschmeidigen Fahrbarkeit des Zweizylinder-Brummers. Stichwort Laufkultur und Laufruhe. Und das ist rundum gelungen. Selbst der Kraftstoffverbrauch sinkt durch die optimierten Gaswechsel.
Allerdings hat der Motor beim Einsatzgewicht zugelegt. Tatsächlich nur moderate 3 Kilogramm, was angesichts der technischen Verfeinerungen und Aufwertungen akzeptabel ist. So sind 82,3 Kilogramm mit Getriebe und Drosselklappen, ohne Flüssigkeiten, immer noch ein guter Wert.
Mit der R 1250 GS heißt es auch Abschied nehmen von den Glühbirnchen (korrekt: Leuchtmittel). Zeitgemäße stromsparende LED-Beleuchtung ist jetzt rundum Serienausstattung. Heißt aber auch im Fall der Fälle, dass der komplette Scheinwerfer, Rückleuchte oder Blinker gewechselt werden muss.
Der Hype um Deutschlands meist verkauftes Motorrad wird von BMW mit immer neuen Aufwertungen ihrer reichlichen Ausstattungs-Pakete am Leben gehalten. Kaum eine GS wird ohne Kreuzchen in der Ausstattungliste geordert. Ganz oben auf der Wunschliste stehen Schaltassistent Pro und die Dynamic ESA-Suspension. Übrigens auch bei den Gebrauchtkäufern.
Im September 2023 steht die Nachfolgerin in Spandau/Berlin bereit: die neue BMW R 1300 GS wird vorgestellt. Und die ist dann natürlich auch wieder kräftiger, und hat sogar etwas abgespeckt...

Weckt Erinnerungen. Und zwar an eine der elegantesten Ausführung der R 100 GS Ende der 1980er Jahre, und ist eines der gesuchtesten Sondermodelle (Jubiläumsausgabe) aus der breiten Palette, die im Angebot ist.

Die Vierkolben-Bremssättel des amerikanischen Herstellers Hayes erledigen ihren Job ebenbürdig zu den verbauten Brembo-Stoppern. Im Produktionsjahr 2019 sollen bei den Hayes-Bremssätteln vereinzelt (!) Undichtigkeiten aufgetreten sein. Diese wurden auf dem Kulanzweg erneuert.

R 1250 GS Adventure

Keine GS ohne eine Fernreise-Ausgabe! Die Adventure ist mehr als eine GS mit großem Tank.

Die Adventure-GS wird in der "Szene" kurz GSA genannt. Die Auslieferung der R 1250 GSA beginnt zeitgleich mit der Vorstellung im Oktober 2018. Wie bei der K50 unter Beibehaltung der grundsätzlichen Fahrzeug-Architektur, und mit SHIFT CAM! Werksintern wird die 1250er Adventure weiterhin als K51 geführt.

Die R 1250er GS Adventure verfügt ebenso über die vollumfängliche LED-Beleuchtung. So ist auf einfache Weise auch das Tagfahrlicht umsetzbar. Im Bild die Ausführung des letzten Modelljahrs 2024, erhältlich ab August 2023.

Die GSA wartet klar zuvorderst mit einem 30 Liter fassenden Kraftstofftank auf (zehn Liter mehr als die Standard-GS). In Folge dessen stehen damit auch 260 kg Fahrzeugmasse im Datenblatt (nach DIN mit 90 Prozent Tankfüllung).
Aber auch die Abmessungen (Sitzhöhe, Länge und Breite) nehmen zu. Der serienmäßige Motor- und Tankschutzbügel tragen ebenfalls zur Baubreite bei. Motorschutzbügel lassen sich übrigens auch an der Standard-GS montieren, allerdings nicht der Tankschutzbügel.
Ein weiteres Unterscheidungsmerkmal ist der Tank der GSA. Neben dem höheren Fassungsvermögen ist dieser aus Aluminium hergestellt, gegenüber der Kunststoffblase der Standard-GS. Außerdem hat der GSA-Tank ein praktisches Dokumentefach an der Oberseite ähnlich dem Werkzeugfach der Vorfahren aus den 1950er und -60er Jahren. Ganz praktisch an etwaigen Mautstellen.
Dank eines steileren Lenkkopfwinkels kommt die K51 fast an die Radstandwerte der knackig kurzen K50. (Längere Federwege lassen rein geometrisch den Radstand anwachsen.) In Sachen Handlichkeit muss sich die Langstrecken-GS nicht vor der Standard-GS verstecken. Angesicht der Größe und des

Gewichts des Boliden ist seine wieselflinke Handlichkeit frappierend. Durch gezielte Rahmenverstärkung erhöht sich die erlaubte Zuladung gegenüber dem Schwestermodel um 15 Kilogramm auf 480 Kilogramm.
Die elektronischen Helferlein bestehen in der Grundausstattutung aus zwei Fahrmodi, ASC (Automatic Stability Control/Automatische Stabilitätskontrolle/Traktionskontrolle) und Hill Start Control (Berganfahrhilfe).
Tiefgreifendere Maßnahmen wie das Elektronische Fahrwerk Dynamic ESA (Electronic Suspension Adjustement) „Next Generation" müssen Aufpreis-pflichtig ab Werk bestellt werden. Dieses verwöhnt mit vollautomatischem Beladungsausgleich, einer Niveau-Regulierung. Der automatische Schaltassistent wird nach Art des Hauses in einem Dynamic-Paket angeboten. Dieser erlaubt das Hochschalten ohne Kupplungsbetätigung und Zupfen am Gasdrehgriff, der bleibt beim Hochschalten einfach offen. In der Pro-Ausführung mit Runterschalten-Funktion, die Motorelektronik sorgt dann für die passende Anhebung der Drehzahl zum perfekten Einspuren der Zahnräder.

Die R 1250er GSA scheint gemacht für sogenannte "echte Mannsbilder". Aber die Fahraufnahme signalisiert, dass es für GSA-Fahrerinnen keine Geschlechter-Klischees gibt.

Der Blick von hinten signalisiert sofort, dass hier etwas großes in Bewegung gesetzt wird.

Solche Goodies machen das Leben mit der K51 nicht nur schöner, sondern sind auch auf dem Gebrauchtmarkt spürbar. Nicht, dass die GSA ohne diese Ausstattungsdetails unfahrbar wäre, aber das Bessere ist der Tod des Guten.
Mitte 2024 steht die Nachfolgerin bereit. Die R 1300 GS Adventure geht an den Verkaufsstart. Aber das ist dann ein anderes Buch.

Die R 1250er GS Adventure in ihrem Revier. Wobei es sich natürlich nur um ein Revier von vielen handelt. Mit einer GS steht die Welt weit offen...

1 Werkzeug & Materie

1.1
Allgemeine Werkzeuge

Bei umfangreicheren Wartungsarbeiten oder gar Motorüberholungen muss das passende Qualitätswerkzeug zur Verfügung stehen, mit dem der Freizeit-Mechaniker seiner Maschine mit Spaß bei der Arbeit auch mal eine Ventilspiel-Kontrolle in Eigenregie gönnt. Qualitätswerkzeug ist nicht für einen Apfel und Ei zu bekommen, dafür hält es entschieden länger als »Baumarkt-Werkzeug« – und macht eben wirklich mehr Laune.
Markennamen wie Gedore®, Hazet®, Snap-on® oder Stahlwille® bürgen für Qualität (die Aufzählung ist zwar alphabetisch, aber nicht vollständig).
Die Grundausstattung besteht aus **Ring-** und **Gabelschlüsseln** und einem **Rätschenkasten** (Steckschlüssel/Knarre) mit den entsprechenden Nusseinsätzen.
Besonders große Nüsse werden für Montagearbeiten an Generator-Rotor (Polrad) und Kupplung benötigt, die nur mit 1-Zoll-Antrieb erhältlich sind (erfordert Zwischenstück für die üblichen $^3/_4$-Zoll-Antriebe): **SW36** lang (Polrad) und **SW46** (Kupplung).
Wichtig ist auch ein **TORX-Schraubendrehersatz** (z. B. als Erweiterung zu vorhandenem Rätschenkasten), wie er auch im Bordwerkzeug enthalten ist.
Ganz wichtig sind auch ein oder zwei **Drehmomentschlüssel**, die den Bereich von 20 bis 250 Newtonmeter (Nm) abdecken. Bei der Pleuelmontage legt BMW Wert auf eine elektronische Ausführung, die höhere Genauigkeit gewährleistet.
Bei der Montage von Lagern ist ein **Heißluftfön** nützlich. Die Lager flutschen in angewärmte Lagersitze dann fast von selbst 'rein (Stichwort: Materialschonung).
Zur Ermittlung des Ventilspiels wird ein Satz **Fühlerlehren** benötigt (Abstufung 0,05 mm).
Ein **Messschieber** (Schiebelehre) und **Messschrauben** (Mikrometer, die den Bereich von 25 mm – 125 mm abdecken; Kolbendurchmesser!) werden zur Ermittlung von Motor-Verschleißdaten benötigt.
Um einfache Elektrikprobleme zu lokalisieren, ist ein **Multiprüfgerät** erforderlich.
Wenn es Ihr Platz erlaubt, gönnen Sie sich eine **Motorradhebebühne** – eine nicht zu unterschätzende Arbeitserleichterung, die auch einfach improvisiert werden kann (Hauptsache stabil).

Bordwerkzeug

Das serienmäßige Bordwerkzeug genügt zum Aus- und Einbau der Batterie. Eine vom Werk erhältliche Erweiterung ermöglicht noch das Wechseln der Zündkerzen und den Ausbau des Vorderrads.

1

Drehwinkel-Anzeige

- Zum Anziehen von Befestigungen mit Drehwinkel-Angabe (entsprechend BMW Nr. 11 2 501)
- Z. B. zum Anziehen von Pleuel- und Zylinderkopfschrauben und -muttern.

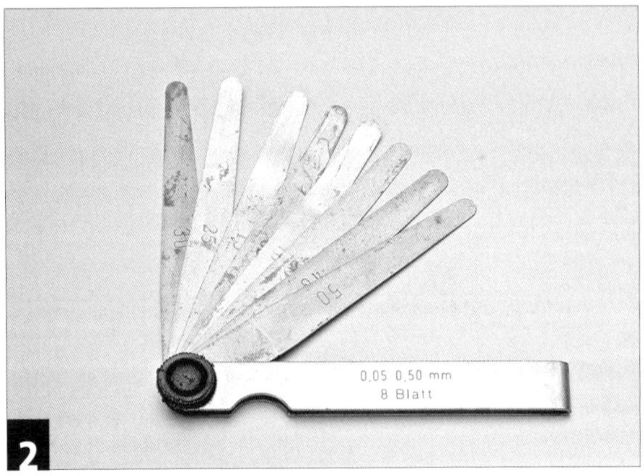

2

Ventilspiel-Ermittlung: Fühlerlehren von 0,05 – 0,5 mm

- 0,05 mm-Abstufung ist ausreichend.

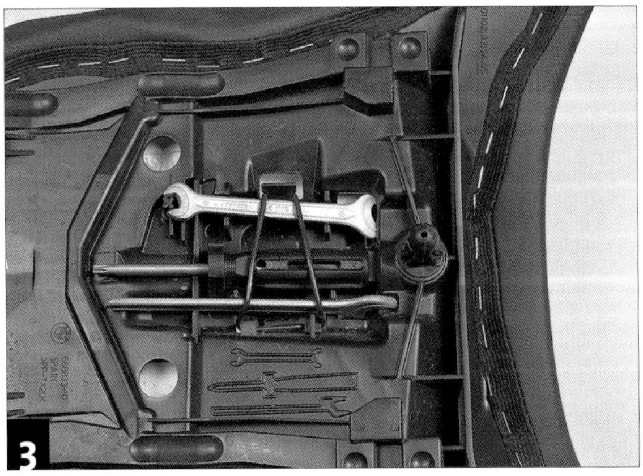

3

Bordwerkzeug unter Soziussitz

- Zum Aus- und Einbau von Batterie, Öleinfüllstutzen und diverser Verkleidungsteile.

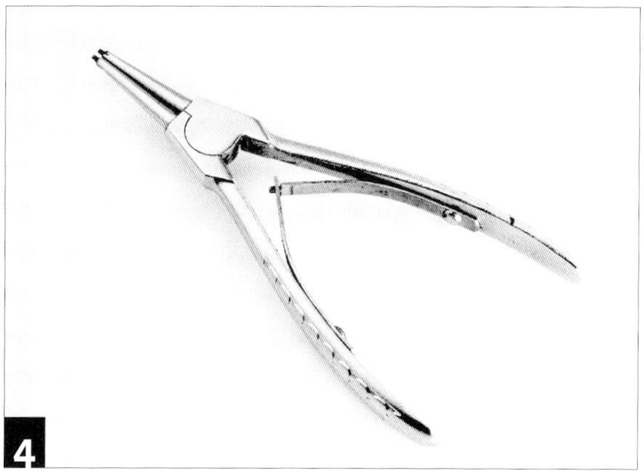

4

5

Ob sich die hier gezeigten Werkzeuge in der Anschaffung lohnen, muss jeder für sich entscheiden. Aber wenn es ans Eingemachte geht, hat das Improvisieren seine Grenzen.

Seegerringzange

- Außen-Seegerringzange
- Innen-Seegerringzange

Flachschaber

- Zum Entfernen von Dichtungsresten und Ölstein (zum Schärfen des Schabers).
- Ölstein immer leicht geölt verwenden!

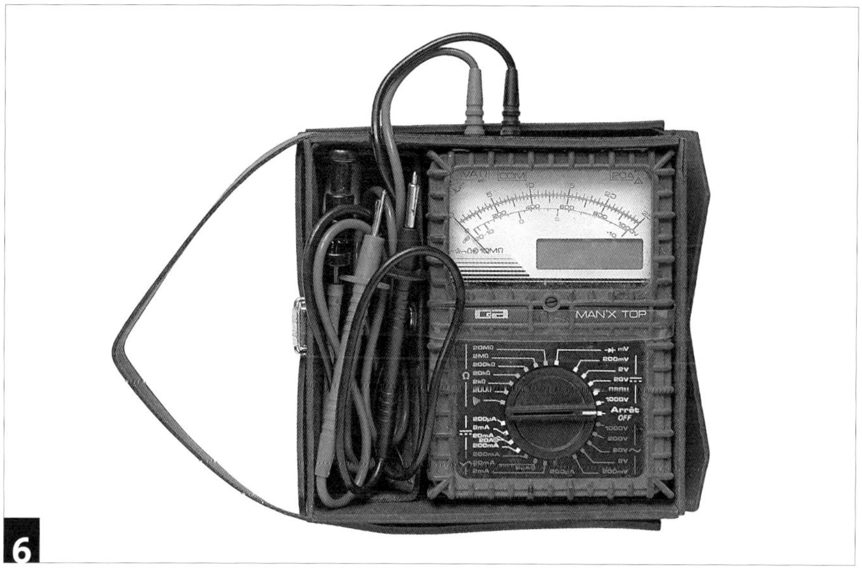

6

Multi-Prüfgerät

- Widerstandsmessung Ω (Ohm)
- Messung der Spannung V (Volt)
- Messung der Stromstärke A (Ampère)

- Zur Vervollständigung der Prüfgerät-Ausrüstung werden noch kleine feine Messspitzen benötigt.
- Zur Überprüfung der Exaktheit des Widerstandmessbereichs des Messgeräts werden Widerstände (je Messbereich) mit 2 %-iger Toleranz vergleichs-gemessen.
- Immerhin kann so noch die Funktion einfacher Schalter (Kupplingshebel, Seitenständer) geprüft werden.

7

8

Fön

- Zum Erwärmen von Bauteilen (Generator-Rotor) und Gehäuseteilen beim Lagerwechsel. Zur Kontrolle der Temperatur genügt ein einfaches Infrarot-Messgerät (ca. 25 Euro im Fachhandel).

Ventilfeder-Spanner

- Lohnt sich nur fallweise: besser ausleihen. Zum Aus- und Einbau der Ventile.

1 Werkzeug & Materie

1.1 Allgemeine Werkzeuge
Fortsetzung

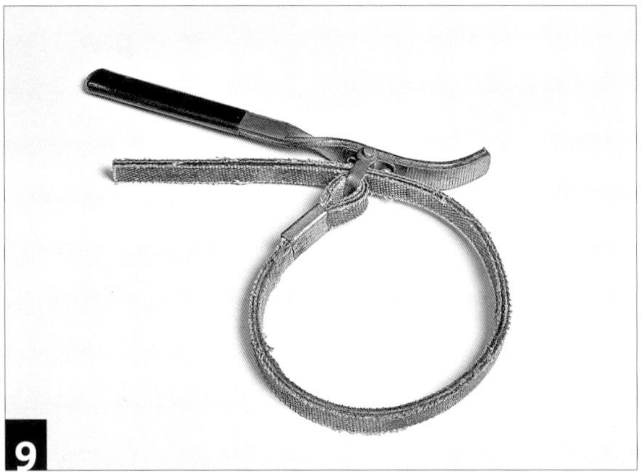
9

Ölfilterschlüssel
- Einfacher Bandschlüssel mit zuverlässiger Wirkung genügt zum Wechsel der Ölfilterpatrone. Siehe Seite 51.

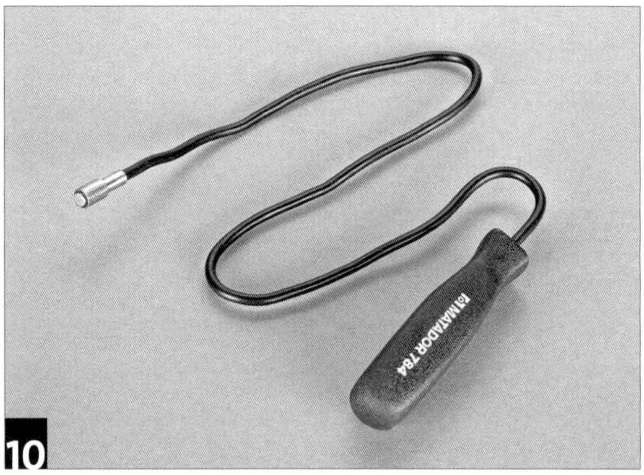

10

Magnetheber
- Zum Entnehmen der Ventilspiel-Einstellplättchen, und ist nützlich bei verlorenen Schräubchen, die sich in unzugängliche Ecken verabschieden.

11

Elektrodenabstand messen
- Besser als die üblicherweise verwendeten Fühlerblatt-Lehren sind spezielle **runde** Messdorne, welche die Oberfläche der Elektroden nicht, oder zumindest weniger, angreifen.

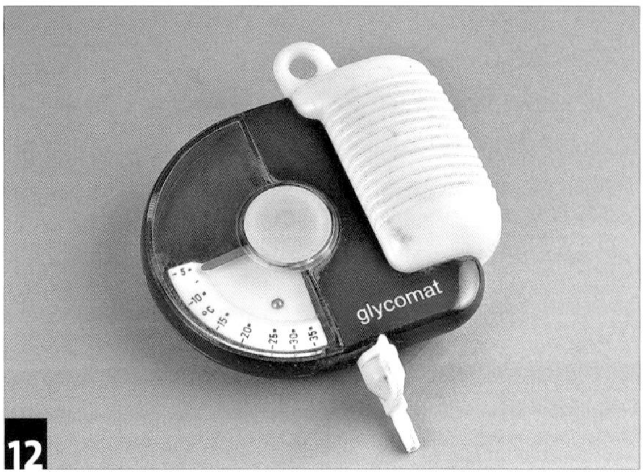

12

Kühlmitteltester
- Zum Bestimmen der Frostbeständigkeit des Kühlmittels (Seite 67).

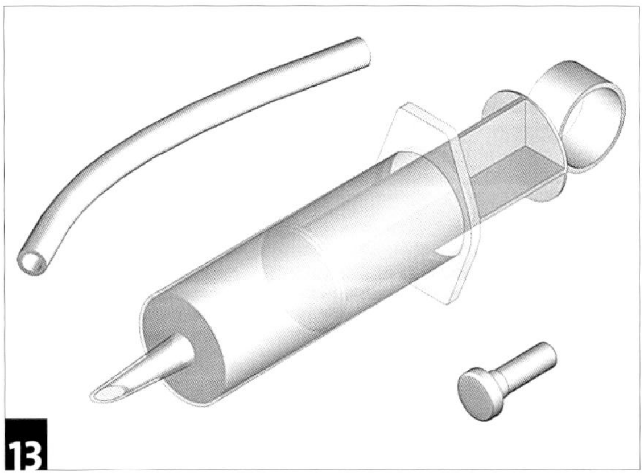
13

Absaugspritze (aus der Apotheke)
- Zum Absaugen verschiedener Flüssigkeiten jeweils andere Spritzen verwenden, um nicht Bremsflüssigkeit etwa mit Kupplungsflüssigkeit zu vermengen...

1.2
Schmieren und Salben

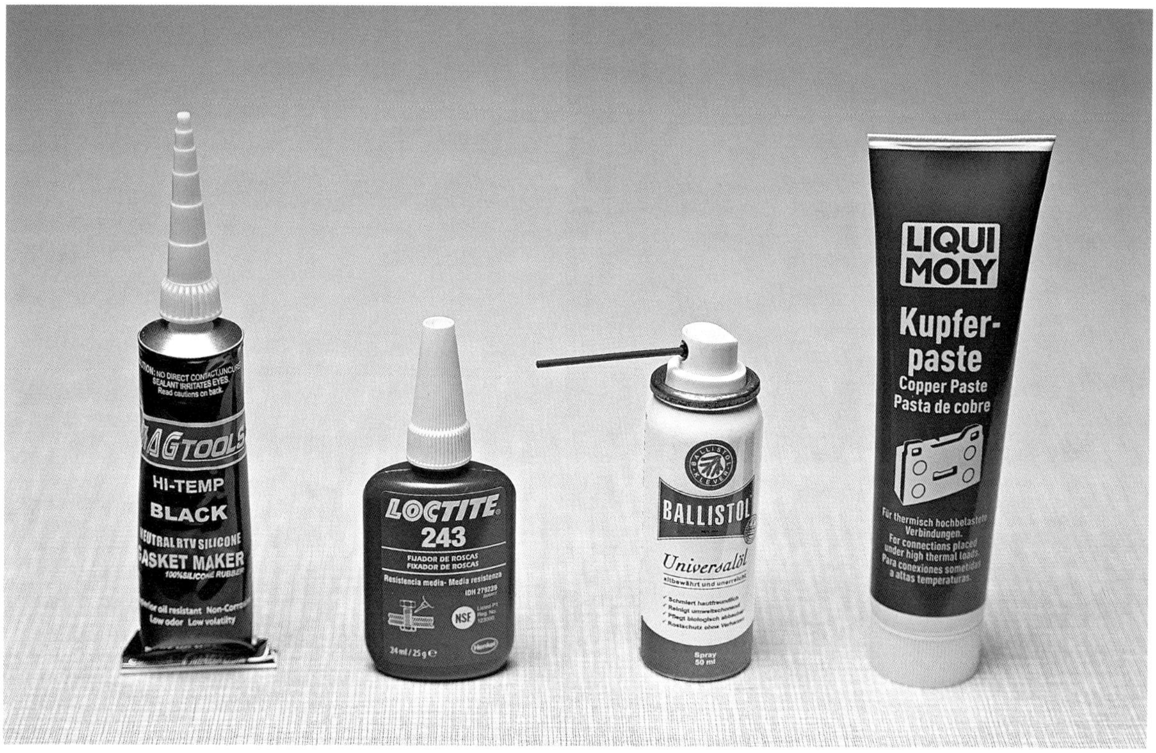

Die Klassiker in der heimische Garage von links nach rechts:
Silikondichtmasse zum Abdichten von Motorgehäuse und Deckelchen.
Loctite 243 ist die häufigst verwendete **mittelfeste** Schraubensicherung.
Ballistol ist eine Alternative zu den üblichen "Rostlösern" und gesichert nicht Strom-leitend und greift auch elektrische Kontakte nicht an, sondern reinigt diese nur.
Kupferpaste kommt bei Wärme-kritischen Verbindungen zum Einsatz, auch als Alternative zum im Buch erwähnten Optimoy TA. Etwa bei der Krümmer- oder Schalldämpfer-Befestigung. Oder zum Auftragen auf die Rückseite (!) der Bremsbeläge, um Vibrationen und deren Geäusche zu unterbinden.

Die heimische Werkzeugbox sollte auch noch weitere Verbrauchsstoffe enthalten, als da wären.

- Rostlöser/Schmiermittel zur schnellen Anwendung, etwa WD40 o.ä. Nicht zur Reinigung elektrischer Kontakte verwenden!
- Säurefreies und Wasser-abweisendes Montagefett für Kugellager. Dieses kommt z. B. beim Einbau des Vorderrads zum Einsatz, um der Radachse und den Dichtlippen der Wellendichtringe Gutes zu tun.
- Teflon-Spray (Gummipflege) oder Silikonfett zum Balsamieren der Verkleidungsaugen und Zapfen.
- Bremsenreiniger oder Aceton zum Entfetten von Dichtflächen und Gewinden (und natürlich Bremsscheiben reinigen)
- Batteriepolfett (säurefrei)
- Für die Bremsbelagmontage hinten:
  Never Seeze Compound zum Auftragen auf die Gleitzapfen des Schwimmsattel-Bremssattels.
- **Schraubensicherung hochfest**
  Loctite 270 zur Verwendung bei hoch beanspruchten Schraubverbindungen, beim Wechsel der Federbeine, des Generators, des Heckrahmens oder des Winkeltriebs.

Schraubensicherung-Verarbeitung

- Gewinde sorgfältig reinigen und entfetten (Aceton/Bremsenreiniger) und Schraubensicherung tropfenweise auf Gewinde auftragen.
- ! Darauf achten, dass die mit Schraubensicherung montierten Schrauben innerhalb von 10 Minuten ihren Endanzug erhalten.
  Der komplette Duchhärtungsprozess dauert 24 Stunden.
- Siehe auch **Mikroverkapselte Schrauben** (Seite 25; Ersatzteile).

1 Werkzeug & Materie

1.3 BMW-Spezialwerkzeug

Bestimmte Arbeiten erfordern BMW-Spezialwerkzeug, das teilweise nicht improvisiert werden kann. Diese Werkzeuge sind preiswert beim freundlichen BMW-Motorrad-Partner erhältlich, d.h. sie sind für »Endverbraucher« käuflich zu erwerben! Preiswert heißt in dem Fall nicht, dass sie billig, sondern ihr Geld wert sind. Nicht zu vergleichen z.B. mit italienischen Herstellern, die für ihre Werkzeug-Goodies zum Teil Mondpreise aufrufen.

Auf den folgenden Seiten eine kleine Auswahl der wichtigsten Werkzeuge aus dem reichhaltigen BMW-Fundus, die im weiteren Verlauf eine Rolle spielen. Die wichtigsten Werkzeuge sind in Bild 1 bis 4 abgebildet. Sie werden zur Einstellung des Ventilspiels benötigt (nicht zu dessen Kontrolle).

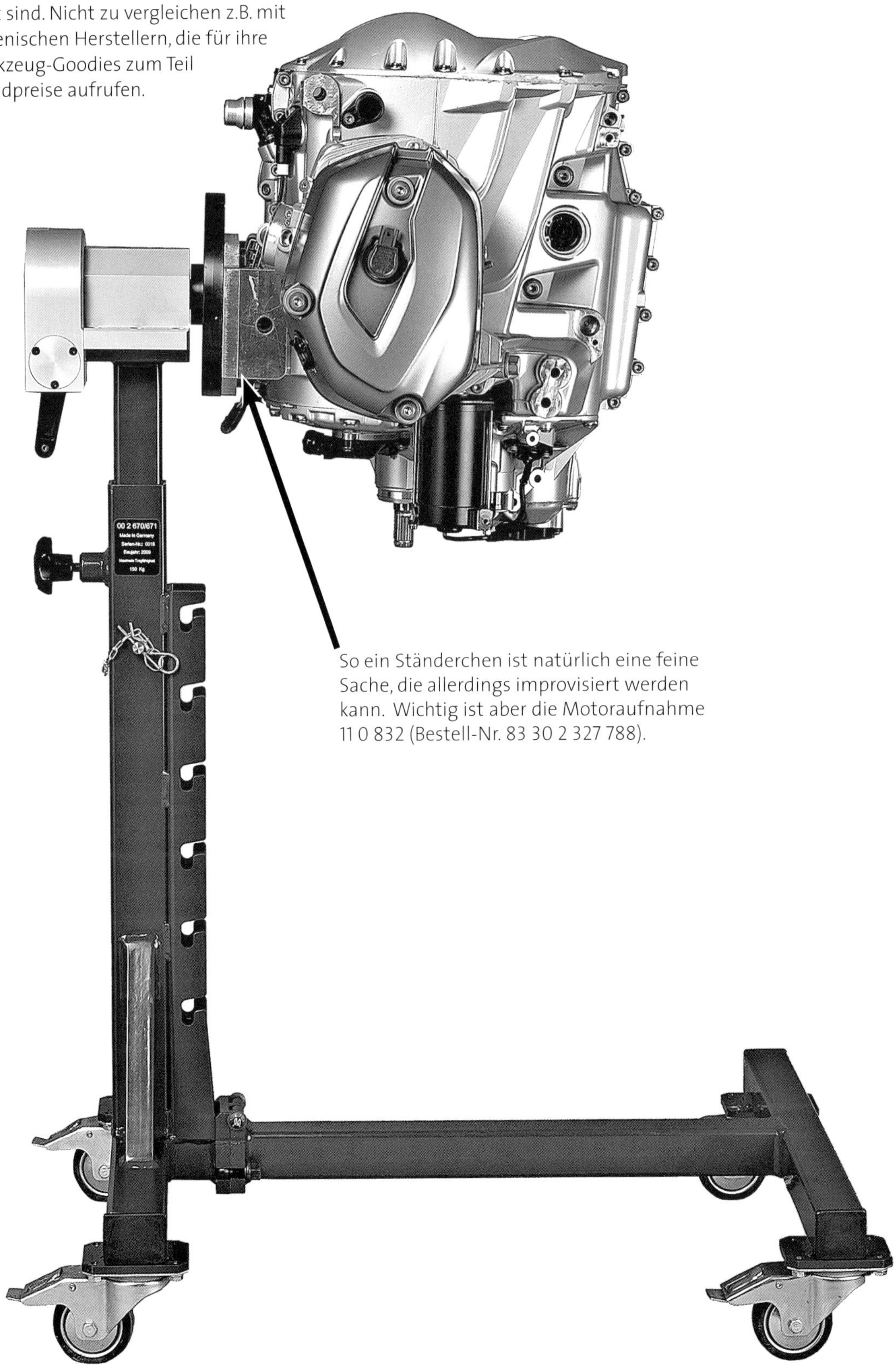

So ein Ständerchen ist natürlich eine feine Sache, die allerdings improvisiert werden kann. Wichtig ist aber die Motoraufnahme 11 0 832 (Bestell-Nr. 83 30 2 327 788).

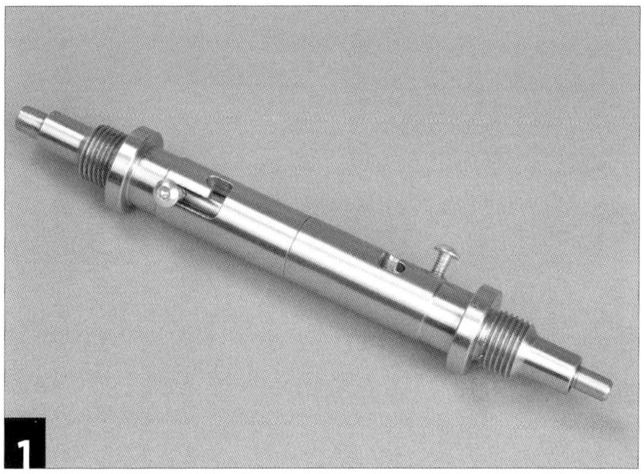

Absteckdorn 11 0 822
- Zum Festlegen der Kurbelwelle im Totpunkt.
  Oberer Totpunkt: ⌀ 8 mm
  Unterer Totpunkt: ⌀ 6 mm

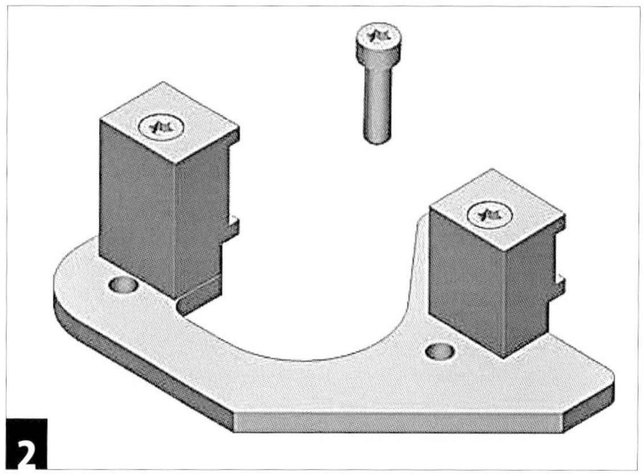

Absteckvorrichtung 11 2 511 (linker Zylinder)
- Zum Festlegen der Nockenwellen.
- Bestellnummer 83 30 2 467 268

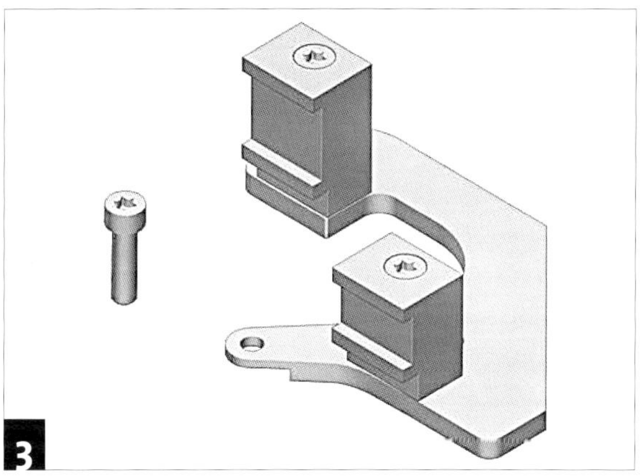

Absteckvorrichtung 11 2 512 (rechter Zylinder)
- Zum Festlegen der Nockenwellen.
- Bestellnummer 83 30 2 467 268

Steuerkettenspanner 11 1 512 mit Distanzhülse 11 1 515
- Zum Simulieren der Steuerkettenspannung.

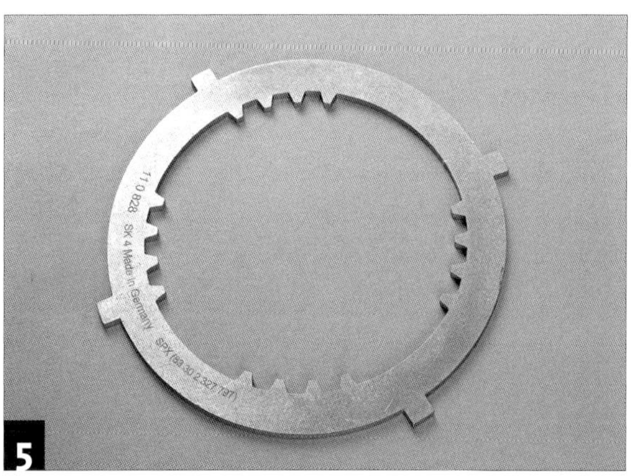

Mitnehmerarretierung 11 0 828
- Zum Aus-und Einbau des Kupplungskorbs (nicht zum Wechsel der Kupplungsscheiben).

Polrad-Abzieher 12 0 531
- Ausbau des Generator-Polrads

1.3
BMW-Spezialwerkzeug
Fortsetzung

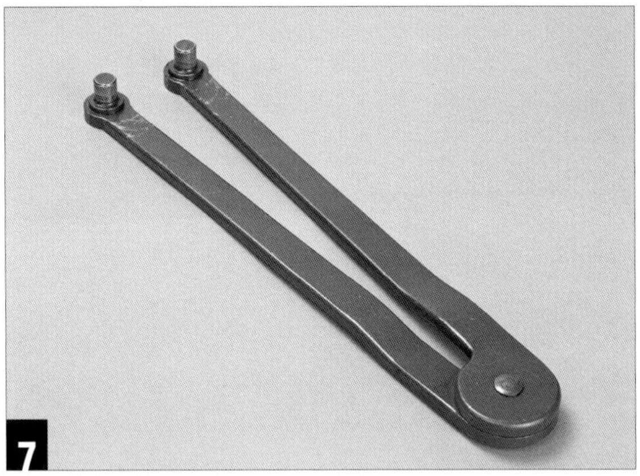

7

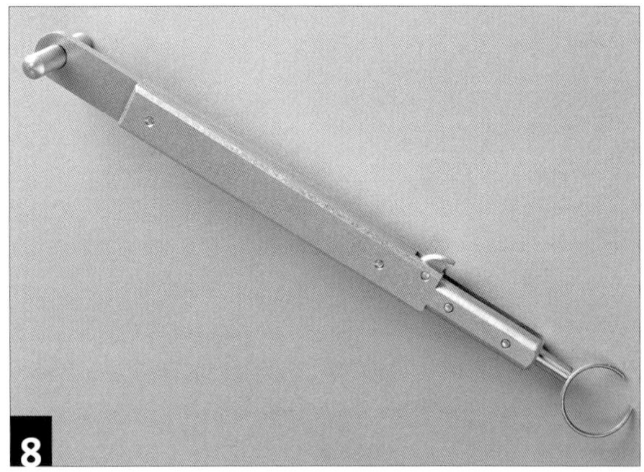

8

Drehvorrichtung 11 0 821
- Zum Drehen des Steuerkettenrads bei Ventilspiel- und Steuerzeiten-Einstellung (handelsüblicher Stirnlochschlüssel; Zapfendurchmesser 10 mm).

Auszieher 11 0 826
- Zum Ausbau Kolbenbolzen-Sicherungsringe.

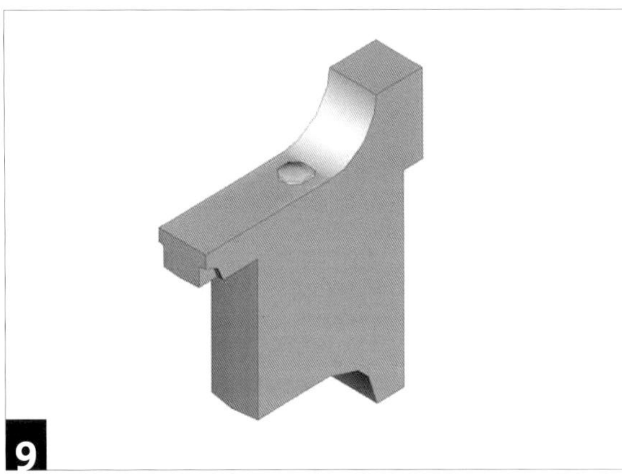

9

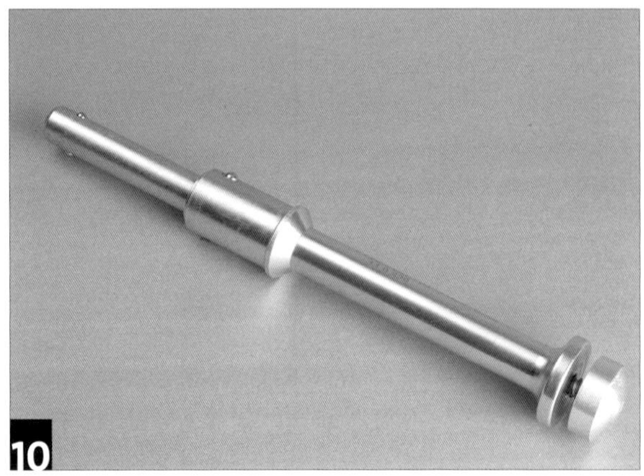

10

Drehhilfe 11 0 843
- Zum Drehen des Kolbenbolzen-Sicherungsrings, falls dieser nicht in der richtigen Stellung ist (ersetzt die Hakennase in Bild 8).

Montagewerkzeug-Kolbenbolzen 11 0 829
- Zum Aus- und Einbau des Kolbenbolzens.

11

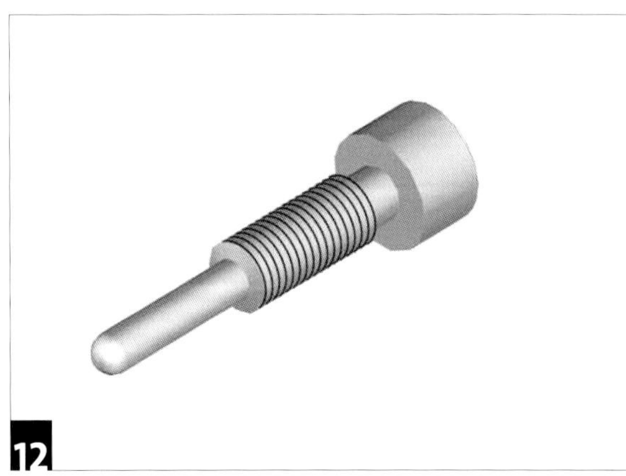

12

Hülse zur Kolbenbolzen-Sicherungsringmontage
- Ist Bestandteil von Montagewerkzeug-Kolbenbolzen 11 0 829.

Abzieher 11 0 833
- Ausbauhilfe für Motorgehäusedeckel vorn und Getriebegehäusedeckel.

13

Kerzenschachtzündspule-Auszieher 12 3 621
- Zum Abziehen der Kerzenschachtzündspulen.

14

Zündkerzennuss 12 1 220
- Für 14-mm-Zündkerze. Außendurchmesser 18 mm.

15

Kolbenring-Spannband 57 - 125 mm 11 5 731
- Zum Einbau der Kolben.

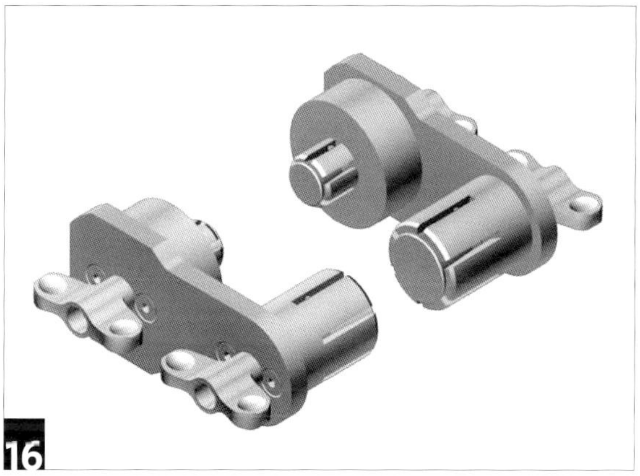

16

Führung 13 1 512
- Zur Führung des Längslenkers bei ausgebautem Motor. Es werden zwei Stück benötigt (links/rechts).

17

Schlauchschellen-Zange 13 1 512
- Kann mit Wasserpumpenzange, deren Enden wie gezeigt zugeschliffen sind, improvisiert werden.
- Siehe auch Seite 92, wo es benützt wird.

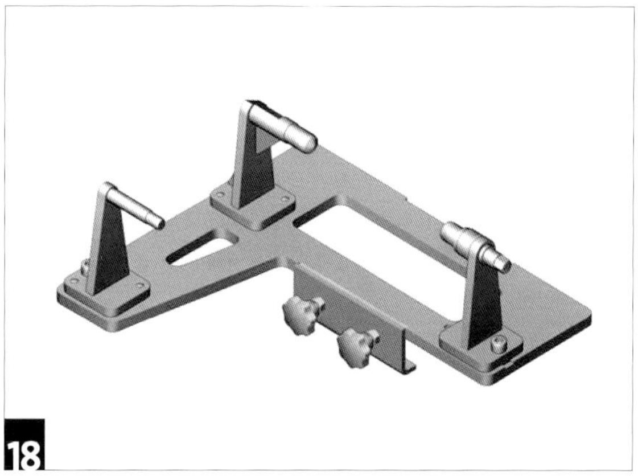

18

Motoraufnahme 00 1 585
- Zur Aufnahme des Motors beim Motorausbau in Verbindung mit einem handelüblichen Scherenheber.

1 Werkzeug & Materie

1.4
Radial-Wellendichtringe und O-Ringe

Radial-Wellendichtring ist die fachlich korrekte Bezeichnung für die allseits bekannten »Simmerringe«. Für sie gibt es zwei Grundregeln: Immer erneuern und richtig montieren. Immer erneuern, sofern es sich um Dichtringe am Motor handelt und sich die Gelegenheit zum Wechsel bietet (Motordemontage). Dichtringe am Radlager oder Kettenblattträger müssen natürlich nicht bei jeder Gelegenheit – sprich Radausbau – erneuert werden. Hier genügt die strenge Sichtprüfung auf Unversehrtheit der Dichtlippe.

- Eventuelle Grate und Aufwerfungen an der Bohrung des Dichtrings vorsichtig mit Dreikantschaber entfernen.
- Bohrung entfetten (Bremsenreiniger/Aceton).
- Verzahnungen, Sicherungsring-Nuten, Absätze und Gewinde am Wellenzapfen mit Klebeband »entschärfen«.
  Die empfindliche und mikroskopisch feine Dichtlippe des Dichtrings darf keinesfalls beschädigt werden!
  Entsprechend auch **Ventilschaftdichtungen** montieren: Ventil in Führung einsetzen, Keilnut »entschärfen«, Schaftdichtung aufsetzen und Keilnut wieder freilegen.
  Hier am Ventil eignet sich besonders ein Schrumpfschlauch zum Entschärfen der Keilnut, bevor Sie die Ventilschaftdichtungen aufschieben.
- 👁 Die Lauffläche der Dichtlippe auf der Welle muss perfekt glatt sein – darf keine Einlauf-Spuren aufweisen.
- Dichtring trocken (!) mit passender Nuss oder Rundmaterial (möglichst nah am Rand ansetzen) ohne zu Verkanten einschlagen. Dabei kann die Einhaltung einer bestimmten Einbautiefe (z. B. bündig zum Gehäuse) erforderlich sein, oder – eher die Regel – das Einschlagen bis zum Sitzgrund.
- 👁 Manche Dichtringe sind auf ein bestimmtes Schliffbild des Wellenzapfens angewiesen und müssen entsprechend der angegebenen Drehrichtung der Welle eingebaut werden.
- **!** Vor Radmontage Dichtlippen der Dichtringe (ob alt oder neu) dünn mit MoS_2-Fett balsamieren.
- **!** O-Ringe bei jeder Montage erneuern.
- **!** O-Ringe vollständig geölt montieren!

Einbau

- Dichtringe so einbauen, dass das »abzudichtende Medium« (in der Regel Motoröl) innen liegt – die Beschriftung ist außen lesbar.

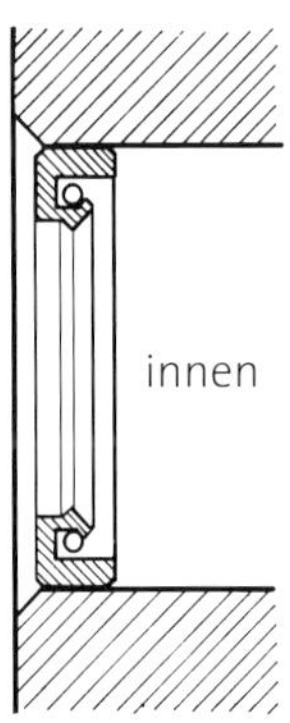

TIPP

Falls Sie jetzt in Gedanken für den Wechsel des sabbernden Dichtrings am Antriebsritzel oder der Schalthebelwelle den Motor mehr oder weniger komplett zerlegen, bohren Sie zuerst zwei- oder dreimal den Dichtring in der Mitte mit kleinem Bohrer an (gleichmäßig am Umfang verteilt; der BMW Motorradpartner arbeitet mit Vorstecher **1** Bild 3), um dort passende Blechschrauben einzudrehen (oder Zugstange **2**).
Mit Zange oder Hebel Dichtring an den Blechschrauben herausziehen (oder mit Schlaggewicht **3** arbeiten).

1

Ausbau

- Dichtring mit entsprechend abgestütztem Widerlager aushebeln.
- Am offenen Motorgehäuse mit Nuss herausschlagen.

2

Radial-Wellendichtringe
1 Größenkennzeichnung
2 Feder
3 Dichtlippe

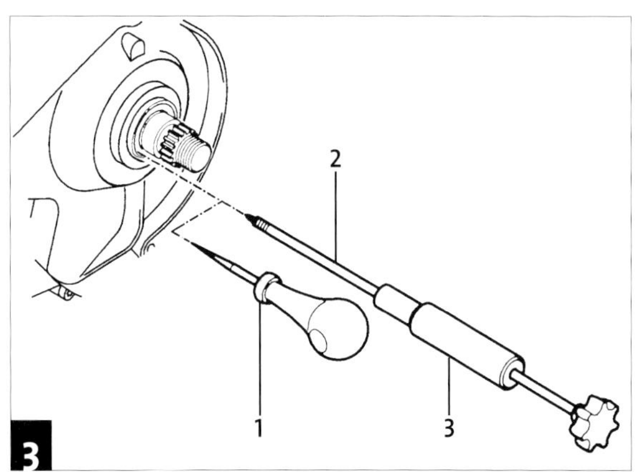

3

Wellendichtring-Ausbau
1 Vorstecher BMW-Nr. 00 8 583
2 Zugstange BMW-Nr. 00 8 581
3 Schlaggewicht BMW-Nr. 00 8 582

1.5
Ersatzteile

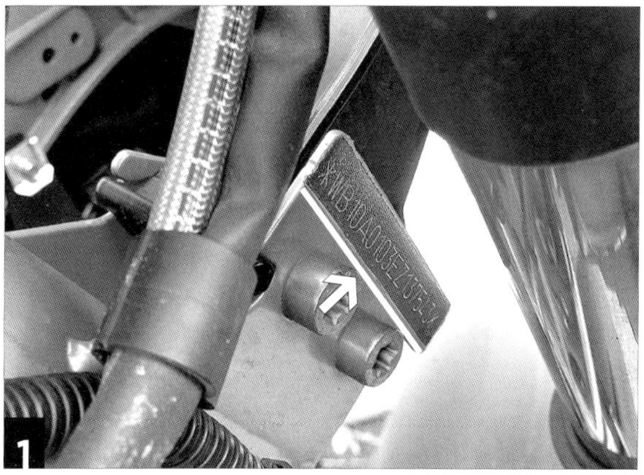

Fahrzeug Ident Nummer (FIN) am Lenkkopf

- Die Typnummer ist Bestandteil der am Lenkkopf eingelaserten FIN (früher Fahrgestellnummer). Im Bild Typ **0A01**, die "normale" GS (K50). **0A02** steht für die Adventure-Variante (K51).

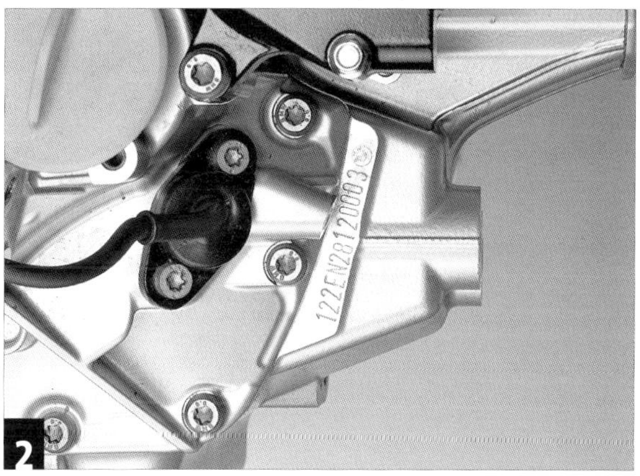

Motornummer

- Die Motornummer befindet sich hinter dem rechten Zylinder (daneben der Geber der Ölstandanzeige).

Kraftfahrzeuge sind ständiger Modellpflege unterworfen, wobei häufig nur Details geändert werden, die aber von einem zum anderen Baujahr oder ab einer bestimmten Motornummer manchmal nicht mehr kompatibel sind. Und selbst Fachleuten wie dem BMW Partner nicht augenfällig werden, auch wenn sie den unbedingten Vorteil der Werksschulung haben. Deshalb beim Kauf von Ersatzteilen immer Ihren Fahrzeugschein und die Kenndaten bereithalten, damit Ihr Händler die richtigen, für die jeweilige Ausführung korrekten Teile ausfindig machen kann. Das gilt zum Teil auch für den Teilekauf bei den einschlägigen Motorrad-zubehör-Handelsketten.

Mikroverkapselte Schrauben

Diese Schrauben haben eine in zwei Komponenten (Binder und Härter) dünne, mikroverkapselte Schraubensicherung auf dem Gewinde aufgetragen. Beim Anziehen der Schraube bricht die Verkapselung auf, die Komponenten vermischen sich und härten aus. Spart natürlich Zeit, und die ist bei der Erstmontage ein erheblicher Faktor. Die Schrauben verwenden wir – je nach Verwendungszweck – unter Beigabe der entsprechenden Schraubensicherung wieder. Stichwort Verwendungszweck: Davon ausgenommen sind z. B. die Befestigungsschrauben der Bremsscheiben. Da leisten wir uns zu den neuen Bremsscheiben auch neue Befestigungsschrauben!

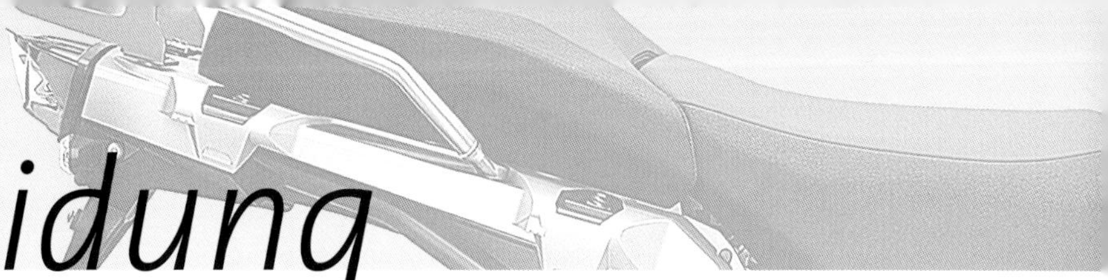

2 *Verkleidung*

2
Verkleidung

- Wartungs- und Montagearbeiten, die den Abbau der Verkleidung voraussetzen, verweisen nach hier.

! Richten Sie sich einen sicheren Lagerplatz für die Verkleidungsteile ein, damit die teuren Lackteile oder das Windschild nicht verkratzen.

! Auf sicheren Stand der Maschine achten!

Anzugsmomente

- Falls nicht anders angegeben, alle Schrauben mit 2 Nm anziehen.

! Bei zu starkem Anziehen der Schrauben wird das Material unter dem Schraubenkopf weggedrückt, es fließt quasi weg, und die Schraube lockert sich dann.

! **Verkleidungsschrauben**
Die Schrauben haben die Schlüsselweite **SW T25** (TORX).

2.1
Verkleidungsreparatur

Das beste Mittel gegen Beschädigung der Verkleidungsteile ist der sorgsame Umgang mit den Teilen. Verkleidungsteile mit Zapfen, die in entsprechende Augen eingreifen, nicht seitlich herausziehen, sondern genau in Richtung der Zapfen.

- Kleine Vibrationsrisse am Ende des Risses mit 3- oder 4-mm-Bohrer »abschließen« (der Riss wandert dann nicht weiter).
- Auf der Rückseite des Verkleidungsteils links und rechts der Beschädigung (Risses) etwa 2 Zentimeter breit die Oberfläche mit Schleifpapier aufrauhen.
- 2K-Epoxy-Kleber auftragen und Glasfaservlies auflegen. Weiter Kleber auftragen, bis Vlies komplett getränkt ist. Aushärten lassen.

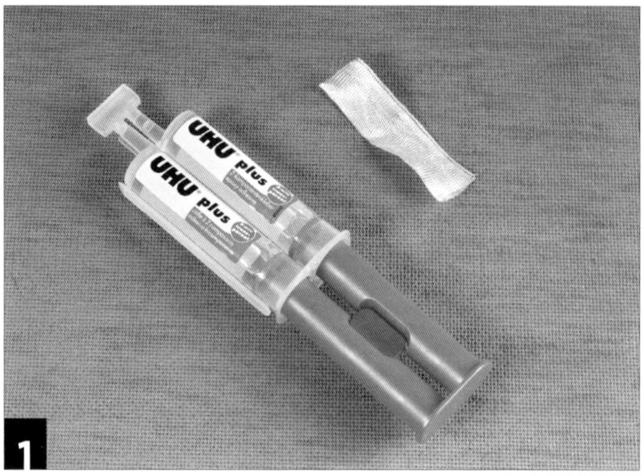

1

Verkleidungsreparatur

- Die Grundausstattung des Verkleidungsflickens besteht aus Zwei-Komponenten-Kleber (2K-Epoxy-Kleber) und Glasfaservlies zur Verstärkung.

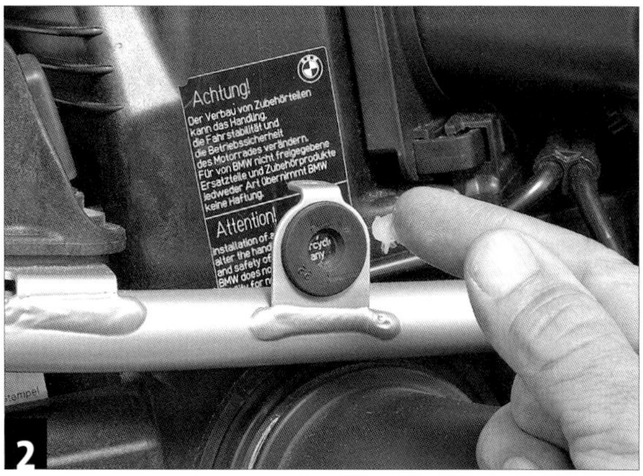

2

Verkleidungspflege

- Verkleidungsaugen und Zapfen gelegentlich mit Silikonfett balsamieren (Silikonspray nehmen die Faulen).

Verkleidung — was find ich wo

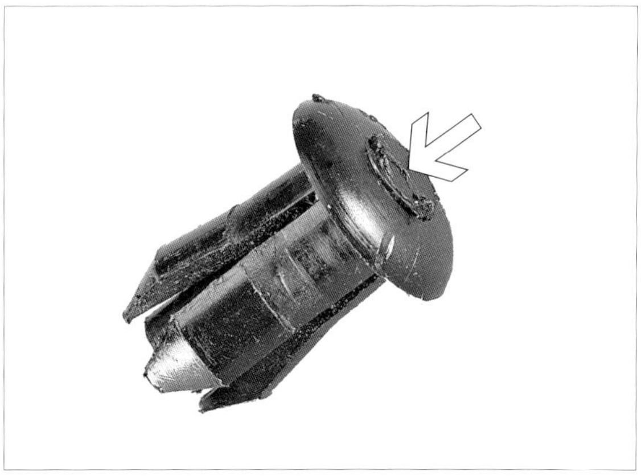

Spreizniet ausbauen

- Bolzen mit passenden Dorn nach innen durchdrücken (Pfeil) und Spreizniet entnehmen.

👁 Auf Verbleib des Bolzens achten.

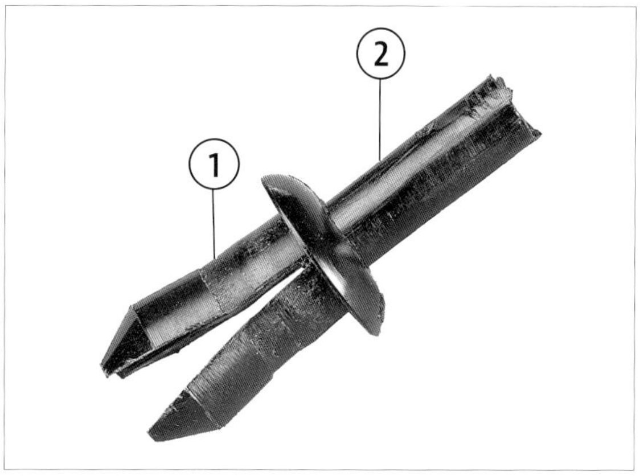

Spreizniet einbauen

- Beim Einbau Spreizniet **1** in Bohrungen einsetzen und dann Bolzen **2** eindrücken.

2 Verkleidung

2.2 Fahrer- und Soziussitz

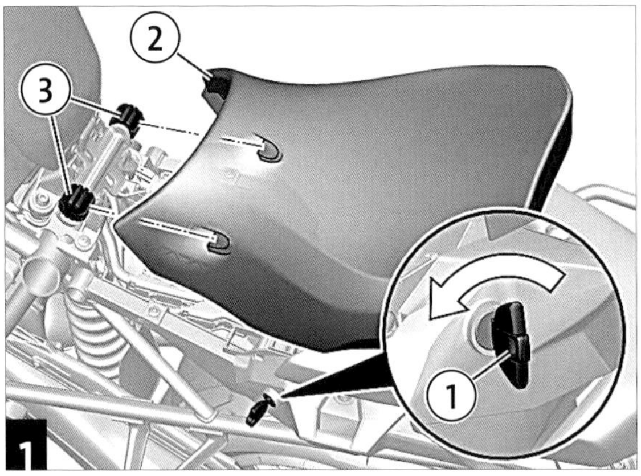

Fahrersitz

- Fahrersitz **2** mit Zündschlüssel **1** gegen den Uhrzeigersinn entriegeln und Sitz nach hinten von den Zapfen **3** abnehmen.

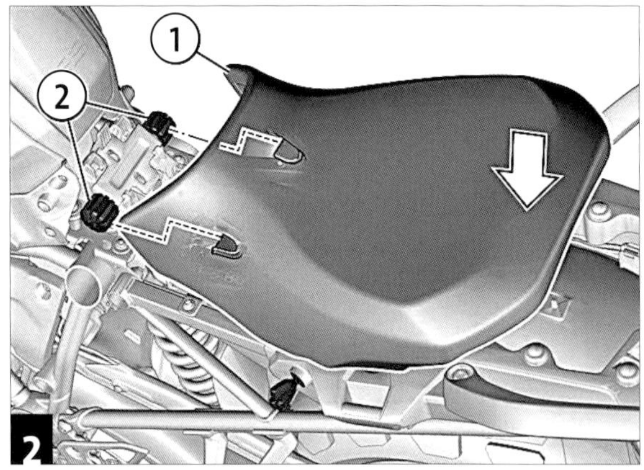

Fahrersitz Einbau

- Fahrersitz **1** auf Zapfen **2** aufschieben und hinten niederdrücken (Pfeil).

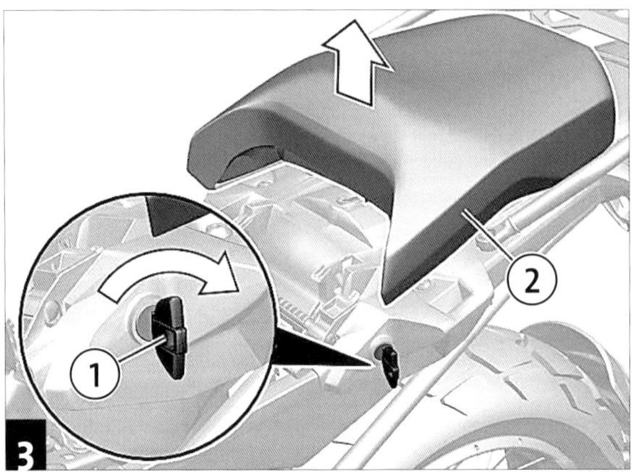

Soziussitz

- Soziussitz **2** mit Zündschlüssel **1** im Uhrzeigersinn entriegeln und Sitz nach oben abnehmen.

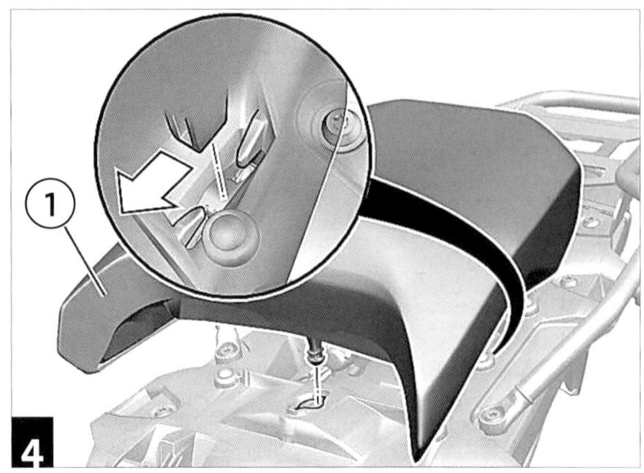

Soziussitz Einbau

- Soziussitz **1** mit Zapfen einrasten und nach vorn schieben.

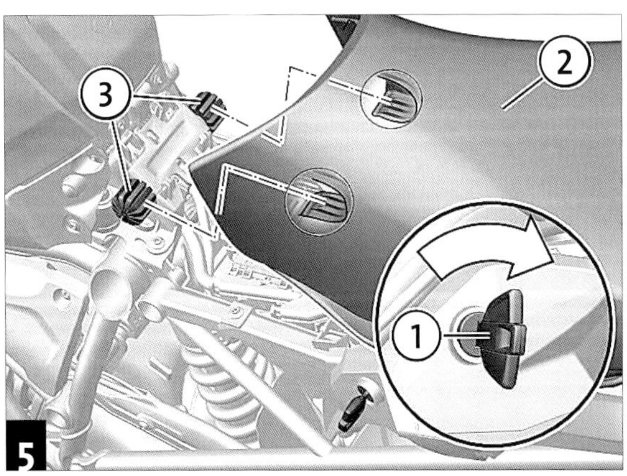

Sitzbank (Rally, HP-Style)

- Sitzbank mit Zündschlüssel im Uhrzeigersinn entriegeln und Sitz nach hinten abnehmen.

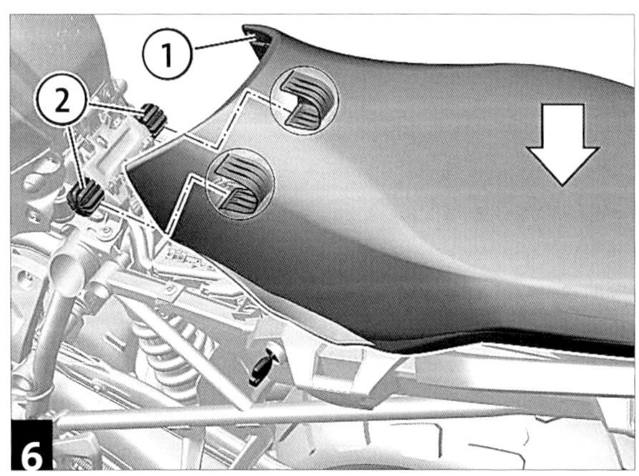

Sitzbank (Rally, HP-Style)

- Zapfen **2** ausrichten und Sitzbank **1** im Soziusbereich nieder drücken (Pfeil).

2.3 Verkleidung

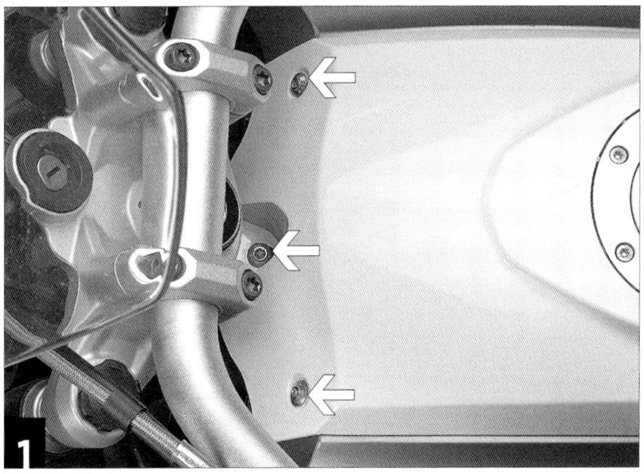

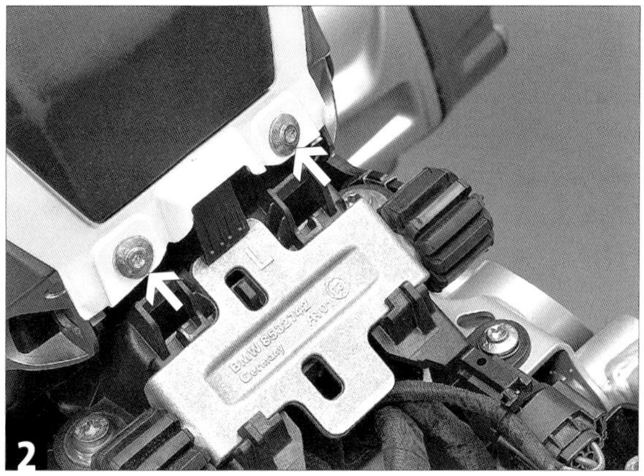

Tankmittelteil vorn (Luftfilterwartung)
- Vorn drei Schrauben ausdrehen.

Tankmittelteil hinten (Luftfilterwartung)
- Hinten zwei Schrauben.

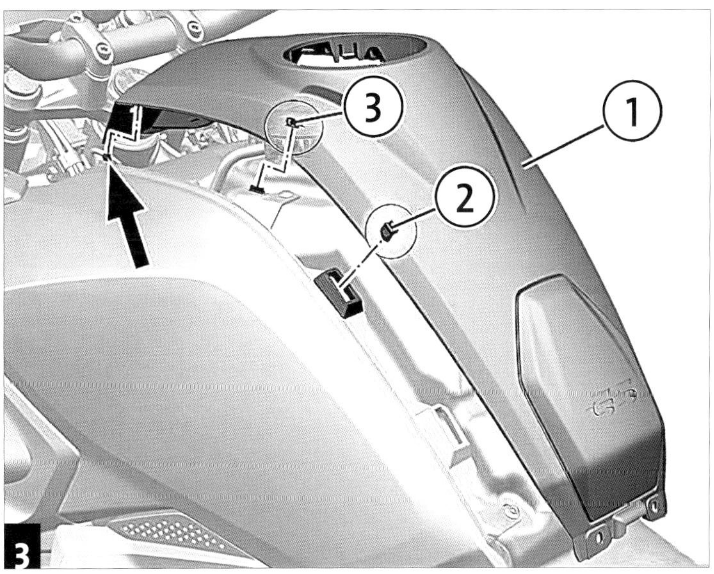

Tankmittelteil
- Mittelteil **1** senkrecht nach oben abnehmen. Dabei Befestigungs- **2** und Steckklammern **3** links und rechts aus Aufnahmen ziehen. Auf Rastnasen achten (Pfeil).

2 Verkleidung

2.3 Verkleidung

Fortsetzung

Seitenteil links und rechts

- Schrauben **1** und **2** ausdrehen.

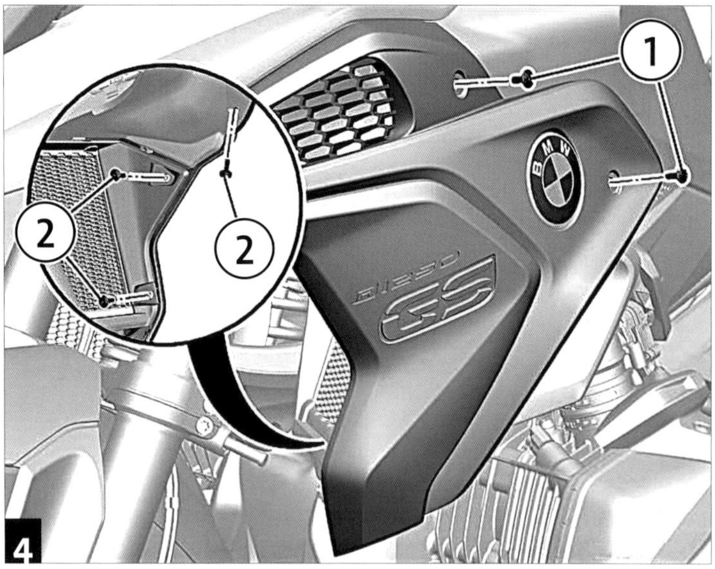

Seitenteil links und rechts

- Seitenteil **1** abnehmen. Dabei an Aufnahme von Klammer **2** ziehen und auf Nasen achten (Peile).
- Klammer **2** kann hartnäckig sein. Erfordert festen Zugriff am Seitenteil bei Aus- und Einbau. Siehe unten Bild 5.1.

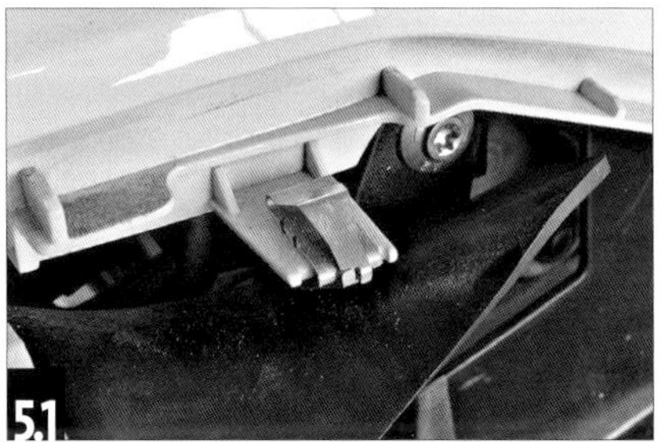

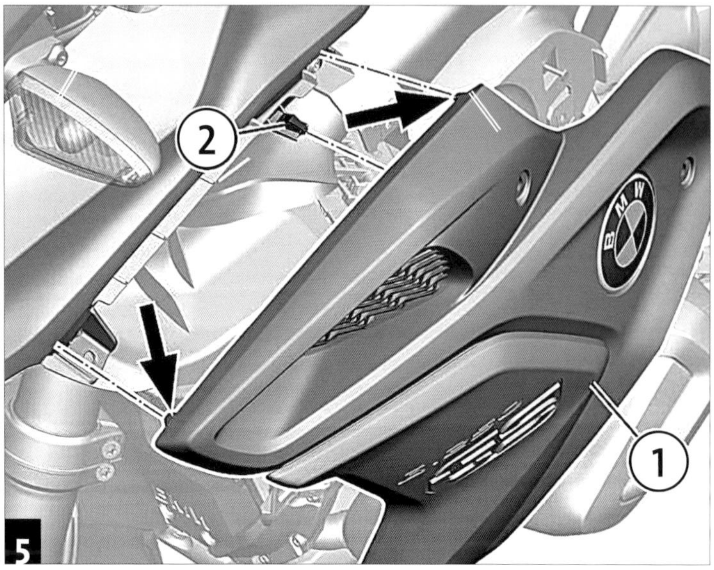

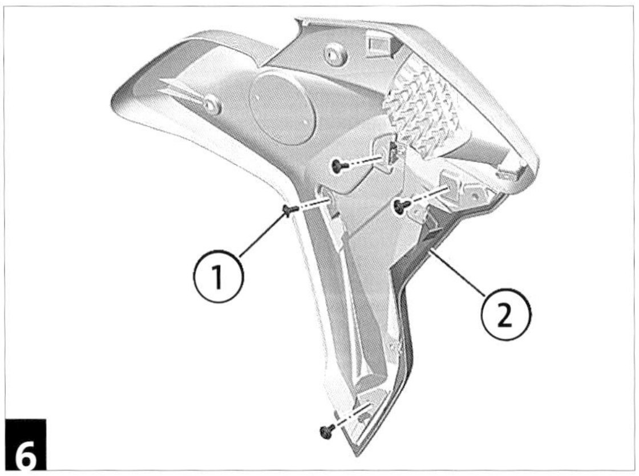

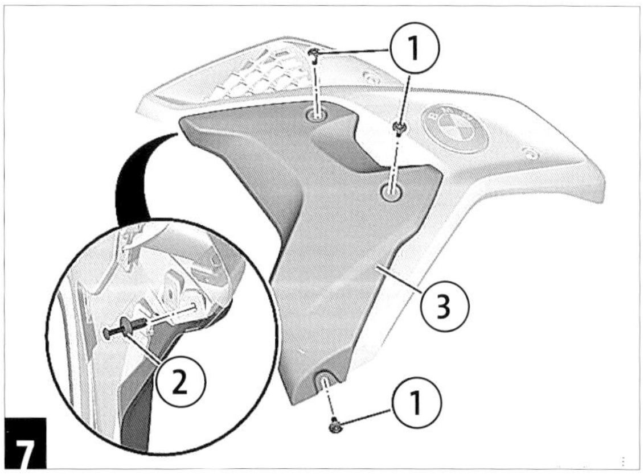

Kühlerblende

- Schrauben **1** ausdrehen und Kühlerblende **2** vom Seitenteil abnehmen.

Kühlerblende Ausführung "Style"

- Schrauben **1** ausdrehen.
- Spreizniet **2** ausbauen (Seite 27).
- Kühlerblende **3** vom Seitenteil abnehmen.

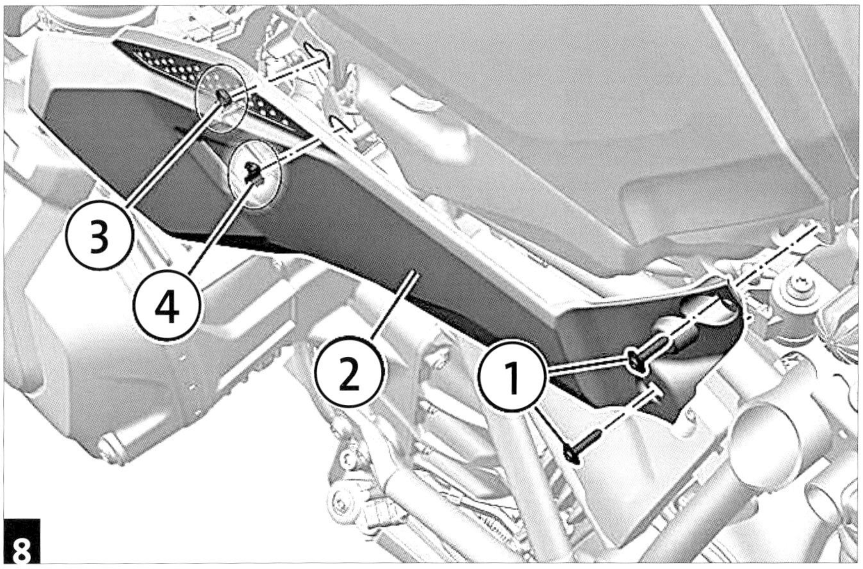

Seitenblende ausbauen (links/rechts)

- Schrauben **1** ausdrehen, Seitenblende **2** nach hinten aus Aufnahmen **3**/**4** abziehen und abnehmen.

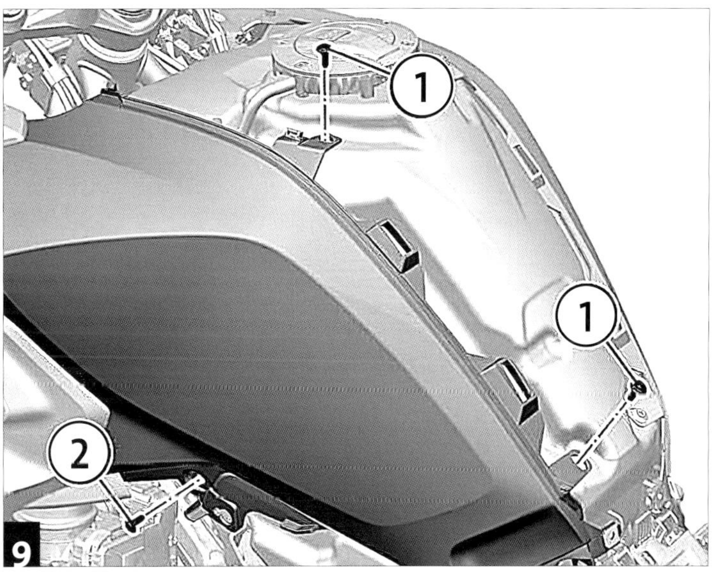

Tankabdeckung links und rechts

- Mittelteil ausbauen siehe Seite 29.
- Schrauben **1** und **2** ausdrehen.

2 Verkleidung

2.3
Verkleidung
Fortsetzung

Tankabdeckung links und rechts
- Spreizniet **1** ausbauen.
- Schrauben **2** ausdrehen**.**
- Radabdeckung **3** vorsichtig etwas anheben und Schraube **4** ausdrehen.
- Abdeckung **5** abnehmen.

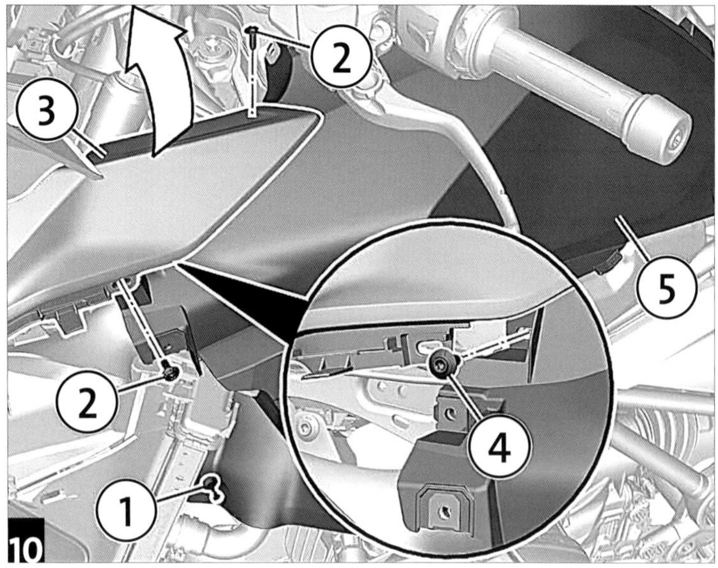

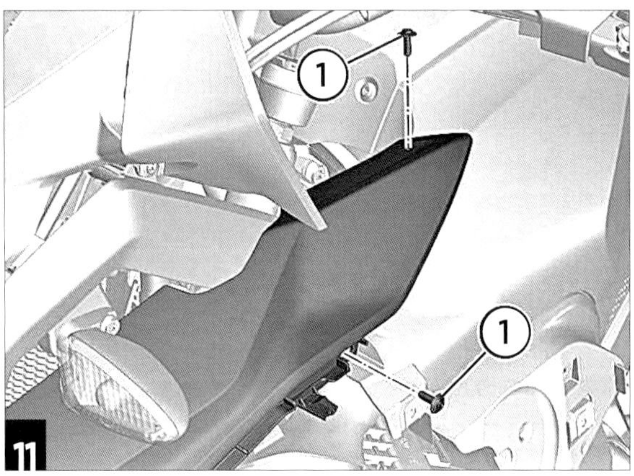

Vorderradabdeckung oben
- Schrauben **1** links und rechts ausdrehen.

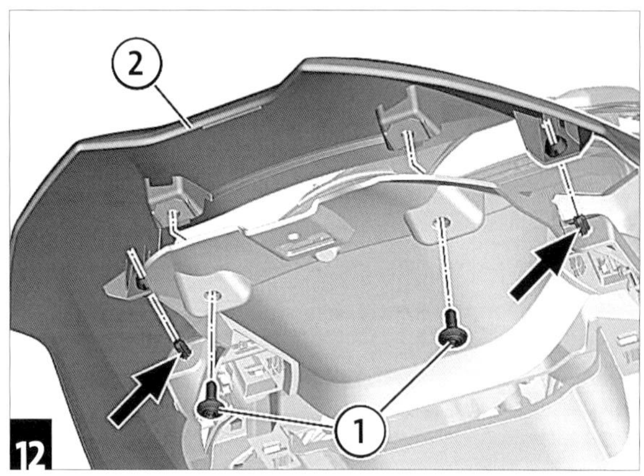

Vorderradabdeckung oben
- Schrauben **1** links und rechts ausdrehen und Vorderradabdeckung **2** von Nasen (Pfeile) nach vorn abnehmen.

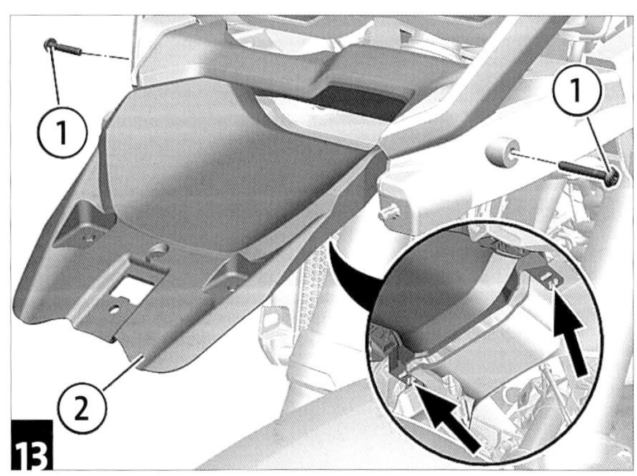

Vorderradabdeckung Mitte
- Schrauben **1** links und rechts ausdrehen und Rastnasen (Pfeile) ausklipsen.
- Vorderradabdeckung Mitte **2** abnehmen.

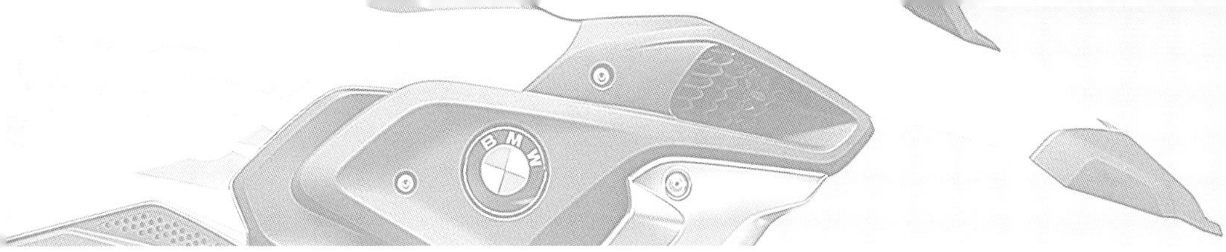

2

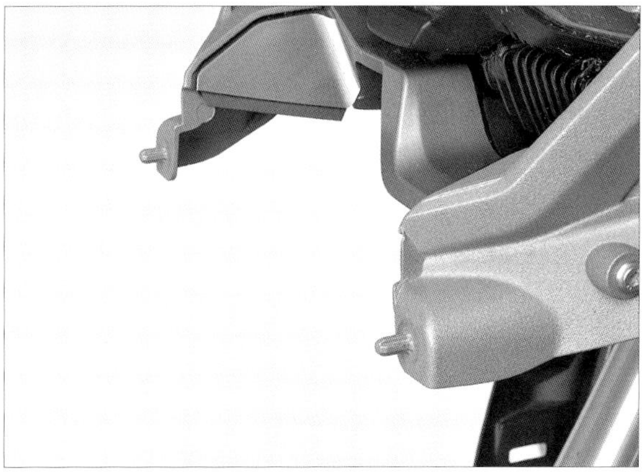

Vorderradabdeckung oben

- Beim Einbau Schnabel auf Zapfen ausrichten.

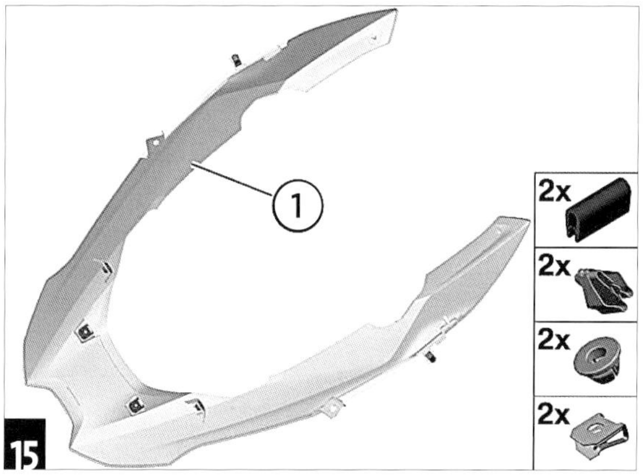

Vorderradabdeckung oben: Kleinteile

- Gegebenenfalls Kleinteile der alten Vorderrad-Abdeckung1 **1** auf Neuteil umrüsten.

2 x Kantenschutz
2 x Klammer
2 x Gummitülle
2 x Steckmutter M5

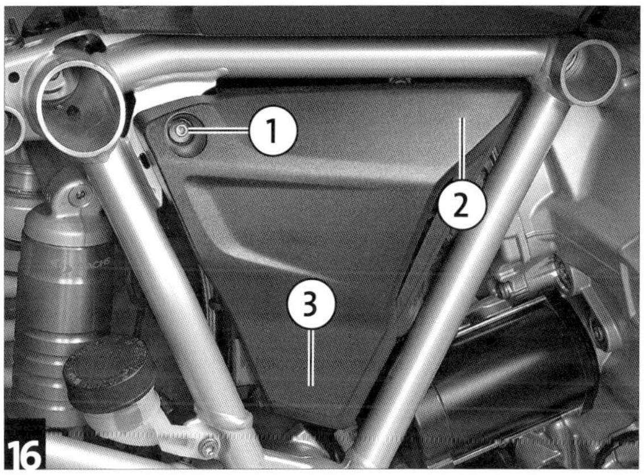

Batteriedeckel rechts ausbauen

- Schraube **1** ausdrehen, bei Position **2** nach außen aus Tülle abziehen und bei Position **3** nach oben von Tülle abnehmen.

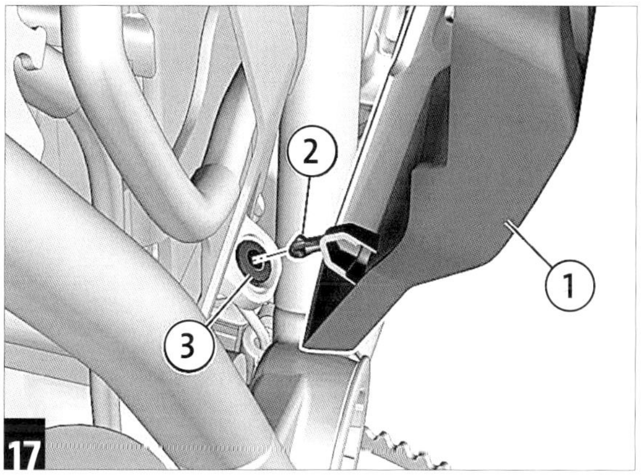

Batteriedeckel rechts einbauen

- Seitendeckel **1** mit Zapfen **2** in Tülle **3** (leicht gefettet) einsetzen.
- Schraube **1** Bild 20 eindrehen.

- **Bild 16**: Unter dem Batteriedeckel rechts befinden sich die Batterie, der Diagnosestecker und das Hauptrelais.

Seitendeckel links ausbauen

- Schraube **1** ausdrehen, bei Position **2** nach außen aus Tülle abziehen und Seitendeckel nach oben abnehmen.

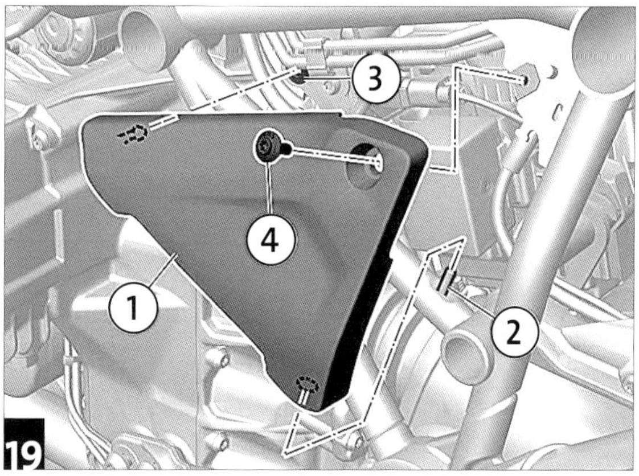

Seitendeckel links einbauen

- Deckel **1** von oben auf Zapfen **2** einsetzen, am hinteren Ende Zapfen in Tülle **3** eindrücken und Schraube **4** eindrehen.

- **Bild 18**: Unter dem Seitendeckel links befinden sich das Starterrelais und der ABS-Sensorstecker/hinten.

2 Verkleidung

2.3 Verkleidung
Fortsetzung

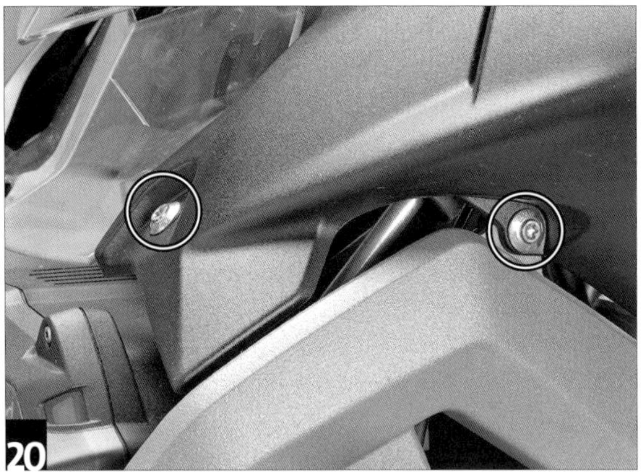

Cockpitverkleidung
- Zwei Schrauben je Seite ausdrehen und Seitenteile der Cockpitverkleidung links/rechts abnehmen.

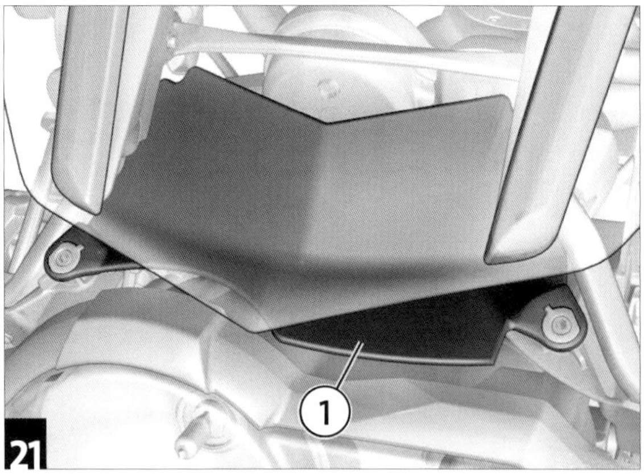

Cockpitverkleidung
- Mittelteil **1** abnehmen.

Radabdeckung: Diebstahlwarnanlage (Sonderausstattung)
- Stecker trennen, zwei Schrauben (Kreise) ausdrehen und DWA abnehmen.

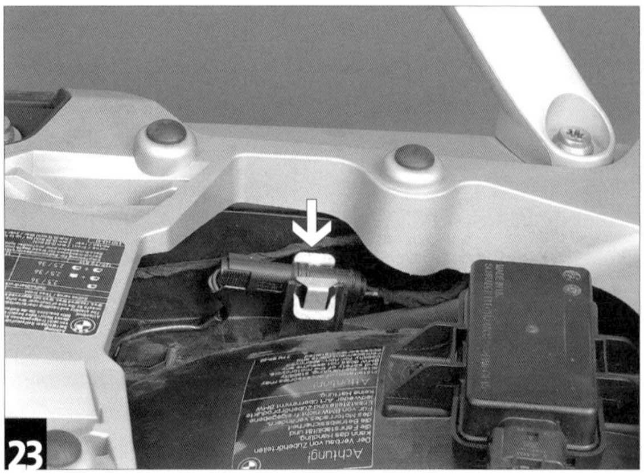

Radabdeckung: Blinkerstecker hinten
- Blinkerstecker links und rechts aus Aufnahme nehmen und trennen.

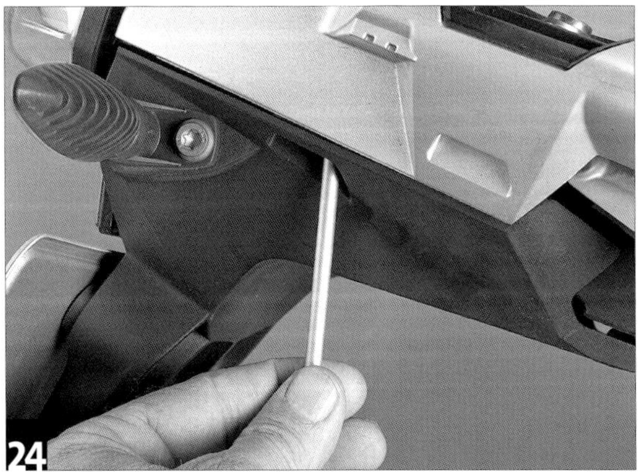

Kennzeichenträger
- Schrauben (mit langem Bund) links/rechts ausdrehen.
- Kennzeichenträger hinten aus Nasen ausklipsen, nach unten klappen und aus Öffnungen nehmen.
  Anzugsmoment M6 x 17,5..................... 8 Nm

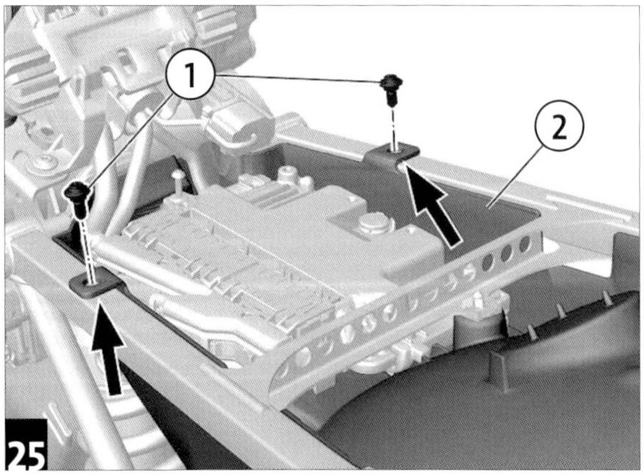

Hinterradabdeckung oben
- Schrauben **1** ausdrehen.
- Abdeckung **2** bei den Pfeilen zusammendrücken und nach unten ausfädeln.
  Anzugsmoment M6 x 14,5..................... 8 Nm

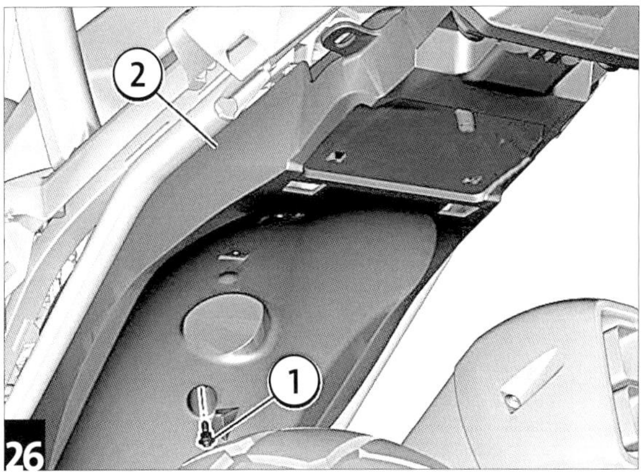

Hinterradabdeckung unten

- Schraube **1** ausdrehen.
- Radabdeckung **2** ausfädeln.
  Anzugsmoment M6 x 17,5. . . . . 8 Nm

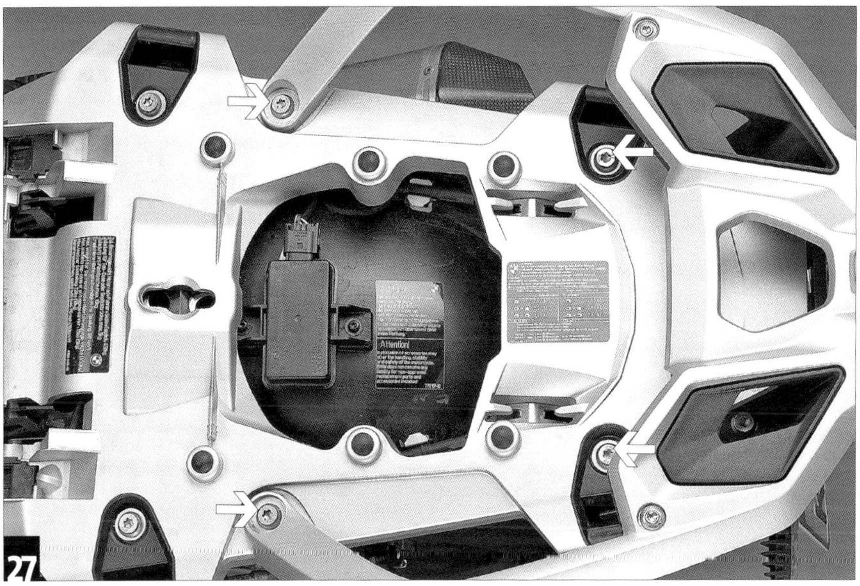

Gepäckbrücke

- Vier Schrauben ausdrehen und Brücke abnehmen.
  Anzugsmoment (mit Loctite 243)
  M8 x 25 . . . . 19 Nm
  M8 x 40 mit Scheibe. . . . . 19 Nm

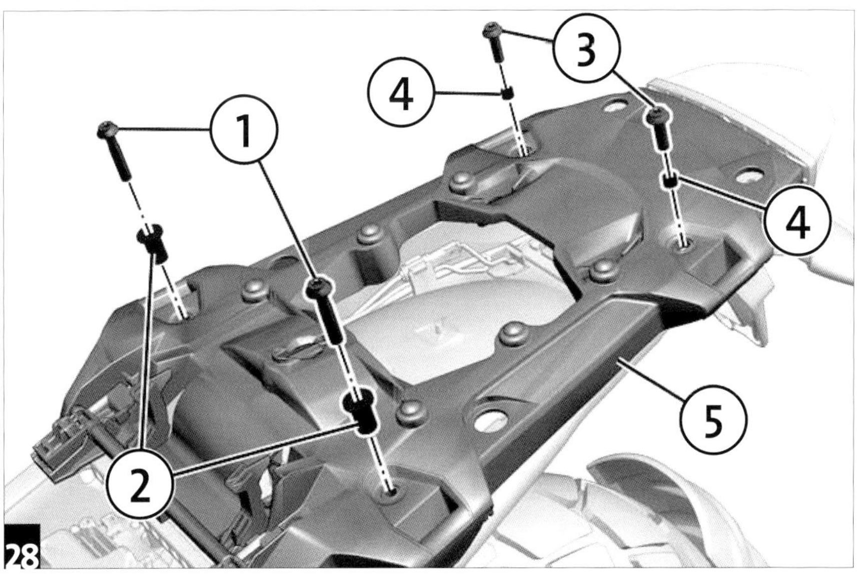

Heckteil

- Schrauben **1**/**3** ausdrehen mit Buchsen **2**/lang und **4**/kurz abnehmen. Heckteil **5** abnehmen.

Anzugsmoment
M8 x 40 vorn mit Loctite 243 . . . . .19 Nm
M8 x 25 hinten mit Loctite 243 . . . . .19 Nm

2 Verkleidung

2.4 Windschild

- Windschild in oberste Stellung drehen.
- Schrauben **1** ausdrehen und Windschild **nach unten** lösen und abnehmen.

1 **Anzugsmoment** M5 x 17,5 . . . . . . 4 Nm

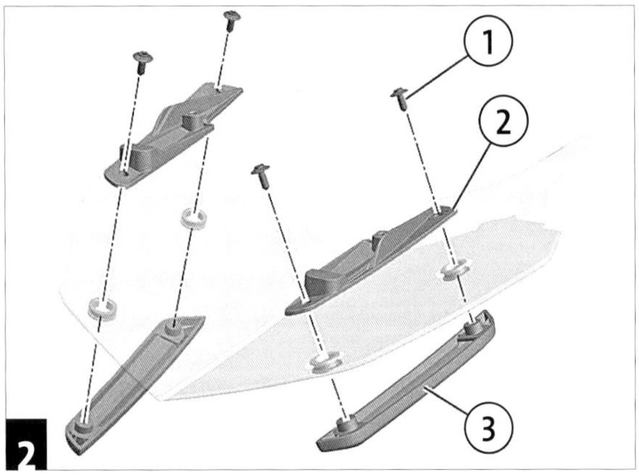

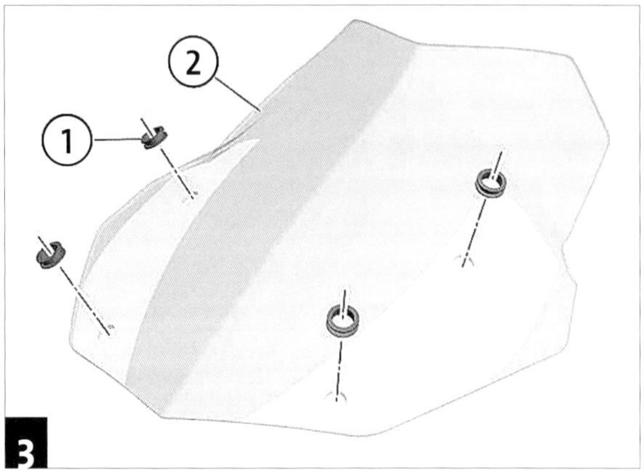

Windschild

- Schrauben **1** ausdrehen und Windschild abnehmen.
  Anzugsmoment M5 x 17,5 . . . . 4 Nm
- Blenden **2** und Halter **3** abnehmen.

Windschild

- Tüllen **1** in neues Windschild **2** einsetzen und in umgekehrter Reihenfolge montieren.

Windschildverstellung

! Bauteile stehen unter Federspannung. Es besteht Verletzungsgefahr durch umherfliegende Teile. Schutzbrille tragen.
Federspannung vorsichtig ab- und aufbauen!

- Ausbauen (Vorkapitel):
  Windschild
  Cockpitverkleidung
  Kombiinstrument (Seite 89)

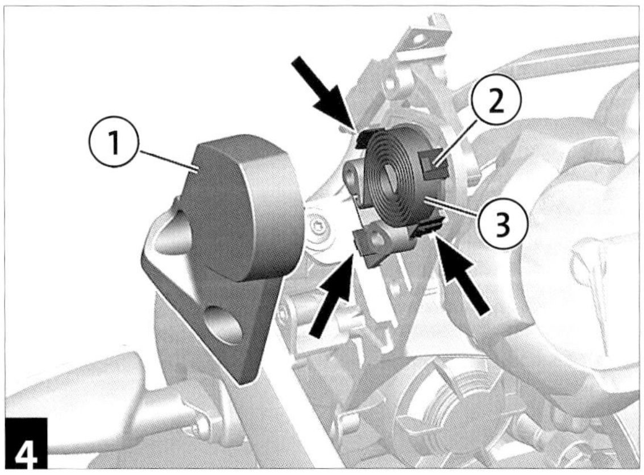

Windschildverstellung

- Blende **1** von Trägerplatte **2** lösen. Dabei auf Halter (Pfeile) achten. Federspannung vorsichtig abbauen.
- Spiralfeder **3** ausbauen.

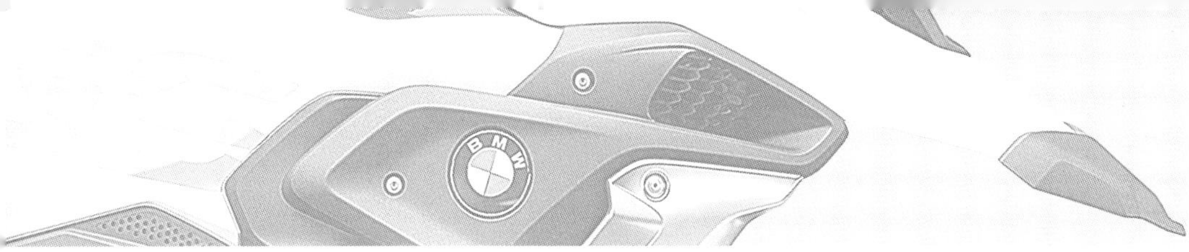

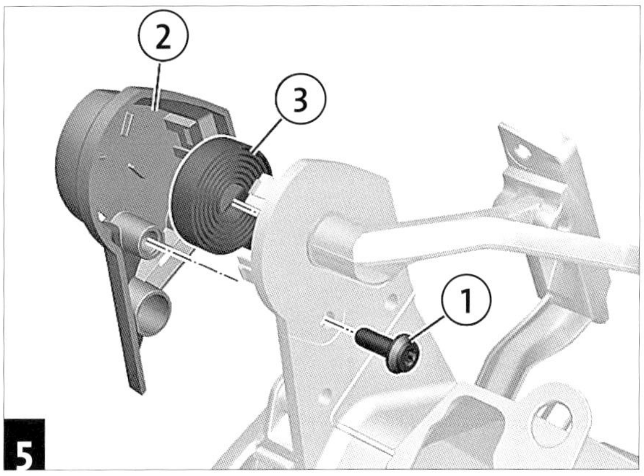

Windschildverstellung

- Schraube **1** ausdrehen.
- Blende **2** und Spiralfeder **3** abnehmen.

1 **Anzugsmoment** M6 x 16 .... 5 Nm

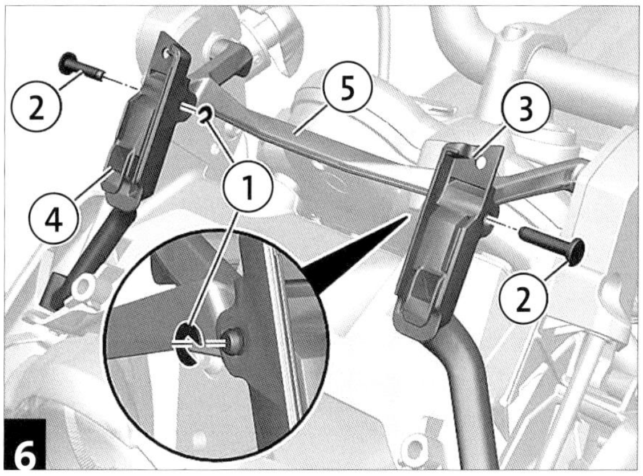

Windschildverstellung

- Sicherungsscheiben **1** und Lagerbolzen **2** ausbauen.
- Arme der Windschildverstellung **3** und **4** von Windschildverstellung **5** lösen.

! Lagerbolzen **2 trocken** einbauen.

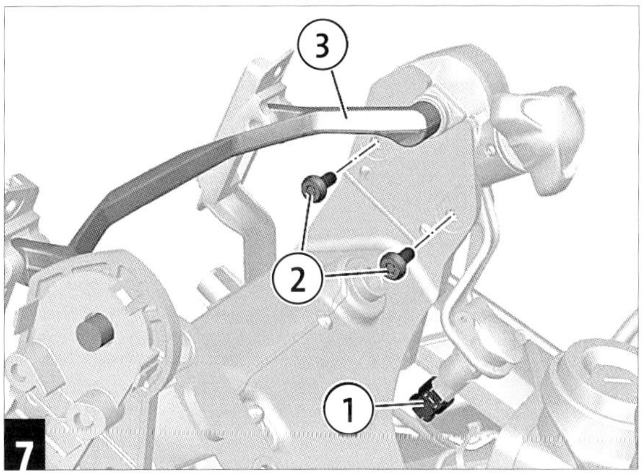

Windschildverstellung

- Stecker **1** für Steckdose trennen.
- Schrauben **2** ausdrehen und Windschildverstellung **3** abnehmen.

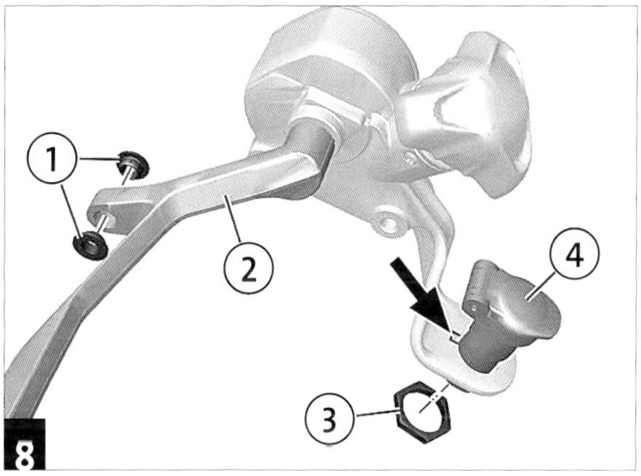

Windschildverstellung ersetzen

- Vier neue Lager **1** an Neuteil **2** anbringen.
- Mutter **3** ausdrehen und Steckdose **4** abnehmen.
- Steckdose **4** an Neuteil befestigen. Dabei auf Nase achten (Pfei).

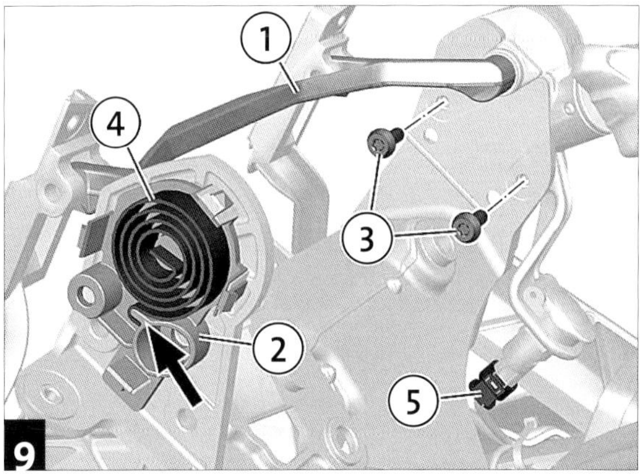

Windschildverstellung Einbau

! Bauteile beim Einbau nicht schmieren, sondern trocken einbauen.

- Windschildverstellung **1** in Trägerplatte **2** einsetzen.
- Verstellung **1 auf maximale Höhe** einstellen.
- Spiralfeder **4** in Windschildverstellung einsetzen und in Nase (Pfeil) einhängen.

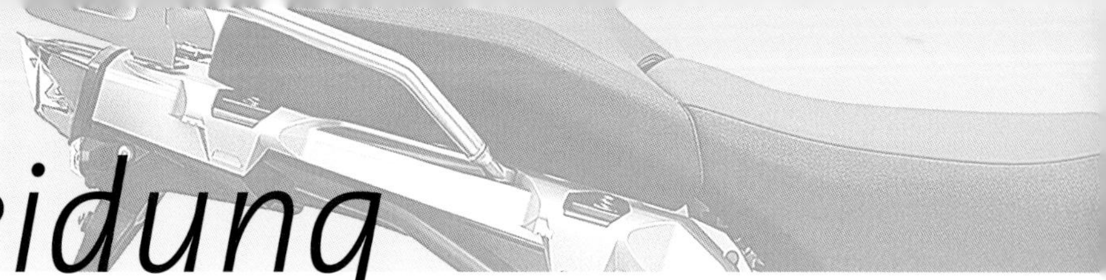

2 Verkleidung

2.5
Handschutz

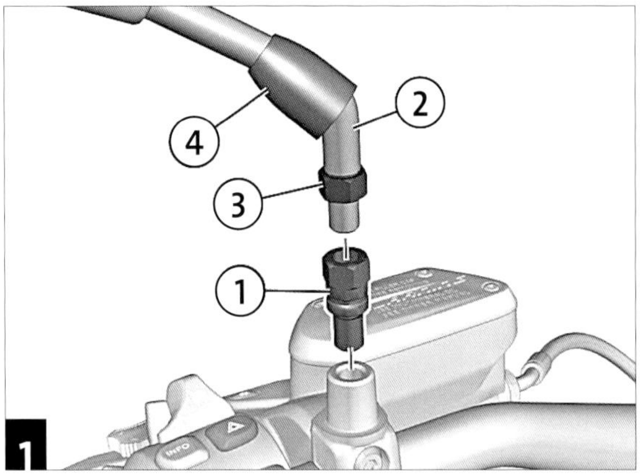

Spiegel

- Abdeckhülle **4** hoch schieben. Gegenmutter **3 im Uhrzeigersinn** (li. und re.) lockern und Spiegel **2** mit Links-/Rechts-Adapter **1** ausdrehen.

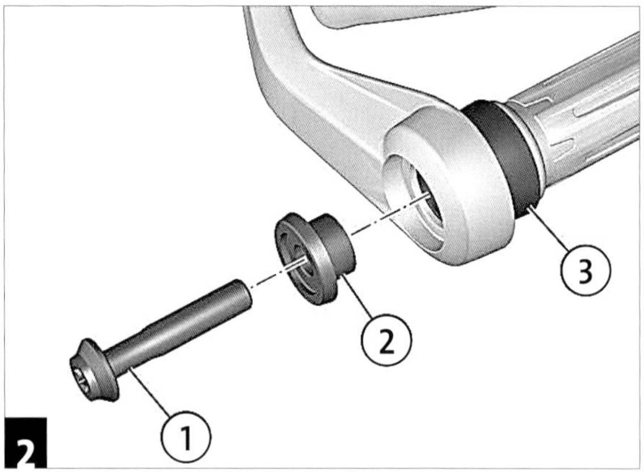

Lenkergewicht

- Schraube **1** mit Buchse **2** aus-/einbauen. Lenkergewicht **3** abnehmen.

1 **Anzugsmoment** M10 x 50 .... 38 Nm

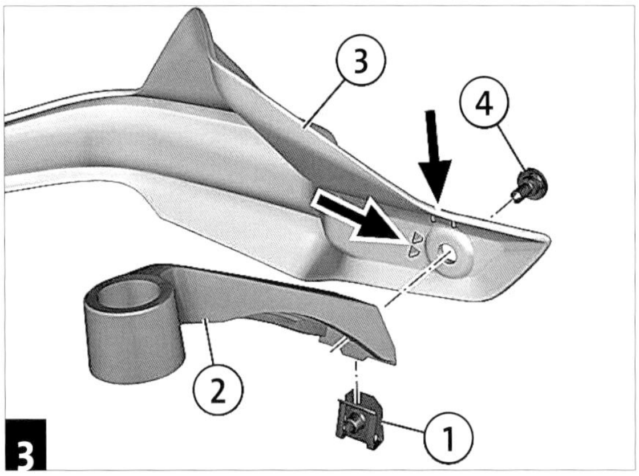

Handschutz montieren

- Steckmutter **1** einsetzen. Halter **2** an Verdrehsicherung (Pfeile) an Handschutz **3** anlegen. Schraube **4** eindrehen.

4 **Anzugsmoment** M5 x 14,5 .... 2 Nm

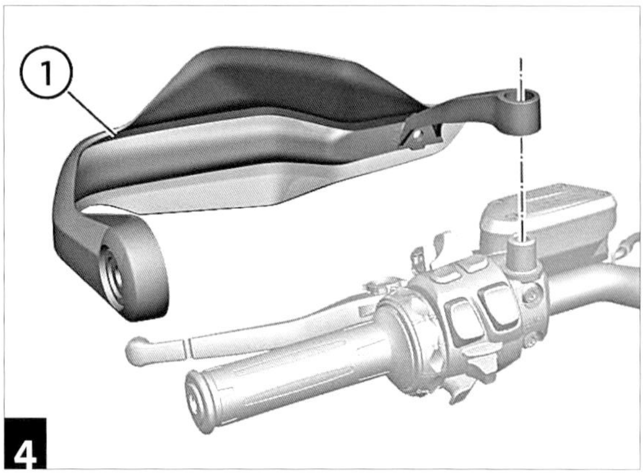

Handschutz

- Handschutz **1** ansetzen. Spiegel und Lenkergewicht montieren.

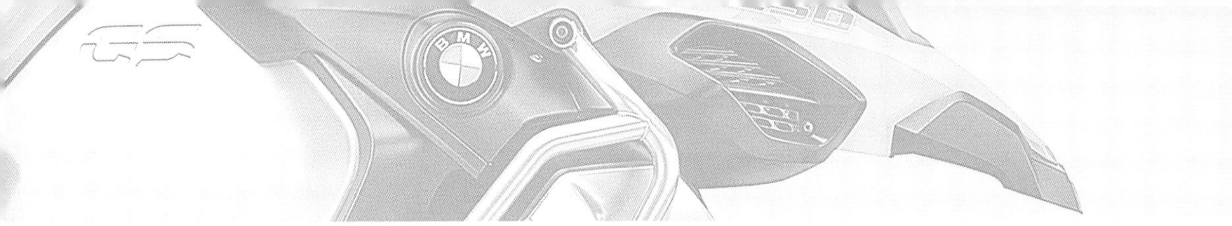

2.6 Motorschutz

Motorschutz-Befestigung

- Fünf Schrauben ausdrehen und Motorschutz von Halter abnehmen.
  Anzugsmoment M6 x 20 . . . . . . 8 Nm

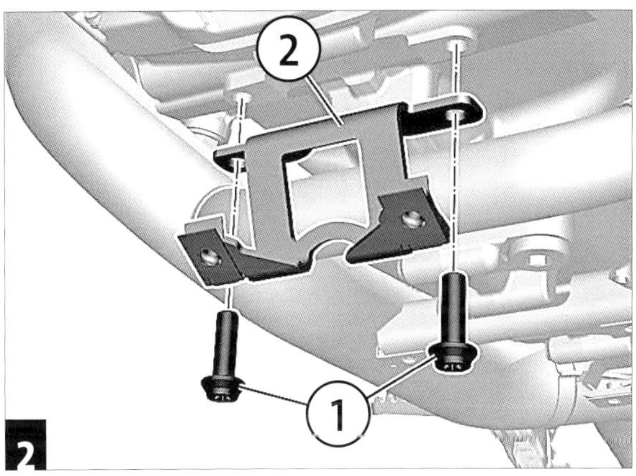

Motorschutz-Halter vorn

- Schrauben **1** ausdrehen und Halter **2** abnehmen.
  Anzugsmoment M6 x 25. . . . . 19 Nm

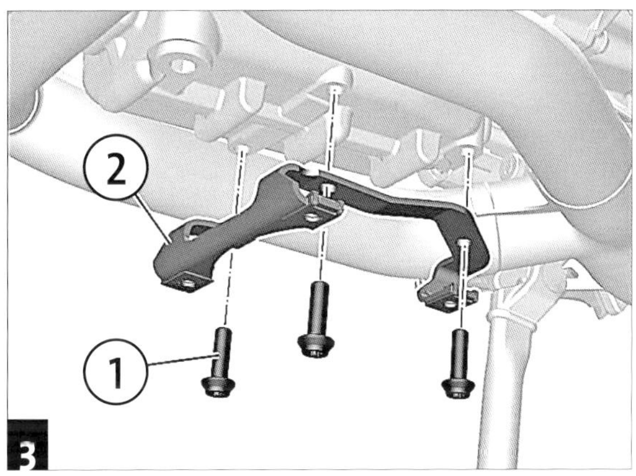

Motorschutz-Halter hinten

- Schrauben **1** ausdrehen und Halter **2** abnehmen.
  Anzugsmoment M6 x 25. . . . . 19 Nm

2.7 Rahmenschutz

Der Rahmenschutz wird bei K50 und K51 jeweils in der HP- bzw. Rallye-Style-Version verbaut. Empfehlenswert auch für die "normalen" Ausgaben!

Rahmenschutz

- Drei Gummibänder ausknöpfen und Rahmenschutz abnehmen.

2 Verkleidung

2.8 Motorschutzbügel

- Es ist der nachträgliche Einbau des Motorschutzbügels dargestellt. Der Ausbau erfolgt in umgekehrter Reihenfolge. Dargestellt ist der linke Motorschutzbügel, der rechte ist spiegelbildlich angeordnet.

! Bauteile (Zylinderkopfdeckel) vor Lackschäden schützen. Ggf. abkleben und abdecken (altes Handtuch).

! **Loctite 243**: Darauf achten, dass die mit Schraubensicherung montierten Schrauben innerhalb von 10 Minuten ihren Endanzug erhalten. Der komplette Duchhärtungsprozess dauert 24 Stunden.

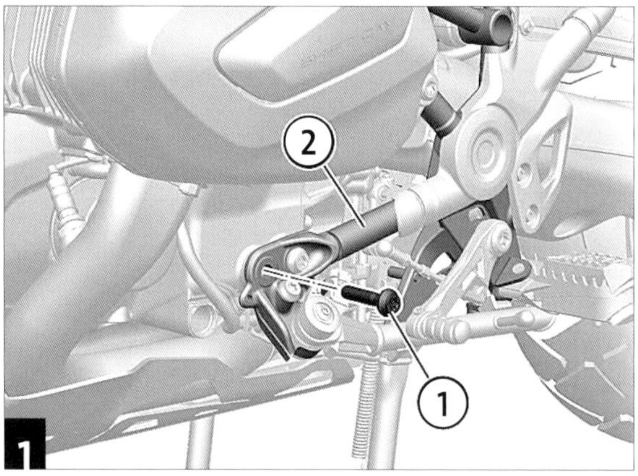

Einbau
- Schraube **1** von Hauptrahmen **2** ausdrehen und aufbewahren. Schraube **1** wird wieder verwendet.

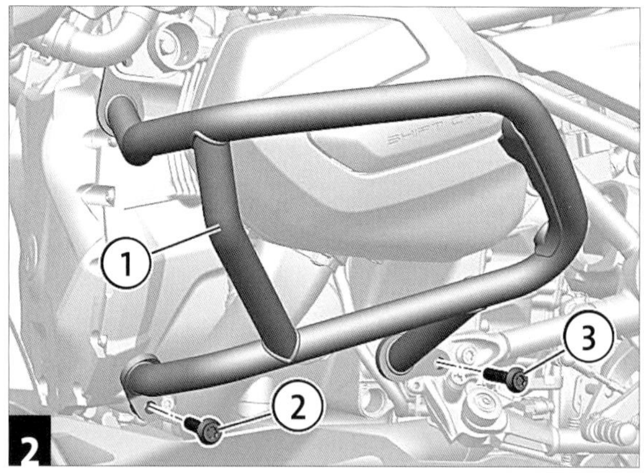

- Motorschutzbügel **1** ansetzen und Schraube **2** handfest eindrehen.
- Bei Schraube **3** Gewinde reinigen, Schraubensicherung (mittelfest; Loctite 243) auftragen und handfest eindrehen.

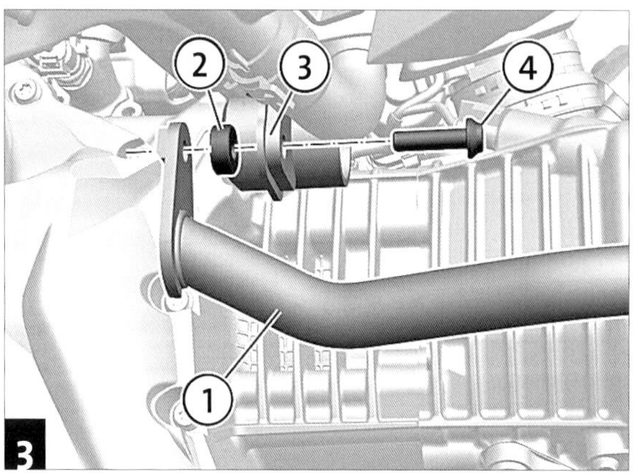

- Motorschutzbügel **1** und Buchse **2** innen am Hauptrahmen **3** anliegen lassen und Schraube **4** handfest eindrehen.

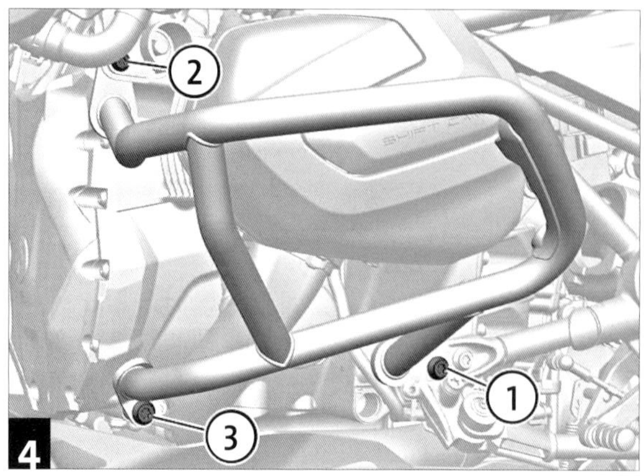

Schrauben anziehen; Anzugsmomente

! Anzugsreihenfolge einhalten.

1 M10 x 45 (Loctite 243) .... 55 Nm
2 M8 x 30 .... 19 Nm
3 M10 x 45 (mikroverkapselt/neu) .... 56 Nm

2.9 Vorderradabdeckung und Spritzschutz

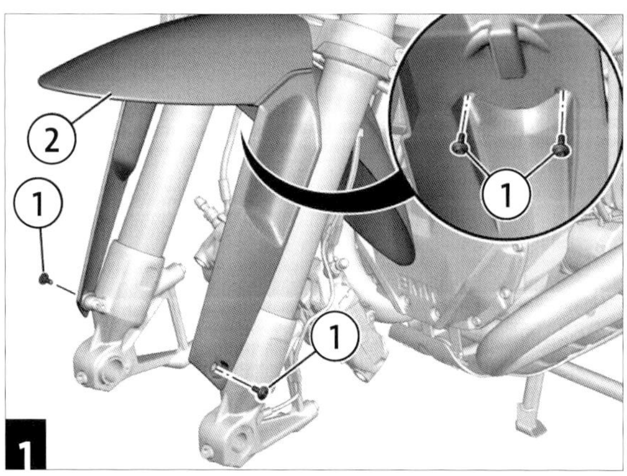

Radabdeckung
- Bremssattel, ABS-Sensor und Rad ausbauen.
- Schrauben **1** ausdrehen und Abdeckung **2** abnehmen.

1 **Anzugsmoment** M5 x 14,5 .... 2 Nm

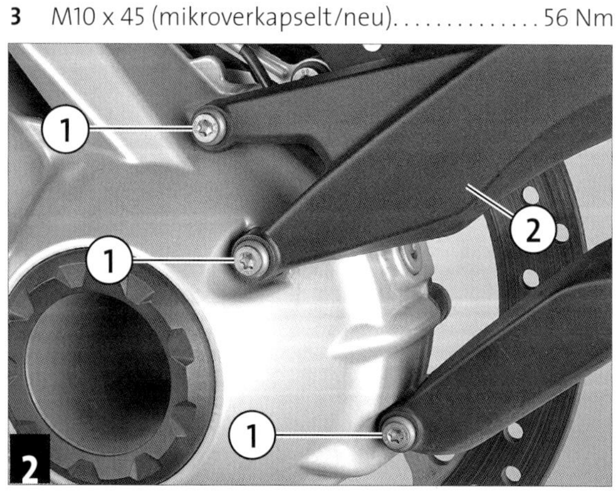

Spritzschutz
- Drei Schrauben **1** ausdrehen und Spritzschutz **2** abnehmen. Bei Montage Gewinde reinigen und neue Schrauben verwenden (mikroverkapselt).

1 **Anzugsmoment** M6 x 20 .... 8 Nm

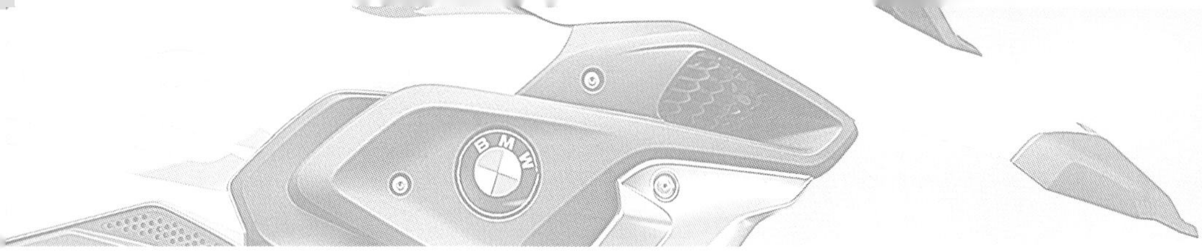

2.10
Verkleidung Adventure

- Fahrersitz abnehmen (Seite 28).

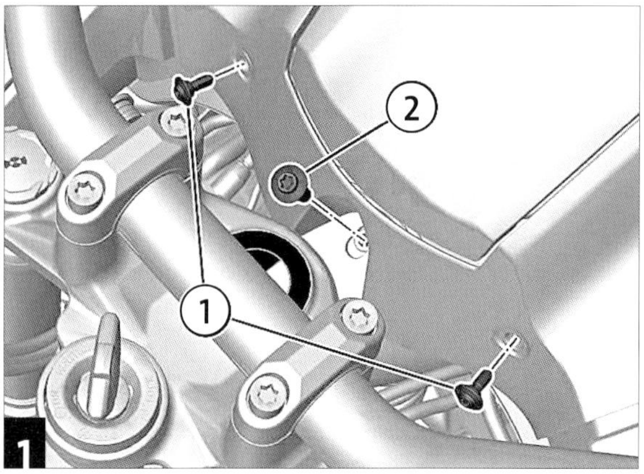

Tankmittelteil vorn (Luftfilterwartung)
- Schrauben **1** und **2** ausdrehen.

2 **Anzugsmoment** M6 x 25. . . . . 8 Nm

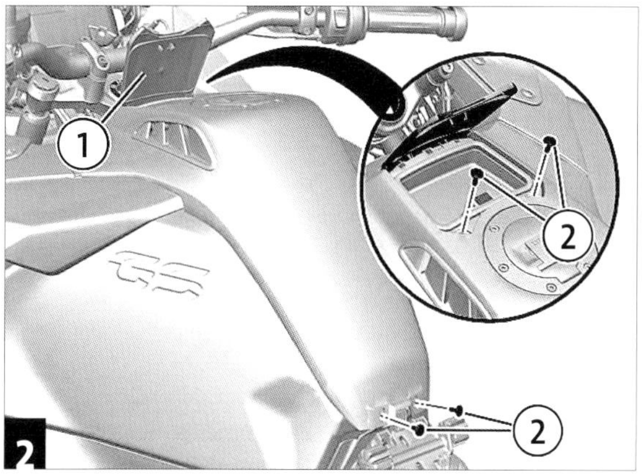

Tankmittelteil (Luftfilterwartung)
- Staufachdeckel **1** öffnen und Schrauben **2** ausdrehen.

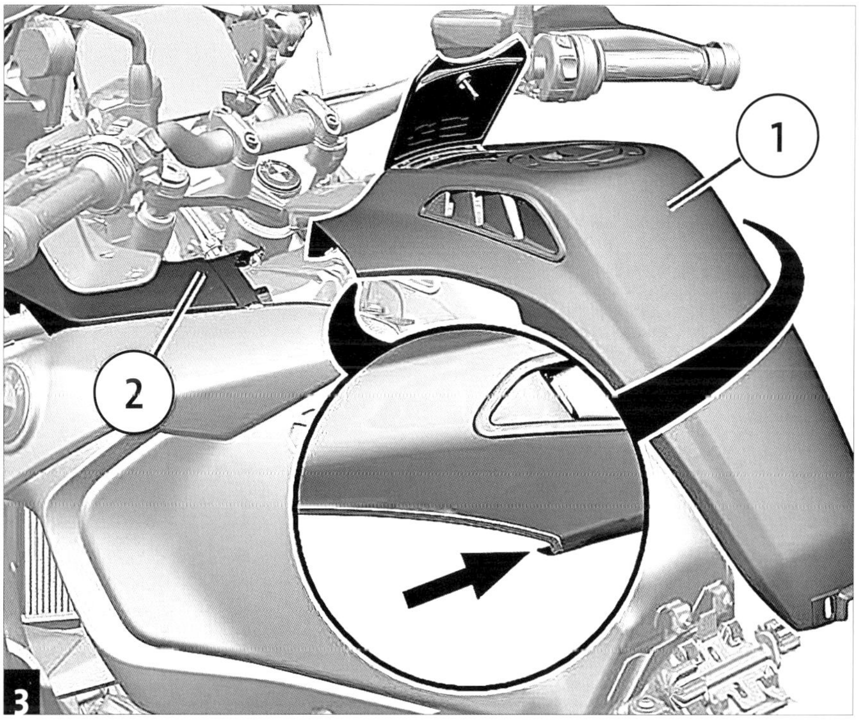

Tankmittelteil (Luftfilterwartung)
- Tankverkleidung **1** nach oben abnehmen. Dabei Nasen (Pfeil) aus Vorderradabdeckung **2** aushaken. Beim Einbau zuerst einhaken.

2 Verkleidung

2.10
Verkleidung Adventure

Fortsetzung

Der Motorschutzbügel (Bild 6) muss zum Ausbau der Verkleidung nicht abgebaut werden, sondern steht hier weil's thematisch zum Tankschutzbügel passt (Bilder 5 und 6).

! Loctite 243:
Darauf achten, dass die mit Schraubensicherung montierten Schrauben innerhalb von 10 Minuten ihren Endanzug erhalten.
Der komplette Duchhärtungsprozess dauert 24 Stunden.

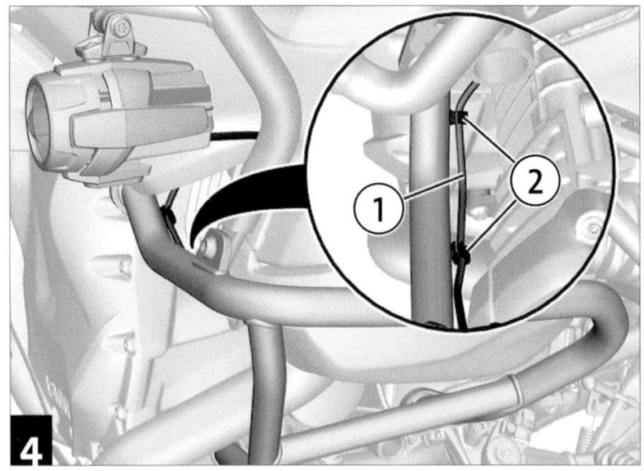

Zusatzscheinwerfer (Sonderausstattung)
- Kabel **1** aus Klemmen **2** am Motorschutzbügel freilegen bzw. beim Einbau einklipsen.

Tankschutzbügel links und rechts
- Schrauben **1** und **2** ausdrehen und Tankschutzbügel **3** ausbauen.

Anzugsmoment

1 M8 x 16 (Loctite 243).......... 19 Nm
2 M8 x 40 .... 19 Nm

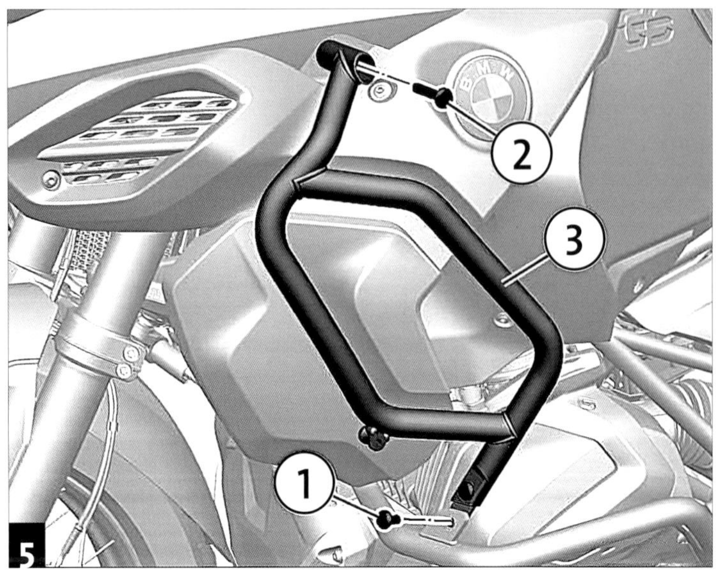

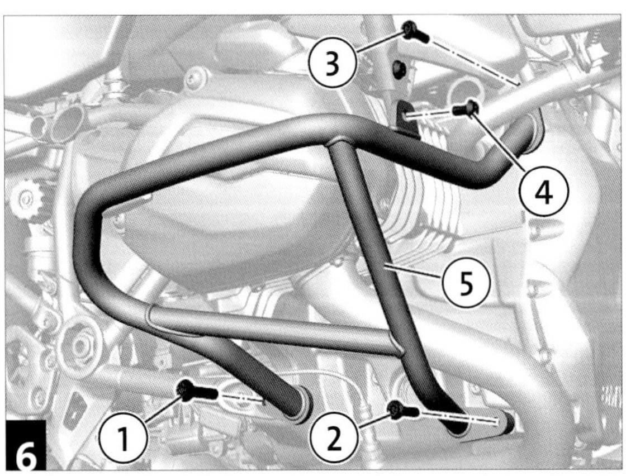

Motorschutzbügel ⑤ aus-/einbauen - Anzugsmomente

1 M10 x 45...................................... 38 Nm
2 M8 x 35 10.9..................................19 Nm
3 M8 x 30..19 Nm
4 M8 x 16 (Loctite 243)..........................19 Nm

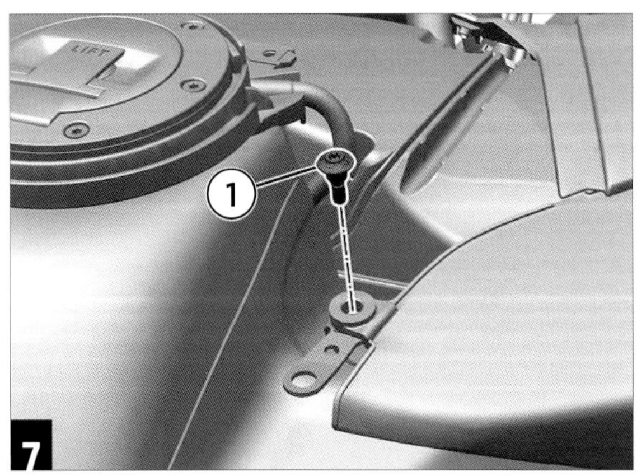

Seitenteil links und rechts
- Tankmittelteil ist ausgebaut (Bilder 1 bis 3).
- Schraube **1** mit langem Bund ausdrehen.

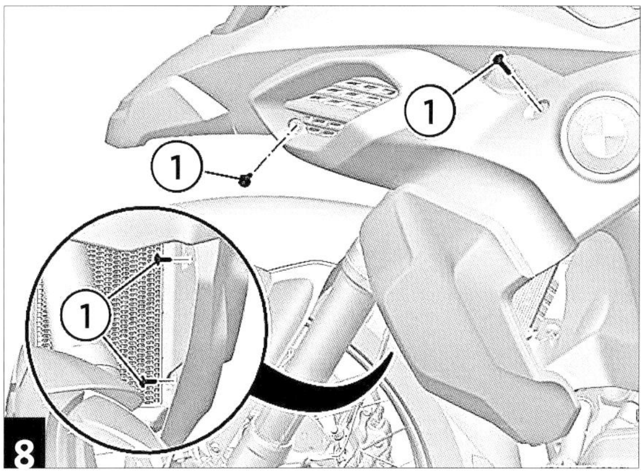

Seitenteil links

- Schrauben **1** ausdrehen.

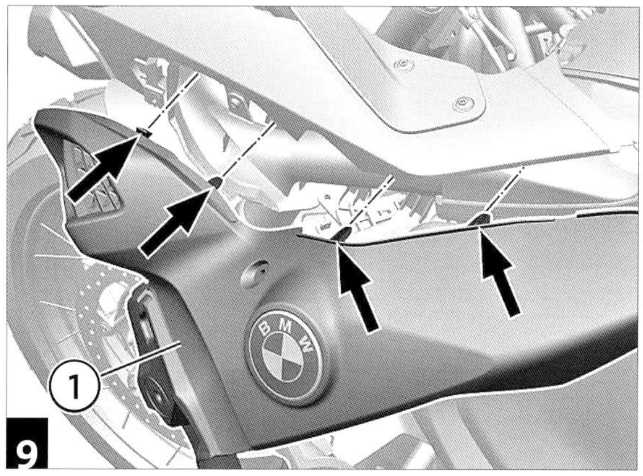

Seitenteil links

- Seitenteil **1** ausbauen. Dabei auf Nase (Pfeile) achten.

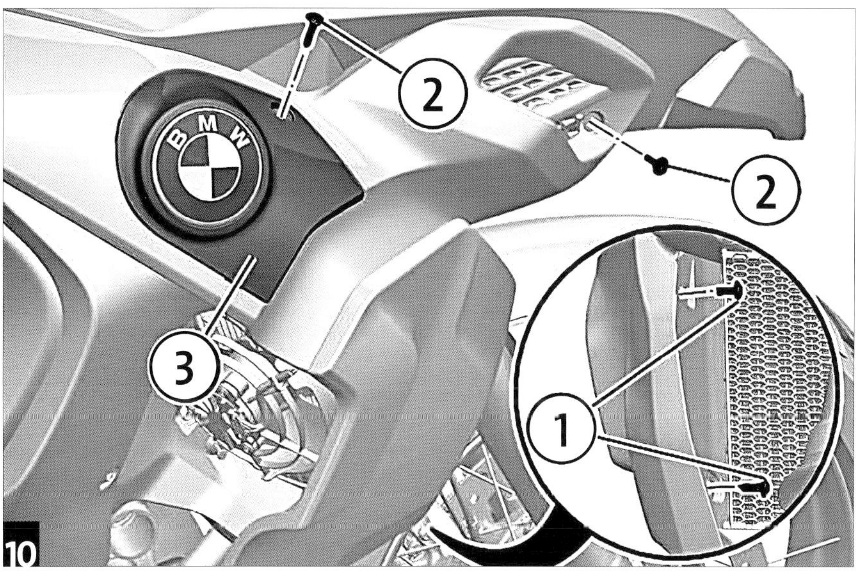

Seitenteil rechts

- Schrauben **2** mit langem Bund ausdrehen.
- Deckel **3** ausbauen.
- Schrauben **1** mit kurzem Bund ausdrehen.

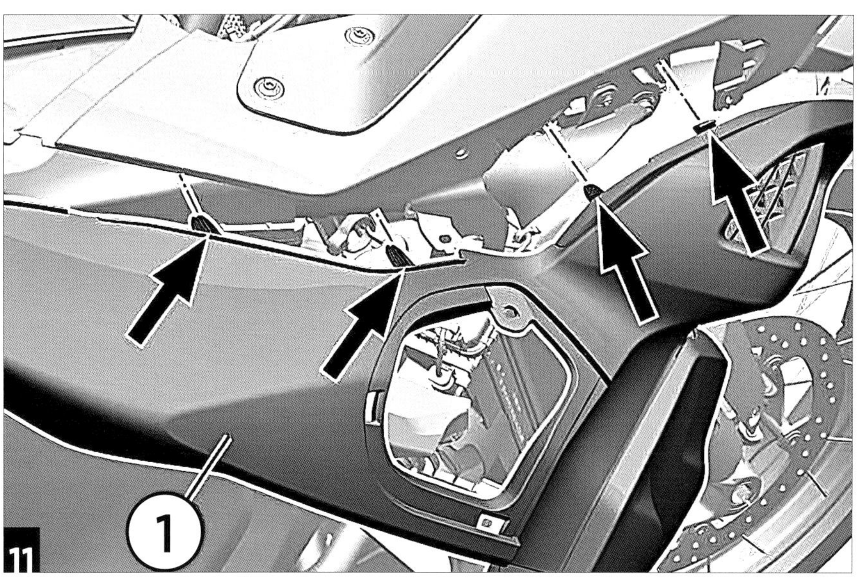

Seitenteil rechts

- Seitenteil **1** abnehmen. Beim Einbau darauf achten, dass Nasen (Pfeile) einrasten.

2 Verkleidung

2.8 Verkleidung Adventure

Fortsetzung

Bilder 12 und 13

- Es werden zwei verschiedene Baustände bei den Spreiznieten verwendet. Bild 12 stellt die Standard-Aufführung dar. Bei Bild 13 muss der Dorn nach außen herausgefummelt werden.
  In der Praxis genügt dazu eine kleine Flachzange, falls BMW-Spezialzange 13 1 511 nicht zur Verfügung steht.

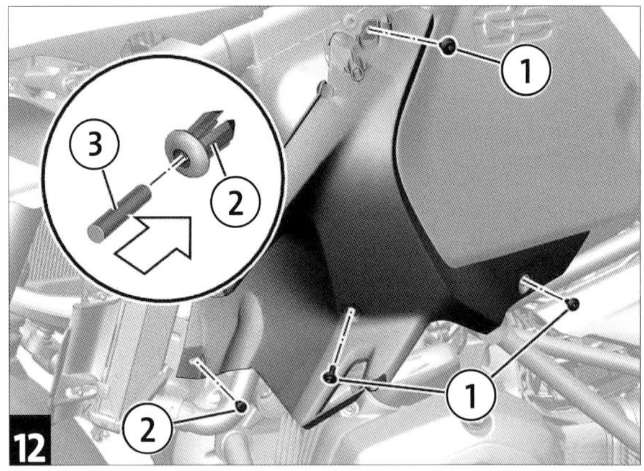

Luftführung links und rechts

- Schrauben **1** mit kurzem Bund ausdrehen und Spreizniet (**3** und **2**) ausbauen.

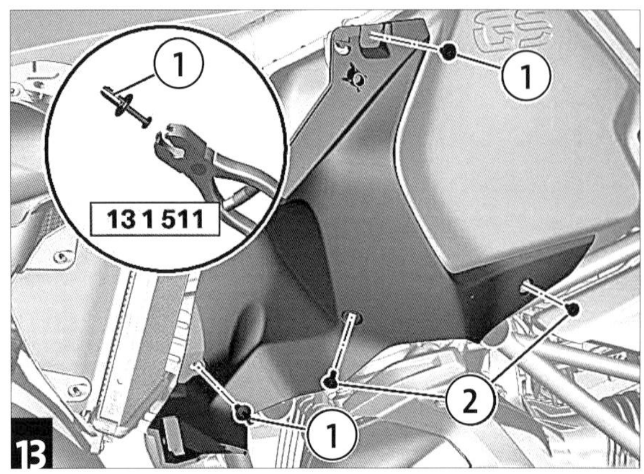

Luftführung links und rechts

- Spreizniet **1** ausbauen.
- Schrauben **2** ausdrehen.

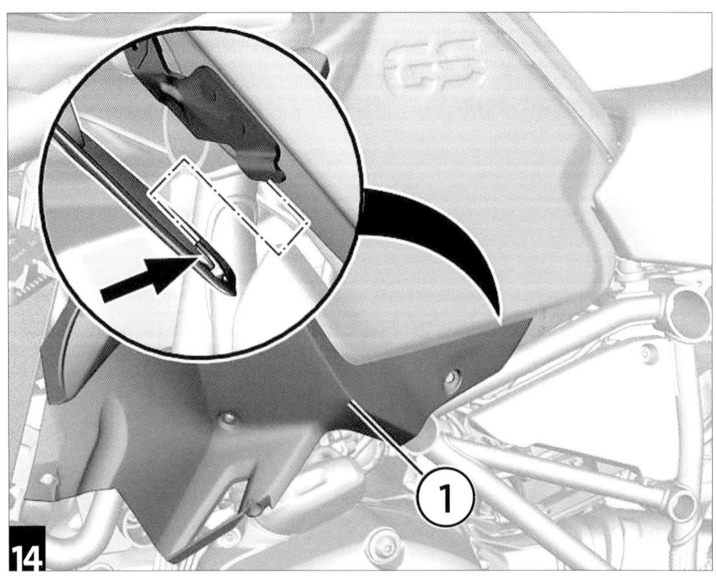

Luftführung links und rechts

- Luftführung **1** hinten an Nase (Pfeil) lösen.

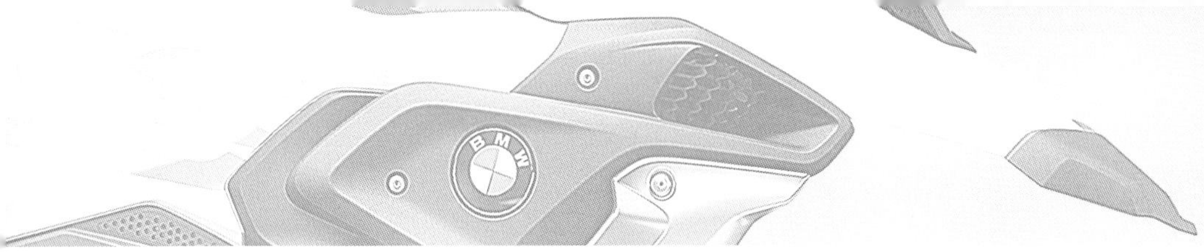

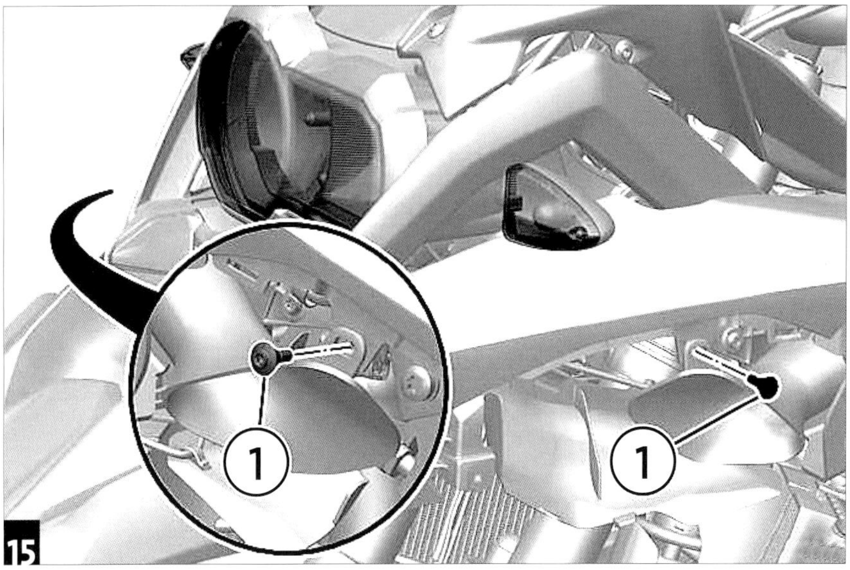

Vorderradabdeckung oben („Schnabel")

- Je eine Schraube **1** links und rechts ausdrehen.

1 Anzugsmoment M8 x 16 (Loctite 243)..... 19 Nm

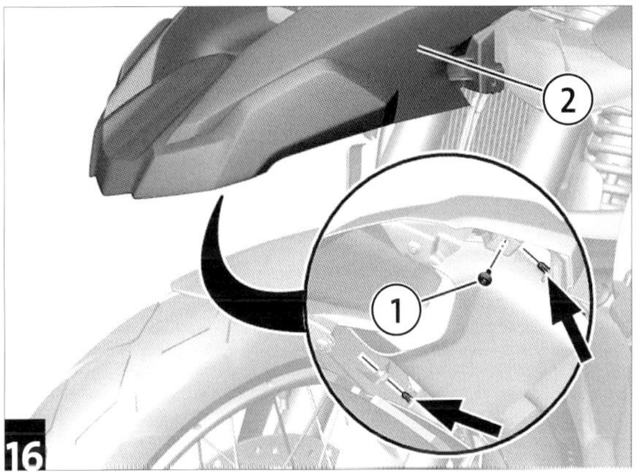

Vorderradabdeckung oben

- Schrauben **1** ausdrehen und Schnabel abnehmen.
- Beim Einbau Schnabel auf Zapfen (Pfeile) ausrichten.

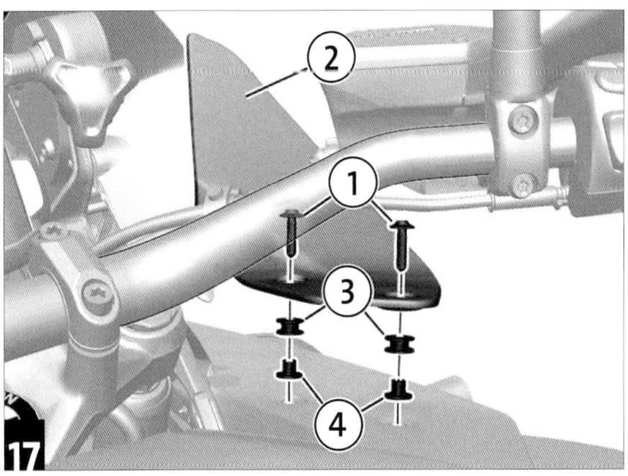

Windabweiser

- Schrauben **1** ausdrehen und Abdeckung **2** abnehmen.
- Windabweiser mit Tüllen **3** und Buchsen **4** montieren.

- Windschild, Windschild-Verstellung (Seite 36), untere Vorderrad-abdeckung, Hinterrad-abdeckung und Gepäckbrücke wie bei der "normalen" GS (K50) aus- und einbauen.

3 Wartung

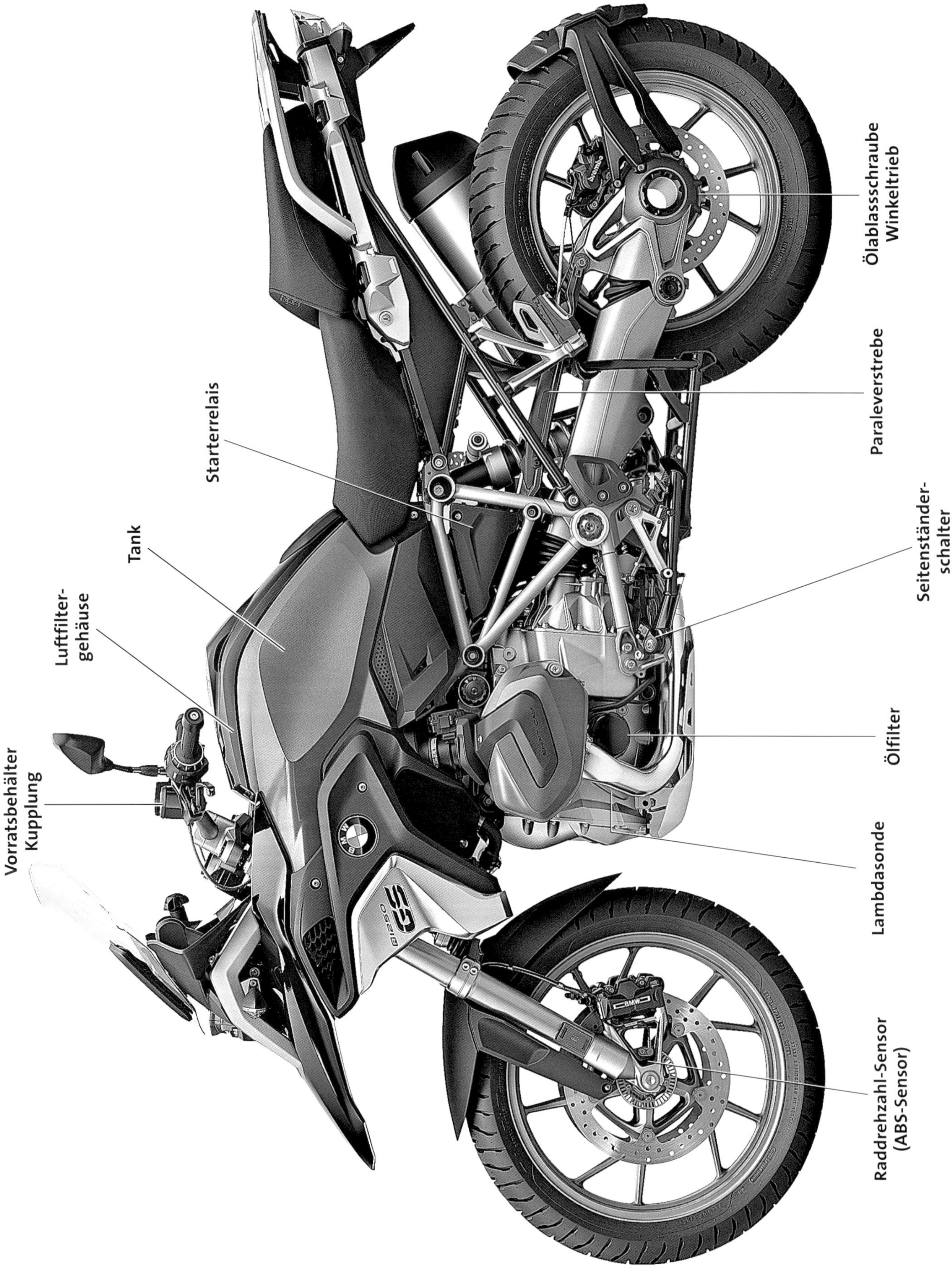
Vorratsbehälter Kupplung
Luftfilter-gehäuse
Tank
Starterrelais
Öablassschraube Winkeltrieb
Paraleverstrebe
Seitenständer-schalter
Ölfilter
Lambdasonde
Raddrehzahl-Sensor (ABS-Sensor)

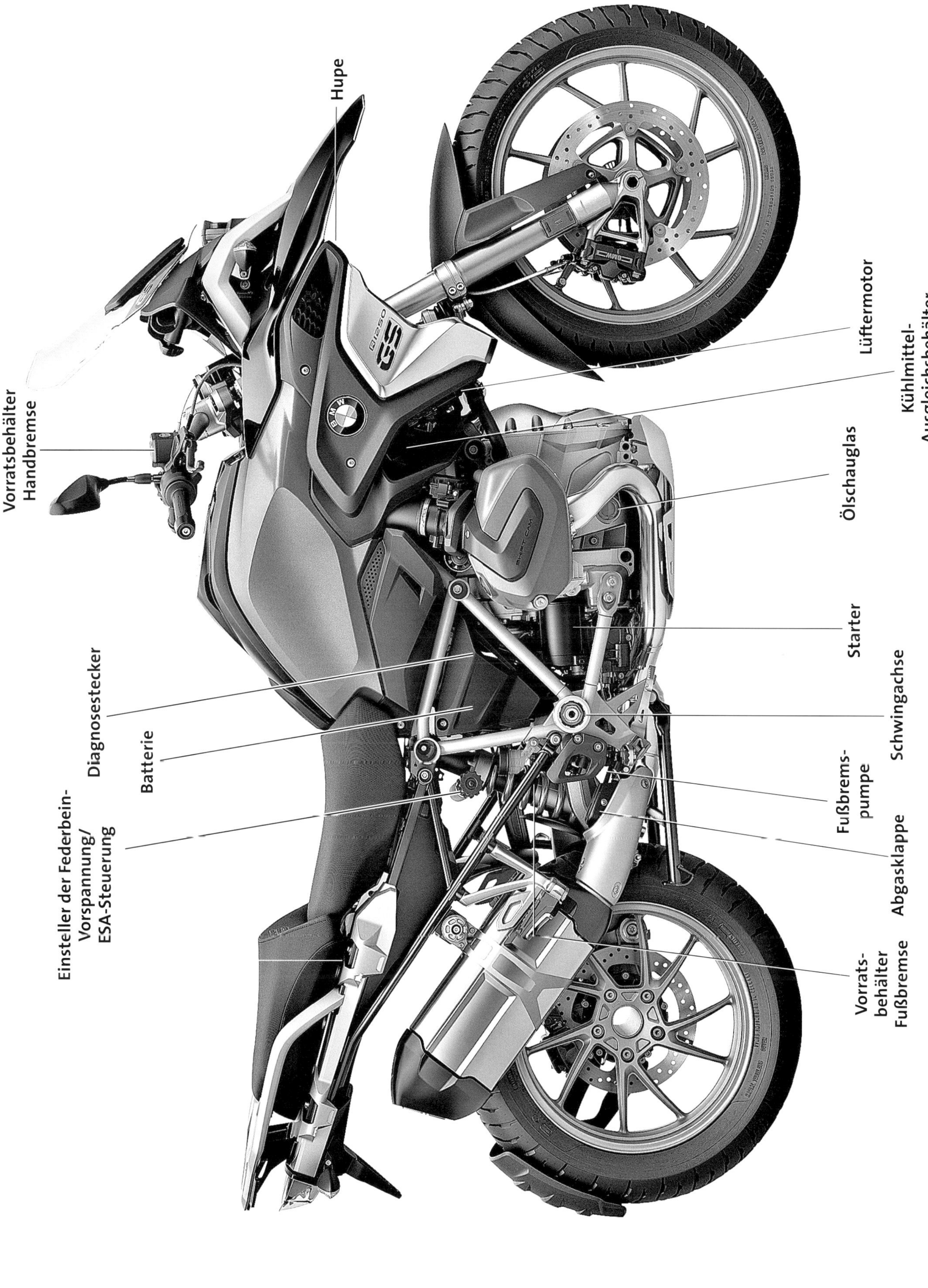
Hupe
Vorratsbehälter Handbremse
Lüftermotor
Kühlmittel-Ausgleichsbehälter
Ölschauglas
Starter
Diagnosestecker
Schwingachse
Batterie
Fußbrems-pumpe
Einsteller der Federbein-Vorspannung/ ESA-Steuerung
Abgasklappe
Vorrats-behälter Fußbremse

3 Wartung

Kabelverlegung

1

Kabelverlegung

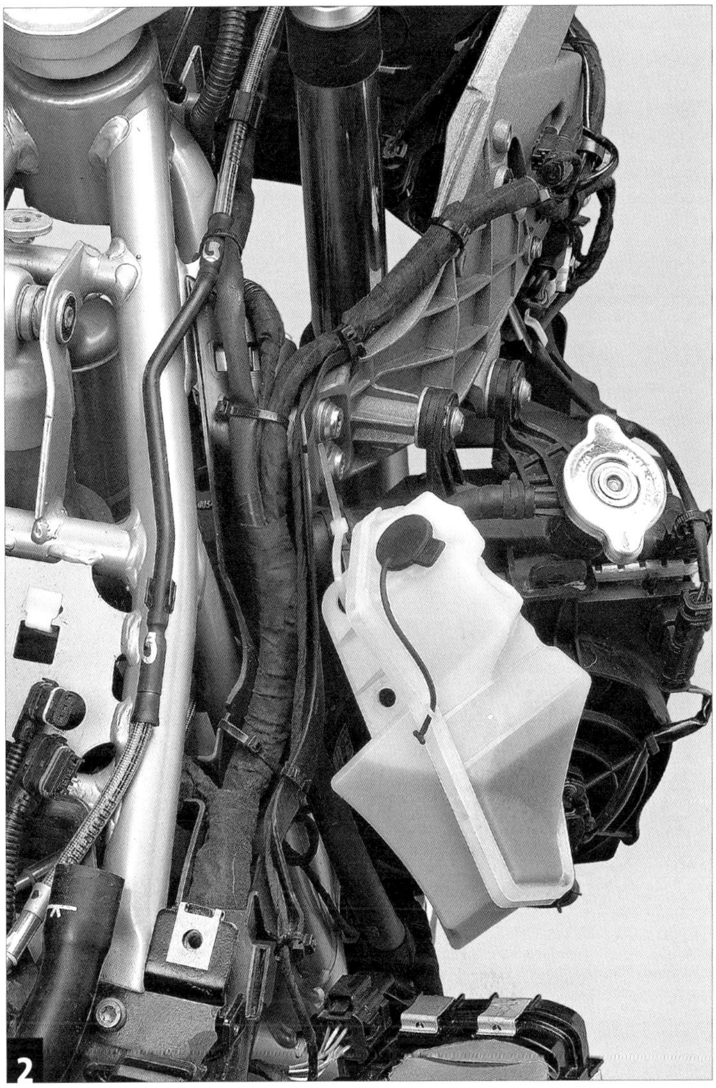

Die Bilder dieser Doppelseite stammen von der 1200er K50, haben aber auch Gültigkeit für die 1250er Ausgaben (K50 und K51).

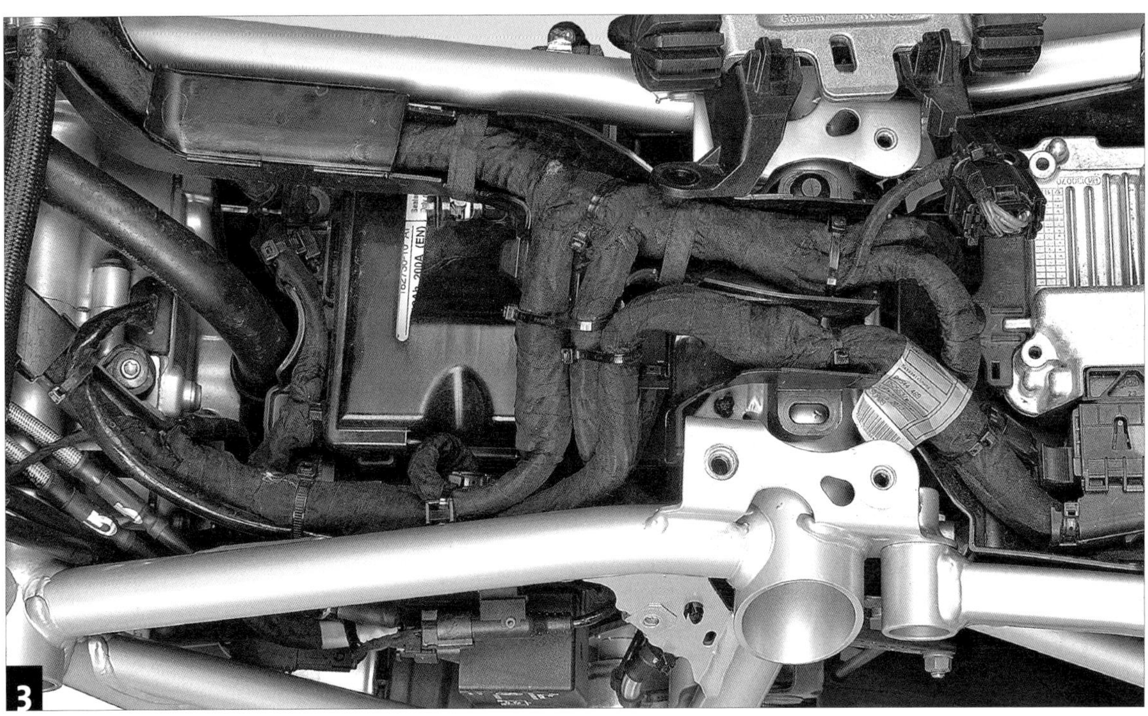

3 Wartung

3.2 Wartungsintervalle

Regelmäßige Wartung ist das beste Mittel für lange Freude am zuverlässigen Funktionieren der Maschine. BMWs Boxer-Baureihe ist pflegeleicht, und die Wartung erfordert keinen großen Werkzeug- und Zeitaufwand. Die einfache Kontrolle des Ventilspiels – und das kaum aufwendigere Einstellen – fällt nur alle 20000 Kilometer an. Das ist der Vorteil des Boxermotors.
Die Wartungsintervalle müssen bei normaler Fahrweise nicht aufs Komma genau eingehalten werden. Auf Urlaubsfahrt kann die fällige große Inspektion auch einmal um 500 bis 1000 Kilometer hinausgeschoben werden.

Bei häufigen Kurzstreckenfahrten oder Regenfahrten wird eine Fahrerin oder ein Fahrer mit Durchblick den erschwerten Bedingungen gemäß die höher beanspruchten Baugruppen (Luftfilter und Motoröl) vorzeitig wechseln.
Arbeiten an der hydraulischen Scheibenbremse dürfen aus Sicherheitsgründen nur bei entsprechenden Vorkenntnissen selbst durchgeführt werden, ansonsten ist das Motorrad in einer Fachwerkstatt besser aufgehoben.

Intervall/km ⇨ ⇩ Bauteil	1000 Einfahrkontrolle	10000 Service	20000 Service	Jahres-service
Motoröl	E	E	E	E
Motoröl-Filter	E	E	E	E
Kühlsystem	P	P	P	P
Endantriebsöl	–	–	E	**alle 2 Jahre erneuern**
Luftfilter	–	–	E	–
Batterie	–	P	P	P
Zündkerzen	–	–	E	–
Ventilspiel	P	–	P	–
Bremsflüssigkeit* vorn und hinten	P	P	P	**alle 2 Jahre erneuern**
Bremsbeläge und Bremsscheiben	–	P	P	–
Scheinwerfer-Einstellung	–	P	P	–
Haupt- und Seitenständer (Leichtgängigkeit)		P	P	P
Motorstart-Unterdrückung	P	–	–	P
Muttern, Schrauben und Befestigungsteile	P	–	P	–
Radaufhängung	P	–	P	–
Räder, Reifen und Speichen	–	P	P	P
Lenkkopflager	P	P	P	–
Fehlerspeicher auslesen mit MODiTeC (BMW-Werkstatt)	P	P	P	P

* Erstmalig nach einem Jahr erneuern, dann alle weiteren 2 Jahre

E **Erneuern**
P **Prüfen und gegebenenfalls einstellen, reinigen, schmieren, erneuern oder anziehen**

Bei höheren als den aufgeführten Kilometerständen Intervalle singngemäß wiederholen.

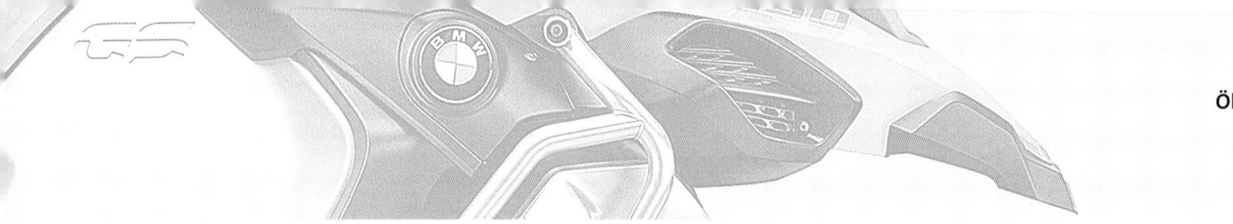

3.3 Motoröl

3.3.1 Ölstandkontrolle

Das Öl ist der Lebenssaft für jedes Triebwerk. Klar, dass da der Pegelstand regelmäßig kontrolliert (bei jedem zweiten Tankstopp) und regelmäßig erneuert wird.

- Fahrzeug mit **betriebswarmem** Motor unbelastet auf ebenen Untergrund senkrecht stellen.
- ! Falls der Motor nicht wirklich betriebswarm ist, kann ein zu geringer Pegel angezeigt werden, da sich das Öl mit zunehmender Temperatur ausdehnt.
- Motor abstellen.
- 👁 Falls sich Ölpegel MIN-Markierung am Schauglas nähert, Motoröl nachfüllen.
- ! Zu viel eingefülltes Öl ablassen oder mit Schlauch absaugen.

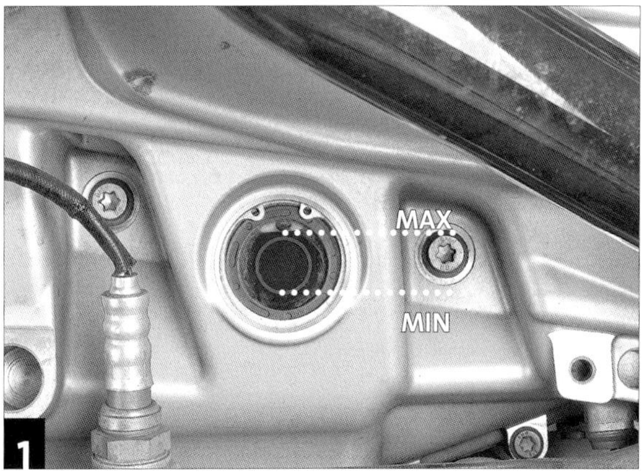

Ölstandkontrolle
- 👁 Ölpegel muss zwischen MIN und MAX liegen.
- Die Differenz zwischen MIN- und MAX-Markierung beträgt 0,95 Liter.

3.3.2 Öl- und Filterwechsel

- ! Alle 10 000 km bedarf das Öl einer Erneuerung (erstmalig bei Tachostand 1000 km), mindestens aber einmal im Jahr.
- ! Im Rahmen des Ölwechsels auch Ölfilter wechseln.
- ! Motoröl bei betriebswarmer Maschine ablassen, damit sich Metallabriebsteilchen noch in der Schwebe befinden und sich noch nicht abgesetzt haben.
- Motorschutz abnehmen (Seite 40).
- **Ölfüllmenge (Ölwechsel mit Filterwechsel)** maximal .... 4 l Werkstatt-Erfahrung empfiehlt 3,8 l.

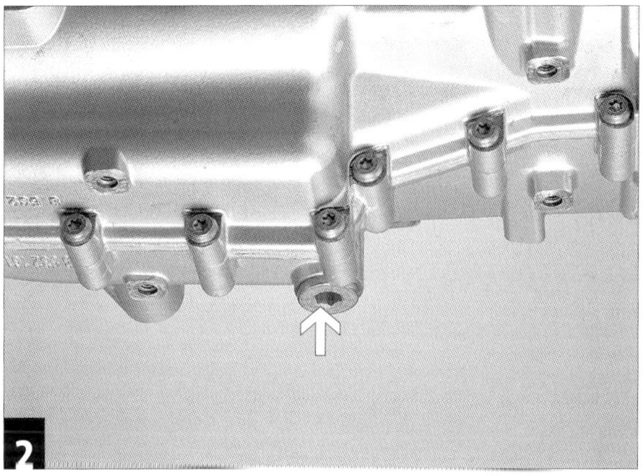

Ablassschraube
- Auffanggefäß unterstellen. Schraube ausdrehen (Finger nicht verbrühen) und austropfen lassen.
  Anzugsmoment
  (neue Dichtscheibe) M16 x 1,5 .... 32 Nm

Einfüllstopfen
- Einfüllstopfen mit Knebel aus Bordwerkzeug aus- und eindrehen.

Ölfilter
- Filter mit Ölfilterschlüssel (BMW-Nr. 11 4 661 oder handelsüblich: Bild 9 Seite 18) aus-/eindrehen.
  Anzugsmoment .... 11 Nm

Ölfilter
- Auffanggefäß unterstellen. Filter mit Ölfilterschlüssel oder passender Zange ausdrehen.
- O-Ring des neuen Filters vollständig mit Öl benetzen und Filter von Hand festziehen oder mit Ölfilterschlüssel eindrehen.
  Anzugsmoment .... 11 Nm
- ! Altöl und Ölfilter vorschriftsmäßig entsorgen. Jeder Ölverkäufer ist zur Rücknahme der gekauften Ölmenge verpflichtet!
- Abschließend Ölstand kontrollieren wie oben beschrieben.

Von BMW empfohlene Produkte und allgemein zulässige Viskositätsklassen

Bezeichnung	SAE 5W-40
Spezifikation	API SL

3 Wartung

3.4 Luftfilter

! Luftfilter alle 20 000 Kilometer erneuern.

- Bei forciertem Geländebetrieb Filterelement auch "zwischendurch" reinigen, d.h. mit Druckluft vorsichtig ausblasen, bei Beschädigung ersetzen.

- Sitzbank anehmen (Seite 28).
- Mittelteil der Tankverkleidung abbauen (ab Seite 29/41).

Luftfilterdeckel

- Vier Schrauben ausdrehen und Deckel abnehmen.

Anzugsmoment

M5 x 50 .... 5 Nm

Filterelement

- Filterelement **1** mit Rahmen **2** entnehmen (Bild 2).
- Neues Filterelement passgenau mit Rahmen einsetzen (Bild 3).

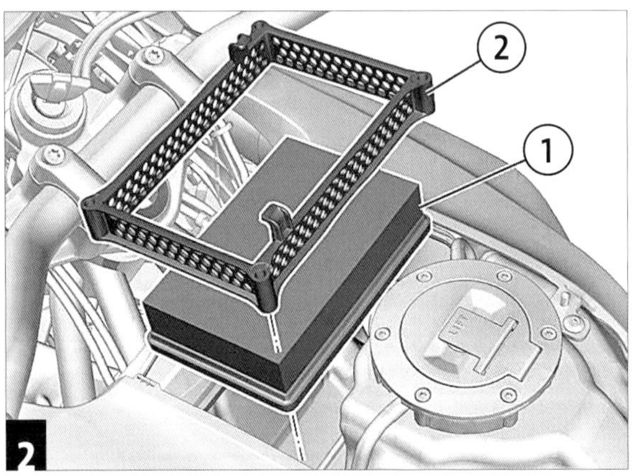

3.5 Funktionsprüfung der Motorstart-Unterdrückung

- Die Motorstart-Unterdrückung wird laut Wartungsplan bei der Jahresinspektion durchgeführt.
- Die Prüfung stellt die Funktion von Seitenständerschalter, Getriebe-Potentiometer (Ganganzeige) und Kupplungsschalter sowie deren Signalverarbeitung in der Motorsteuerung fest.

! Wenn bei eingelegtem Gang die Kupplung gezogen wird, bevor die Zündung eingeschalten wird, erfolgt keine Startfreigabe.

Prozedere

- Seitenstütze einklappen.
- Not-Ausschalter in Mittelstellung schalten.
- Getriebe in NEUTRAL schalten.
- Zündung einschalten.

➔ NEUTRAL-Kontrollleuchte **N** leuchtet.

- Gang einlegen.

➔ NEUTRAL-Kontrollleuchte **N** geht aus.

- Starterknopf betätigen.

➔ Starter läuft nicht.

- Seitenstütze ausklappen.
- Kupplung ziehen.
- Starterknopf betätigen.

➔ Starter läuft nicht.

- Seitenstütze einklappen.
- Starterknopf bei gezogener Kupplung betätigen.

➔ Starter läuft.

- Falls das Motorrad in irgendeinem Punkt anders reagiert, muss die Not- und Sicherheits-Abstellung des Motors mit dem BMW Motorrad-Diagnosesystem geprüft werden (BMW-Werkstatt), oder mit dem GS911 analysiert werden.

3.6
Batterie

Ausgestattet mit Elektrostarter und anspruchsvoller Elektronik empfiehlt sich eine topp geladene Batterie.

- Bei der Serien-Batterie handelt es sich um eine Blei-Vlies-Batterie (engl. Bezeichnung **A**bsorbent **G**lass **M**at – AGM). Hier ist das Elektrolyt (Schwefelsäure) in einem Glasfaser-Vlies vollständig gebunden, die Batterie kann in allen Lagen betrieben werden, und sie läuft selbst bei einem Gehäuseschaden nicht aus.
- Somit entfällt auch das Kontrollieren des Säurepegels und das allfällige Korrigieren desselben. Noch ein Vorteil: Dadurch, dass die Platten in Vlies gebettet sind, sind sie besser gegen Vibrationen und Erschütterungen geschützt.
- Die Selbstentladung liegt bei ein bis drei Prozent pro Monat. Zum Vergleich: Bei einer herkömmlichen Batterie muss mit zehn Prozent gerechnet werden.
- Dank ihres geringen Innenwiderstands können AGM-Batterien kurzzeitig höhere Entladeströme zur Verfügung stellen, etwa beim Starten des Motors, und sie erhitzen sich auch kaum bei diesen hohen Strömen. Also die ideale wirtschaftliche Motorrad-Batterie.
- Die **Lithium-Ionen-Batterie** der HP-Ausstattung glänzt dagegen mit mit weniger Gewicht, bei den selben Merkmalen bezüglich Einbaulage und Wartungsaufwand, um es kurz zu halten.
- BMW definiert den Zustand der Batterie **bei Messung im abgeklemmten Zustand** wie folgt:
  AGM-Batterie
  Sollwert .... >12,3 V
  Batterie defekt .... <12,3 V
  Lithium-Ionen-Batterie
  Sollwert .... >11 V
  Batterie defekt .... <11 V

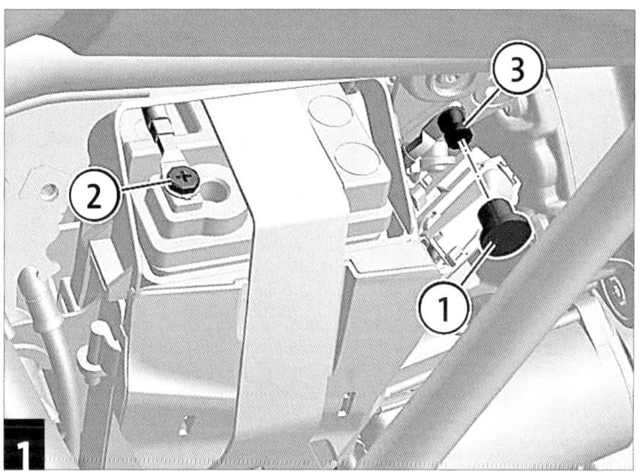

Batterie laden

- Batteriedeckel abnehmen (Seite 33).
- Abdeckung **1** des Pluspols/Ladestutzpunkt abziehen. Masse-Ladekabel mit Minuspol **2** und Plus-Ladekabel mit Ladestützpunkt **3** verbinden.

3.6.1
Batterie laden mit handelsüblichem Ladegerät

- Wenn die **Batteriespannung unter 12,5 Volt** liegt, Batterie am Minus- und Pluspol laden (Bild 1).

! An der Bordsteckdose ausschließlich das BMW-Ladegerät Bild 2 verwenden.
! Ladegerät mit Strombegrenzung verwenden.
! Darauf achten, dass die Ladespannung nicht über 14,2 Volt ansteigt.
! Erst Pluspol, dann Minuspol anschließen, dann Ladegerät ans Stromnetz anschließen.

- Maximalen Ladestrom (10 % der angegebenen Kapazität) nicht überschreiten.
  Beispiel 12 Ah (Ampèrestunden) ... max. 1,2 Ampère
  Ladezeit .... 5 – 10 Stunden
- Eine defekte oder überalterte Batterie wird trotz korrekt angezeigtem Sollwert sofort »in die Knie« gehen, wenn das Licht eingeschaltet wird.

BMW-Ladegerät 81 74 0 421 092 (Bild 2)

- Batterie mit BMW-Ladegerät laden:
- Passende Ladekennlinie am Ladegerat wahlen.
- Zündung einschalten.

→ Die »Zentrale Fahrgestell-Elektronik« (ZFE) schaltet ein.

- Zündung ausschalten.

→ Die ZFE schaltet nach 30 bis 60 Sekunden aus, wenn keine Verbraucher eingeschaltet sind (Abschaltverzögerung).

- Innerhalb der Abschaltverzögerung BMW-Batterieladegerät **zuerst** an der Bordsteckdose anschließen.

→ Ladegerät zeigt Ladezustand der Batterie an.

- Falls die Batterie nicht voll geladen ist, BMW-Ladegerät an die örtliche Stromversorgung anschließen und laden.

3 Wartung

3.6.2 Batterie aus-/einbauen

- Batteriedeckel abnehmen (Bild 16 Seite 33).
- ! **Beim Ausbau der Batterie zuerst Minus-, dann Pluspol abnehmen!** Andernfalls kann mit einem abrutschenden Werkzeug ein Kurzschluss verursacht werden, der einem langen Batterieleben abträglich ist. Abgesehen davon ist der Ausbau eh' anders nicht möglich...
- ! Der Wechsel der Batterie sollte nicht länger als 15 Minuten dauern. Andernfalls kann dem "System" das Datum verloren gehen – was dann die freundlichen Hinweise zum vermeintlichen Wartungsstau im Cockpit-Display verursacht.
- ! Bild 1: Kurzschluss-Gefahr: Masseanschluss isolieren, damit dieser beim Herausziehen der Batterie nicht mit dem Plus-Anschluss in Kontakt kommt.
- Anschlusspole reinigen (Messingdraht-Bürstchen) und mit Polfett (säurefrei) einbalsamieren. Batterie in umgehrter Reihenfolhe einbauen.

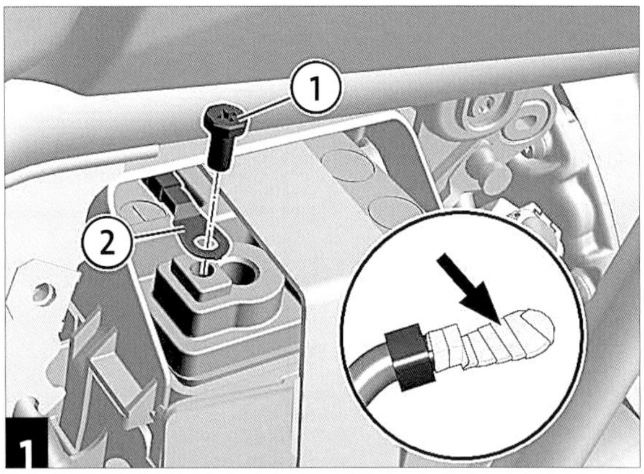

Batterie aus-/einbauen
- ! Minus-Anschluss **2** sicher isolieren!
- ! Batteriepole in umgekehrter Reihenfolge anschließen.
- 1 **Anzugsmoment** M6 x 11 .... 8 Nm

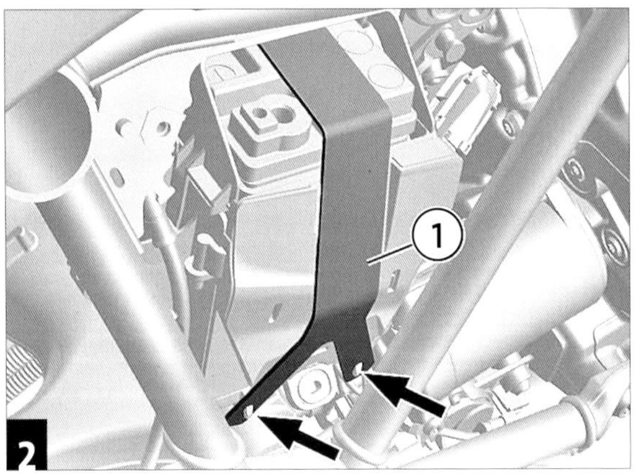

Batterie aus-/einbauen
- Gummiband **1** von Haken (Pfeile) lösen/einhängen.

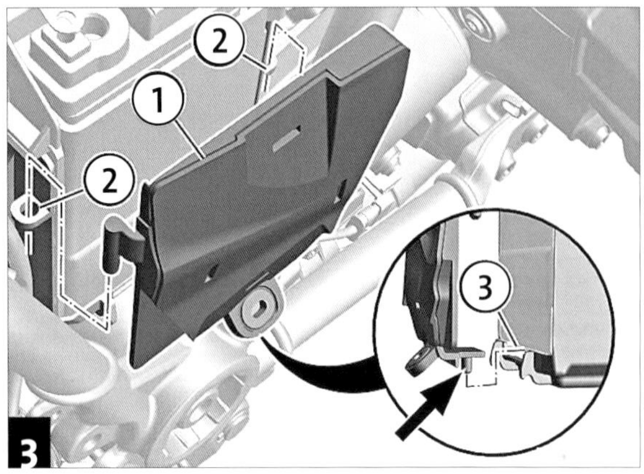

Batterie aus-/einbauen
- Batteriehalter-Platte **1** aus Aufnahmen **2** und **3** ziehen.
- Einbau: Platte **1** bei **2** ansetzen und in untere Aufnahme unter Höhenadapter **3** schieben.
- → Nase (Pfeil) rastet ein.

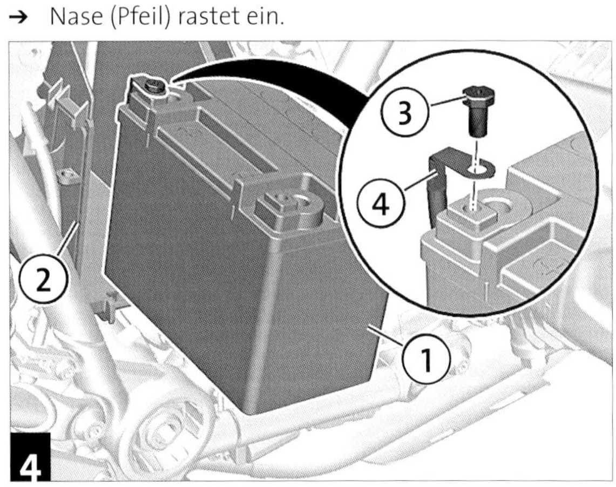

Batterie aus-/einbauen
- Batterie **1** aus Halter **2** ziehen und Schraube **3** lösen.
- Beim Einbau auf korrekte Verlegung der Plusleitung **4** achten.
- 3 **Anzugsmoment** M6 x 11 .... 8 Nm

3.6.3 Ruhestrom

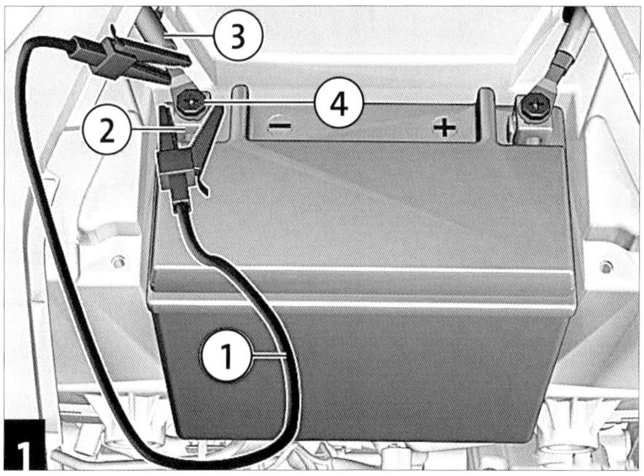

Ruhestrom messen*

- Ggf. das Abschalten der ZFE abwarten.
- Kabelbrücke **1** an Minuspol **2** und Massekabel **3** anschließen.
- Schraube **4** ausdrehen und Kabel **3** abnehmen.

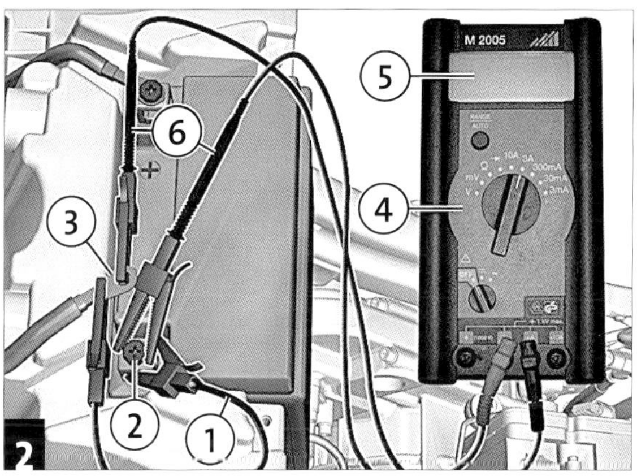

* Bilder 1 und 2 stammen von der K 1300 S, haben aber auch Gültigkeit für die 1250 GS...

Bei wiederholt entladener Batterie nach kürzerer Standzeit, Kabelbaum auf erhöhten **Kriech**- oder **Ruhestrom** prüfen.

- Zündung ausschalten und Lenkschloss verriegeln.
- ! Messgerät zuerst auf hohen Messbereich einstellen, um Sicherung des Messgeräts nicht zu beschädigen, dann auf kleinere Messbereiche umschalten.
- ! Damit der Bordcomputer keinen Datenverlust erleidet, wie in Bild 1 und Bild 2 gezeigt vorgehen.
- ! Ampèremeter darf mit aktiver Diebstahlwarnanlage (DWA) maximal 1,2 mA anzeigen, ohne DWA maximal 0,06 mA.
- Falls höherer Strom gemessen wird, systematisch Kabelbaum-Stecker nacheinander trennen, bis »Leckbereich« im Kabelbaum lokalisiert ist und dieses Teilstück des Kabelbaums erneuern bzw. reparieren. Diese Arbeit die BMW-Fachwerkstatt erledigen lassen. Evtl. kann dort das Problem auch mit einem Software-Update behoben werden.

Messvorgang/Bild 2

- Messgerät **4** auf größten Messbereich **5** einstellen. Messspitzen **6** an Kabelschuh **3** und an Minuspol **2** anschließen.
  Auf sicheren Anschluss der Messspitzen **6** achten.
- Kabelbrücke **1** abnehmen und Messwert ablesen. Falls kein Messwert ablesbar ist:
- Messbereich anpassen und Messung wie oben beschrieben wiederholen.
  Ggfs. Messbereich erneut verkleinern.
- ! Kabelbrücke **1** wieder anschließen und Messspitzen **6** abnehmen.
- Beim Anschluss der Batterie zuerst Massekabel wieder anschließen, dann Kabelbrücke abnehmen.

3.6.4 Regelspannung

Die Höhe Regelspannung ist ausschlaggebend für ausreichendes Laden der Batterrie während des Betriebs.

- ! Zur Messung der Regelspannung muss die Batterie in gutem Zustand (Batteriespannung mindestens 12,8 V) und Motor auf Betriebstemperatur sein.
- Zündung ausschalten und Voltmeter an Batterie anschließen (positive Messspitze an Pluspol; negative an Minuspol; Bild 1 Seite 53).
- Motor starten und Drehzahl allmählich erhöhen.
- ! Spannung muss sich mit eingeschaltetem Fernlicht bei etwa 5000/min auf **etwa 14 Volt** einregeln.

3 Wartung

3.7
Zündkerze

- Die Funkenspender werden alle 20000 Kilometer erneuert.
- Bei Unregelmäßigkeiten im Fahrbetrieb (z.B. unwilliges Starten, Ruckeln oder unsauberes Ausdrehen) kann eine Kontrolle des Kerzengesichts hilfreich sein, um die Ursache festzustellen.
  Das Kerzengesicht kann Aufschluss über defekte Luftwege (z.B. Luft ziehende Ansaugstutzen) und unregelmäßige Kraftstoffzufuhr (z.B. defekter Einspritzdruck-Sensor) geben.
- Um das Kerzengesicht aussagefähig beurteilen zu können, Motor 10 Minuten warm fahren und schon beim Ausrollen abschalten.

! Längeres Laufen des Motors mit Standgas vor dem Abstellen lässt die Kerzen wieder einrußen.

◉ Kerzengesicht (siehe auch nächste Seite) soll grau- bis rehbraunen Farbton aufweisen, bei weißem bis aschgrauem Bild ist das Gemisch zu mager, der Motor läuft zu heiß.
Bei dunkel- bis schwarzbraunem Kerzenbild ist das Kraftstoffluftgemisch zu fett.
Schwarz verrußte, feucht glänzende Kerzen deuten auf mechanische Schäden wie verschlissene Ventilführungen oder abgenutzte Kolbenringe hin, durch die Öl in den Verbrennungsraum gelangt.

→ Zu mageres Gemisch kann z.B. durch Undichtheit am Einlassflansch zwischen Drosselklappengehäuse und Zylinderkopf verursacht werden.

→ Zu fettes Gemisch kann durch einen zugesetzten Luftfilter verursacht werden.

- Zündkerze(n) mit Messingdrahtbürste reinigen.

◉ Isolator auf Risse oder Absplitterungen untersuchen.

◉ Dichtring muss einwandfreie Planflächen aufweisen, bei Beschädigungen Dichtring erneuern.

◉ Mittelelektrode muss rechteckige Kanten haben.

◉ Masse-Elektrode muss gleichbleibende Dicke aufweisen.

- Bei Beschädigung Kerzen erneuern.

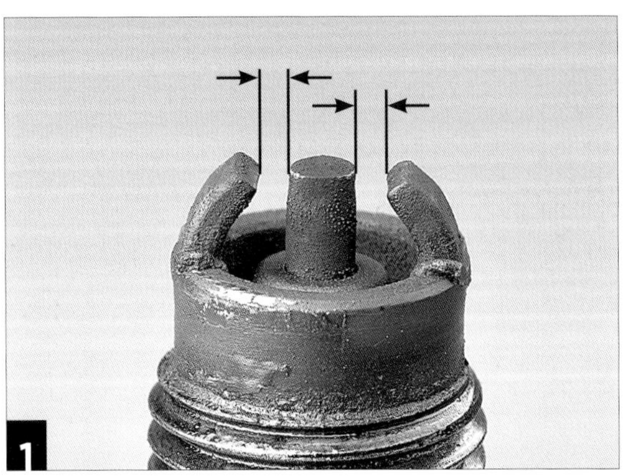

Elektrodenabstand messen

- Sollwert 0,7 – 0,9 mm

! Masse-Elektrode nicht nachbiegen – Bruchgefahr im Betrieb!

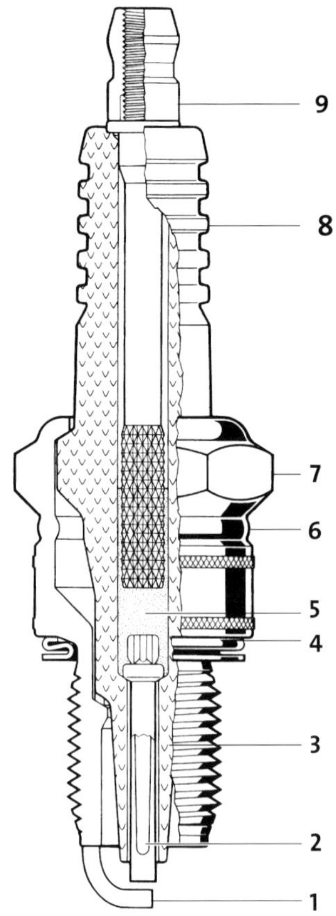

Zündkerze

1 Masseelektrode
2 Mittelelektrode
3 Isolatorfuß
4 Dichtring
5 Leitendes Glas
6 Warmschrumpfzone
7 Gehäuse
8 Isolierkörper (Al_2O_3-Keramik)
9 Anschlussmutter

Einbau

- Zündkerze (Gewinde öl- und fettfrei) gefühlvoll von Hand einschrauben.

! Unbedingt darauf achten, dass schon der erste Gewindegang richtig greift.

! Eine schräg angesetzte Kerze ruiniert mit ihrem harten Stahlgewinde das weiche Gewinde im Aluminium-Zylinderkopf schon nach einer halben Umdrehung.

- Erst bei richtigem Sitz die Kerze mit Knebel anziehen und Stabzündspule wieder aufsetzen.
- **Anzugsmoment**
  Kerzenschlüssel SW14 .... 12 Nm

! Falls gebrauchte Zündkerze wieder verwendet wird, Kerze bis zum Aufsitzen eindrehen und um $^1/_4$ bis $^1/_3$ Umdrehung anziehen.

Zündkerzen-Hersteller und -Bezeichnung	
NGK	LMAR8D-J
Elektrodenabstand	
neu	0,7 – 0,9 mm
Verschleißgrenze	max. 1,0 mm
Anzugsmoment M10 x 1	12 Nm

Zündkerzengesichter

Normal
Isolatorfuß von grauweißer-graugelber bis rehbrauner Farbe. Motor ist in Ordnung. Wärmewert richtig gewählt. Gemischeinstellung und Zündeinstellung sind einwandfrei, keine Zündaussetzer, Kaltstarteinrichtung funktioniert.
Keine Rückstände von bleihaltigen Kraftstoffzusätzen oder Legierungsbestandteilen vom Motoröl.
Keine thermische Überlastung.

Verrußt
Isolatorfuß, Elektroden und Zündkerzengehäuse mit samtartigem, stumpfschwarzem Ruß bedeckt.
Ursache: Fehlerhafte Gemischeinstellung (Vergaser, Einspritzung): Gemisch zu fett, Luftfilter stark verschmutzt, Startautomatik nicht in Ordnung oder Starterzug (Choke) zu lange gezogen, überwiegend Kurzstreckenverkehr, Zündkerze zu kalt, Wärmewert-Kennzahl zu niedrig.
Auswirkung: Zündaussetzer, schlechtes Kaltstartverhalten.
Abhilfe: Gemisch und Starteinrichtung richtig einstellen, Luftfilter prüfen.

Verölt
Isolatorfuß, Elektroden und Zündkerzengehäuse mit ölglänzendem Ruß oder Ölkohle bedeckt.
Ursache: Zu viel Öl im Verbrennungsraum.
Ölstand zu hoch, stark verschlissene Kolbenringe, Zylinder und Ventilführungen.
Bei 2-Takt-Ottomotoren zu viel Öl im Gemisch.
Auswirkung: Zündaussetzer, schlechtes Startverhalten.
Abhilfe: Motor überholen, richtiges Kraftstoff-Öl-Gemisch, neue Zündkerzen.

Isolatorfußbruch
Ursache: Mechanische Beschädigung durch Schlag, Fall oder Druck auf die Mittelelektrode bei unsachgemäßer Handhabung. In Grenzfällen kann durch Ablagerungen zwischen Mittelelektrode und Isolatorfuß sowie durch Korrosion der Mittelelektrode der Isolatorfuß – besonders bei überlanger Betriebsdauer – gesprengt werden.
Auswirkung: Zündaussetzer, Zündfunke springt an Stellen über, die durch Frischgemisch nicht sicher erreicht werden.
Abhilfe: neue Zündkerzen.

3.7.1 Zündkerzen-Wechsel

- Zündkerzen alle 20 000 Kilometer wechseln.

! Zündung ausschalten!

- ADVENTURE: Motorschutzbügel ausbauen (siehe Seite 40).
- Zündkerzen einbauen wie auf Seite 56 **Einbau** beschrieben.

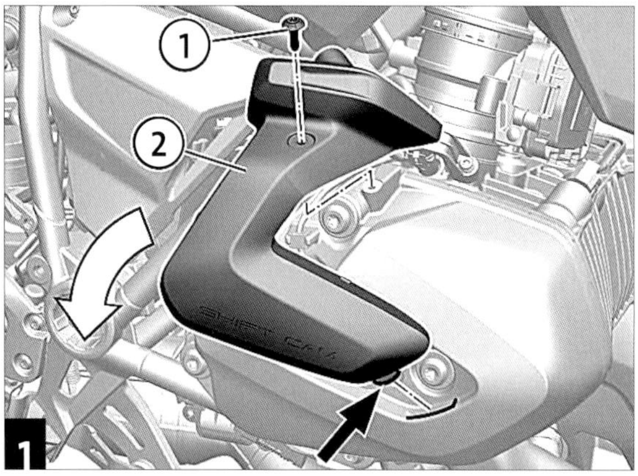

Abdeckung Kabelführung

- Schraube **1** ausdrehen und Abdeckung **2** abziehen. Dabei auf Lasche achten (Pfeil).
  Anzugsmoment .... 10 Nm

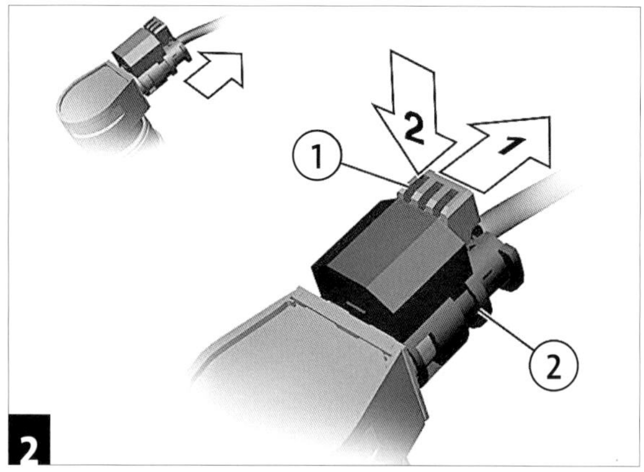

Stecker der Stabzündspule

- Verriegelungslasche **1** in Pfeilrichtung **1** entriegeln.
- Verriegelungslasche **1** in Pfeilrichtung **2** drücken und Stecker **2** abziehen.

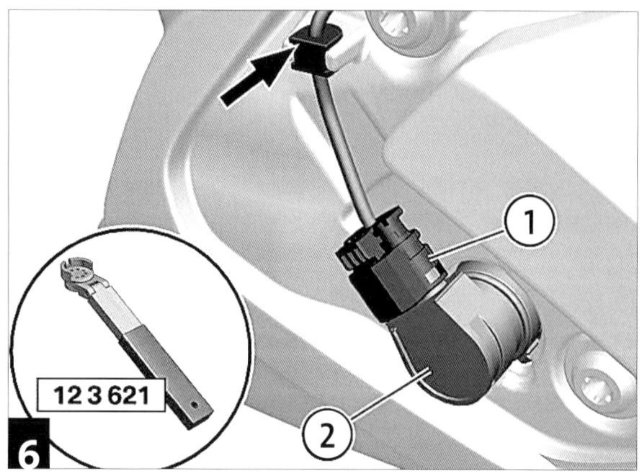

Stabzündspulen abziehen

- Kabel freilegen (Pfeil), Stecker **1** trennen und Spule **2** mit BMW-Spezialwerkzeug 12 3 621 ausbauen.
- Zündkerze mit Kerzennuss SW14 ausdrehen.
- Kabel mit Führungstülle (Pfeil) aus Halterung nehmen.

3.8
Ventilspiel
3.8.1
Ventilspiel messen

Das Ventilspiel gleicht die Wärme-Ausdehnung des Motorgehäuses, Zylinders und Zylinderkopfs aus, damit die Ventile den Brennraum bei allen Betriebstemperaturen dicht abschließen.

! Ventilspiel alle 20000 Kilometer kontrollieren und gegebenenfalls einstellen.

! Ventilspiel bei kaltem Motor (unter 35 °C/ handwarm) kontrollieren und einstellen!

! Zündung ausschalten.

- Motorrad so aufbocken, dass Hinterrad frei drehbar ist, um die Kurbelwelle bei eingelegtem Gang zu drehen.
- Zündkerzen ausdrehen (vorige Seiten). Dies erleichtert auch das Durchdrehen des Motors, wenn der obere Totpunkt gesucht wird.
- Beide Zylinderkopfdeckel abnehmen.

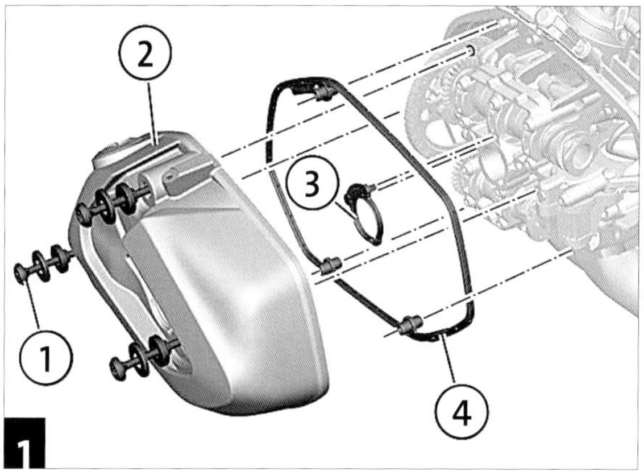

Zylinderkopfdeckel aus- und einbauen
- Auffanggefäß für Lecköl bereithalten.
- Deckelschrauben **1** abwechselnd ausdrehen.
- Deckel **2** mit Dichtungen **3** und **4** abnehmen.
  Anzugsmoment M6 .... 10 Nm

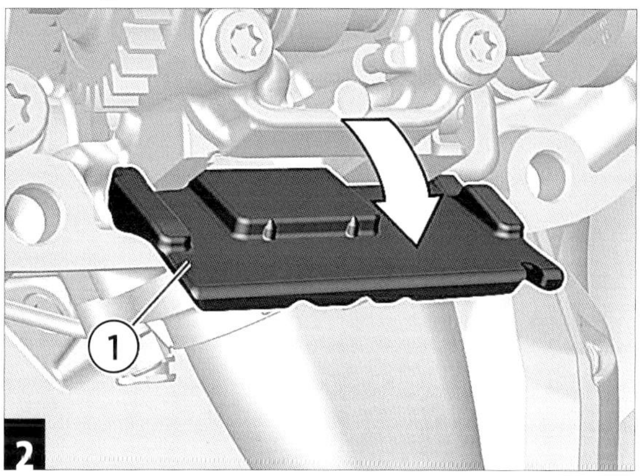

Verschiebeschutz
- Verschiebeschutz **1** entnehmen.

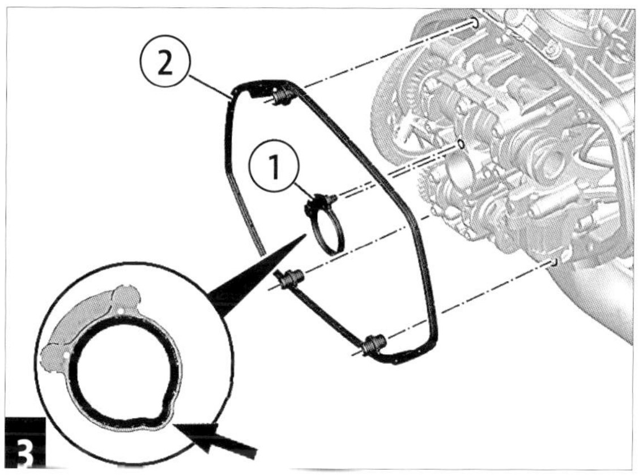

Ventildeckel-Einbau
- Dichtgummis **1** und **2** müssen genau sitzen.
- Die Nase (Pfeil) im Dichtgummi **1** des Kerzenschachts weist hier am **linken** Zylinderkopf nach **oben**, am **rechten** Zylinderkopf nach **unten**.

Zylinderkopfdeckel einbauen
- Gummis der Deckelschrauben leicht fetten.
  Anzugsmoment M6 .... 10 Nm

Kurbelwelle festlegen
- Verschluss-Schraube hinter linkem Zylinder aus-/ eindrehen. Neuen Dichtring beim Einbau verwenden.
  Anzugsmoment M16 x 1,5.................... 30 Nm

3 Wartung

3.8.1
Ventilspiel messen
Fortsetzung

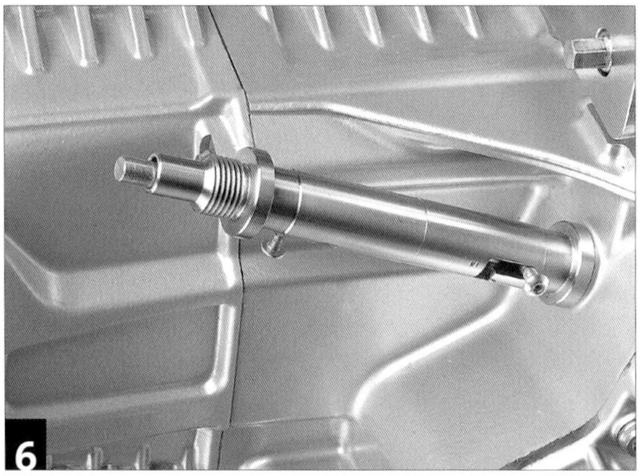

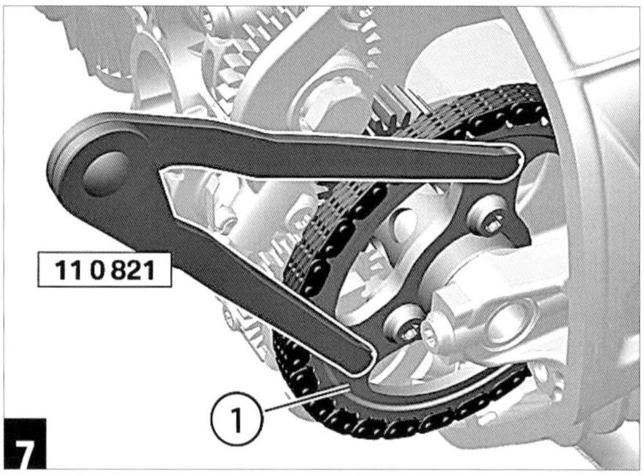

Kurbelwelle mit Absteckdorn festlegen
- Dorn mit der 8 mm-Seite eindrehen und entriegeln.
- Höchsten Gang einlegen. Hinterrad in Fahrtrichtung drehen, bis Absteckdorn in Kurbelwelle bei OT einrastet. Alternativ (Bild 7):
- Nockenwellen-Kettenrad **1** mit Drehvorrichtung 11 0 821 (Stirnlochschlüssel) drehen.

! **Links** (Bild 7): Gegen Uhrzeigersinn drehen bis Rastung.
! **Rechts**: Im Uhrzeigersinn drehen bis Rastung.

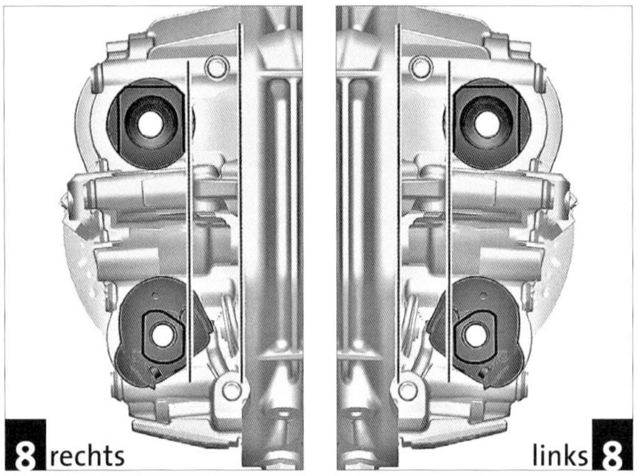

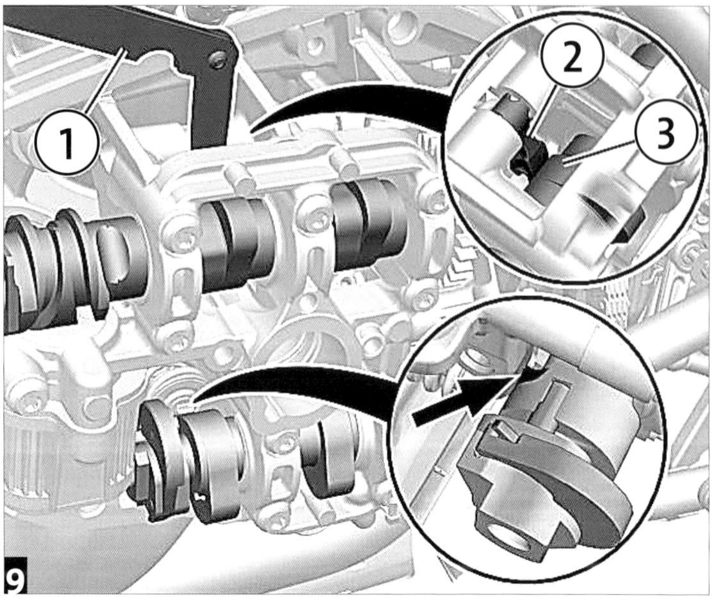

OT-Nockenwellenstellungen (Ansicht von vorn)
- Die Nocken des zu messenden Zylinders (links **oder** rechts) weisen nach außen. Gegenüber ist Überschneidungs-Totpunkt (kein Ventilspiel spürbar).
- 👁 Abflachungen vorn stehen prallel zur Dichtfläche.

Ventilspiel-Messung
- Beim Messen mit der Fühlerlehre **1** zwischen Nocken **2** und Schlepphebeln **3** nicht an der Aussparung (Pfeil) der Nocken messen.

Ventilspiel-Sollwerte
(bei kaltem Motor, maximal 35 °C)
Einlass .... 0,10 – 0,17 mm
Auslass.................... 0,34 – 0,41 mm

- Ggfs. abweichende Werte notieren.
- Absteckdorn zurück ziehen (nicht ausdrehen) und arretieren. Hinterrad in Fahrtrichtung drehen bis Kurbelwelle um 360° weitergedreht wieder in Absteckdorn einrastet.
- Gegenüberliegenden Zylinder messen und abweichende Werte notieren.
- Ggf. Ventilspiel einstellen: Folgeseite.

Ventilspiel messen
- Fühlerlehrenblatt muss zwischen Nocke und Schlepphebel satt passend ohne Widerstand beweglich sein (im Bild die 1200er).

3.8.2 Ventilspiel einstellen

- Das Ventilspiel wird mittels unterschiedlich dicker Distanzplättchen auf den Ventilschäften eingestellt.
- Ventilspiel ggf. mittels dünnerer oder dickerer Distanzplättchen in den Toleranzbereich bringen.
- Die Plättchen sind auf dem Ersatzteilweg über Ihren BMW-Händler zu beziehen.
- Nach Einbau der neuen Plättchen und vor Ausbau der Steuerketten-Spannvorrichtung die Steuerzeiten kontrollieren (Seite 64).
- Die **Steuerketten-Spannvorrichtung Nr. 11 1 512** (Bilder 2 und 3) simuliert den Druck, dem der Steuerkettenspanner bei laufendem Motor ausgesetzt ist, da er dabei auch noch vom umlaufenden Öldruck unterstützt wird.

Steuerkettenspanner
- Steuerkettenspanner SW17 ausdrehen.

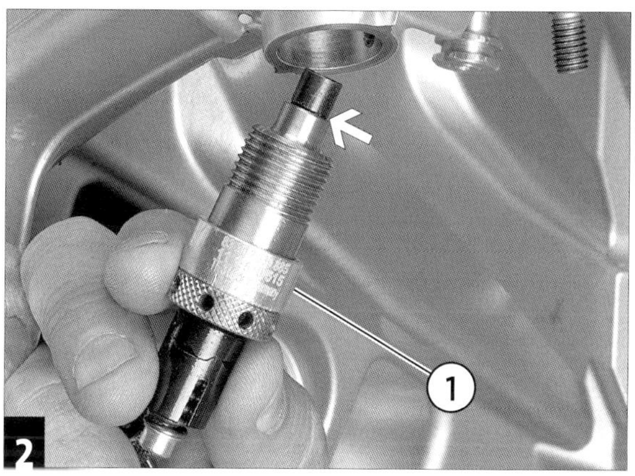

Steuerketten-Spannvorrichtung Nr. 11 1 512
- Gewinde bis Anschlag eindrehen (Pfeil).
- Spannvorrichtung mit Hülse **1** Nr. 11 1 515 eindrehen.

Steuerketten-Spannvorrichtung Nr. 11 1 512
- Spannvorrichtung bis zum Freilauf eindrehen und anschließend dreimal "abknacken" (dreimal weiterdrehen bis es knackt).

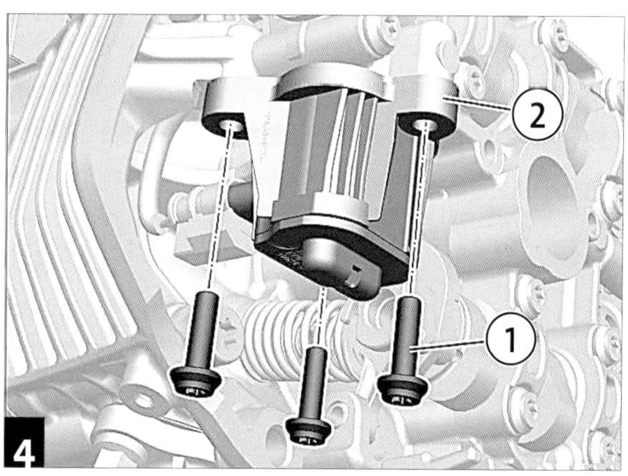

Schaltnocken-Verstelleinheit
- Schrauben **1** ausdrehen und Schaltnocken-Verstelleinheit **2** lösen.

3.8.2
Ventilspiel einstellen
Fortsetzung

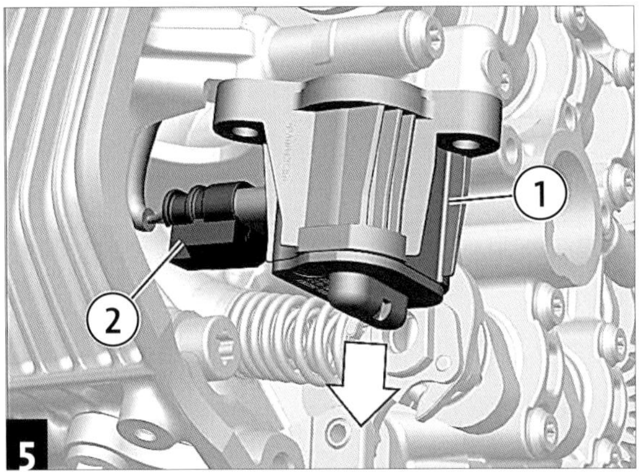

- Stecker **2** lösen und Verstelleinheit **1** abnehmen.

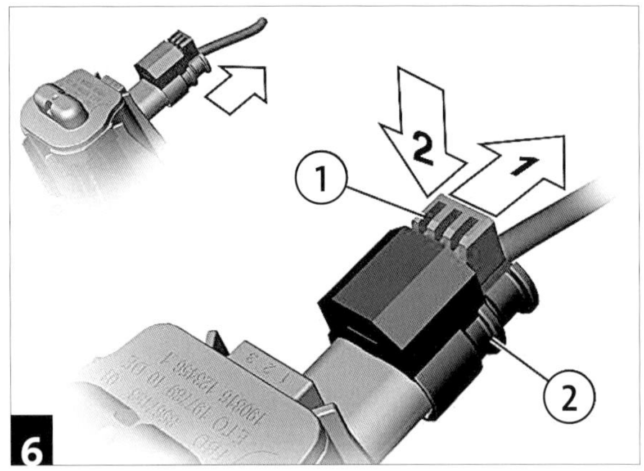

! Stecker von der Verriegelungslasche **1** wegdrücken, nicht die Lasche abheben oder verbiegen (Bruchgefahr).
- Verriegelungslasche **1** in Pfeilrichtung (Pfeil 1) entriegeln.
- Verriegelungslasche **1** in Pfeilrichtung (Pfeil 2) drücken und Stecker **2** trennen.

Haltebügel Axialfixierung ausbauen
- Ggf. Absteckdorn (Bild 6 Seite 60) zurückziehen.
- Mit Drehvorrichtung 11 0 821 (Stirnlochschlüssel) am Kettenrad **1** ansetzen und Motor im Uhrzeigersinn soweit durchdrehen, bis sich Schraube **2** durch Aussparung (Pfeil) ausbauen lässt.

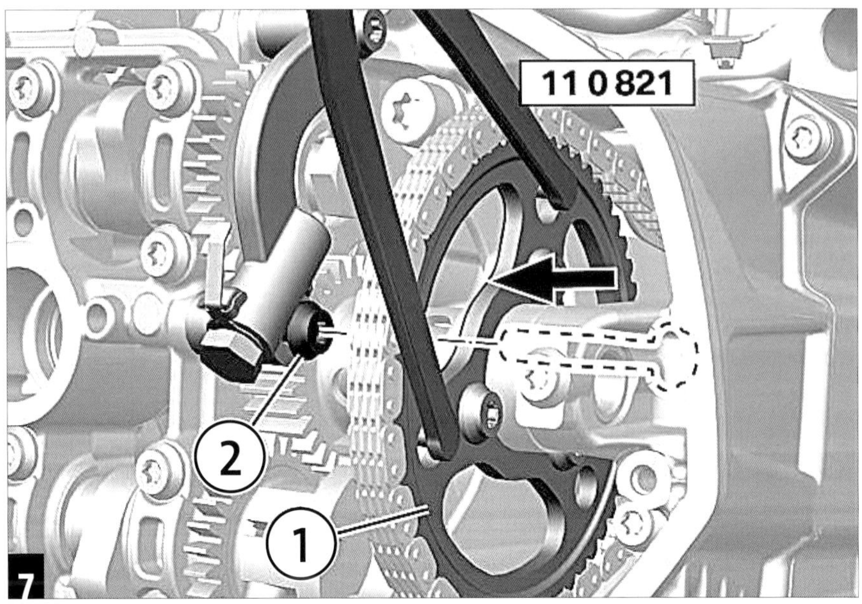

- Schrauben **1** ausdrehen und Haltebügel **2** abnehmen (Pfeil). Dabei auf Führungshülse achten (Pfeil in Lupe).

Anzugsmoment
1 M6 x 35 . . . . .10 Nm

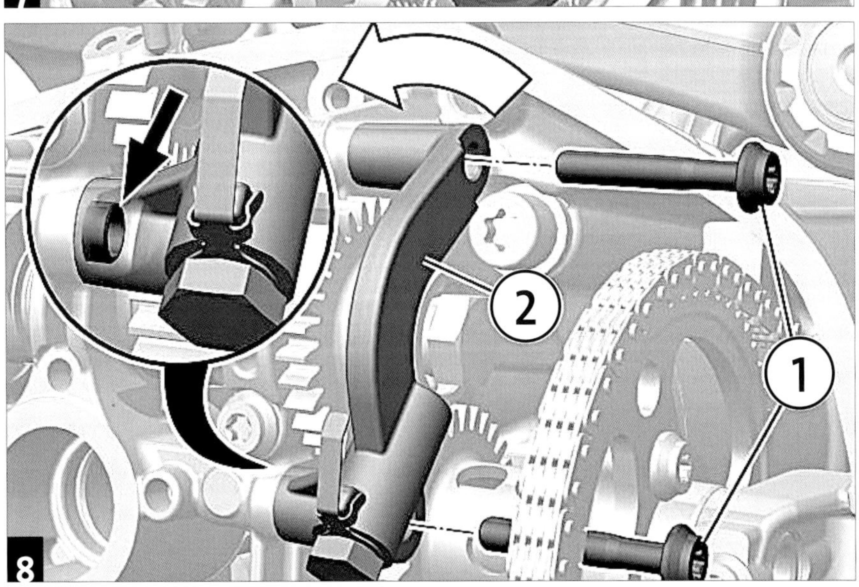

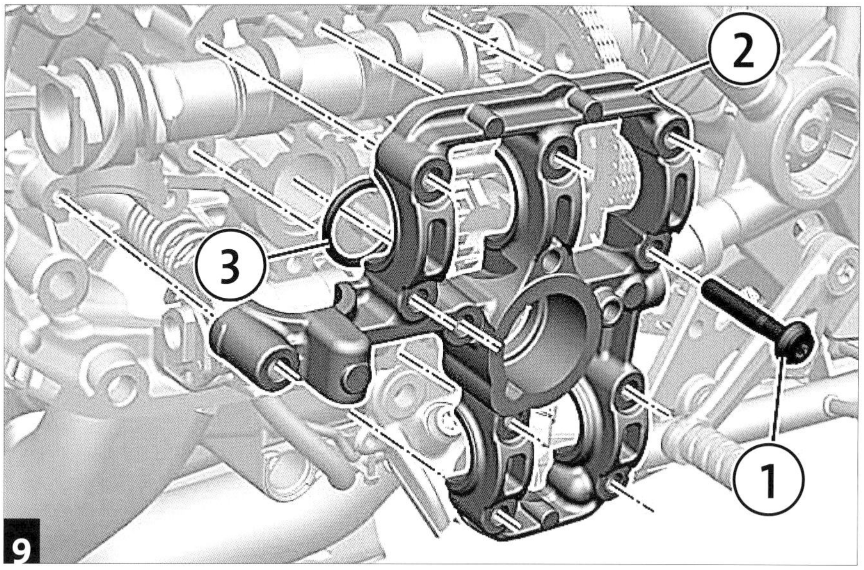

Lagerdeckelschrauben

- Zehn Schrauben **1** schrittweise über Kreuz ausdrehen und anziehen. Deckel **2** abnehmen.
- Auf Verbleib von O-Ring **3** achten.

1 Anzugsmoment
M6 x 35.........10 Nm

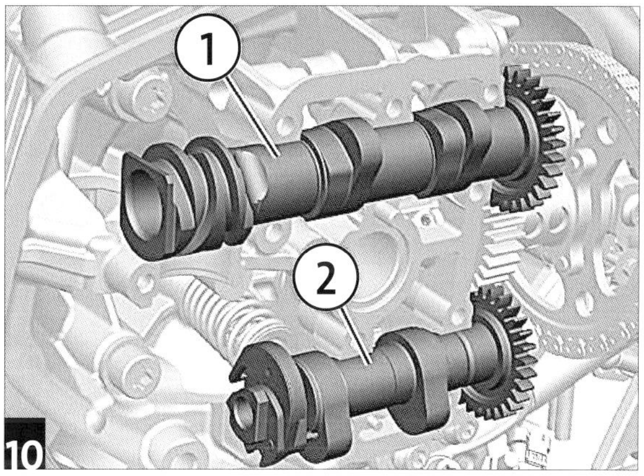

Nockenwellen

- Einlass- **1** und Auslass-Nockenwelle **2** abnehmen.
- Einbaulage rechts/gegenüber natürlich spiegelbildlich...

Einstellplättchen entnehmen

- Schlepphebel (Pfeil) hochklappen.
- Einstellplättchen mit abweichenden Werten mit Magnetheber abnehmen.
- Dicke der Plättchen mit abweichenden Werten messen und gegen entsprechend dickere oder dünnere Plättchen austauschen, um Spiel wieder in die Toleranz zu bringen.

Ventilspiel-Sollwerte

(bei kaltem Motor, maximal 35 °C)
Einlass ....0,10 – 0,17 mm
Auslass....................0,34 – 0,41 mm

3 Wartung

3.8.2
Ventilspiel einstellen
Fortsetzung

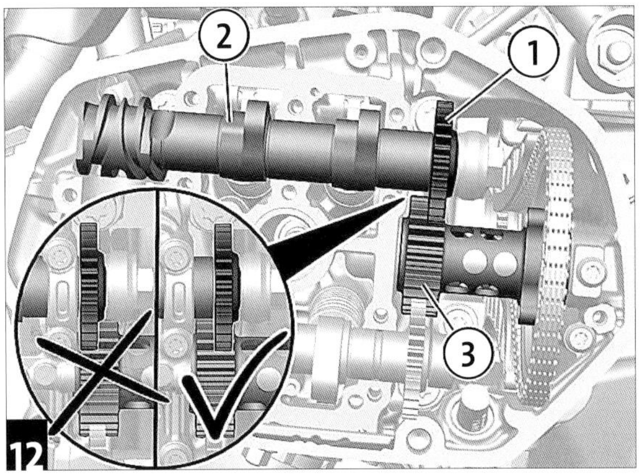

Nockenwellen einbauen
- Einlass-Nockenwelle **2** so ansetzen, dass Zahnrad **1** hinten am Zwischenwellenrad **3** eingreift, so dass die "zahmen" Nocken auf die Schlepphebel wirken.
- Lagerdeckel montieren (Bild 9).

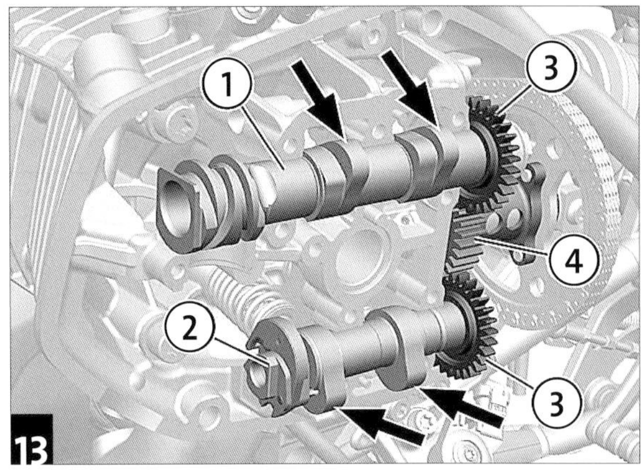

Nockenwellen einbauen
- Einlass- **1** und Auslass-Nockenwelle **2** so einsetzen, dass Nocken nach außen weisen (Pfeile), und die Zahnräder **3** in Zwischenwellenrad **4** eingreifen.
- Siehe auch Bild 14.

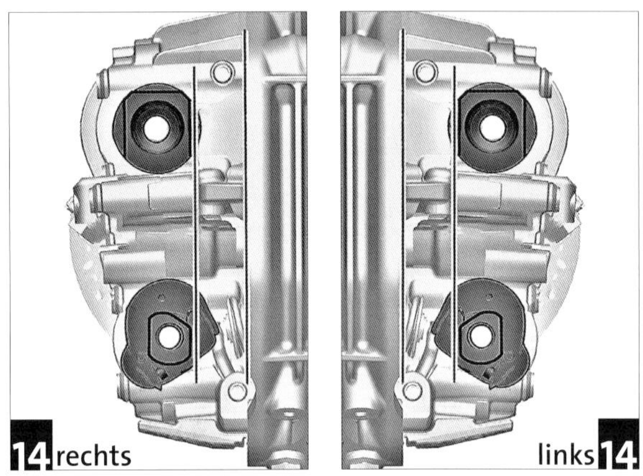

OT-Nockenwellenstellungen (Ansicht von vorn)
- Die Nocken des zu bearbeitenden Zylinders (links **oder** rechts) weisen nach außen.
- Abflachungen vorn (Stirnseite der Nockenwellen) stehen parallel zur Dichtfläche.

Steuerzeiten kontrollieren
- Mit Absteckvorrichtung 11 2 511 (links) bzw. 11 2 512 (rechts) die korrekte Zünd-OT-Stellung kontrollieren.
- Falls sich die Absteckvorrichtung nicht aufstecken lässt, Steuerzeiten einstellen wie auf den folgenden Seiten beschrieben.
- Falls sich die Absteckvorrichtung aufstecken lässt, Deckel montieren (Bilder 1 bis 4 Seite 59).

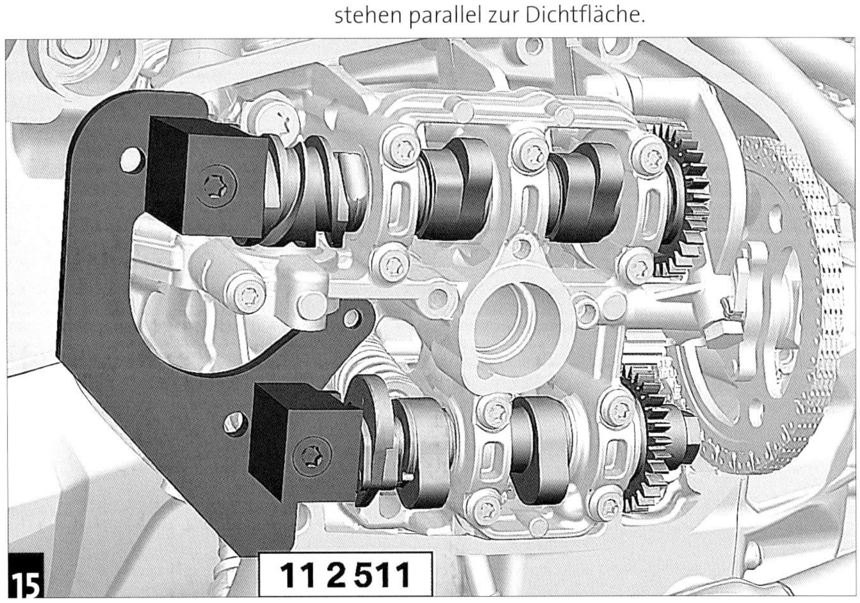

3.8.3
Steuerzeiten einstellen

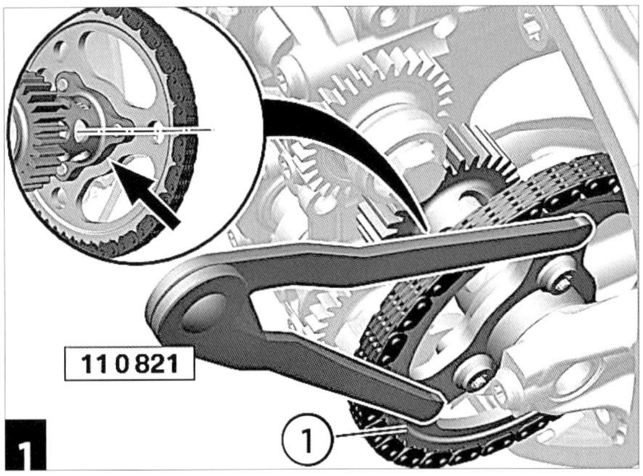

Nockenwellensensor ausbauen

- Mit Drehvorrichtung am Zwischenrad Motor im Uhrzeigersinn so drehen, bis Zwischenradposition (Pfeil) erreicht ist.

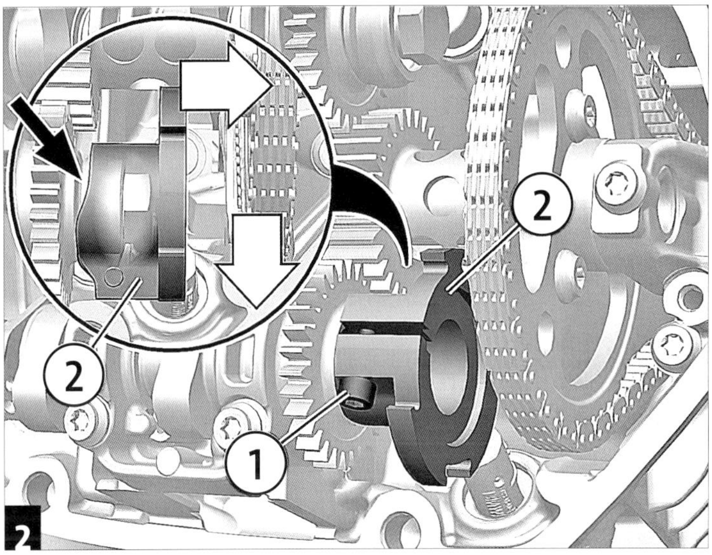

- Schraube **1** lockern.
- Geber **2** so ausrichten, dass Aussparung (Pfeil) nach oben weist.
- Geber **2** abnehmen.

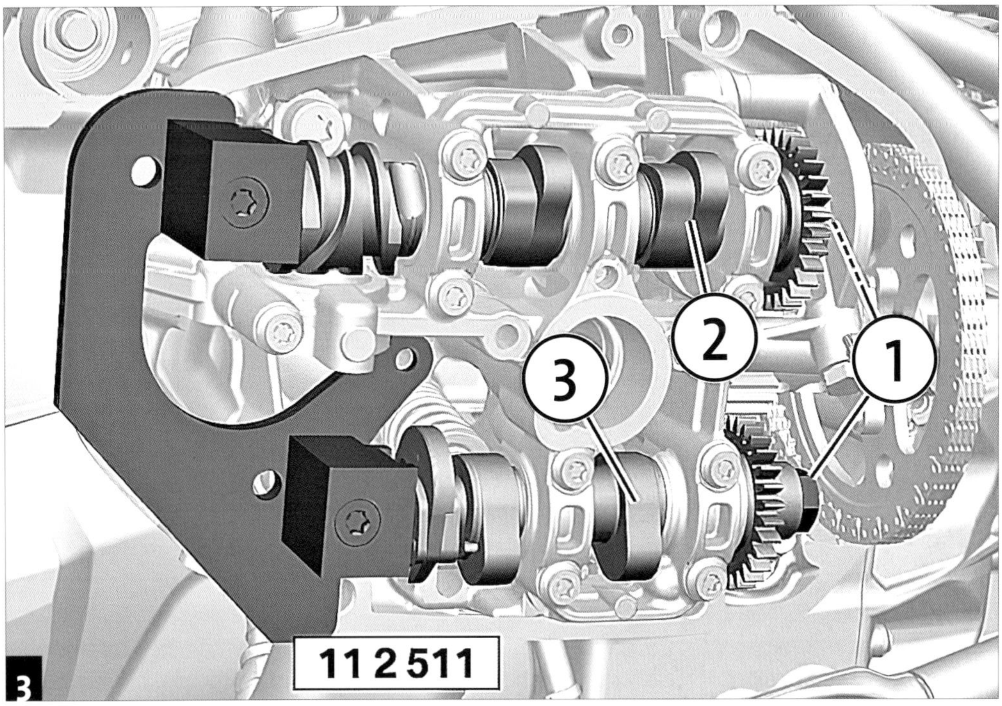

Steuerzeiten einstellen

- Schrauben **1** lockern.
- Nockenwellen **2** und **3** drehen, bis sich Absteckvorrichtung aufschieben lässt.
- Beim Einbau des Lagerdeckels darauf achten, dass Passfläche des Deckels und die Zweikante an der Stirnseite der Nockenwellen fluchten. O-Ring nicht vergessen.

3 Wartung

3.8.6
Steuerzeiten einstellen

Fortsetzung

- Auf korrekten Sitz der Absteckvorrichtung achten (Pfeil).
- Schraube **3** handfest eindrehen und so Absteckvorrichtung fixieren.
- Schrauben **1** und **2** anziehen.
- **Anzugsmoment**
  M10 x 1,25 x 35 10.9
  (Auslass links) .... 65 Nm
  M10 x 1,25 x 25 10.9
  (übrige)........................60 Nm

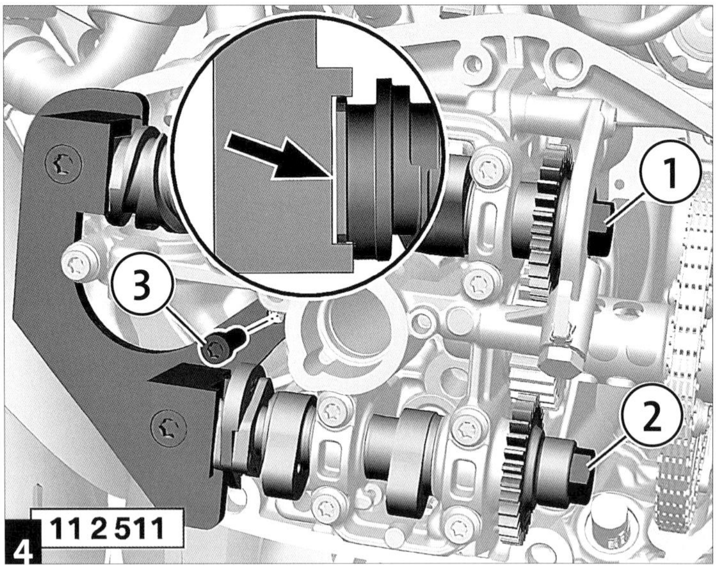

4

5

Nockenwellensensor einbauen

- Geber so ausrichten, dass Aussparung (Pfeil) nach oben weist und auf Nockenwelle aufschieben (Bild 2).
- Geber **1** so ausrichten, dass Markierung (Pfeil) auf Nut im Nockenwellensensor **2** weist.
- Schraube **3** anziehen.
  Anzugsmoment
  M5 x 20...6 Nm
- Deckel montieren (Bilder 1 bis 4 Seite 59).
- Vorarbeiten in umgekehrter Reihenfolge durchführen.

3.9 Kühlsystem

3.9.1 Kühlmittelstand

- Pegel am Ausgleichsbehälter von rechts im Cover prüfen (Pfeil). Dort ist der Bereich im Kreis von Bild 2 einsehbar.

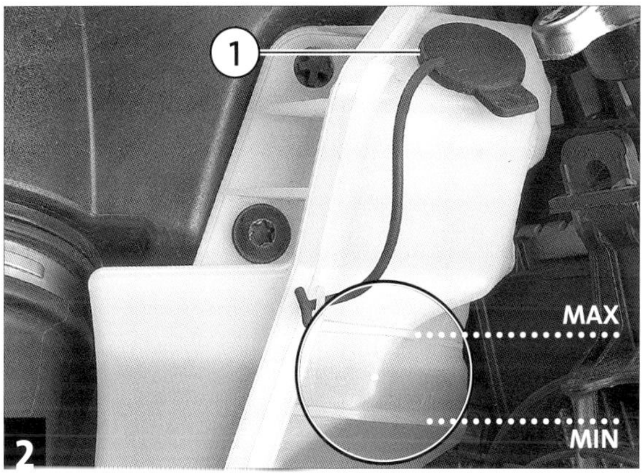

Kühlmittelstand

- Pegel am Ausgleichsbehälter von rechts im Cover prüfen. Dort ist der Bereich im Kreis einsehbar.
- Pegel muss zwischen MIN- und MAX-Markierung liegen.

! Spritzer auf der Haut und vor allem den Augen sofort mit Wasser abwaschen.

- Kühlmittelstand alle 10 000 Kilometer kontrollieren.
- Kühlmittelstand bei kaltem Motor kontrollieren.
- Maschine senkrecht auf Hauptständer abstellen.
- Pegel muss sich zwischen oberer (MAX) und unterer Markierung (MIN) befinden.
- Falls sich Kühlmittelstand unter der Minimum-Markierung befindet:
- Mittelteil und rechte Seitenverkleidung abnehmen.
- Ausgleichsbehälter mit einer Mischung aus weichem (entionisiertem/destilliertem) Wasser und handelsüblichem Frostschutzmittel für Leichtmetallmotoren und -kühler (Mischungsverhältnis 1:1) bis zur MIN-Markierung auffüllen.

! Nur nitritfreie Langzeit-Frost- und Korrosionsschutzmittel verwenden!

! Falls unterwegs »Notbefüllung« mit Leitungswasser (möglichst weiches Trinkwasser) vorgenommen werden muss, sobald wie möglich komplettes System mit entionisiertem/destilliertem Wasser durchspülen und neu befüllen. Die im Leitungswasser gelösten Mineralien verursachen Ablagerungen und Korrosion der Kühlkanäle.

- Komplettes System bei gelegentlicher Verkleidungsdemontage und betriebswarmer Maschine im Leerlauf auf Dichtheit sichtprüfen.
- Festsitz der Schlauchschellen kontrollieren.
- Schmutz, der sich in den Kühlerlamellen festgesetzt hat, mit weichem (!) Wasserstrahl oder Druckluft von der Rückseite nach vorn herausspülen.

Bild 2: Pegel korrigieren

- K50: Rechte Seitenverkleidung abnehmen (ab Seite 30).
- K51: Siehe Bild 3 Seite 68.
- Gummiverschluss **1** abnehmen und Ausgleichsbehälter bis zum idealen Pegel aufüllen (Bild 2).

Ablaufbohrung der Wasserpumpe

- Einbaulage: vor linkem Zylinder unten.

Kühlmittel-Qualität

- Spätestens im Herbst die Zusammensetzung des Kühlmittels prüfen, um ausreichenden Frostschutz zu gewährleisten (im Bild F 650 GS-Einzylinder).

Das Kühlsystem ist ein geschlossenes System. Der Ausgleichsbehälter dient zur Aufnahme des Kühlmittels, wenn es erwärmt wird und sich dann ausdehnt – und zur Kontrolle des Pegels. Wenn das Kühlmittel wieder abkühlt und sich zusammenzieht, wird vom Ausgleichsbehälter wieder »abgesaugt«.

Ablaufbohrung

- Am linken Zylinder befindet sich eine Ablaufbohrung der Wasserpumpe (Pfeil Bild 2). Wenn sich hier Wasser sammelt bzw. austritt, sind die Keramik-Dichtringe defekt, die das Kühlmittel vom Motoröl und umgekehrt trennen. Damit im Schadensfall das Kühlmittel nicht das Motoröl verdünnt, tritt das Kühlmittel hier aus.
- Bei Leckage wird die Pumpe komplett getauscht. Siehe Seite 114.

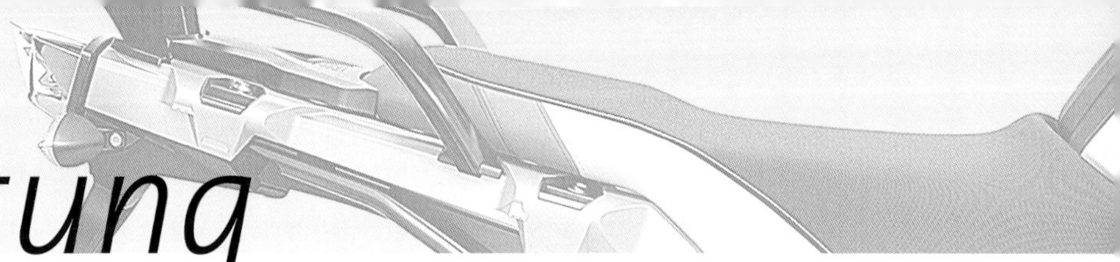

3 Wartung

3.9.2 Kühlmittelwechsel

Kühlmittel
Mischung aus weichem (entionisiertem/destilliertem) Wasser und handelsüblichem Frostschutzmittel für Leichtmetallmotoren und -kühler (Verhältnis 1:1).

Füllmengen
Kühlmittelkreislauf gesamt ....1,5 l
Ausgleichsbehälter .... 0,25 l

Es gibt seitens des Werks keine Angaben über einen turnusmäßigen Wechsel des Kühlmittels, trotzdem ist der gelegentliche Wechsel empfehlenswert. Allerdings wird das Kühlmittel nach BMW-Art natürlich nicht einfach 'reingekippt und das Entlüften mehr oder weniger sich selbst überlassen, sondern das frische Kühlmittel wird per Unterdruck-Pumpe in das fein verästelte System "gesaugt". Wenn also nach der "üblichen" Methode gewechselt wird, entsprechend den Kühlmittelstand nicht nur im Ausgleichsbehälter im Auge behalten, sondern auch am Kühler auf korrekte Füllhöhe kontrollieren. Und zwar nicht nur direkt nach dem Befüllen, sondern auch nochmals eine kurze Wegstrecke danach!

- Kühlmittel mindestens alle vier Jahre wechseln.
- Motorrad sicher aufbocken.
- Auffanggefäß unter die Ablässe links und rechts stellen (Bilder 1 und 2).
- K50: Rechte Seitenverkleidung abnehmen (ab Seite 30).
- K51: Siehe Bild 3.

Kühlmittelablass am Zylinder rechts unten
- Geeigneten Trichter verwenden, um Kühlmittel in Auffanggefäß aufzufangen.
  Anzugsmoment mit neuer Dichtscheibe..... 12 Nm

Kühlmittel einfüllen
- Motorrad auf Hauptständer stellen, bzw. so aufbocken, dass es senkrecht steht.
- Kühlmittelablass links und rechts eindrehen (Bilder 1 und 2).
- Ausgleichsbehälter befüllen (0,25 Liter).
- Kühlerdeckel abnehmen (Bild 3).
- Kühler bis zur angezeigten Füllhöhe befüllen (etwa 1,5 Liter). Dabei Wasserschläuche kneten.
- Motor starten und kurz laufen lassen.
- 👁 Pegel kontrollieren und ggf. nachfüllen.

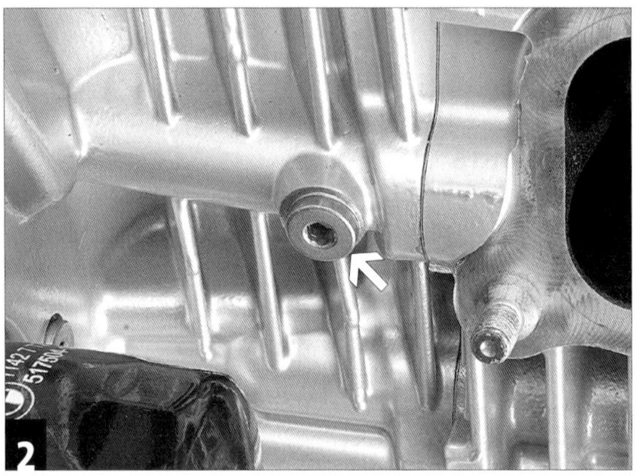

Kühlmittelablass am Zylinder links unten
- Geeigneten Trichter verwenden, um Kühlmittel in Auffanggefäß aufzufangen.
  Anzugsmoment mit neuer Dichtscheibe..... 12 Nm

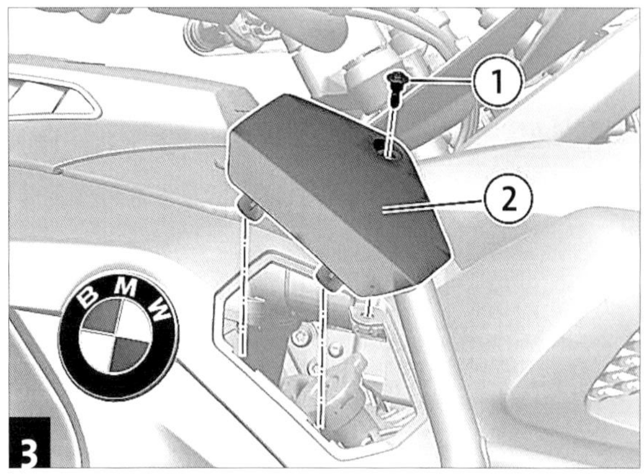

Adventure: Kühlerverschluss-Abdeckung
- Schraube **1** (mit langem Absatz) ausdrehen und Deckel **2** abnehmen.
- Beim Einbau Laschen des Deckels ansetzen und Deckelschraube eindrehen.

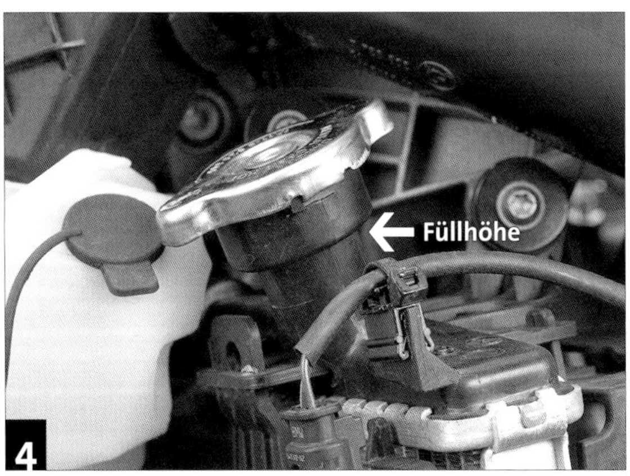

Kühlerdeckel am rechten Kühler
- Kühlerdeckel abnehmen und Kühlmittel bis zur gezeigten Füllhöhe auffüllen.

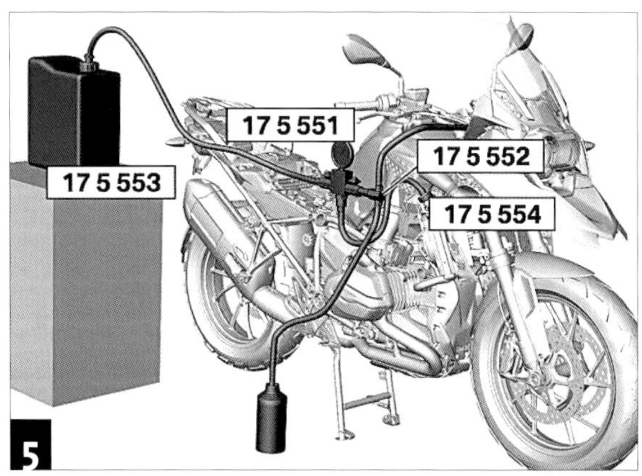

Kühlmittel-Befüllung mit Unterdruck
- Befüllung mit - 0,8 bar Unterdruck und jeder Menge Adaptern (BMW-Nummern im Bild).

3.10 Bremsanlage

Auf die Bremsanlage der BMWs ist Verlass.

- **!** Deshalb Wartungsarbeiten an der Bremshydraulik nur bei fundierten Vorkenntnissen vornehmen.
- **!** Beim geringsten Zweifel am eigenen Können ist die Fachwerkstatt die bessere Wahl.
- **!** Auf sicheren Stand der Maschine achten.
- **!** Zum Abschluss aller Arbeiten freie Drehbarkeit der Räder und den gewohnt knackigen Druckpunkt an Hebel und Pedal kontrollieren.

- Es werden zwei Bremssattel-Fabrikate verbaut:
  Hayes: Müssen zum Belagwechsel ausgebaut werden.
  Brembo: Müssen dazu nicht ausgebaut werden.

3.10.1 Dicke der Bremsscheibe

- **!** Eine unterschiedlich dicke Bremsscheibe verursacht Bremsrubbeln (→ schlechte Dosierbarkeit).
- **!** Eine zu dünne Bremsscheibe kann die Wärme nicht mehr ausreichend abführen und sich dadurch verziehen oder gar brechen.
- Bremsscheiben wechseln siehe Seite 157.

Verschleißgrenze
vorn (neu 4,5 mm) .... 4 mm
hinten (neu 5 mm) .... 4,5 mm

Bremsscheibendicke prüfen

- Dicke der Bremsscheibe an mehreren Stellen (innen/außen; nicht am Rand) kontrollieren (etwa alle 60° bis 90°).

3.10.2 Belagkontrolle

Auch die beste Bremse funktioniert nur mit ordentlichen Belägen. Deshalb regelmäßig die Belagstärken kontrollieren.

- Bremspedal/-hebel betätigen, damit Beläge an Bremsscheibe anliegen.
- 👁 Belagdicke sichtprüfen (Bild 1). Der Sattel muss dazu nicht abgenommen werden, allerdings muss genau gepeilt werden, um sicher die Belagstärke zu prüfen. Ggf. ein mit Taschenlampe für klare Sichtverhältnisse sorgen. Der Brembosattel macht es etwas leichter.
- **!** Im Zweifelsfall Beläge lieber zu früh als zu spät mit zerschrappter Bremsscheibe wechseln!
- **!** Bremsbeläge nur im Satz auswechseln, auch wenn nur ein Belag (je Sattel) die Verschleißgrenze erreicht hat.

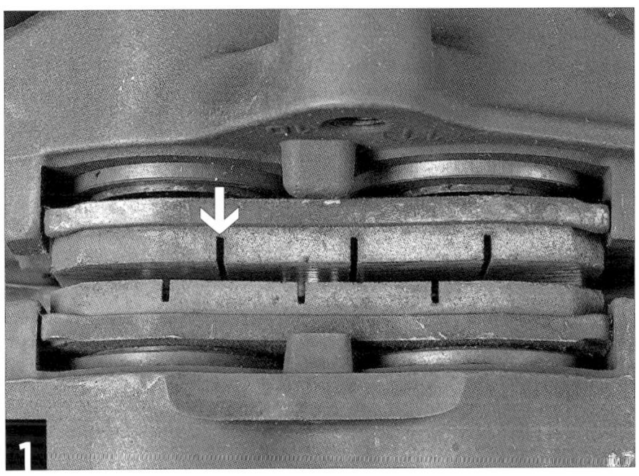

Belagdicke sichtprüfen

- 👁 Beläge spätestens wechseln, wenn Beläge bis zum Grund der Verschleiß-Anzeigenuten (Pfeil) aufgebraucht sind.
  (Im Bild bei abgenommenem Sattel.)
  Verschleißgrenze .... 1 mm

3.10.3 Belagwechsel

! **Bauteileschutz**: Felge im Bereich des Bremssattels abkleben, um Lackschäden beim Abnehmen der Bremssättel vorzubeugen.

! Bei ausgebautem Bremssattel/-belägen Hebel oder Pedal nicht betätigen, damit Bremskolben nicht herausfahren.

- Bremskolben mit **alten** Bremsbelägen mit geeigneten Werkzeug in den Sattel eindrücken, um Platz zu machen für neue dicke Beläge.
  Im Zubehörhandel sind dafür auch spezielle Kolbenrücksetz-Vorrichtungen erhältlich, die dann bei abgenommenem Bremssattel und ausgebauten Bremsbelägen eingesetzt werden.

! Beläge je Bremssattel wechseln. Dies, um den Pegel im Ausgleichsbehälter nicht übermäßig ansteigen zu lassen.

👁 Pegel im Ausgleichsbehälter beobachten und bei eventuellem Überlauf Bremsflüssigkeit absaugen.

3.10.4 Belagwechsel vorn Hayes

- Der Bremssattel muss zum Belagwechsel abgenommen werden.
- Damit der Bremssattel beim Lösen der Belagstifte noch stabil befestigt ist, zuerst die Belagstift-Sicherungen abnehmen (Bilder 1 und 2).
  Die Belagstifte lockern und dann Bremssattel abnehmen (Bild 4).

Belagstift mit E-Ring-Sicherung
- Mit kleinem Schraubendreher aushebeln.
- Bei Einbau neue Ringe verwenden.

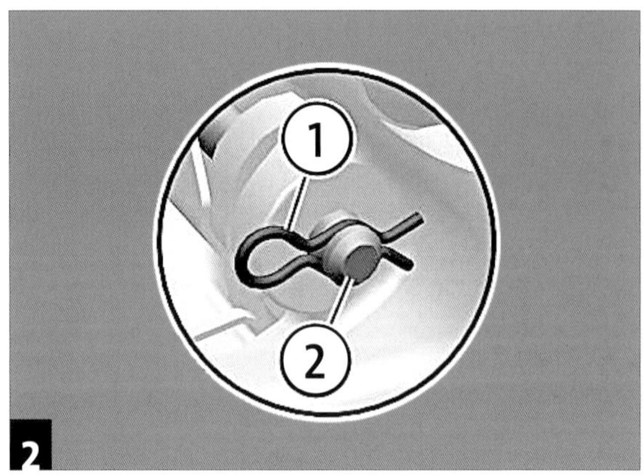

Belagstift mit Federsplint-Sicherung
- Mit kleinem Zängchen abziehen.
- Bei Einbau neue Federsplinte verwenden.

- Belagstifte **1** nur leicht lösen (SW-TORX E8).

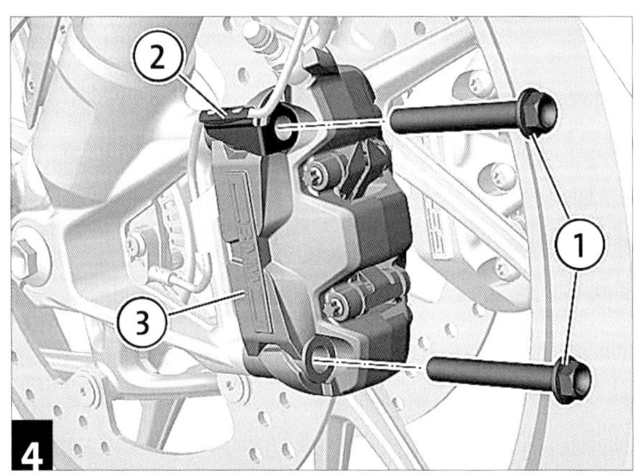

Bremssattelschrauben
- Schrauben **1** ausdrehen. Kabelführung **2** abnehmen und Bremssattel **3** lösen. Kabel freilegen.

1 **Anzugsmoment** M10 x 65 .... 38 Nm

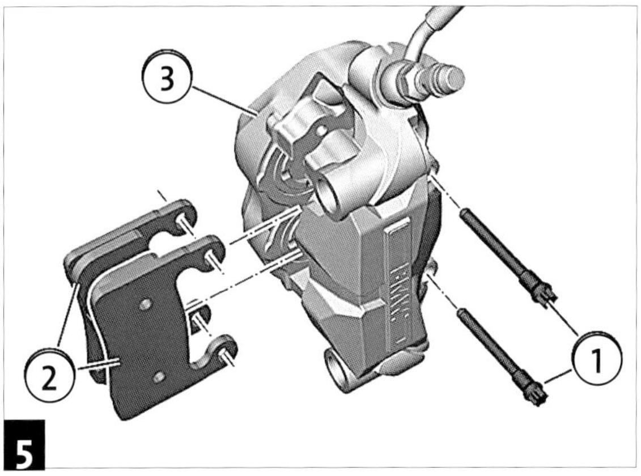

5

Belagstift und Beläge – Aus-/und -Einbau

- Belagstifte **1** ausdrehen, Beläge **2** aus Bremssattel **3** entnehmen.
- Mit Kolbenrücksetz-Vorrichtung Kolben in Bremssattel eindrücken, um Platz zu machen für neue dicke Bläge.

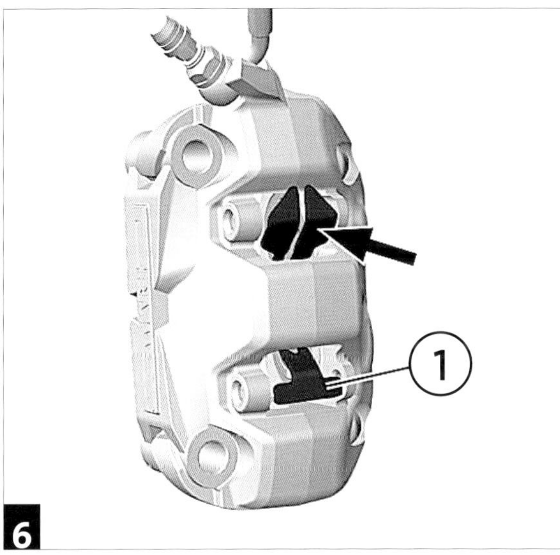

6

- Belagfeder **1** so einsetzen, dass Nasen (Pfeil) in Drehrichtung des Rads weisen.

- Belagstifte **1** ausdrehen (SW-TORX E8) Beläge entnehmen.
- 👁 Auf Verbleib der Belagfeder achten.
- 👁 Belagstifte **1** auf Verschleiß und Korrossion sichtprüfen und ggf. reinigen oder ersetzen.

Einbau

- Belagfeder **1** so einsetzen, dass Nasen (Pfeil) in Drehrichtung des Rads weisen Bild 6).
- Beläge einsetzen und Belagstifte eindrehen (Bild 5) und sichern (Bilder 1 und 2).
- 👁 Darauf achten, dass Splint **1** sauber in seiner Nut sitzt. Genauso muss der E-Ring sauber in seine Nut einfedern!
- Bremssattel auf Scheibe einfädeln und in umgekehrter Reihenfolge montieren (Bild 4 vorige Seite).

> **!** Nach Einbau der neuen Beläge am Hebel pumpen, bis die Beläge an der Bremsscheibe anliegen und der Druckpunkt klar spürbar ist. Erst dann ist das System betriebsbereit!

3.10.5 Belagwechsel vorn Brembo

- ! Bei ausgebautem Bremssattel/-belägen Hebel nicht betätigen, damit Kolben nicht herausfahren.
- Bremskolben mit **alten** Bremsbelägen mit geeigneten Werkzeug in den Sattel eindrücken, um Platz zu machen für neue dicke Beläge.
  Im Zubehörhandel sind dafür auch spezielle Kolbenrücksetz-Vorrichtungen erhältlich, die dann bei ausgebauten Belägen eingesetzt werden.
- ! Beläge je Bremssattel wechseln. Dies, um den Pegel im Ausgleichsbehälter nicht übermäßig ansteigen zu lassen.
- 👁 Pegel im Ausgleichsbehälter beobachten und ggf. Bremsflüssigkeit absaugen, bevor Behälter überläuft.
- 👁 Belagstift **2** auf Verschleiß und Korrossion sichtprüfen und ggf. reinigen oder ersetzen.
- Beläge in Bremssattel einsetzen (Bild 2) und Feder auflegen (Bild 3).
- Belagstift eindrehen und Federsplint einschieben (Bild 1).

> ! Nach Einbau der neuen Beläge am Hebel pumpen, bis die Beläge an der Bremsscheibe anliegen und der Druckpunkt klar spürbar ist. Erst dann ist das System betriebsbereit!

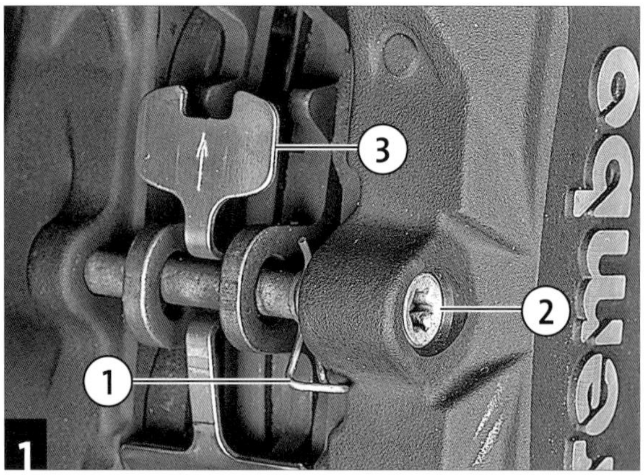

Belagwechsel vorn
- Sicherungssplint **1** mit Zängchen herausziehen.
- **2** Belagstift ausdrehen.
- **3** Belagfeder abnehmen.

Beläge wechseln
- Beläge **1** nach oben aus Bremssattel entnehmen (im Bild bauartgleiche Vorgängerausführung).

Belagfeder
- 👁 Pfeil auf der Belagfeder weist in Drehrichtung.

3.10.6 Belagwechsel hinten

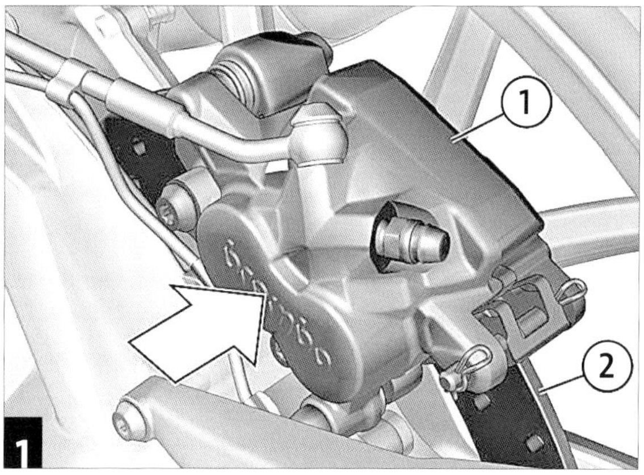

Kolben eindrücken hinten

- Bremssattel **1** mit der Kolbenseite von Hand (Pfeil) gegen Bremsscheibe **2** drücken, um Platz zu machen für neue, dicke Beläge.

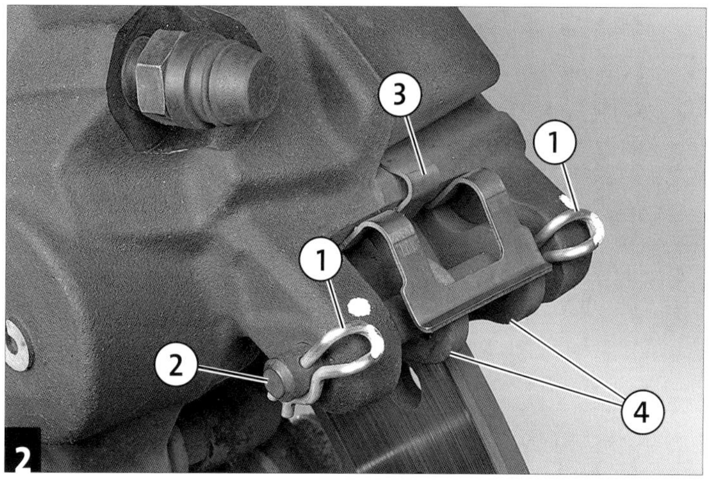

Belagwechsel

1 Sicherungssplinte
2 Belagstift
3 Belagfeder
4 Beläge

! Bei ausgebautem Bremssattel/-belägen Pedal nicht betätigen, damit Kolben nicht herausfahren.

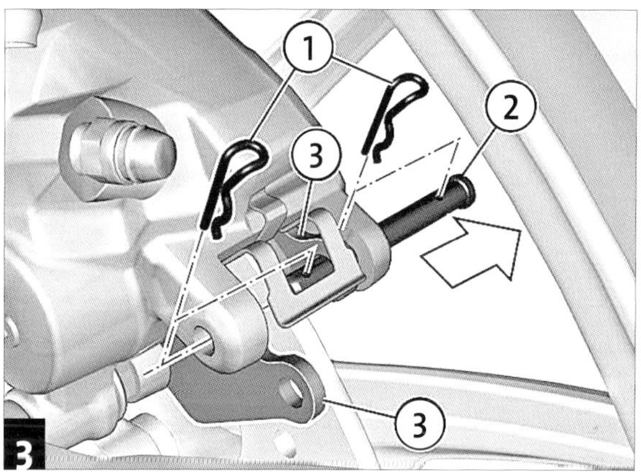

Belagwechsel

- Sicherungssplinte **1** mit kleiner Zange herausziehen.
- Belagstift **2** mit passendem Dorn und Hämmerchen von außen nach innen herausschlagen.
- Beläge **3** nach hinten aus Bremssattel herausnehmen.

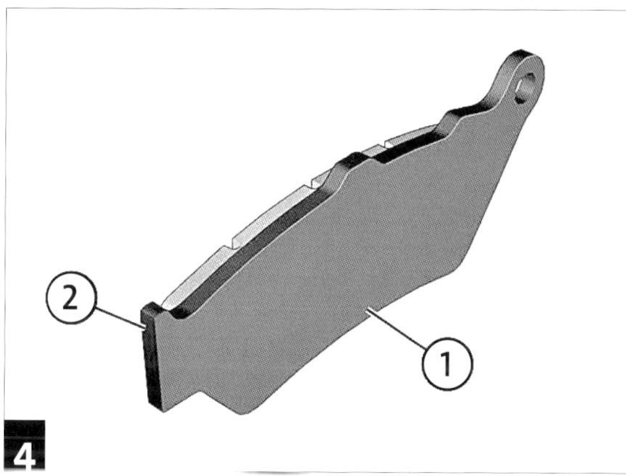

Beläge hinten

- Belagträgerplatte **1** an stirnseitiger Belagführung **2** **dünn** mit Bremsklotzpaste schmieren (Never Seeze Compound). Siehe auch Bild 5.

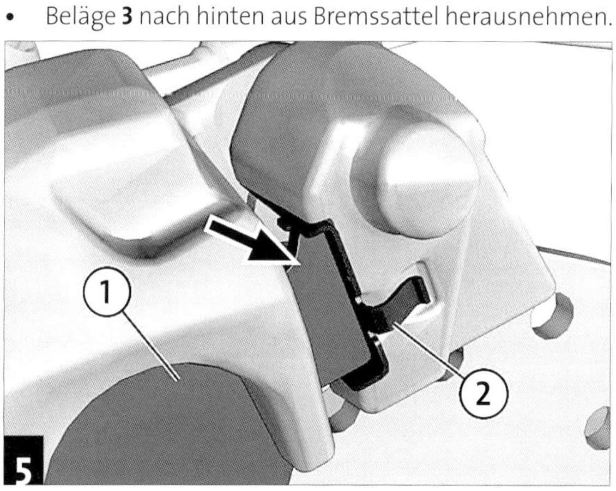

Beläge einbauen

- Neue Beläge **1** Bild 5 von hinten in Bremssattel einschieben. Dabei darauf achten, dass sie richtig in ihre Aufnahmefeder **2** Bild 5 eingreifen.
- Belagstift **2** Bild 2 eintreiben und mit den Splinten **1** Bild 2 sichern.

! Nach Einbau der neuen Beläge am Pedal pumpen, bis die Beläge an der Bremsscheibe anliegen und der Druckpunkt klar spürbar ist.
Erst dann ist das System betriebsbereit**!**

3 Wartung

3.10.7 Bremsflüssigkeit

! Das Volumen der Bremsflüssigkeit im Ausgleichsbehälter reicht aus, um die Beläge von »neu« bis zur Verschleißgrenze unter Druck zu setzen.
- Bremshebel betätigen, bis Druckpunkt deutlich spürbar ist (Druck aufbauen).

! Falls dazu mehr als der halbe Hebelweg oder gar »Nachpumpen« notwendig ist, ist Entlüften des Hydrauliksystems dringend angeraten.
- Lenker so einschlagen bzw. Fahrzeug so aufbocken (Hinterradbremse), dass Bremsflüssigkeitsbehälter waagrecht steht.

👁 Pegelstand kontrollieren (Bild 1 und 3).

! Falls sich Pegel unterer MIN-Markierung nähert, zuerst Belagstärke der Bremsklötze kontrollieren (Bremsbelagverschleiß wird mit nachfließender Hydraulikflüssigkeit ausgeglichen).
- Falls Bremsbeläge nicht abgenutzt sind und wenn Flüssigkeitsstand rasch absinkt, komplettes System unter Druck setzen und nach Undichtigkeiten – hier vor allem die Schlauchanschlüsse – absuchen.

! Leckagen sofort beseitigen (neue Dichtringe einsetzen und System entlüften)!

> **!** Bremsflüssigkeit der Qualität **DOT 4** verwenden!

- Lumpen für vertrielte Bremsflüssigkeit bereithalten.
- Beim Öffnen des Deckels muss Behälter waagrecht stehen, damit keine Bremsflüssigkeit überschwappt, die sich sehr aggressiv verhält und **Lack angreift**.

! Vertrielte Bremsflüssigkeit sofort abwischen!

! Es dürfen keine Fremdkörper in das System oder den Ausgleichsbehälter gelangen!
- Da sich Bremsflüssigkeit hygroskopisch verhält (Wasser anzieht), muss Behälter immer gut verschlossen sein (mit Wasser im System sinkt der Siedepunkt und führt so zu Dampfblasenbildung → Luft im System).
- Beim Erneuern der Bremsflüssigkeit (Seite 159) und zum Nachfüllen beim Entlüften (folgende Seiten) Deckel abnehmen (Bilder 2 und 3).
- Deckel und Gummimembran abnehmen.
- Pegelstand bis zur MAX-Markierung auffüllen.
- Rand des Vorratsbehälters säubern.
- Deckel mit einwandfreier Membran montieren.

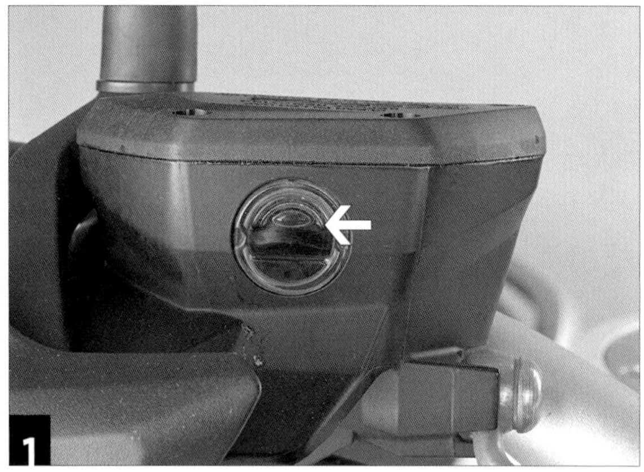

Bremsflüssigkeitsbehälter vorn
- Pegel muss immer sichtbar sein.

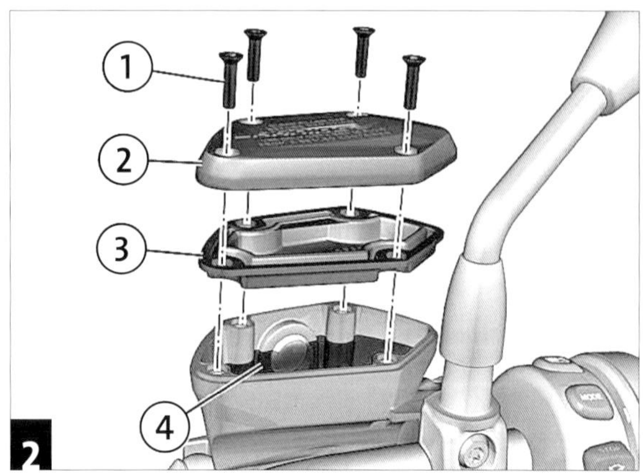

Bremsflüssigkeitsbehälter vorn

1 Deckelschrauben
2 Deckel
3 Membran
4 Bremsflüssigkeit

Bremsflüssigkeitsbehälter hinten

👁 Pegel muss sich zwischen MIN und MAX befinden.

1 Deckel

3.10.8 Bremsflüssigkeit wechseln und entlüften

! Das Entlüften einer ABS-Bremsanlage ist beim geringsten Zweifel an den eigenen Fähigkeiten der BMW-Werkstatt vorbehalten! Andernfalls besteht die Gefahr, dass Restluft im Regelkreis des ABS-Systems verbleibt!

! Das Entlüften »von Hand« am Hebel oder Pedal dauert mit ABS natürlich länger als bei einem "normalen" Bremssystem.

! Bremsflüssigkeit alle zwei Jahre erneuern und System entlüften.

- Fahrzeug sicher aufbocken.

- Die Arbeitsgänge für Vorder- und Hinterrad-Bremse entsprechen sich.

- Deckel des Bremsflüssigkeitsbehälters samt Membran abnehmen.
- Kolbenseite des **Bremssattels hinten** von Hand gegen Bremsscheibe drücken, damit der Raum für die alte Bremsflüssigkeit möglichst klein wird. Dabei erhöht sich zwangsläufig der Pegel im Vorratsbehälter. Vor Überlaufen der Flüssigkeit wie folgt beschrieben absaugen!
- Alte Bremsflüssigkeit mit Einwegspritze o.Ä. absaugen, damit nicht die komplette alte Flüssigkeit durch die Leitung durchgepumpt werden muss. Dabei darauf achten, dass Nachlaufbohrung am Boden des Vorratsbehälters nicht »trocken läuft« und immer mit Bremsflüssigkeit bedeckt bleibt.
- Ringschlüssel SW8 und passenden, durchsichtigen Schlauch über das Entlüftungsventil am Bremssattel (hinten wie vorn) stülpen. Schlauch im Auffanggefäß enden lassen.
- Bei geöffnetem Entlüftungsventil kann es vorkommen, dass Bremsflüssigkeit am Gewinde des Entlüftungsventils austritt. Deshalb Putzlappen zum sofortigen Abwischen der Bremsflüssigkeit bereithalten, die keinesfalls auf Bremsbeläge oder -Scheibe gelangen darf (ähnliche Wirkung wie Öl auf Bremsbelägen!).

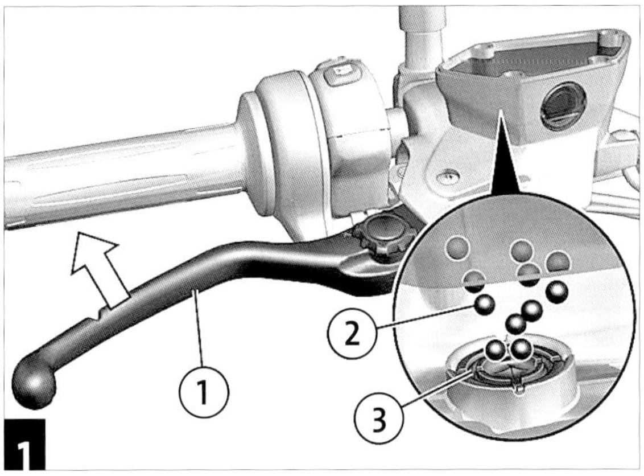

Nach oben entlüften

- Bei kurzen kleinen Hüben am Hebel **1** treten an der Nachlaufbohrung **3** kleine Bläschen **2** aus.

- Behälter mit frischer Flüssigkeit auffüllen.
- Bremshebel anziehen (bei Luft in der Leitung gegebenenfalls mehrmals pumpen, bis Druck im System aufgebaut ist) und Entlüftungsventil mit $1/4$ bis $1/3$ Umdrehung gegen Uhrzeigersinn öffnen. Am Ende des Pumpvorgangs Hebel gezogen halten und Entlüftungsventil schließen.
  Anzugsmoment .... 7 Nm
- Pumpbewegungen am Bremshebel fördern so Flüssigkeit zum Auffanggefäß.
- Schön langsam pumpen. Hebel zwischendurch immer einige Sekunden in Ruhestellung belassen, um zu gewährleisten, dass sich System luftfrei füllt.
- Hebel wieder anziehen und sobald Druckpunkt spürbar, Ventil wieder öffnen und schließen wie beschrieben.
- Währenddessen in Behälter Bremsflüssigkeit nachgießen, damit keine Luftbläschen ins System gelangen können (sobald Nachlaufbohrung frei ist, gelangt Luft in Leitung). So wird mit neuer Bremsflüssigkeit die alte weggespült.
- Tritt am Entlüftungsventil keine Luft bzw. trübe alte Bremsflüssigkeit mehr aus, wie beschrieben Bremshebel/-pedal noch einmal langsam anziehen und gleichzeitig Entlüftungsventil schließen (Bild 3).
- Mit **neuen** Belägen Bremsflüssigkeit bis MAX auffüllen und Behälter mit Deckel schließen.

TIPP

Eine Erleichterung kann darin bestehen, den Lenker so einzuschlagen, dass die Nachlaufbohrung der Handpumpe am höchsten Punkt der Hydraulik steht und der Pumpenzylinder außen nach oben steht.
Dann kann mit leichtem Hebeldruck (Hebel nicht ganz anziehen) »nach oben« entlüftet werden (Luftbläschen treten durch Nachlaufbohrung im Ausgleichsbehälter nach oben aus; Bild 1).

In hartnäckigen Fällen auf den Verlauf der Schläuche achten und auf eventuelle Luftpolster kontrollieren.

3.11.1
Pedal erneuern

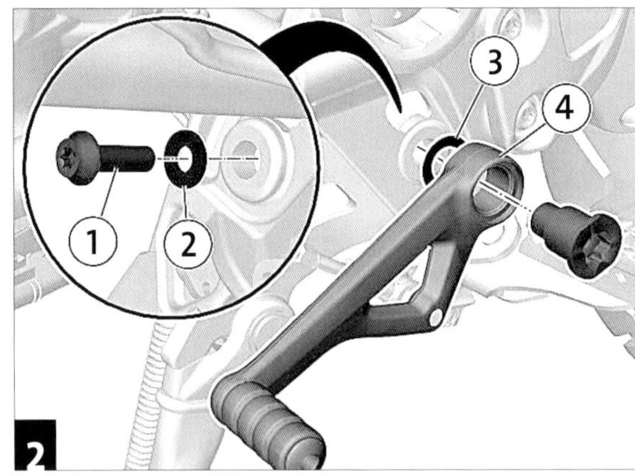

Pedal ausbauen

- Hülse (Pfeil) gegenhalten.
- Beim Einbau Hülse fetten.

- An Rückseite Schraube **1** ausdrehen und Pedal **4** mit Scheiben **2** und **3** abnehmen.

1 **Anzugsmoment** M8 x 25 .... 19 Nm

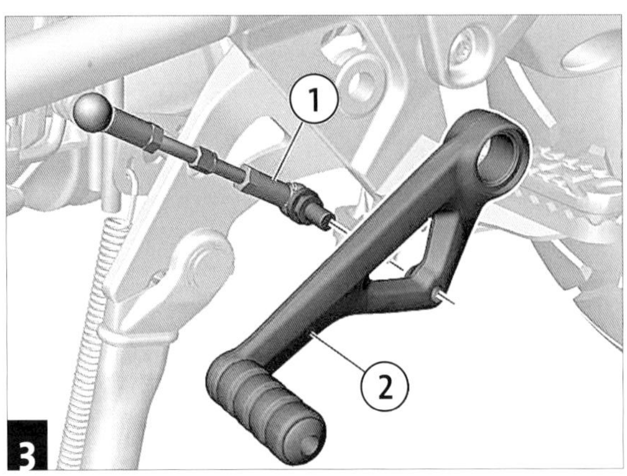

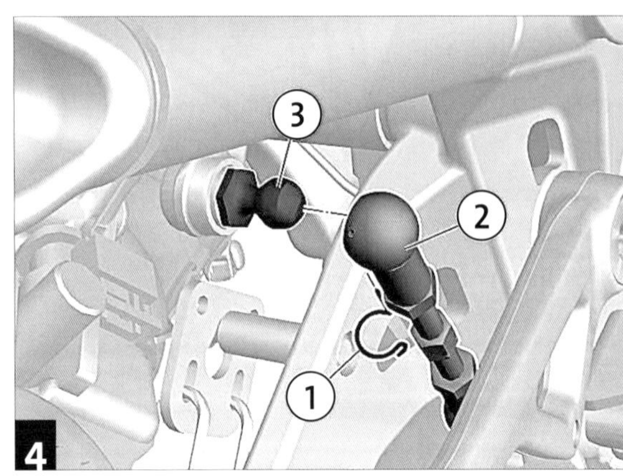

- Schaltstange am Kugelkopf **1** mit Gabelschlüssel vom Pedal **2** abschrauben.

1 **Anzugsmoment** M8 .... 19 Nm

Kugelkopf aus- und einbauen

- Federbügel **1** ausklappen, nach unten ziehen und Kugelpfanne **2** von Kugelkopf **3** abziehen.

3.12
Seitenständer und -Schalter

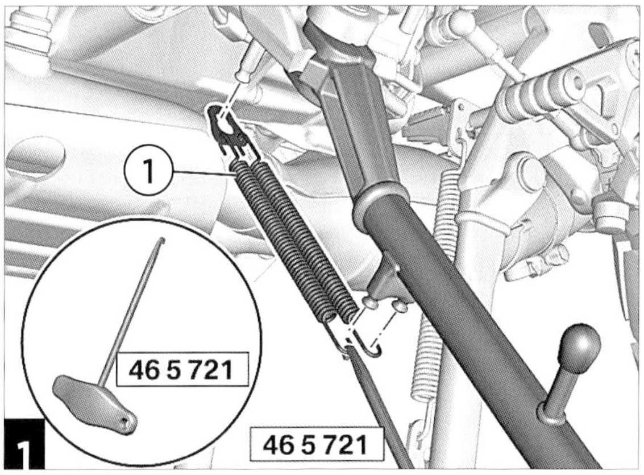

Seitenständer-Federn
- Ständer ausklappen und Federn **1** mit Federhaken aus- und einbauen. Der Federhaken im Bild mit seiner BMW-Teilenummer, qualitativ sehr gut...

! Mit aller höchster Vorsicht zu Werke gehen!

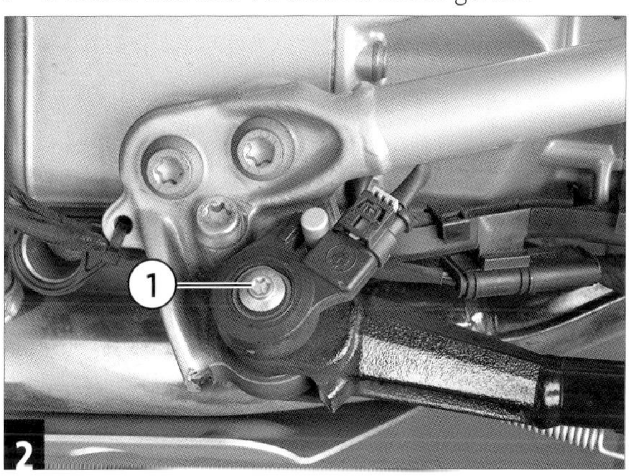

Seitenständer-Schalter
- Schraube **1** ausdrehen und Schalter abnehmen.
- Schraube **1** mit Schraubensicherung (Loctite 243; mittelfest) montieren.
  Anzugsmoment M6 x 16. . . . . 6 Nm

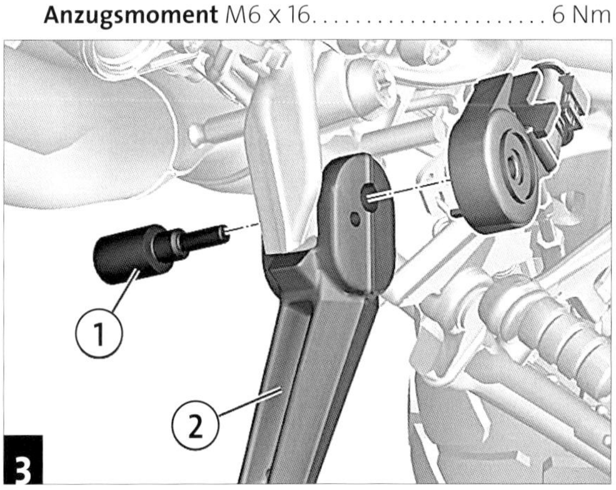

- Seitenständer auf leichtes Zurückschwingen prüfen (Ständer muss zügig einklappen).
- Ggf. Ständer bei Pflegedienst und Inspektion am Drehpunkt mit Spray-Öl einnebeln und einwirken lassen.
- Überschüssiges Öl abwischen.
- Falls es mit der Spray-Öl-Behandlung nicht getan ist, Ständer ausbauen, die Lagerung säubern und die Fettpackung der Lagerung erneuern.
- Bei der Montage des Seitenständers im Werk wird die Drehbuchse gefettet eingesetzt und mit mikroverkapselter Zapfenschraube montiert.

→ Bei Erneuerung der Fettpackung neue Schraube verwenden oder die alte unter Beigabe von mittelfester Schraubensicherung einbauen.

! Beim Aus- und Einbau der Seitenständer-Federn mit aller höchster Vorsicht zu Werke gehen! Gefahr durch umherfliegende Teile!

- Im Zuge des Seitenständer-Ausbaus wird der **Seitenständer-Schalter** abgenommen (nicht vom Kabelbaum getrennt).
  Die Trennung des Schalters vom Kabelbaum zum Erneuern des Schalters ist im folgenden Kapitel beschrieben.

Bild 4: Seitenständer-Bolzen
- Bolzen **1** ausdrehen und Seitenständer **2** abnehmen.
- Bolzengewinde reinigen.
- Bolzen **1** mit Schraubensicherung (Loctite 243; mittelfest) montieren.
  Anzugsmoment M10 x 1 . . . . 40 Nm

3 Wartung

3.12
Seitenständer und -Schalter
Fortsetzung

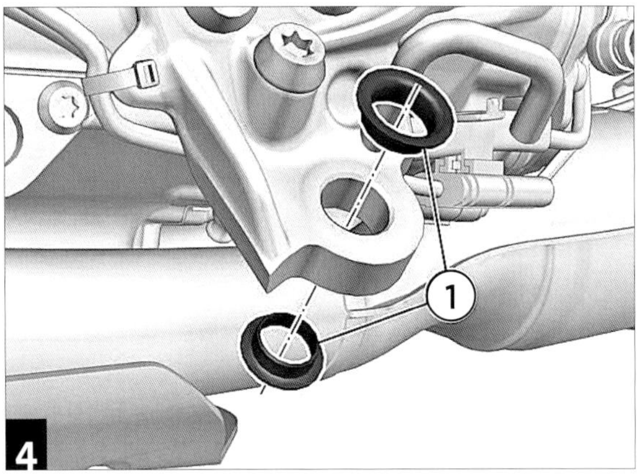

Seitenständer-Buchsen
- Bundbuchsen **1** reinigen und auf Verschleiß oder Beschädigung sichtprüfen.
- Bundbuchsen **1** neu fetten.
- Seitenständer anbringen (Bild 3).

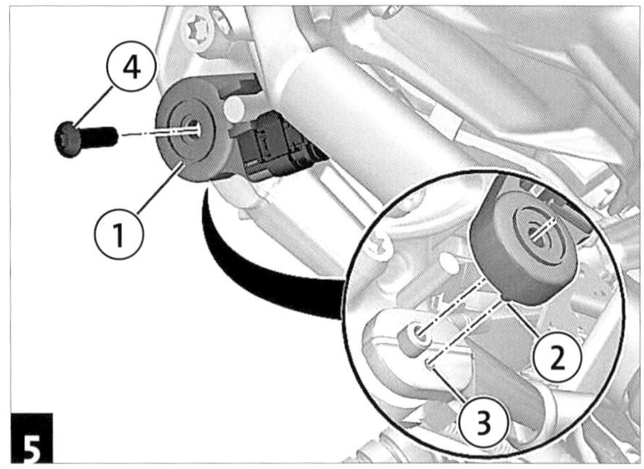

Seitenständer-Schalter
- Schalter **1** so aufsetzen, dass Zapfen **2** in Bohrung **3** eingreift. Schraube **4** eindrehen (Bild 3).

3.12.1
Seitenständer-Schalter

Ein versehentlich ausgeklappter Seitenständer kann im Fahrbetrieb fatale Stürze verursachen.
Aber auch das schlichte Verweigern des Startvorgangs kann auf mangelnde Funktion des Schalters zurückzuführen sein.
Deshalb und wegen der exponierten Lage des Schalters ist seine regelmäßige Funktionsprüfung so wichtig.
- Funktionsprüfung gemäß der »Funktionsprüfung Motorstart-Unterdrückung« durchführen (Seite 52).
- Bei entsprechender Anzeige des Diagnose-Programms (MoDiTec oder GS911) Schalter auswechseln.
- In diesem Zusammenhang auch den Kupplungs-Schalter nicht aus dem Blickfeld verlieren (siehe Seite 183).
- Schalter ausbauen, wie im Vorkapitel beschrieben.
- Schalter vom Kabelbaum und Stecker trennen siehe Bilder 1 und 2.

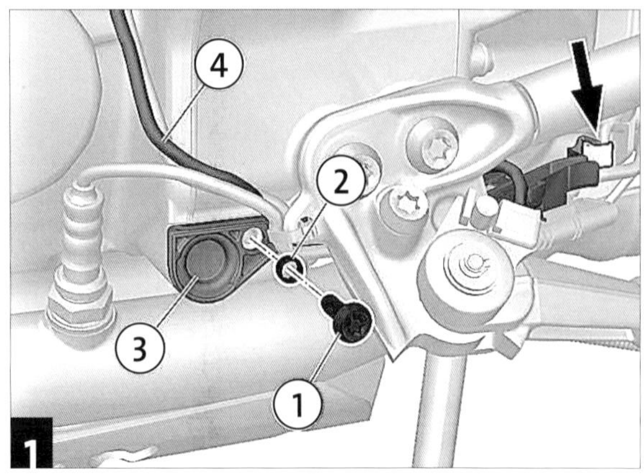

Seitenständer-Schalter/Kabelkanal
- Schraube **1** ausdrehen und mit Scheibe **2** abnehmen.
- Kabelkanal **3** abnehmen und Kabel **4** freilegen.
- Bei Montage Kabelkanal **3** mit Halteblech (Pfeil) einbauen.

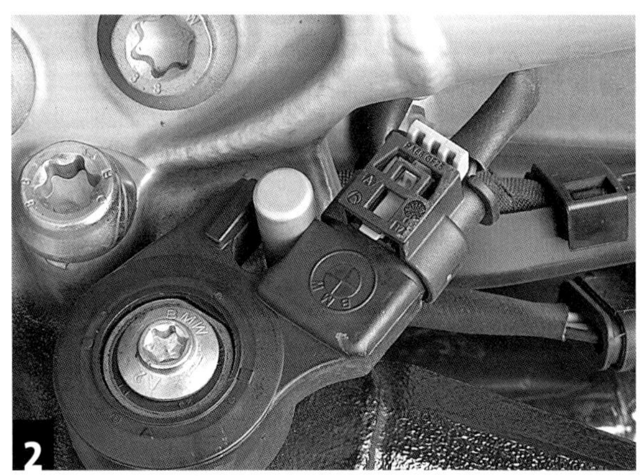

Seitenständer-Schalter
- Stecker trennen wie auf Seite 100 Bild gezeigt.

3.13
Hauptständer

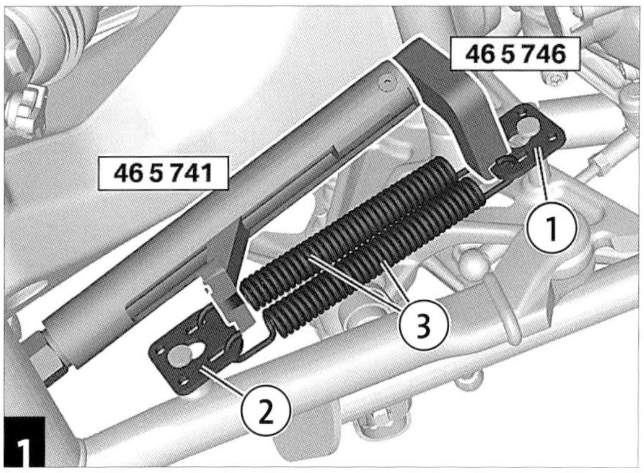

Hauptständer-Federn

- Federn mit BMW-Federspanner Federn **3** ausbauen. Dabei an den Federblechen **1** und **2** ansetzen. Falls Werkzeug nicht zu Verfügung steht, mit allerhöchster Vorsicht zu Werke gehen!

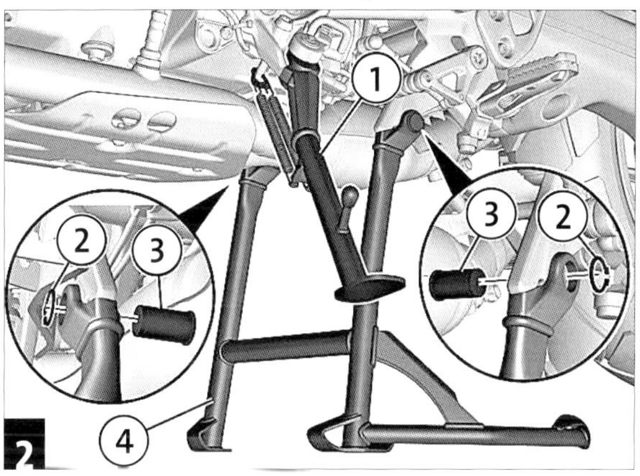

Hauptständer-Lagerung

- Seitenständer **1** ausklappen.
- Sicherungsringe **2** ausfedern und Hülsen **3** nach innen abnehmen.
- Hauptständer **4** abnehmen.

Lenklager prüfen

- Vor- und Zurückdrücken der Tauchrohre (im Bild F 650 GS)

- Ständer auf leichtes Zurückschwingen prüfen.
- Ständerfedern auf Beschädigung und Spannungsverlust untersuchen (Ständer muss zügig einklappen).
- Bei der Montage des Ständers Drehbuchse gefettet einsetzen.
- Ständer bei Pflegedienst und Inspektion am Drehpunkt mit Sprayöl einnebeln.
- Überschüssiges Öl abwischen.
- Hauptständer ausbauen:
- Fahrzeug mit Hinterradständer (handelsüblich) aufbocken.

! Beim Aus- und Einbau der Ständerfedern mit aller höchster Vorsicht zu Werke gehen! Gefahr durch umherfliegende Teile!

3.14
Vorderradführung prüfen

Wenn es beim kurzen Antippen der Vorderradbremse verdächtig im Lenker knackt, dann hat die Lagerung des Längslenkers Spiel oder ist locker.

! Sämtliche Bauteile auf Festsitz prüfen.
! Defekte Teile umgehend auswechseln.

- Lenkung prüfen:
- Maschine so aufbocken, dass Vorderrad freikommt.
- Lenker von Anschlag zu Anschlag schwenken und auf ungleichmäßige Bewegung oder Rastung achten. Darauf achten, dass Seilzüge oder Kabelstränge Lenkereinschlag nicht behindern.
- Falls es beim Vor- und Zurückdrücken der Tauchrohre knackt (Vertikalspiel bei freiem Vorderrad prüfen), Lager des Längslenkers auf Spiel prüfen.

! Eventuelles Knacken der Tauchrohre kann natürlich auch von ausgeschlagenen Gleitbuchsen der Gabel herrühren, tritt aber erst bei extrem hoher Laufleistung auf und ist sehr selten.

3 Wartung

3.15 Federbein

- Maschine am Heck mehrmals kräftig einfedern und die Federbewegung in Hinsicht auf Dämpferwirkung beobachten (Einfedern geht schneller als Ausfedern).
- Falls Heck unkontrolliert nachfedert (Gummiball-Effekt), ist Federbeindämpfer verschlissen oder nicht richtig eingestellt.
- Federbein auf Ölverlust kontrollieren.

Einstellung

Die 1250er GS-Modelle ohne ESA-Fahrwerk bieten die Möglichkeit, die Federvorspannung und die Zugstufendämpfung der Zuladung, den Straßenverhältnissen und den Fahrervorlieben von Hand anzupassen.
(Die Prinzipbilder stammen vom Vorgängermodell.)

! Erhöhte Zuladung mit mehr Federvorspannung anpassen.

! Erhöhte Federvorspannung mit erhöhter Dämpfung anpassen.

Grundeinstellung der Federvorspannung hinten

- **Solobetrieb ohne Beladung:**
  Einstellrad (Bild 1) bis zum Anschlag in Richtung LOW drehen
- **Solobetrieb mit Beladung:**
  Einstellrad bis zum Anschlag in Richtung LOW drehen, dann 15 Umdrehungen Richtung HIGH
- **Soziusbetrieb und Beladung:**
  Einstellrad bis zum Anschlag in Richtung LOW drehen, dann 30 Umdrehungen Richtung HIGH

Grundeinstellung der Hinterraddämpfung

- Solobetrieb ohne Beladung:
  Einstellschraube im Uhrzeigersinn bis zum Anschlag drehen, dann 8 Klicks gegen Uhrzeigersinn drehen
- Solobetrieb mit Beladung:
  Einstellschraube im Uhrzeigersinn bis zum Anschlag drehen, dann 2 Klicks gegen Uhrzeigersinn drehen
- Soziusbetrieb mit Beladung:
  Einstellrad im Uhrzeigersinn bis zum Anschlag drehen, dann 2 Klicks gegen Uhrzeigersinn drehen

1

Federvorspannung einstellen

- Grundstellung (Fahrzeug vollgetankt mit 85 kg Fahrer):
  Einsteller gegen Uhrzeigersinn bis Anschlag drehen (Richtung »LOW«), dann 8 Klicks herausdrehen.

2

Dämpfung unten am Federbein einstellen

- Grundstellung: (vollgetankt mit 85 kg Fahrer): Einsteller im Uhrzeigersinn (Richtung »H«) bis Anschlag drehen, dann acht Klicks zurückdrehen (Richtung »S«).

3.16 Winkeltrieb

Alle zwei Jahre oder alle 20 000 Kilometer werden die 180 Kubikzentimeter Öl im Winkeltriebgehäuse erneuert.

- Endantriebsöl im **betriebswarmen** Zustand wechseln.
- Fahrzeug sicher aufbocken.
- Fahrzeug so positionieren, dass Ablassöffnung möglichst senkrecht nach unten weist.
- Auffanggefäß unter Endantriebsgehäuse positionieren.

Endantriebsöl .... Hypoid Axle Oil G3

Füllmenge
bei Wechsel .... 180 ml
bei Neubefüllung............................200 ml

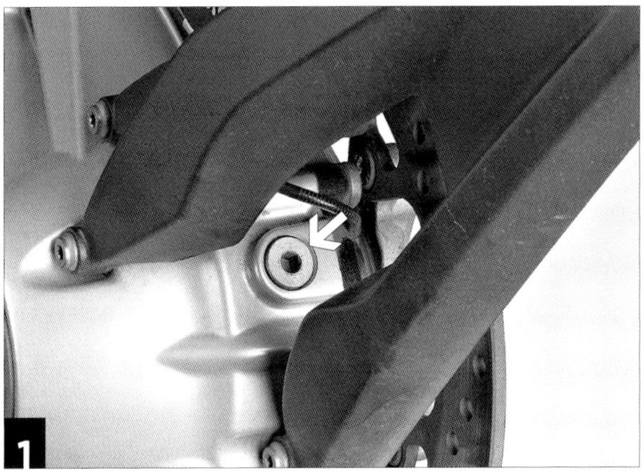

Einfüllschraube des Winkeltrieböls

- Schraube (Pfeil) ausdrehen.
- Auf Verbleib des Dichtrings achten.
  Anzugsmoment M12 x 1,5 mit Dichtring...... 20 Nm

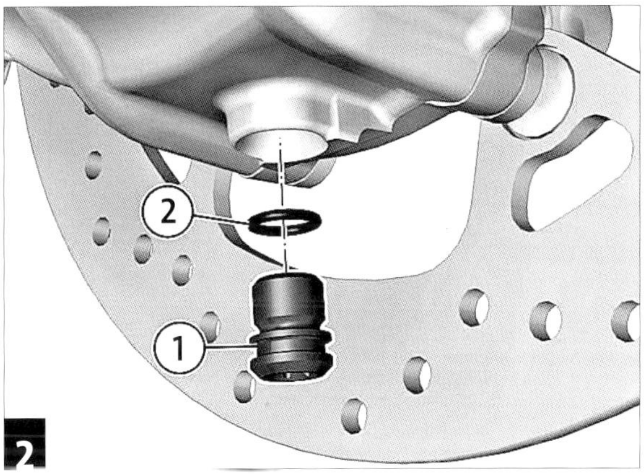

Ablassschraube des Winkeltrieböls

- Schraube **1** ausdrehen und Öl austropfen lassen.
- Auf Verbleib des O-Rings **2** achten.

1 **Anzugsmoment** M12 x 1 mit O-Ring.......... 20 Nm

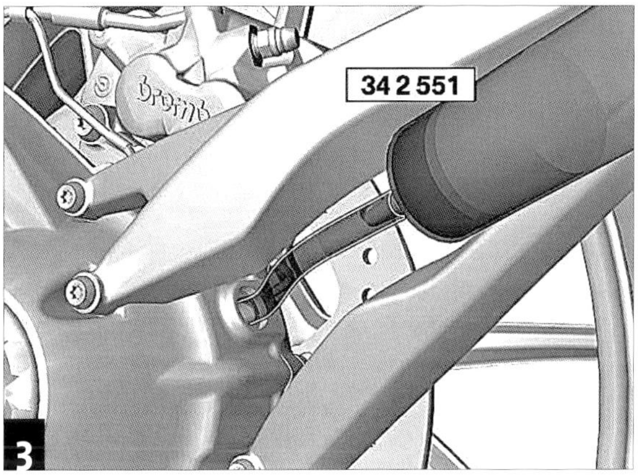

Winkeltriebsöl einfüllen

- Schraube **1** Bild 2 mit so gut wie neuem O-Ring eindrehen und festziehen.
- Öl mit geeigneter Spritze und Schlauch einfüllen.
- Einfüllschraube eindrehen und festziehen (Bild 1).

4 Licht & Kombiinstrument

4.1 Stand-, Fern- und Fahrlicht

- Scheinwerfer, Zusatzscheinwerfer, Rücklicht und Blinker komplett wechseln (LED-Technik).

! Zündung ausschalten!
! Das Steuergerät (Bild 5) erhitzt sich im Betrieb! Gegebenenfalls Steuergerät vor Arbeiten am Scheinwerfer abkühlen lassen.

Vorarbeiten ab Seite 30:
- Seitenteil links und rechts ausbauen.
- Vorderradabdeckung oben ausbauen.
- Vorderradabdeckung Mitte ausbauen.

Scheinwerfer aus-/einbauen
- Schraube mit Scheibe (Pfeil) links und rechts ausbauen.
  Anzugsmoment M6 x 20 .... 5 Nm

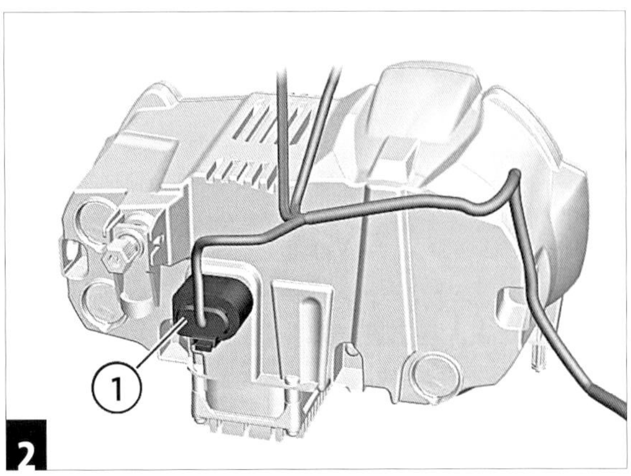

Scheinwerfer aus-/einbauen
- Stecker **1** abziehen.

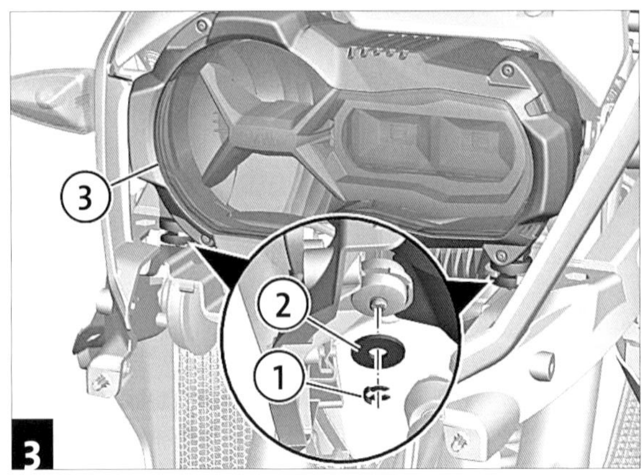

Scheinwerfer aus-/einbauen
- Clips **1** abziehen und Scheiben **2** abnehmen.
- Scheinwerfer **3** nach vorn abnehmen.

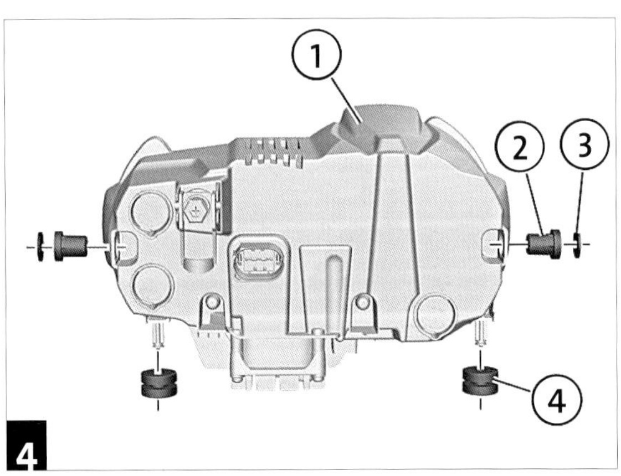

Scheinwerfer ① ersetzen
- Entkoppelnde Blindnietmuttern **2** und Scheiben **3** umbauen.
- Tüllen **4** umbauen.

- In umgekehrter Reihenfolge montieren.

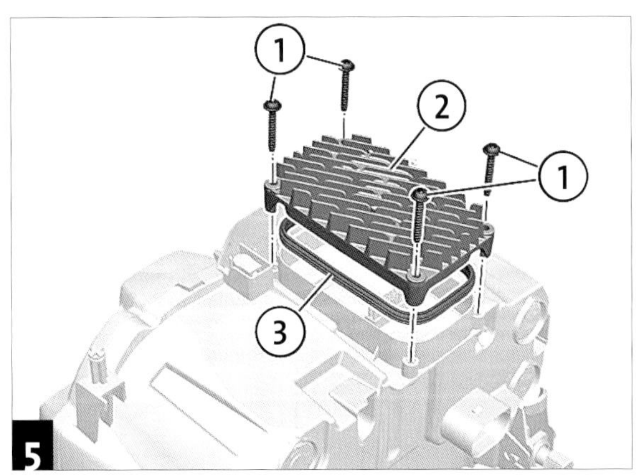

Scheinwerfer ersetzen: Steuergerät
- Schrauben **1** ausdrehen und Steuergerät **2** mit Dichtung **3** abnehmen.
- Steuergerät auf neuen Scheinwerfer umbauen.

3.16 Winkeltrieb

Alle zwei Jahre oder alle 20 000 Kilometer werden die 180 Kubikzentimeter Öl im Winkeltriebgehäuse erneuert.

- Endantriebsöl im **betriebswarmen** Zustand wechseln.
- Fahrzeug sicher aufbocken.
- Fahrzeug so positionieren, dass Ablassöffnung möglichst senkrecht nach unten weist.
- Auffanggefäß unter Endantriebsgehäuse positionieren.

Endantriebsöl .... Hypoid Axle Oil G3

Füllmenge
bei Wechsel .... 180 ml
bei Neubefüllung............................ 200 ml

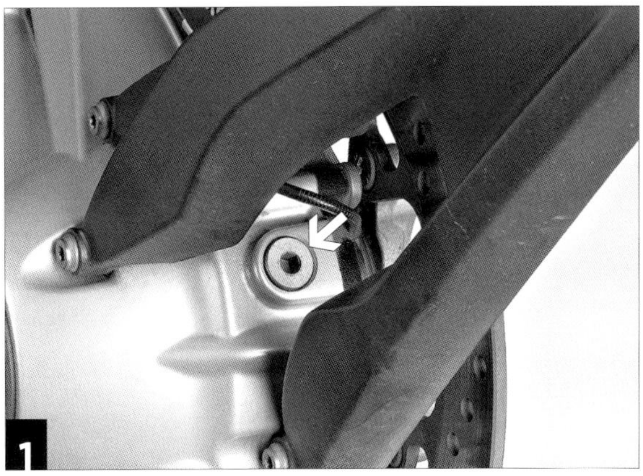

Einfüllschraube des Winkeltrieböls

- Schraube (Pfeil) ausdrehen.
- Auf Verbleib des Dichtrings achten.
  Anzugsmoment M12 x 1,5 mit Dichtring...... 20 Nm

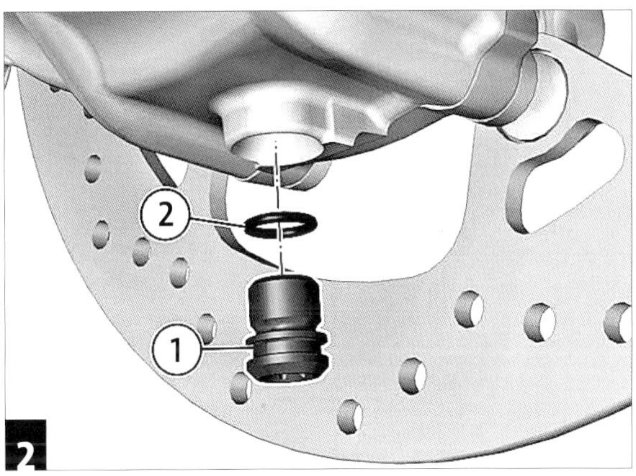

Ablassschraube des Winkeltrieböls

- Schraube **1** ausdrehen und Öl austropfen lassen.
- Auf Verbleib des O-Rings **2** achten.

1 **Anzugsmoment** M12 x 1 mit O-Ring.......... 20 Nm

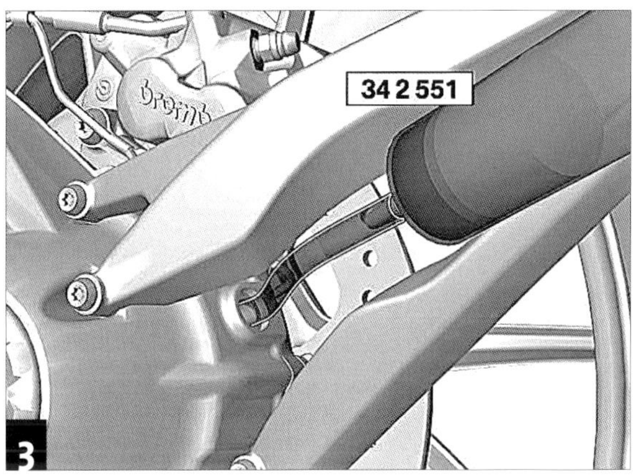

Winkeltriebsöl einfüllen

- Schraube **1** Bild 2 mit so gut wie neuem O-Ring eindrehen und festziehen.
- Öl mit geeigneter Spritze und Schlauch einfüllen.
- Einfüllschraube eindrehen und festziehen (Bild 1).

3 Wartung

3.17 Räder und Reifen

! Beim harten Aufprall auf einen Randstein können die Laufräder Schaden nehmen.

- Felgenhörner und Felgen auf Beschädigungen und Haarrisse untersuchen.
- Eine behelfsmäßige Ermittlung des Felgenschlags folgendermaßen durchführen:
- Maschine so aufbocken, dass Rad frei dreht.
- Stift oder Schraubendreher so positionieren, dass er einen festen Abstand (etwa 2 bis 3 mm) zur Felge hat. (Am Hinterrad bietet sich die Schwinge als Auflage an, vorn muss improvisiert werden.)
- Rad langsam drehen und gleichbleibenden Abstand zwischen Felge und Stift kontrollieren. Falls sich bei dieser Methode schon Auffälligkeiten zeigen, Rad ausbauen und »Werkstatt-mäßig« prüfen wie ab Seite 193 beschrieben.
- Reifen auf Risse, Beschädigung und eingearbeitete Fremdteile absuchen.
- Reifenluftdruck in »kaltem« Zustand messen (Reifentemperatur gleich Umgebungstemperatur).

Luftdruckwerte

vorn .... 2,5 bar
hinten .... 2,9 bar

Diese Werte gelten unabhängig von der Beladung.

Profiltiefe

! Reifen erneuern, wenn Profiltiefe in der Mitte gemessen vorn nur noch 2 mm und hinten 3 mm beträgt. (Der Gesetzgeber in Deutschland toleriert als Minimum 1,6 mm.)

- Darauf achten, dass die Felgenlinie auf dem Reifen parallel zur Felge verläuft.

1 **Höhenschlag prüfen**

2 **Seitenschlag prüfen**

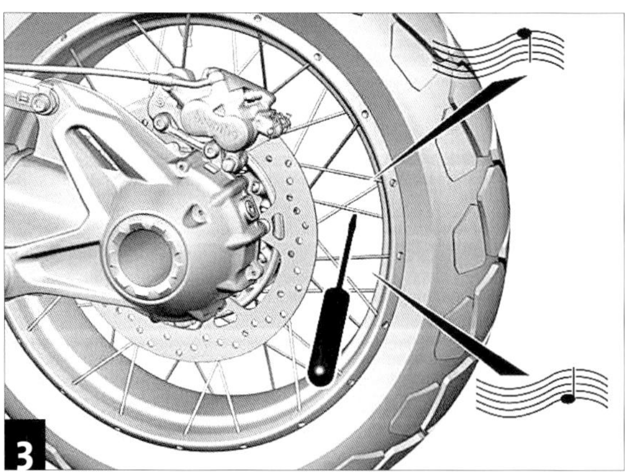

3 **Speichen-Klangprobe**

- Speichen müssen hell klingen.
- Dumpf klingende Speichen auf Bruch und Anzugsmoment der Nippel prüfen (4 Nm).

4 **Reifenmontage**

- Farbmarkierung befindet sich auf Höhe des Ventils.

3.18 Scheinwerfereinstellung

! Wesentlicher Sicherheitsfaktor bei Nachtfahrten ist ein korrekt eingestellter Scheinwerfer.

- Motorrad steht auf ebenem Untergrund und ist mit Fahrer belastet.
- Motorrad mit korrektem Reifenluftdruck und Federbeineinstellung auf Solobetrieb auf Rädern stehend und mit Fahrer belastet im Abstand von 10 Metern (Maß **a** Bild 1) vor heller Wand auf ebenen Boden aufstellen.
- Abstand Boden/Scheinwerfermitte (Maß **b** Bild 1) auf Wand übertragen und mit Kreuz markieren.
- Zehn Zentimeter (Maß **c** Bild 1) unter diesem Kreuz ein zweites Kreuz zeichnen.
- Abblendlicht einschalten.
- Der Schwenkhebel steht abgeklappt in Stellung »NEUTRAL« (Bild 3).

Die Kontrolle der Beleuchtungs- und Signalanlage gehört zu den unbedingt sicherheitsrelevanten Tätigkeiten am Motorrad. Ein Beleuchtungs- und Blinkercheck ist schnell gemacht – Aufwand und Nutzen stehen in äußerst günstiger Relation und der Check bringt ein unverzichtbares Sicherheitspolster – freilich ohne Gewähr!

Höheneinstellung

- Lenker genau geradeaus richten, bis Scheinwerfer genau geradeaus zeigt.
- Die Hell-Dunkel-Grenze (Ausleuchtung) soll bis zur Mitte des unteren Kreuzes reichen, ab Fahrzeugmitte bis zur Höhe des oberen Kreuzes nach rechts ansteigen und dann wieder abfallen (Bild 1).

→ Hinweise zum **Wechsel der Beleuchtungselemente** erhalten Sie ab Seite 86.

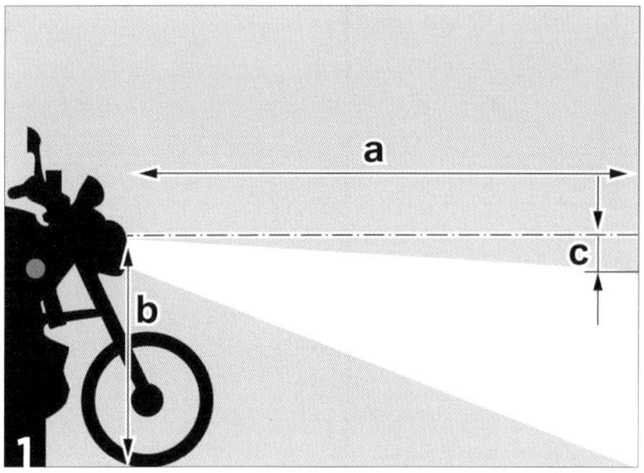

Scheinwerfer-Einstellung

! Auf korrekten Reifenluftdruck, Fahrzeugbelastung (85 kg) und Fahrwerkseinstellung (solo) achten.

a 10 Meter **b** Höhe Scheinwerfermitte

c Abstand Hell-/Dunkelgrenze 10 Zentimeter

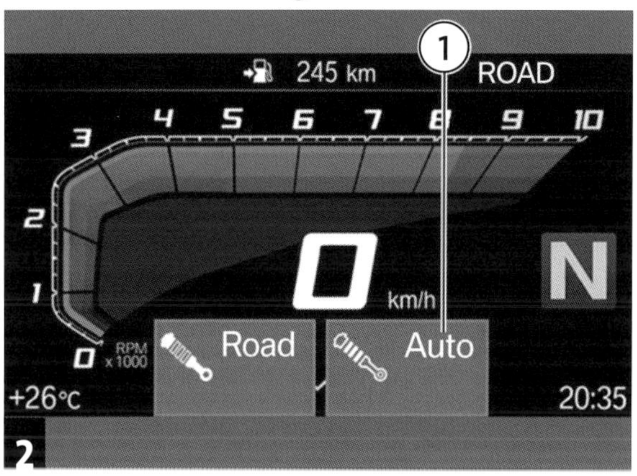

Einstellung mit Dynamic ESA (Sonderausstattung)

- Federbeinvorspannung auf Grundeinstellung Auto **1** bringen.

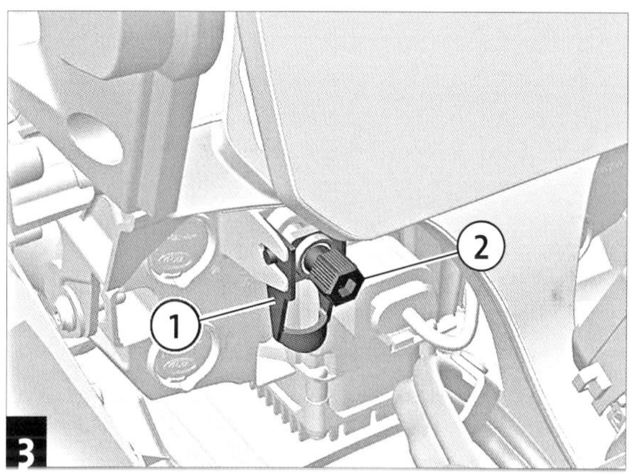

Höheneinsteller und Schwenkhebel

- Schwenkhebel **1** ist abgeklappt für normale Zuladung.
- Zur Einstellung der Höhe Einsteller **2** drehen.

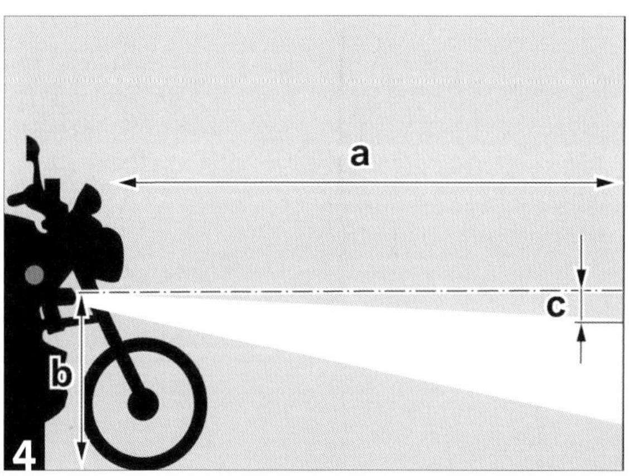

Zusatzscheinwerfer-Einstellung

! Auf korrekten Reifenluftdruck, Fahrzeugbelastung (85 kg) und Fahrwerkseinstellung (solo) achten.

a 10 Meter **b** Höhe Scheinwerfermitte

c Abstand Hell-/Dunkelgrenze 10 Zentimeter

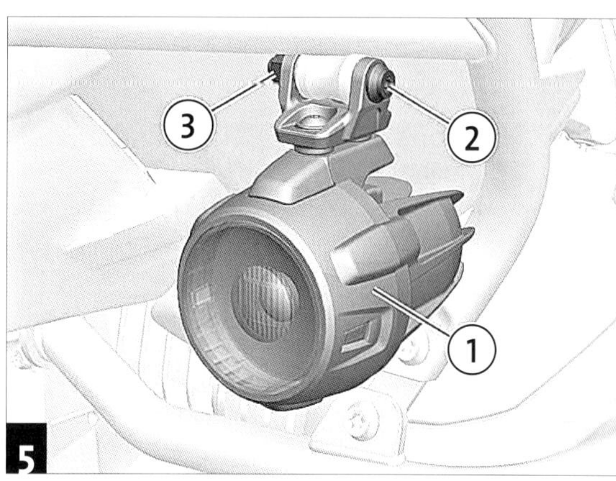

Zusatzscheinwerfer

- Zur Einstellungskorrektur Mutter **3** gegenhalten und Schraube **2** leicht lösen. Zusatzscheinwerfer **1** von Hand ausrichten und Schraube wieder anziehen.

2 **Anzugsmoment** M6 x 40 .... 6 Nm

4 Licht & Kombiinstrument

4.1 Stand-, Fern- und Fahrlicht

- Scheinwerfer, Zusatzscheinwerfer, Rücklicht und Blinker komplett wechseln (LED-Technik).

! Zündung ausschalten!
! Das Steuergerät (Bild 5) erhitzt sich im Betrieb! Gegebenenfalls Steuergerät vor Arbeiten am Scheinwerfer abkühlen lassen.

Vorarbeiten ab Seite 30:
- Seitenteil links und rechts ausbauen.
- Vorderradabdeckung oben ausbauen.
- Vorderradabdeckung Mitte ausbauen.

Scheinwerfer aus-/einbauen
- Schraube mit Scheibe (Pfeil) links und rechts ausbauen.
  Anzugsmoment M6 x 20 .... 5 Nm

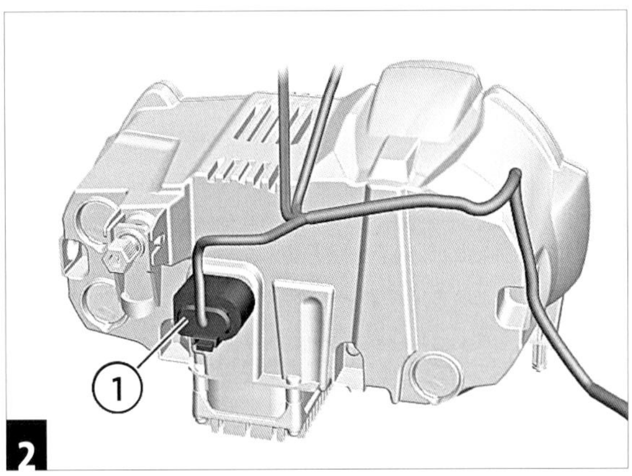

Scheinwerfer aus-/einbauen
- Stecker **1** abziehen.

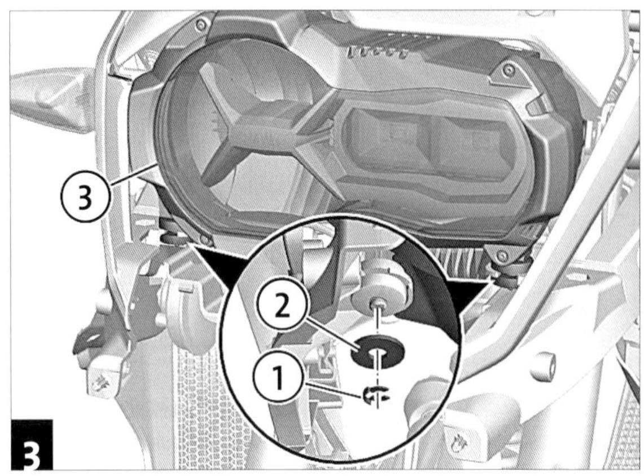

Scheinwerfer aus-/einbauen
- Clips **1** abziehen und Scheiben **2** abnehmen.
- Scheinwerfer **3** nach vorn abnehmen.

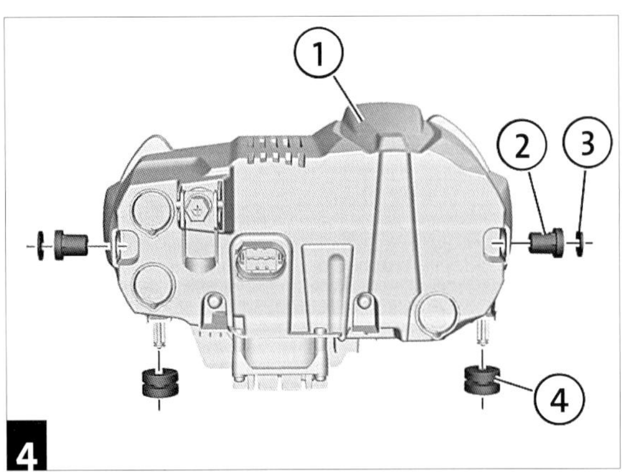

Scheinwerfer ① ersetzen
- Entkoppelnde Blindnietmuttern **2** und Scheiben **3** umbauen.
- Tüllen **4** umbauen.

- In umgekehrter Reihenfolge montieren.

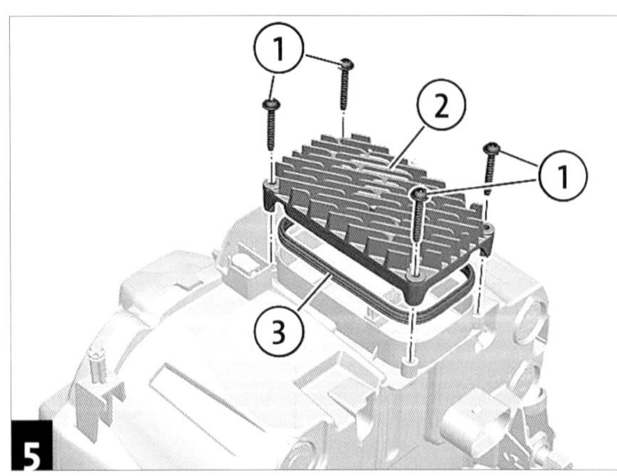

Scheinwerfer ersetzen: Steuergerät
- Schrauben **1** ausdrehen und Steuergerät **2** mit Dichtung **3** abnehmen.
- Steuergerät auf neuen Scheinwerfer umbauen.

4

4.2 Zusatzscheinwerfer

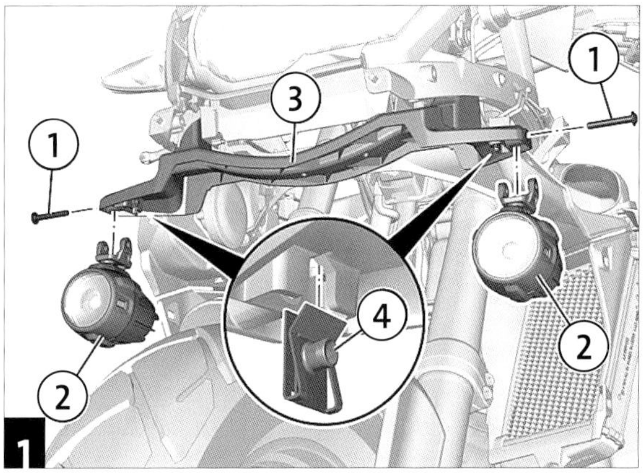

Die LED-Zusatzscheinwerfer können Überhitzen und werden deshalb bei selbiger Gefahr automatisch gedimmt bis abgeschaltet.
Bei ausreichender Abkühlung nehmen sie den Betrieb vollständig wieder auf.

Bei der **GS** fallen **Vorarbeiten** an:

- Verkleidung bis zur Vorderrad-Abdeckung abbauen (ab Seite 29).

GS: Zusatzscheinwerfer aus-/einbauen

- Schrauben **1** ausdrehen Zusatzscheinwerfer **2** von Träger **3** abnehmen. Beim Einbau ggf. Steckmuttern **4** in Frontträger einstzen.

1 **Anzugsmoment** M6 x 45 . . . . 6 Nm

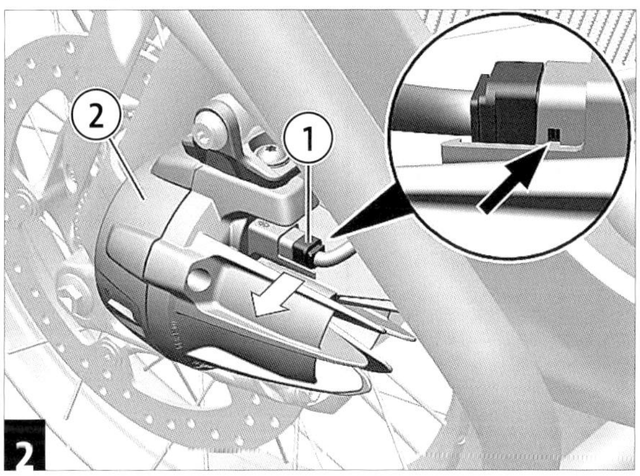

GSA: Zusatzscheinwerfer aus-/einbauen

- Stecker **1** vorsichtig leicht nach außen drücken um Verriegelung (Pfeil) zu lösen. Stecker **1** von Zusatzscheinwerfer **2** abziehen.

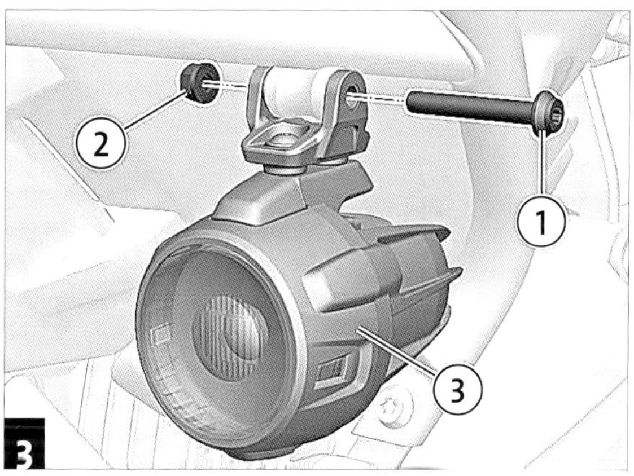

GSA: Zusatzscheinwerfer aus-/einbauen

- Schraube **1** und Mutter **2** ausdrehen.
- Scheinwerfer **3** abnehmen.

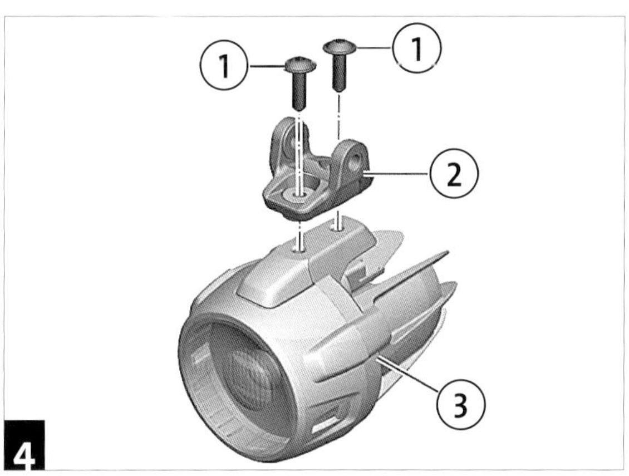

GSA: Zusatzscheinwerfer ersetzen

- Schrauben **1** ausdrehen und Halter **2** auf neuen Zusatzscheinwerfer **3** umbauen.

1 **Anzugsmoment** M5 x 16 (mikroverkapselt) . . . . 4 Nm

4 Licht & Kombiinstrument

4.3 Blinklichter

Vorarbeiten vorn
- Sitze/Sitzbank ausbauen (Seite 28).

Ab Seite 31:
- Tankabdeckung komplett ausbauen.
- Seitenteil und Seiten-blende links und/oder rechts ausbauen.
- Vorderrad-abdeckung oben ("Schnabel") abbauen.

Blinklicht vorn
- Kabelbinder **1** trennen und Kabel aus Haltelaschen **2** lösen.
- Stecker **3** trennen.
- Schraube **4** ausdrehen.
- Blinker nach oben drehen und abziehen.
- In umgekehrter Reihenfolge montieren.

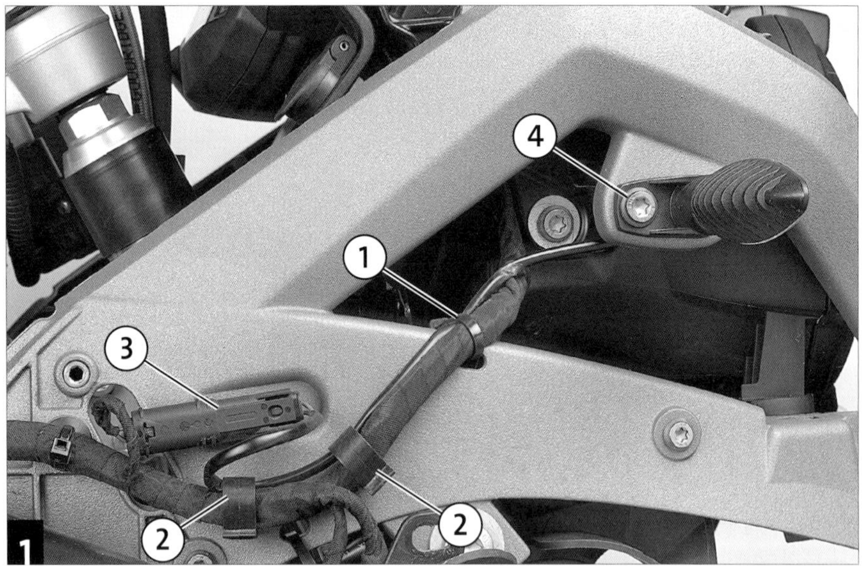

Vorarbeiten hinten
- Sitze/Sitzbank ausbauen (Seite 28).

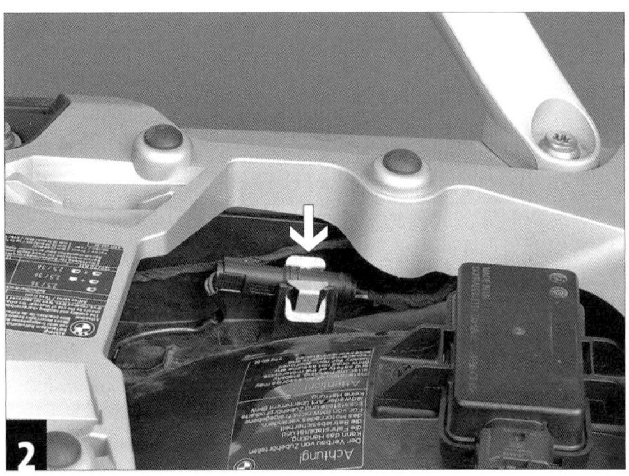

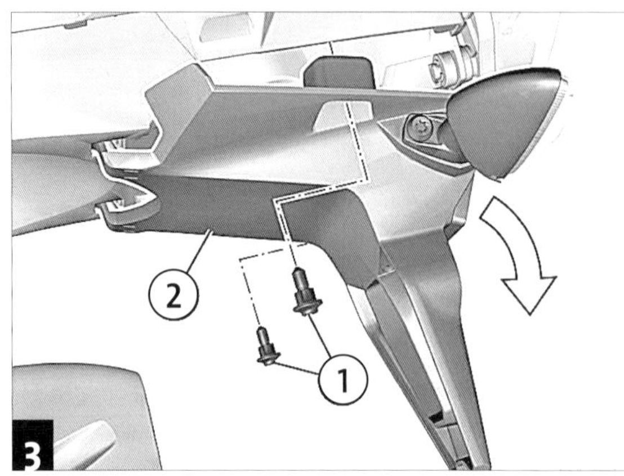

Blinklicht hinten: Blinklicht-Stecker
- Blinkerstecker links und/oder rechts aus Aufnahme nehmen und trennen.

Blinklicht hinten: Kennzeichenträger
- Schrauben **1** (langer Bund) ausdrehen. Kennzeichen-träger **2** nach unten klappen und abnehmen.

Blinklicht hinten
- Kabel **1** aus Haltelasche (Pfeil) lösen.
- Schraube **2** und Mutter **3** ausdrehen.
- Blinker **4** nach oben drehen, abnehmen und Kabel ausfädeln. In umgekehrter Reihenfolge einbauen.

2 Anzugsmoment M6 x 20 .... 3 Nm

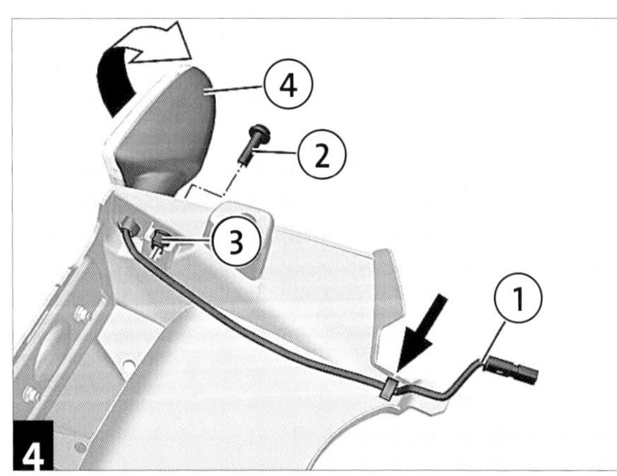

4.4 Rück- und Bremslicht

Vorarbeiten Heckleuchte
- Soziussitz/Sitzbank ausbauen (Seite 28).
- Kennzeichenträger ausbauen (ab Seite 34).
- Hinterrad-abdeckung lösen (ab Seite 34).

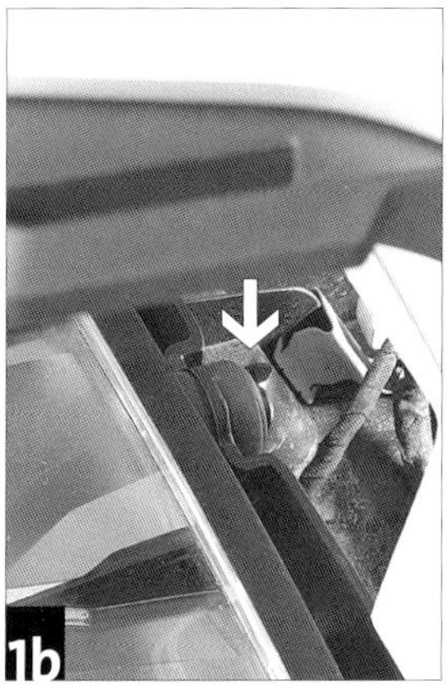

Rücklicht-Befestigung unten
- Clipse von den Zapfen Bild 2 abziehen:
- Clipse unten links und rechts ausbauen (Bild 1a).
- Clip oben ausbauen (Bild 1b).

Rücklicht-Stecker
- Rücklicht abziehen, Sicherungszunge (Pfeil) und Stecker (zur Entlastung) eindrücken und Stecker abziehen.
- In umgekehrter Reihenfolge montieren.

4.5 Kombiinstrument

Vorarbeiten
! Vor Ausbau empfiehlt sich die Prüfung und Datenspeicherung mit dem BMW Motorrad-Diagnosesystem.
- Windschild ausbauen.

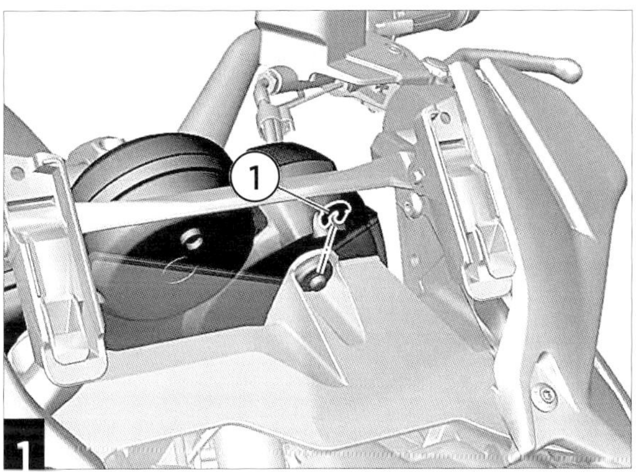

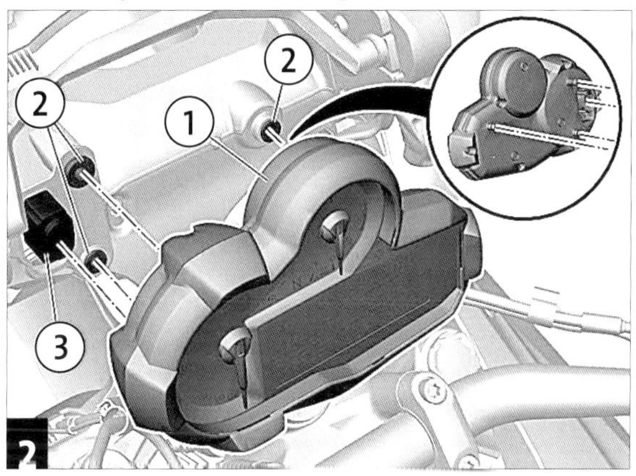

Kombiinstrument-Befestigung
- Halteclipse **1** abziehen.

Halter Kombiinstrument
- Kombiinstrument **1** aus Tüllen **2** abziehen.
- Stecker **3** trennen.

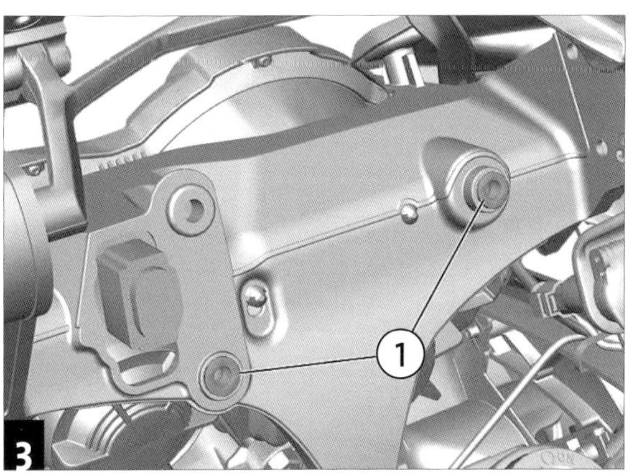

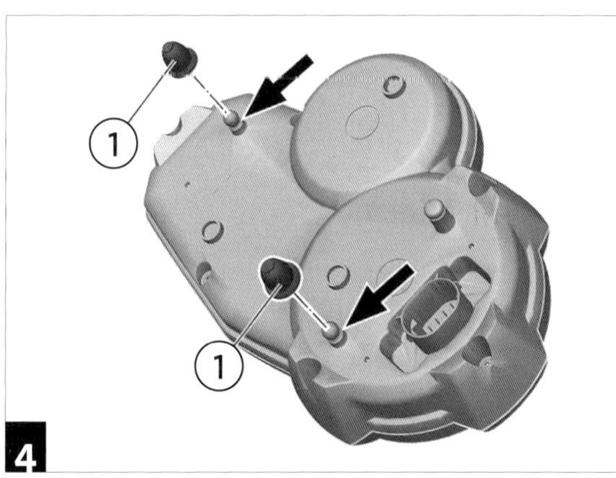

- Tüllen **1** abnehmen.

Kombiinstrument einbauen
- Tüllen **1** leicht ölen (WD 40) und auf Bolzen (Pfeile) stecken.
- In umgekehrter Reihenfolge montieren.

5 Einspritzsystem & Tank

5.1 Tank

Vorarbeiten
- Sitze ausbauen (Seite 28).

Ab Seite 29:
- Tankabdeckung Mitte ausbauen.
- Seitenteil links/ rechts ausbauen.
- Seitenblende links/ rechts ausbauen.
- Tankabdeckung links/rechts ausbauen.

Das, was früher unter der Rubrik »Vergaser« abgehandelt wurde, ist heute ein komplexes System, das nicht nur die Gemischaufbereitung, sondern auch die Auslösung des Zündfunkens steuert.
Zeitgemäß wird dies durch die BMS (**B**MW-**M**otor-**S**teuerung) besorgt.
Im Folgenden wird der Aus- und Einbau seiner Komponenten behandelt.
Die **Prüfung** des Systems wird alle 10 000 Kilometer sowie einmal im Jahr in der BMW-Werkstatt mit dem MODiTeC (Diagnosegerät) durchgeführt.

! Vorsicht beim Umgang mit Benzin (leicht entzündlich).

! Einschlägige Sicherheitsvorkehrungen beachten (Rauchen, offenes Feuer und Funkenflug vermeiden, geschlossene Räume ausgiebig belüften).

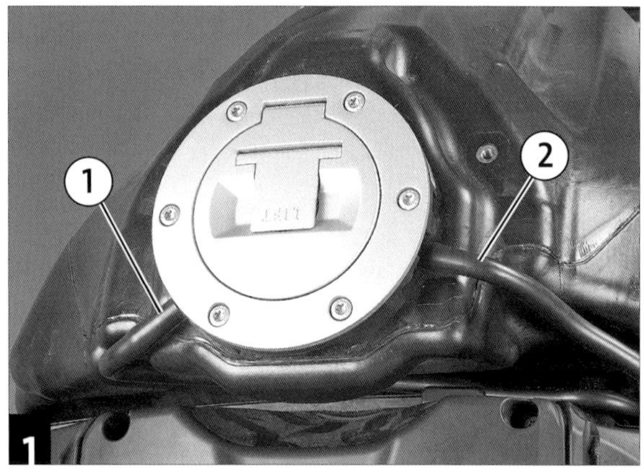

Tankschläuche
- Entlüftungsschlauch **1** und Überlaufschlauch **2** abziehen.

Tankbefestigung hinten
- Schrauben (Pfeile) ausdrehen und Tank-/Sitzbankhalter abnehmen. Auf Verbleib der beiden Hülsen achten.
- Kabelbinder **1** trennen und Stecker abziehen.
  Anzugsmoment M8 x 45 .... 19 Nm

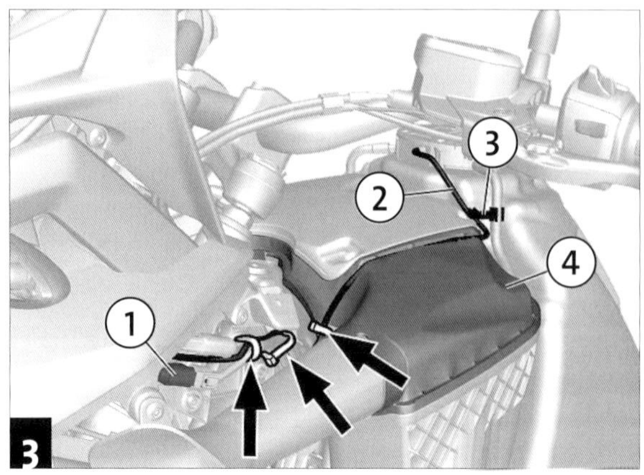

- Sonderausstattung KeylessRide: Stecker **1** (Tankdeckel) und Kabelbinder (Pfeile) trennen.
- Kabel **2** aus Kabelhalter **3** und Luftfiltergehäuse **4** freilegen.

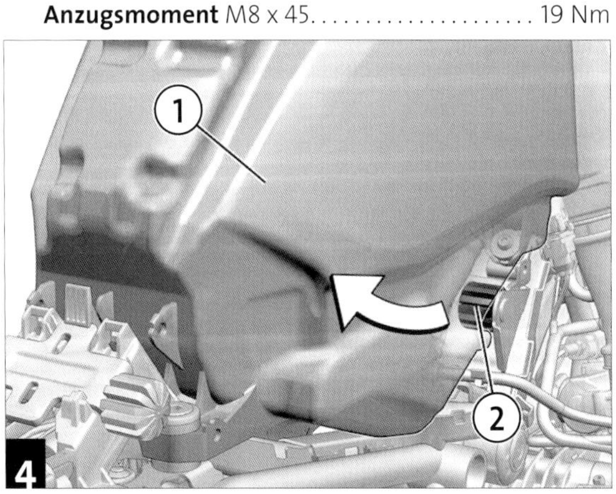

- Tank **1** etwas nach hinten von den Lagern **2** abnehmen.

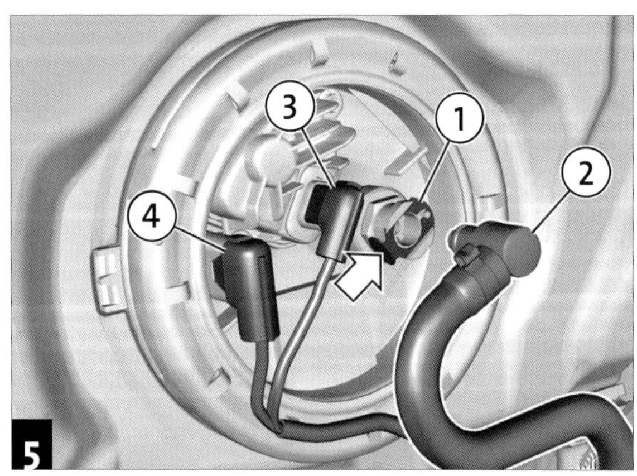

Tankanschlüsse
- Riegel am Schlauchanschluss **1** eindrücken (Pfeil) und Schlauch **2** abnehmen. Stecker Benzinpumpe **3** und Füllstandsensor **4** trennen.

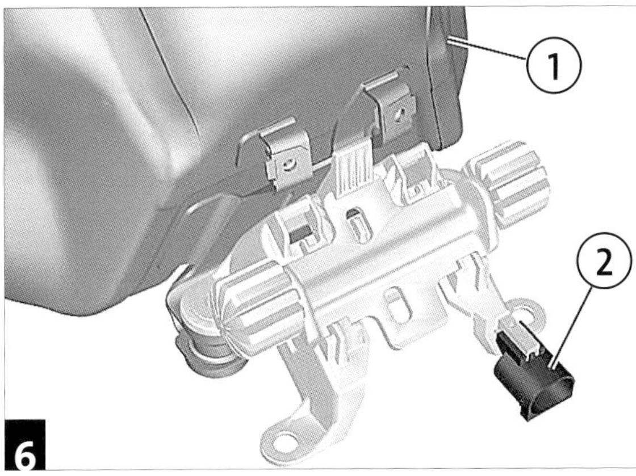

- Tank **1** so ablegen, dass Halter **2** nicht beschädigt wird.

Tankbefestigung
- Benzinpumpe anschließen, siehe folgendes Kapitel.
- Beim Einbau Tank in seitliche Halterungen (Pfeil) einsetzen.

5.2 Benzinpumpe

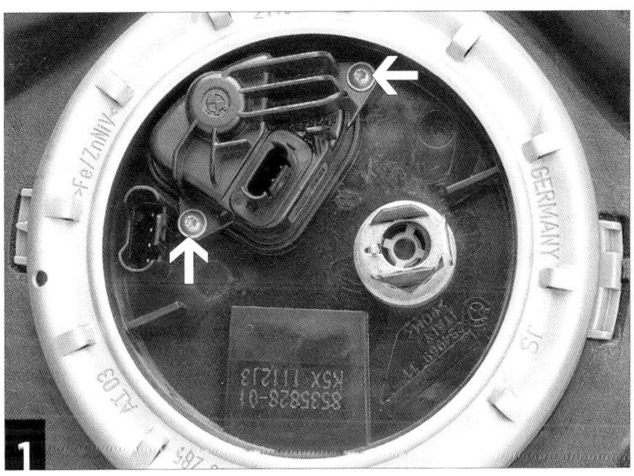

Elekronik-Baustein
- Zwei Schrauben (Pfeile) ausdrehen und Elekronik-Baustein abnehmen.

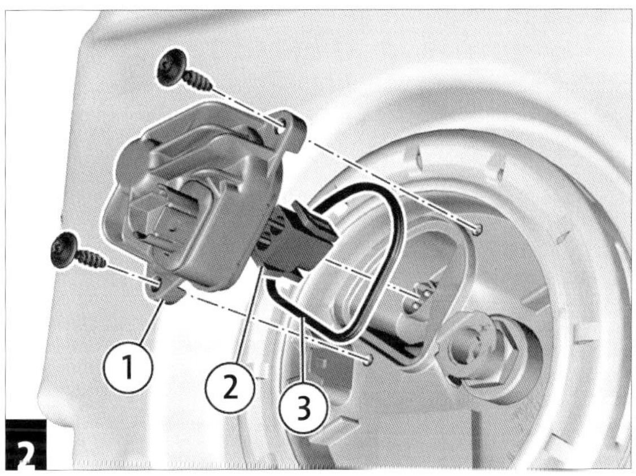

- Elekronik-Baustein **1** abnehmen und Stecker **2** trennen.
- Falls Dichtgummi **3** aufgequollen ist, ersetzen.
- Bei korrodierten Anschlüssen am Stecker Baustein ersetzen.

! Benzinpumpe senkrecht nach oben herausziehen und mit Dichtung entnehmen. Benzinpumpe nicht mit Schrauben-dreher o.ä. aushebeln! Andernfalls droht Undichtheit bei Wiederver-wendung!
- Aufgeqollene Dichtlippe ersetzen.
- Tank mit Hand-pumpe o.ä. entleeren.

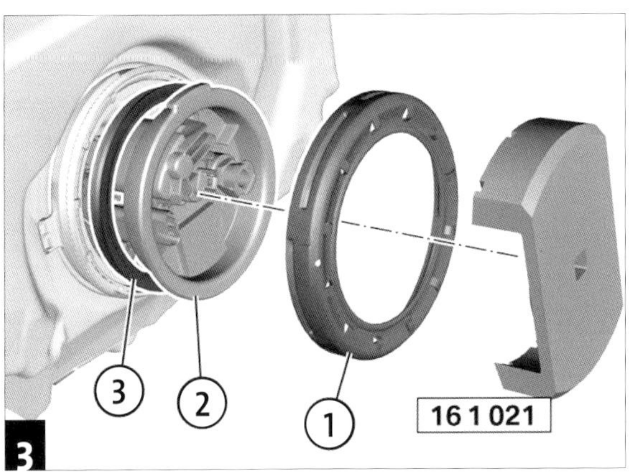

Benzinpumpe
- Überwurfmutter **1** mit Zapfenschlüssel 16 1 021 oder wie in Bild 4 gezeigt ausbauen.
- Pumpe **2** aus Tank **herausziehen**, nicht heraushebeln! Durch Hebeln kann die Dichtlippe **3** beschädigt werden.

Überwurfmutter der Kraftstoffpumpe
- Mit etwas Geschick kann die Überwurfmutter mit kräftigem Schraubendreher und "Anklopfen" ausgebaut werden. (Im Bild Pumpe des Vorgängermodells.)
  Anzugsmoment .... 35 Nm

→

5 Einspritzsystem & Tank

5.2
Benzinpumpe
Fortsetzung

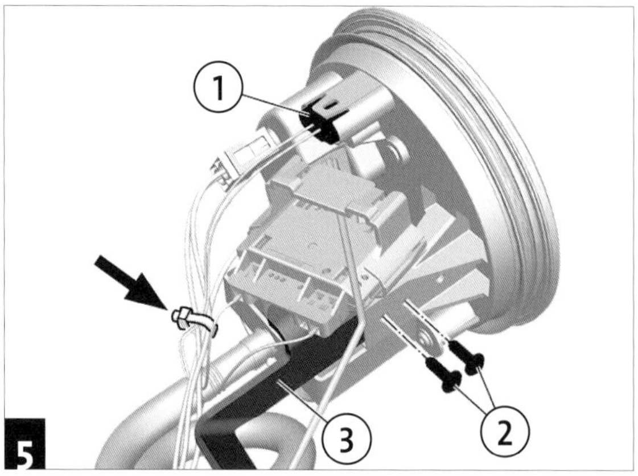

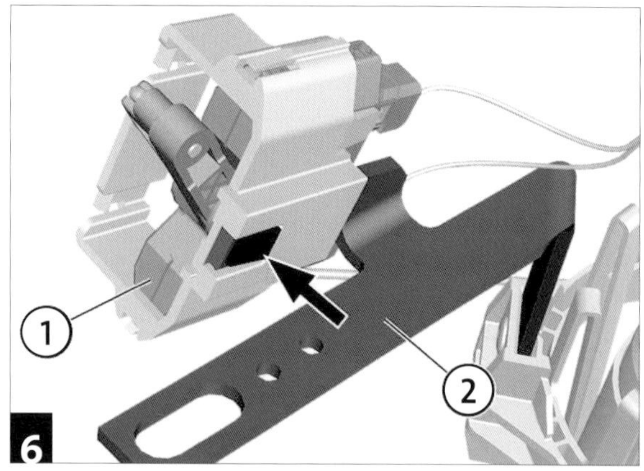

Füllstandsensor
- Kabelbinder (Pfeil) und Stecker **1** des Sensors trennen.
- Schrauben **2** ausdrehen und Verbindungsstück **3** lösen.

- Nase (Pfeil) anheben und Füllstandsensor vom Verbindungsstück abnehmen.

Schnellkupplung:
- Die Kupplungsbuchse kann durch leichte Berührung verriegeln. Wenn die Schnellkupplung in diesem Zustand zusammen gedrückt wird, können die O-Ringe beschädigt und undicht werden.
- Schnellkupplung nur bei offener bzw. gedrückter Verriegelung zusammenstecken.
- O-Ringe der Schnellkupplungen kontrollieren (Pfeile Bild 7).
- Als Montage-Erleichterung O-Ringe dünn fetten (Molykote 111).
- Benzinschlauch-Kupplung muss hörbar einrasten.

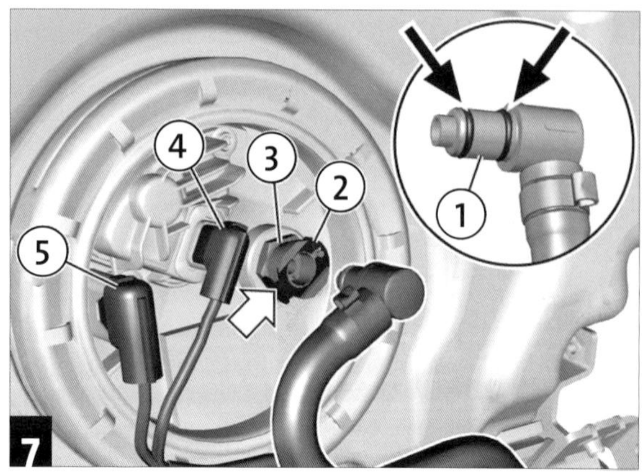

Benzinpumpe anschließen

1	Schnellkupplung	**4**	Stecker Benzinpumpe
2	Verriegelung	**5**	Stecker Füllstandsensor
3	Buchse		

5.3
Luftfiltergehäuse

Schlauchschellen öffnen
- Schlauchschelle mit selbstgebastelter Schlauchschellen-Zange oder 13 1 512 öffnen (Bild 17 Seite 23).

Schlauchschellen schließen
- Schlauchschelle zusammenziehen, bis Endstück in Nase (Pfeil) einrastet.

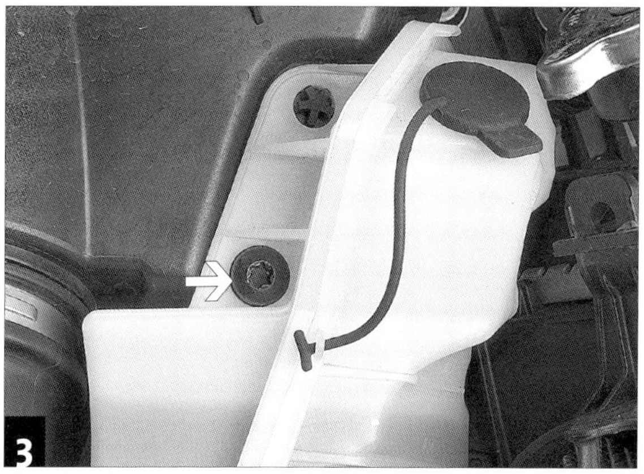
3

Kühlmittel-Ausgleichsbehälter

- Schraube (Pfeil) ausdrehen. Behälter abnehmen und provisorisch senkrecht am Fahrzeug befestigen.
  Anzugsmoment
  Schraube für Kunststoff 5,5 x 16............... 4 Nm

4

Luftfiltergehäuse

- Schläuche aus Führung (Pfeil) freilegen.

5

Luftfiltergehäuse

- Federschelle **1** lösen und von Stutzen auf Motor-Entlüftungsschlauch schieben.
- Schlauch vom Stutzen abziehen.
- Beim Einbau Schlauch bis zur Markierung auf Stutzen aufschieben.
- Stecker **2** des Ansauglufttemperatur-Sensors trennen (siehe Bild 6).
- Schrauben **3** ausdrehen.
- Luftfiltergehäuse abnehmen.

3 **Anzugsmoment**
M6 x 25 ....8 Nm

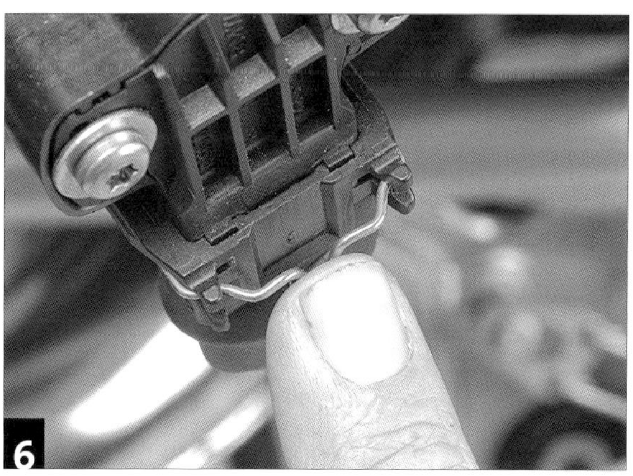
6

Ansauglufttemperatur-Sensor

- Drahtbügel eindrücken und Stecker abziehen. (Im Bild prinzipgleicher Stecker.)

5 Einspritzsystem & Tank

5.4 Drosselklappen

Schlauchschellen

- Schlauchschellen wie in Bildern 1 und 2 Seite 92 gezeigt, lösen und schließen.
- Die Drosselklappen können auch bei montiertem Luftfiltergehäuse aus- und eingebaut werden.
- Entsprechendes Seitenteil der Verkleidung und Seitenblende ausbauen.

Drosselklappe

- Kabelbinder **1** und Stecker **2** trennen.
- Schlauchschellen lösen.
- Drosselklappe abziehen.

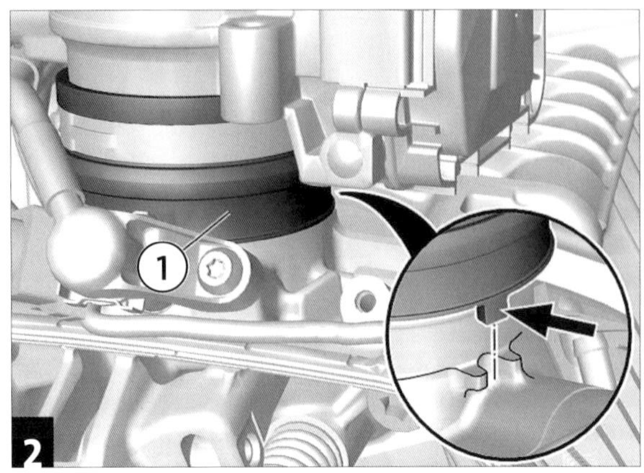

Drosselklappen ansetzen

- Darauf achten, dass Ansaugstutzen **1** mit Nase (Pfeil) in Aussparung eingreift.

5.5 Einspritzventil

Einspritzventil-Stecker

- Federbügel eindrücken und Stecker abziehen.

- Schraube ausdrehen und Einspritzventil mit Benzinleitung abziehen.

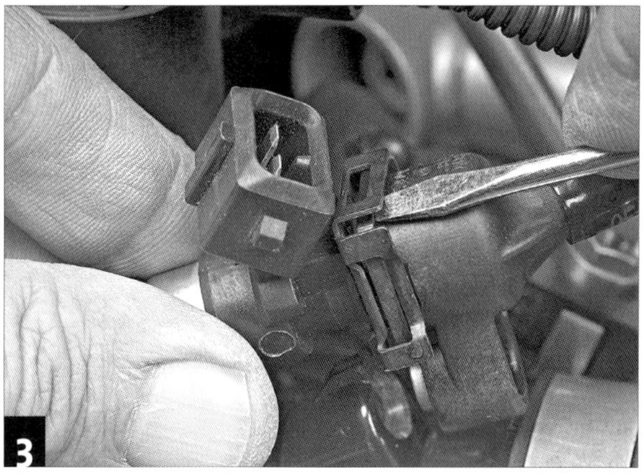

3

- Klammer abziehen und Benzinleitung abziehen.
- Beim Einbau Benzinleitung nur soweit eindrücken, dass Klammer eingesetzt werden kann.

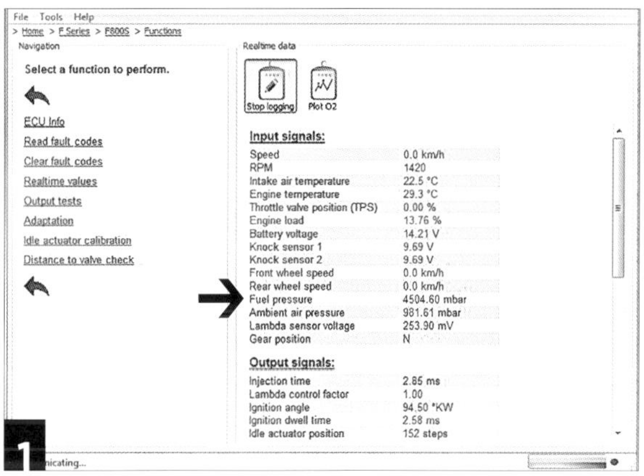

1

Förderdruck

- Der Förderdruck (Fuel pressure) wird mit dem GS 911-Diagnoseprogramm bei laufendem Motor unter »Functions« angezeigt.

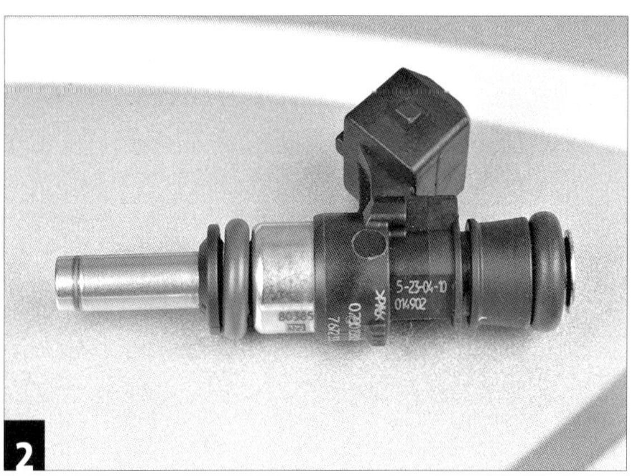

2

Einspritzventil

👁 Einspritzventil mit so gut wie neuen O-Ringen montieren (leicht fetten).

4

Kraftstoffverteiler/Druckregler

- Kraftstoffverteiler aus Halterung ausfedern und Stecker trennen.
  Einbaulage: Links neben Bremsmodulator.

5.6 Prüfen und Vermessen

Förderdruck

- Der Förderdruck wird bei laufendem Motor (Leerlauf) geprüft. Diagnose-Stecker mit GS 911 an IBM-kompatiblen Computer anschließen (die BMW-Werkstatt verwendet ihr MoDiTec-Gerät).
- **Sollwert** .... 3,5 - 4,5 bar

5 Einspritzsystem & Tank

5.7
Aktivkohlefilter

Vorarbeiten
- Sitze/Sitzbank ausbauen (Seite 28).

Ab Seiten 29/41:
- Tankabdeckung Mitte ausbauen.
- Seitenteil rechts ausbauen.
- Seitenblende rechts ausbauen.
- Tankabdeckung rechts ausbauen.
- Kühlluftführung rechts abnehmen und Kühler rechts lösen (Bilder 3 und 4 Seite 104).
- Kühlmittel-Ausgleichsbehälter lösen und fixieren (Bild 12 Seite 128).
- Ansaugschnorchel rechts abnehmen (Seite 174).

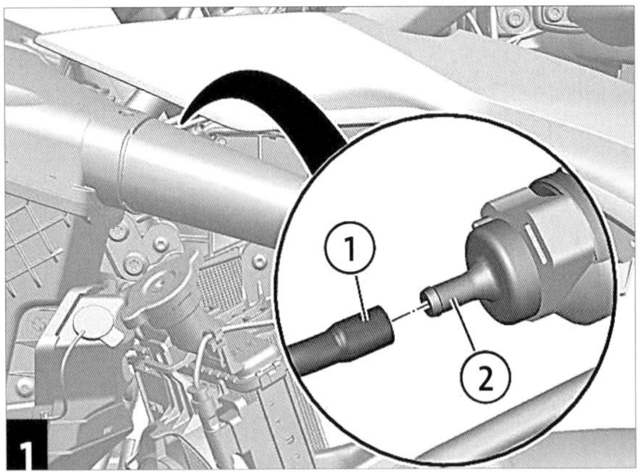

Aktivkohlefilter
- Schlauch **1** vom Tankentlüftungsventil **2** abziehen.

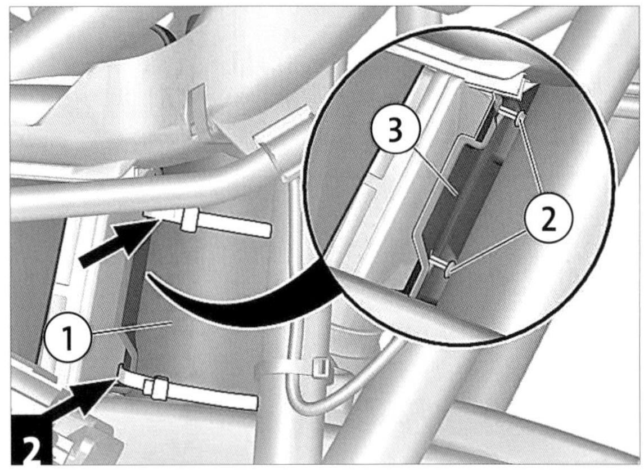

- Kabelbinder (Pfeil) vom Aktivkohlefilter **1** trennen. Aktivkohlefilter **1** anheben und Zapfen **2** aus Halter **3** aushängen.
- Belüftungsschlauch vom Filter abziehen.

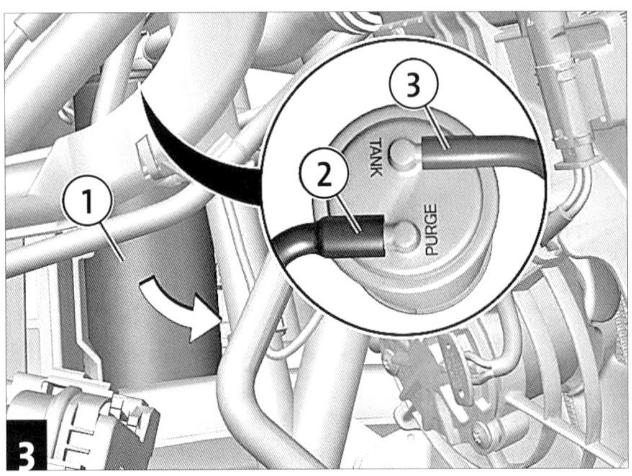

- Aktivkohlefilter **1** unten nach vorn ziehen.
- Schlauch **2** zum Tankentlüftungsventil und Schlauch **3** zum Tankdeckel ausfädeln.

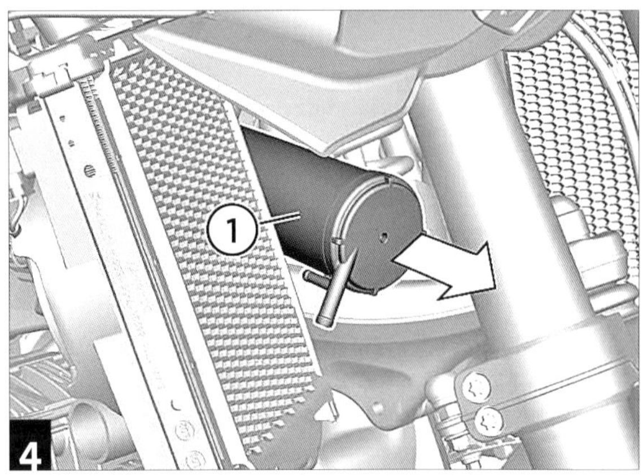

- Aktivkohlefilter **1** herausführen und Schläuche abnehmen.

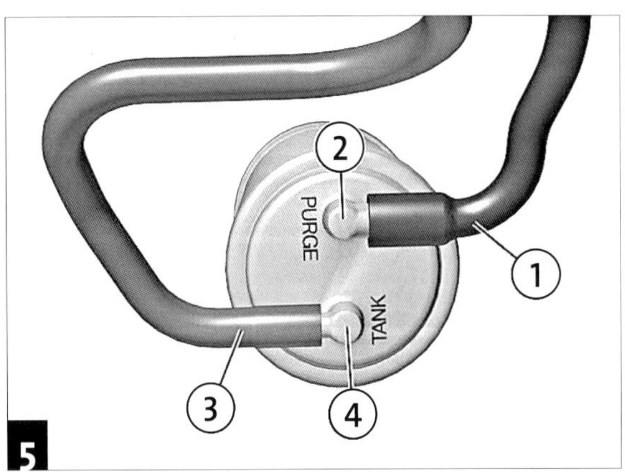

Aktivkohlefilter einbauen
- Kurzen Schlauch **1** auf Anschluss **2** PURGE und langen Schlauch **3** auf Anschluss **4** TANK aufstecken.

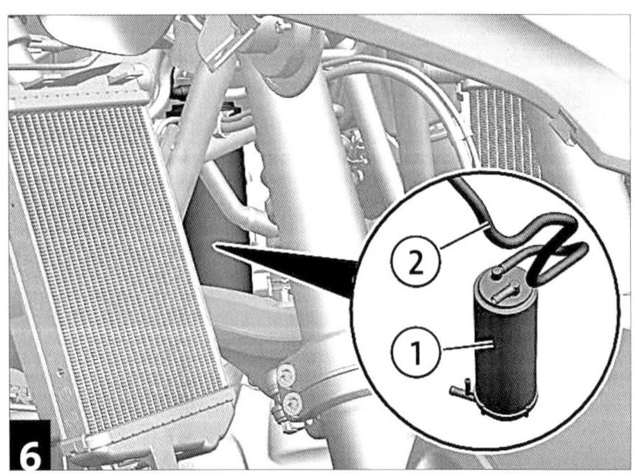

- Aktivkohlefilter **1** einführen (Bild 4). mit neuen Kabelbindern anbringen (Bild 2).

Starter

6

6.1 Aus- und Einbau

! Bei ausgeschalteter Zündung zuerst Massekabel von der Batterie abnehmen.

- Der **Einbau** erfolgt in umgekehrter Reihenfolge.
- Informationen zum **Starterrelais** befinden sich im Elektrik-Kapitel (Seite 182).

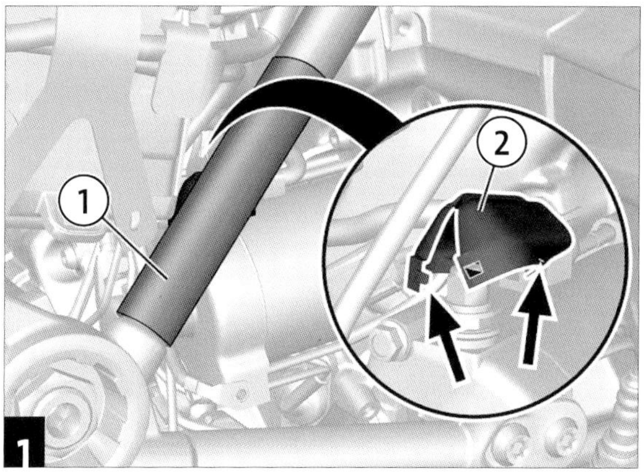

Starter aus-/einbauen

- Arbeitsbereich **1** abkleben.
- Schutzkappe an Laschen **2** (Pfeile) öffnen und abnehmen.

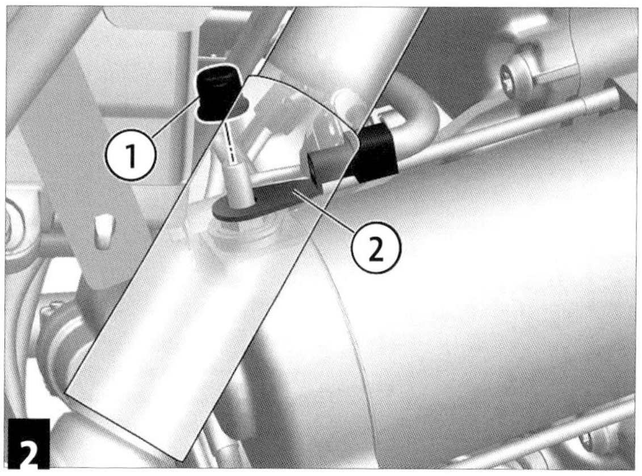

Starter-Kabel

- Mutter **1** ausdrehen und Starter-Pluskabel **2** abnehmen.
- Beim Einbau Mutter **1** erneuern.

1 **Anzugsmoment** Mutter M6 .... 8 Nm

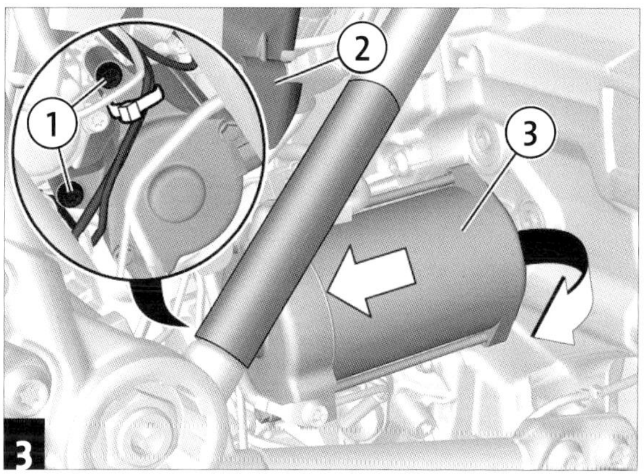

Starter aus-/einbauen

- Schrauben **1** ausdrehen und Batteriefach **2** anheben.
- Starter **3** nach hinten abziehen und zur Seite herausnehmen.

1 **Anzugsmoment** M6 x 40 .... 12 Nm

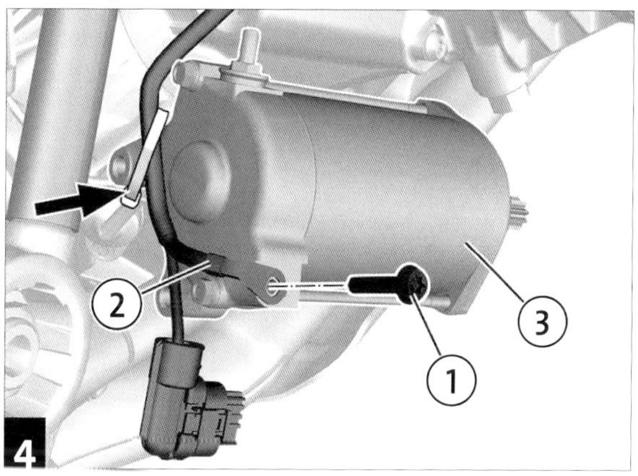

Starter aus-/einbauen

- Kabelbinder (Pfeil) trennen, Schraube **1** ausdrehen und Massekabel **2** abnehmen. Starter **3** abnehmen

1 **Anzugsmoment** M6 x 10........................ 8 Nm

Starter einbauen

- Starter mit so gut wie neuen O-Ring (leicht geölt) einsetzen und befestigen.

7 Auspuffanlage

7.1 Schalldämpfer Aus- und Einbau

! Darauf achten, dass Auspuffanlage abgekühlt ist, bevor sie angefasst wird!
- Maschine sicher aufbocken.
- Motorschutz und vorderen Motorschutz-Halter ausbauen (Seite 39).

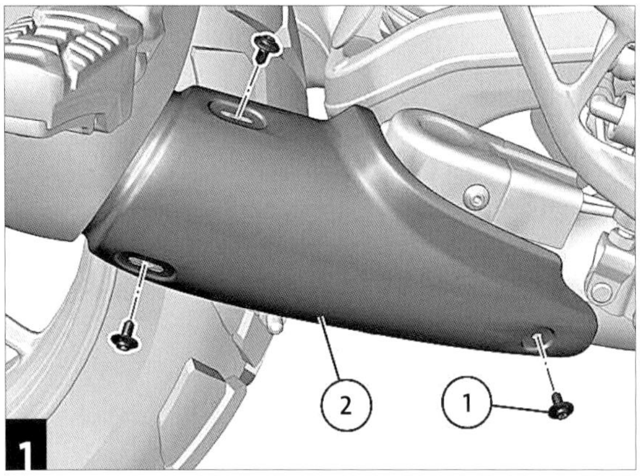

Schalldämpfer-Abdeckung
- Schrauben **1** ausdrehen und Abdeckung **2** abnehmen.

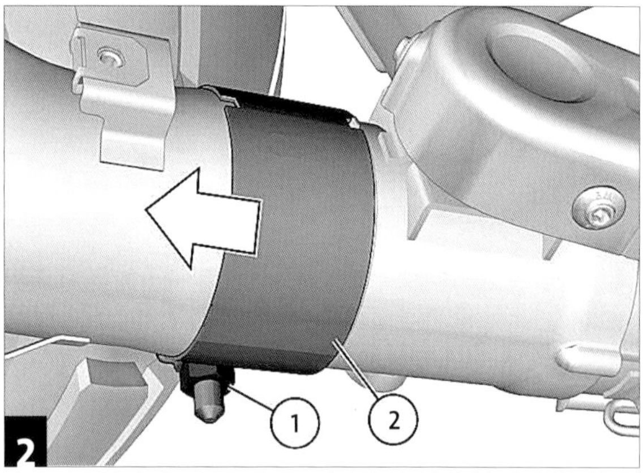

Schalldämpfer ausbauen
- Schellenmutter **1** lockern und Schelle **2** nach hinten schieben.

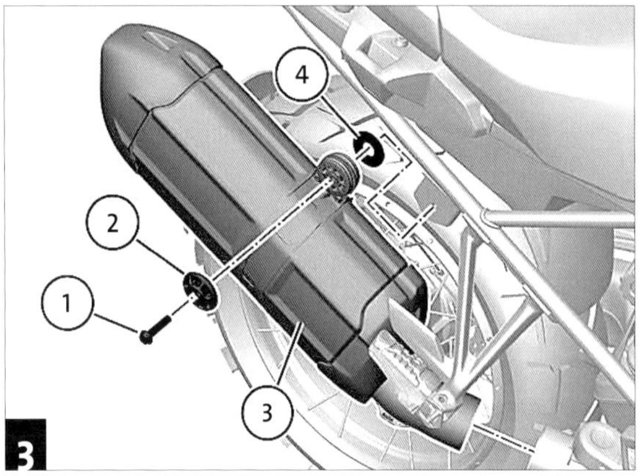

Schalldämpfer ausbauen
- Schraube **1** ausdrehen und mit Formscheibe **2** abnehmen.
- Schalldämpfer **3** mit Scheibe **4** (nur Adventure) abnehmen.

! **Zu Bild 4:** Das Verschieben der Schelle kann Kratzer auf der Dämpferhülle verursachen. Schelle soweit wie möglich öffnen, innen leicht einfetten (Optimoly TA) und so wenig wie nötig verschieben.
- Die endgültige Position der Befestigungsschelle ergibt sich nach Aufstecken und Befestigen des Dämpfers am Krümmer.

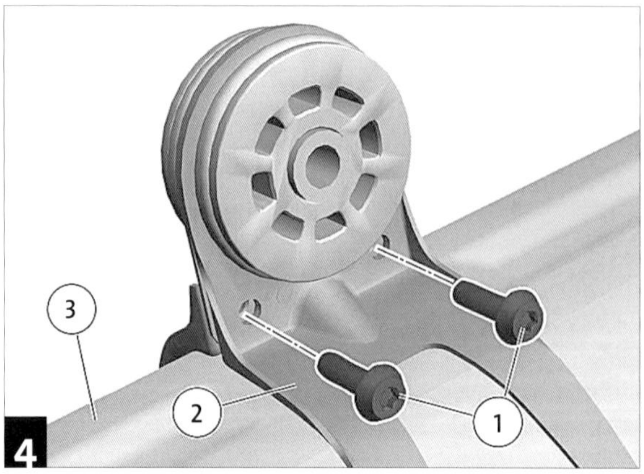

Befestigungsschelle ausbauen
- Schrauben **1** ausdrehen und Schelle **2** abnehmen.
- Schalldämpfer **3** gegebenenfalls entsorgen.

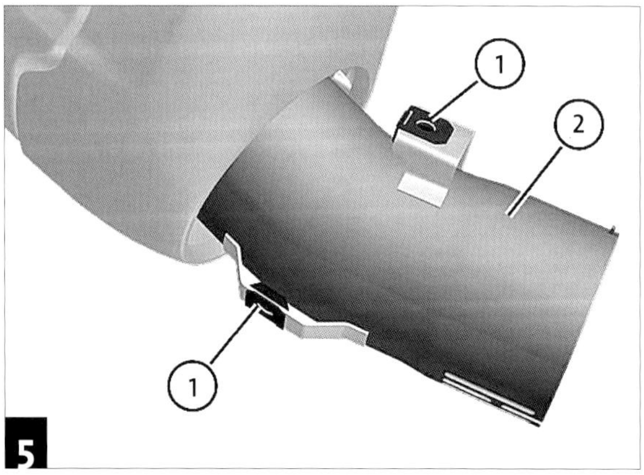

Schalldämpfer einbauen
- Steckmuttern **1** an neuem Dämpfer **2** anbringen.

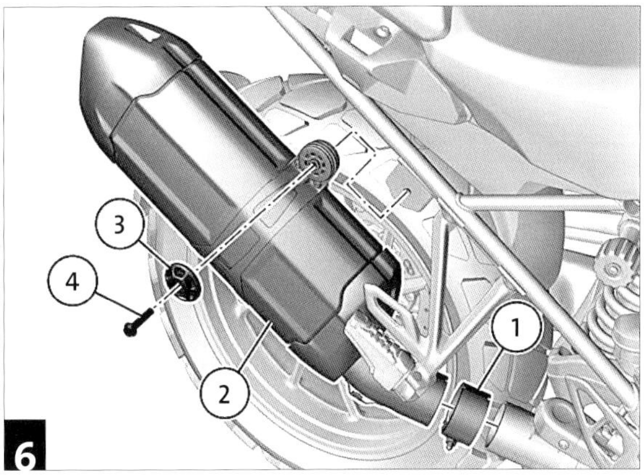

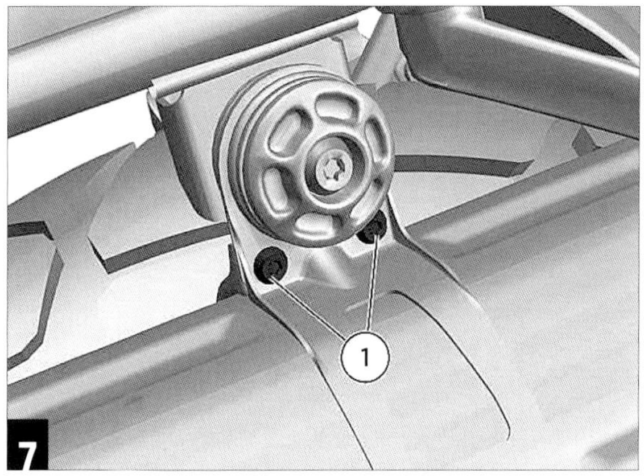

Bild 6: Scheibe **4** taucht in Bild 3 auf und findet nur bei der Adventure Verwendung.

Schalldämpfer einbauen

- Schelle **1** innen dünn schmieren (Optimoly TA) und mit Dämpfer **2** bis zum Anschlag aufschieben.
- Scheibe **3** (K51: Bild 3) und Schraube **4** montieren.

4 **Anzugsmoment** M8 x 35 .... 19 Nm

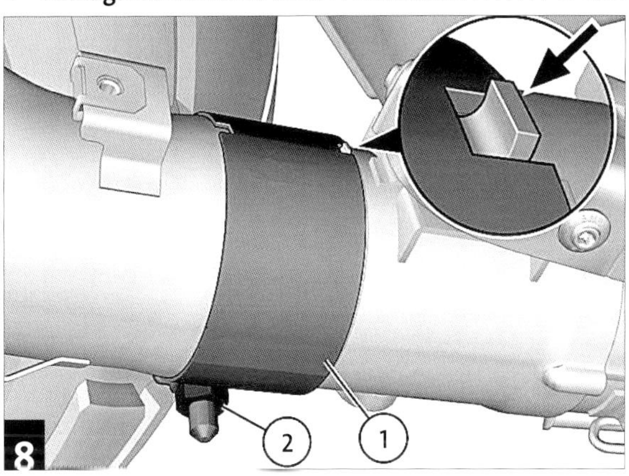

Schalldämpfer an Krümmer

- Schelle **1** so anbringen, dass Nase in Nut eingreift (Pfeil).
- Mutter **2** anziehen und Abdeckung Bild 1 anbringen.

2 **Anzugsmoment** .... 22 Nm

Befestigungsschelle an Dämpfer

- Schrauben **1** mit mittelfester Schraubensicherung (Loctite 243) festdrehen.

Anzugsmoment M5 x 16 .... 8 Nm

7 Auspuffanlage

7.2 Lambda-Sonde

- Die drei Lambda-Sonden müssen zum Ausbau der Krümmer nicht ausgebaut werden. Allerdings müssen die Kabel freigelegt und die Stecker getrennt werden.
- Nach Einbau der Lambda sonde(n) Diagnosesystem am Fahrzeug anschließen. Fehlerspeicher auslesen und Adaptionswerte zurücksetzen.

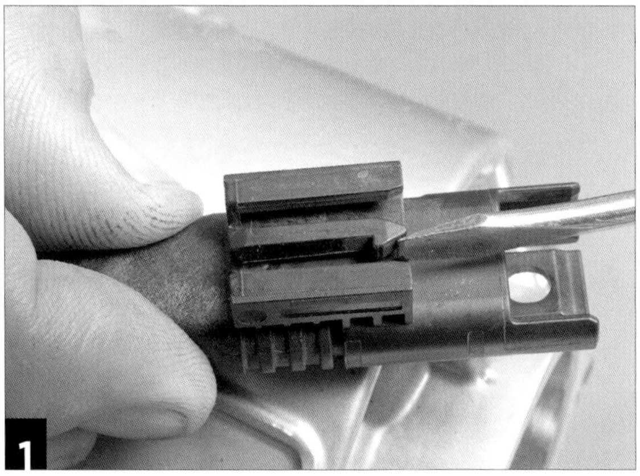

Steckerbefestigung
- Haken mit kleinem Schraubendreher wegdrücken und Stecker vom Halter abnehmen.

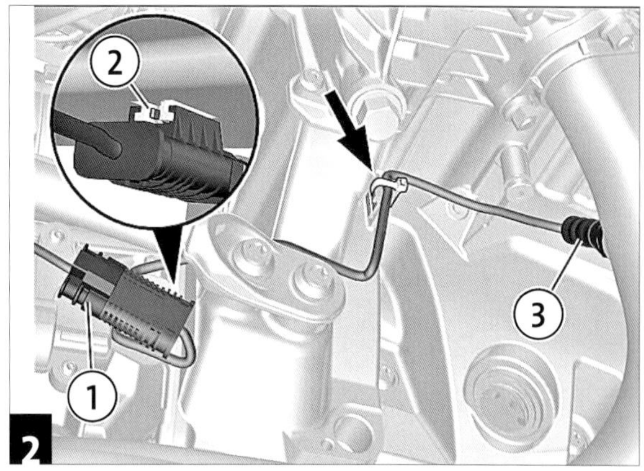

Stecker und Kabel rechts
- Kabelbinder (Pfeil) trennen und Stecker **1** bei **2** wie in Bild 1 gezeigt vom Stellmotor der Abgasklappe lösen. Stecker trennen (Bild 3) und ggf. Lambdasonde **3** ausdrehen.

! Stecker von der Verriegelungslasche wegdrücken, nicht die Verriegelungslasche anheben oder verbiegen.

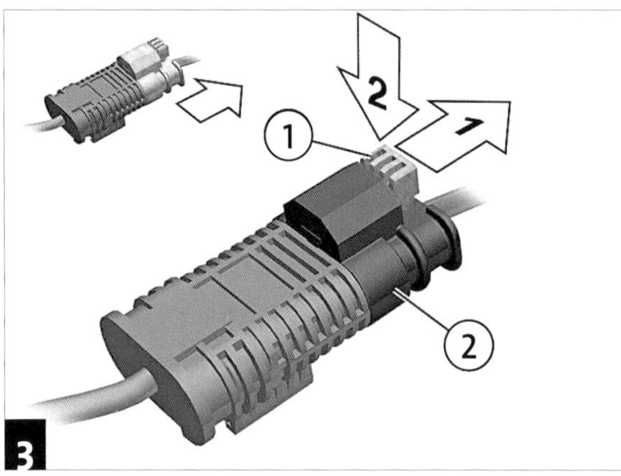

Stecker trennen
- Verriegelungslasche **1** in Pfeilrichtung (Pfeil 1) entriegeln.
- Verriegelungslasche **1** in Pfeilrichtung (Pfeil 2) nach unten drücken und Stecker **2** trennen.

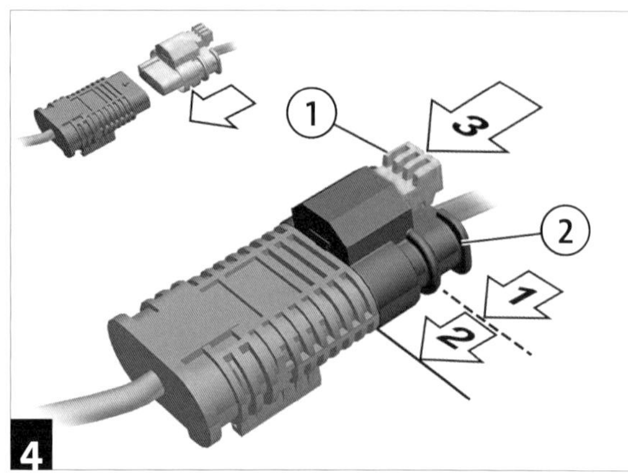

Stecker verbinden
- 👁 Sicherstellen, dass die Verriegelungslasche **1** entriegelt ist.
- Stecker **2** in Pfeilrichtung (Pfeil 1) aufschieben.
- → Stecker **2** rastet hörbar ein.
- Stecker **2** in Pfeilrichtung (Pfeil 2) aufschieben.
- → Stecker **2** rastet hörbar ein.
- Verriegelungslasche **1** in Pfeilrichtung (Pfeil 3) schieben
- → Verriegelungslasche **1** rastet hörbar ein.

Lambdasonde rechts und links einbauen
- Gewinde reinigen und Schmiermittel (Optimoly TA) auftragen.
  Anzugsmoment M 18 x 1,5 .... 45 Nm

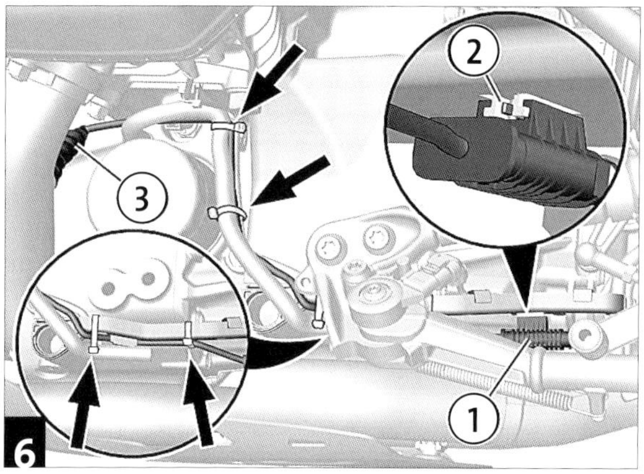

Stecker und Kabel links

- Kabelbinder (Pfeile) trennen und Stecker **1** bei **2** wie in Bild 1 gezeigt vom Kabelkanal lösen. Stecker trennen (Bild 3) und ggf. Lambdasonde **3** ausdrehen.
  Anzugsmoment M 18 x 1,5 .... 45 Nm

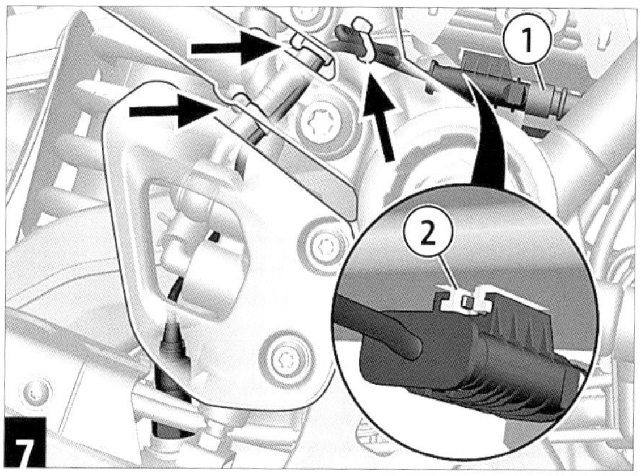

Lambda-Monitorsonde und Kabel rechts

- Kabelbinder (Pfeile) trennen und Stecker **1** bei **2** wie in Bild 1 gezeigt vom Batterieträger lösen. Stecker trennen (Bild 3).

Vorarbeiten für Lambda-Monitorsonde

- Batteriedeckel abnehmen (Bild 16 Seite 33).
- Schalldämpfer-Abdeckung abnehmen (Bild 1 Seite 98).
- Bowdenzüge für Abgasklappe aushängen (siehe Folgekapitel).

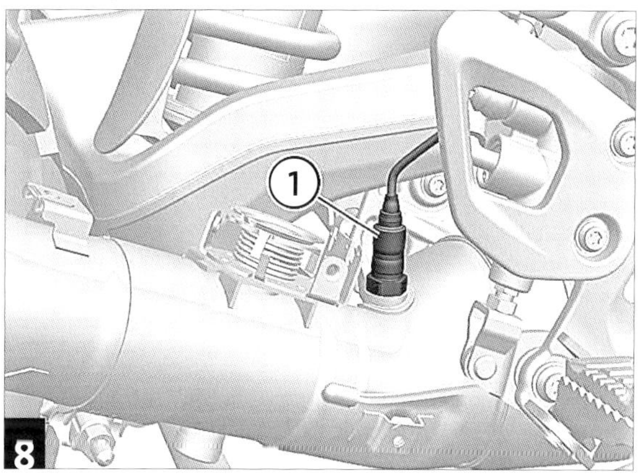

Lambda-Monitorsonde

- Lambda-Monitorsonde **1** ausdrehen.
- **Einbau**: Gewinde reinigen und Schmiermittel (Optimoly TA) auftragen.
  Anzugsmoment M 12 x 1,25 .... 25 Nm

7.3

Abgasklappe und Krümmer

- Schalldämpfer-Abdeckung und Schalldämpfer ausbauen (siehe voriges Kapitel).
- Motorschutz ausbauen (Seiten 39/42).

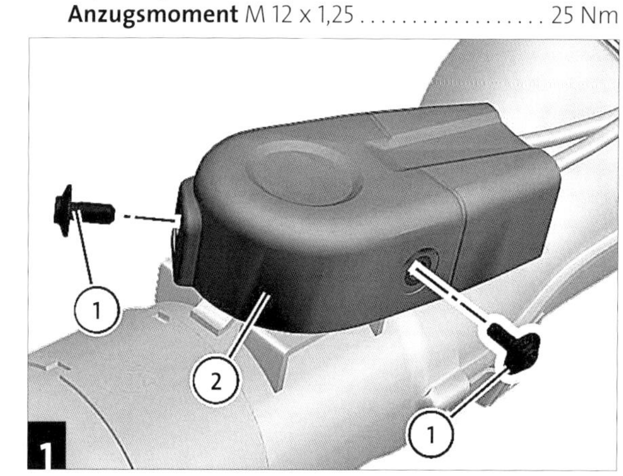

Bowdenzüge der Abgasklappe

- Schrauben **1** ausdrehen und Abdeckung **2** abnehmen.

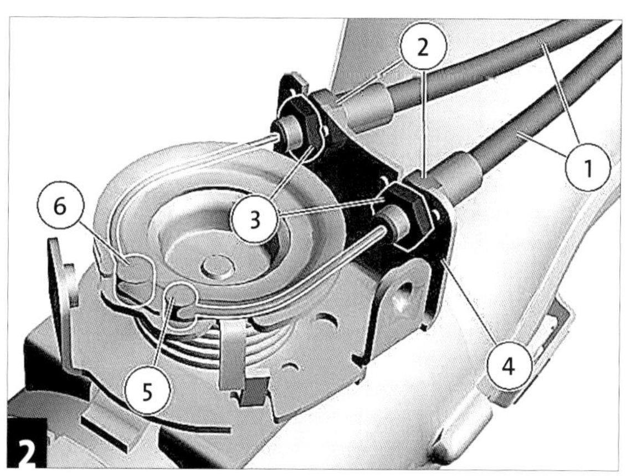

- Bowdenzüge an Stellmotor ausbauen siehe Bild 5 Seite 103.

- Hitzeschutz **1** von Bowdenzugschrauben **2** abziehen.
- Schrauben **2** und Gegenmuttern **3** lockern.
- Bowdenzüge von Halter **4** lösen.
- Rückstellzug **5** und Betätigerzug **6** aushängen.

→

7 Auspuffanlage

7.3 Abgasklappe und Krümmer

Fortsetzung

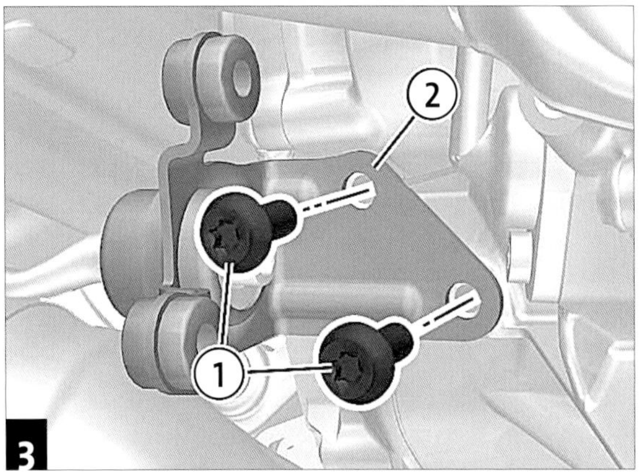

Krümmer-Halter

- Zwei Schrauben **1** ausdrehen und Halter **2** abnehmen.
  Anzugsmoment M8 x 20 .... 19 Nm

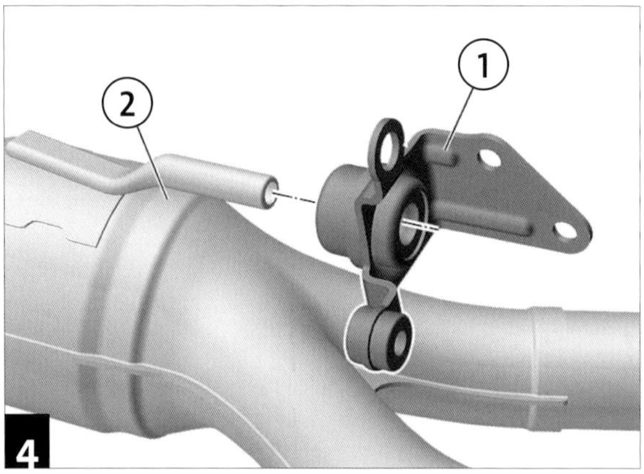

Krümmer-Halter Einbau

- Halter **1** an Krümmer **2** ansetzen.

- Krümmer in umgekehrter Ausbaureihenfolge montieren.

Krümmer Aus-/Einbau

- Krümmer mit neuer Dichtung (siehe Bild 6) ansetzen und drei Muttern je Seite schrittweise abwechselnd anziehen. Neue Muttern verwenden.

3 **Anzugsmoment** M8 mit neuer Dichtung..... 21 Nm

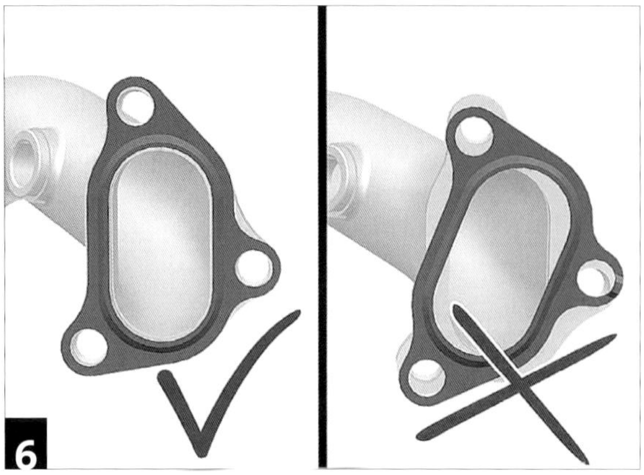

Krümmer-Dichtung

👁 Auf richtige Einbaulage der Dichtung achten!

7.3 Stellmotor der Abgasklappe

- Bowdenzüge an der Abgasklappe aushängen wie auf Seite 101 Bilder 1 und 2 gezeigt.

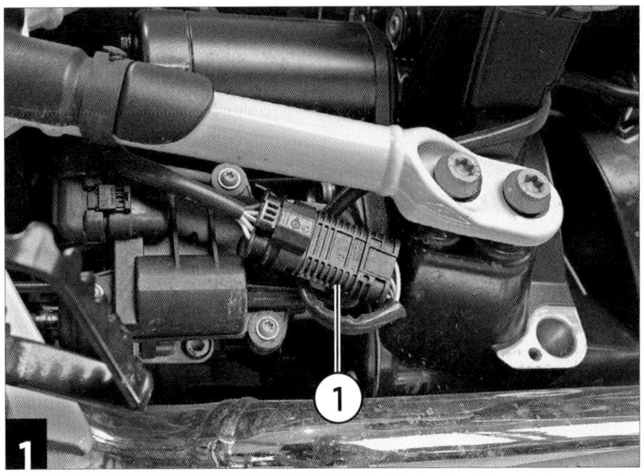

Stellmotor ein- und ausbauen
- Stecker **1** (Lambdasonde) lösen und zur Seite schieben.

Stellmotor ein- und ausbauen
- Stecker **1** trennen und ausclipsen.
- Schraube **2** ausdrehen und mit Scheibe abnehmen.
  Anzugsmoment M6 x 25. . . . . 8 Nm

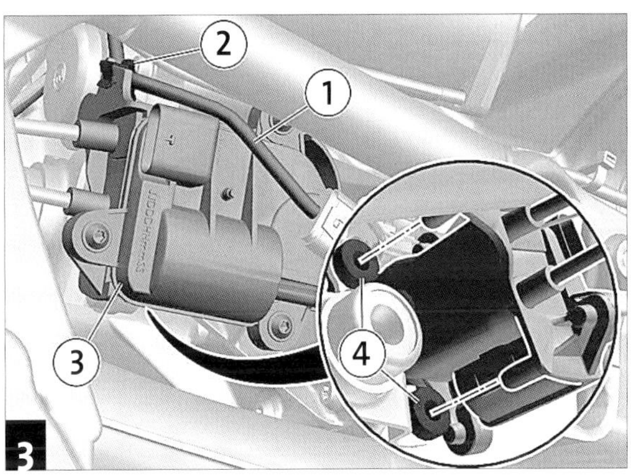

Stellmotor ein- und ausbauen
- Kabel **1** aus Halter **2** und Stellmotor **3** aus Gummitüllen **4** abziehen.

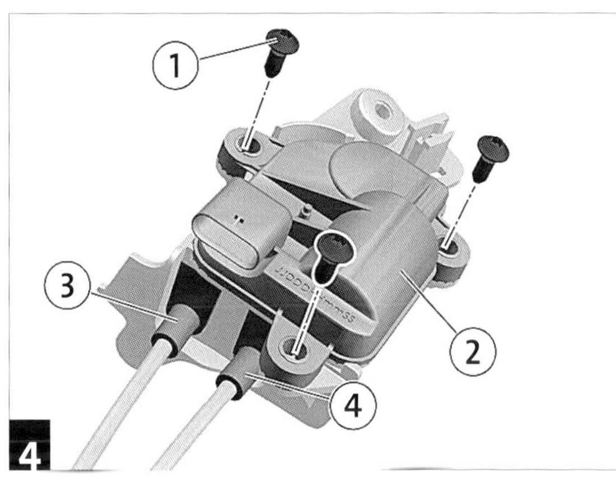

Bowdenzüge aus-/einbauen
- Schrauben **1** ausdrehen.
- Stellmotor **2** mit Rückstellerzug **3** und Betätigerzug **4** abnehmen.

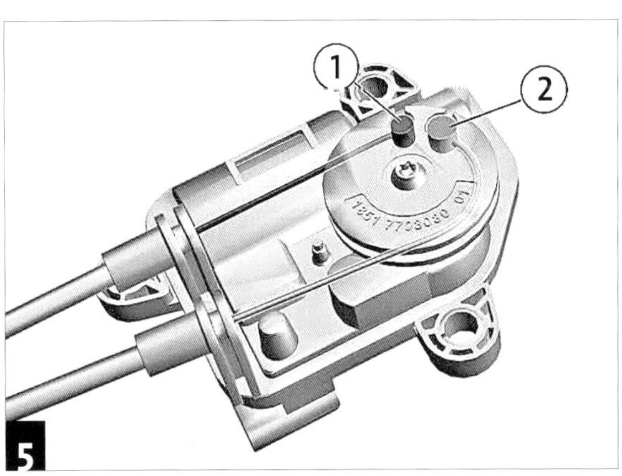

- Bowdenzüge an Abgasklappe ausbauen siehe Bilder 1 und 2 Seite 101.

Bowdenzüge ersetzen
- Betätigerzug **1** und Rückstellerzug **2** abnehmen und Nippel aus Aufnahmen nehmen.
- In umgekehrter Ausbaureihenfolge montieren.

8 Kühler

8.1 Kühler Aus- und Einbau

Vorarbeiten
- Kühlmittel ablassen (Seite 68).

Ab Seite 30:
- Seitenverkleidung abbauen.

Schläuche am Kühler rechts
- Auffangefäß für Kühlmittel bereithalten.
- Schellen lösen.
- Rücklaufschlauch **1** und Bypass-Schlauch **2** abnehmen.

Lüftermotor-Stecker
- Kabelbinder (Pfeil) trennen und Stecker **1** abziehen.

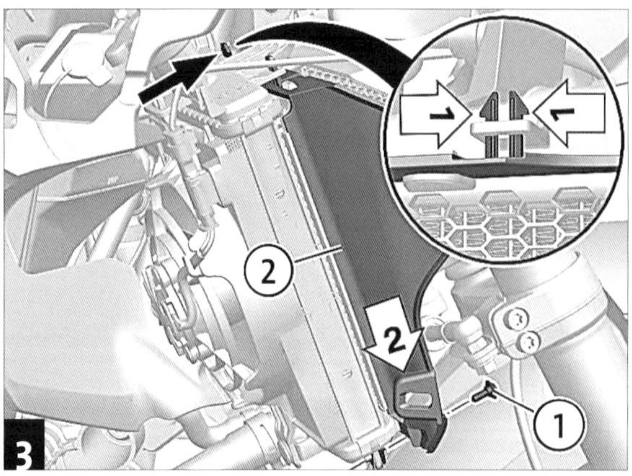

Kühlluftführung
- Schraube **1** mit kurzem Bund ausdrehen.
- Klemmen Pfeil **1** zusammendrücken und Kühlluftführung **2** nach unten abnehmen (Pfeil **2**).
- In umgekehrter Reihenfolge montieren.

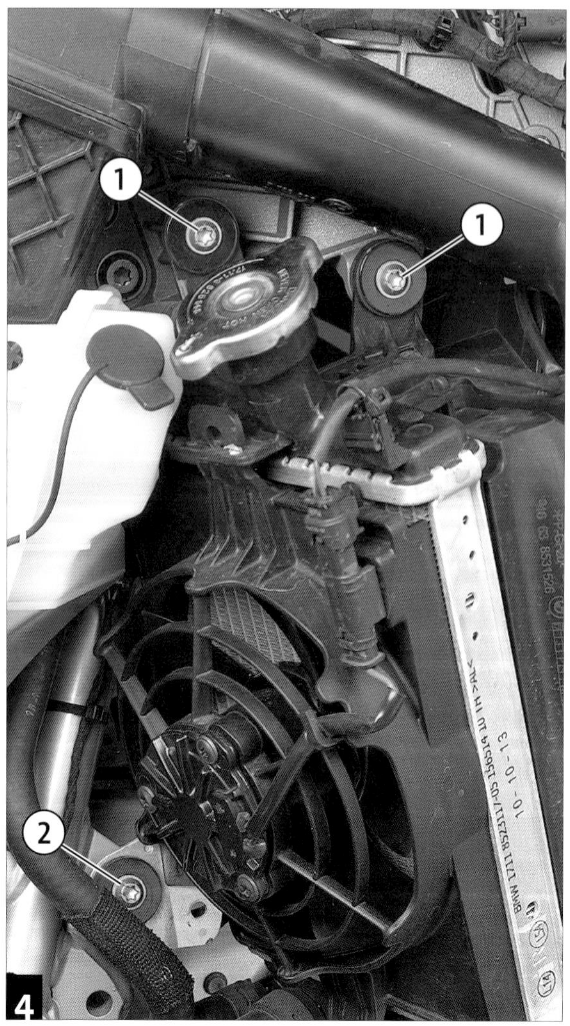

Kühler-Befestigung rechts
- Schrauben **1** und **2** mit Scheiben ausdrehen.
- Kühler lösen.

  Anzugsmomente
  1 Sondergewinde für Leichtmetall 6 x 25 ..... 12 Nm
  2 M6 x 25 (Loctite 243) .... 8 Nm

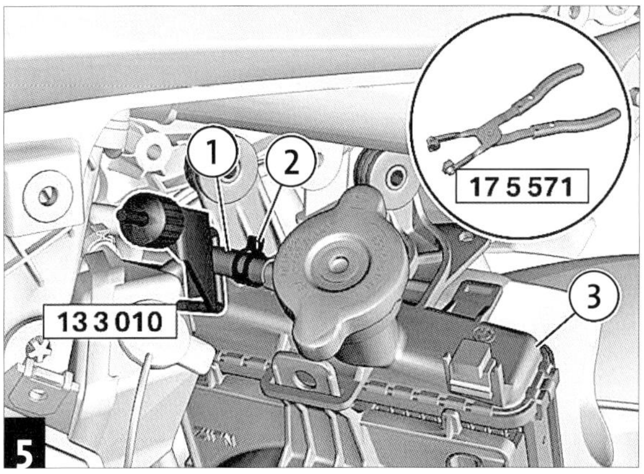

Kühler rechts

- Überlaufschlauch **1** mit Schlauchklemme (handelsüblich) abklemmen.
- Schelle **2** lösen und Schlauch **1** abziehen.
- Kühler etwas herausziehen.

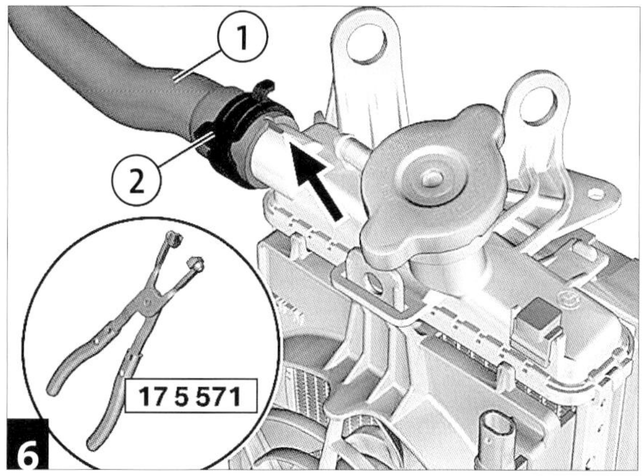

Kühler rechts

- Schelle **2** lösen und Verbindungsschlauch **1** abziehen.
- Beim Einbau **aller** Schläuche die Nase (Pfeil) beachten, die in Aussparung eingreift.

- **Bild 5 und 6**: BMW-Nummern der Spezialwerkzeuge im Bild. Die Klemme ist handelsüblich, die Zange nicht zwingend notwendig.

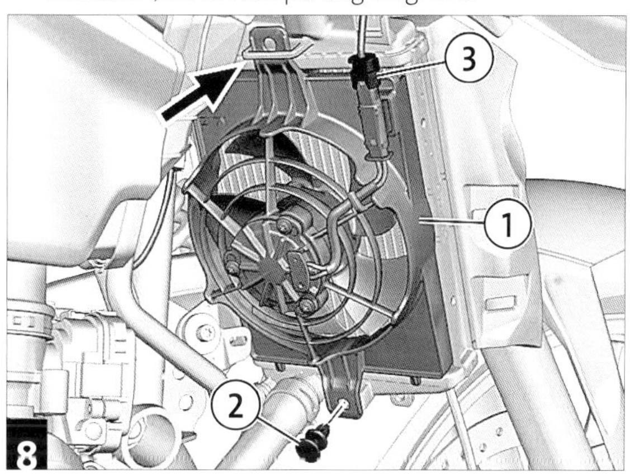

Lüftermotor

- Stecker **3** trennen und Spreizniet **2** lösen
- Lüftermotor **1** abnehmen.
- Beim Einbau Lüftermotor oben in Bügel (Pfeil) einsetzen und Spreizniet einsetzen.

Kühler links

- Schläuche **1** und **2** wie rechts abbauen.
- Schrauben **3** und **4** mit Scheiben ausdrehen.
- Kühler lösen.

  Anzugsmomente

  3 Sondergewinde für Leichtmetall 6 x 25..... 12 Nm

  4 M6 x 25 (Loctite 243)........................ 8 Nm

9 Kupplung

9.1 Ausbau

Kupplungslamellen und -Federn

! Der Wechsel/Ausbau beschränkt sich neben den Vorarbeiten auf die Arbeitsschritte in Bild 1 bis 4.
Die Kurbelwelle muss nicht blockiert werden (Vorarbeiten).

- Neues Lamellenpaket messen wie auf Seite 108 Bild 8 gezeigt.
- Der **Einbau** ist ab Seite 109 beschrieben.

Da der rechte Zylinder seine Taktung, d.h. seinen Steuerketten-Antrieb über die Kupplung erfährt, ist der Aufwand an Vorarbeiten mit "normalen" Ölbadkupplungen nicht zu vergleichen. Auch kann der Kupplungskorb nicht beliebig auf seiner Welle angebracht werden, sondern nur so, dass die Steuerzeiten nicht ins Schleudern kommen.

- Fahrzeug kippsicher mit Hinterradständer (nicht Hauptständer) aufbocken. Grund: Das Vorderrad soll möglichst weit einfedern, damit der Längslenker (Teleleverarm) den Ausbau des Gehäusedeckels nicht behindert.
- Motorschutz ausbauen (Seite 39) und Motoröl ablassen (Seite 51).
- Rechten Zylinder auf Zünd-OT stellen und mit Absteckdorn blockieren (ab Seite 59 Ventilspiel).
- Beim Einbau des **Kupplungskorbs** werden eine neue Mutter und eine neue Scheibe (Bild 6) verwendet. Die alte Mutter kann ggf. zum Messen des Zahnflankenspiels benützt werden.

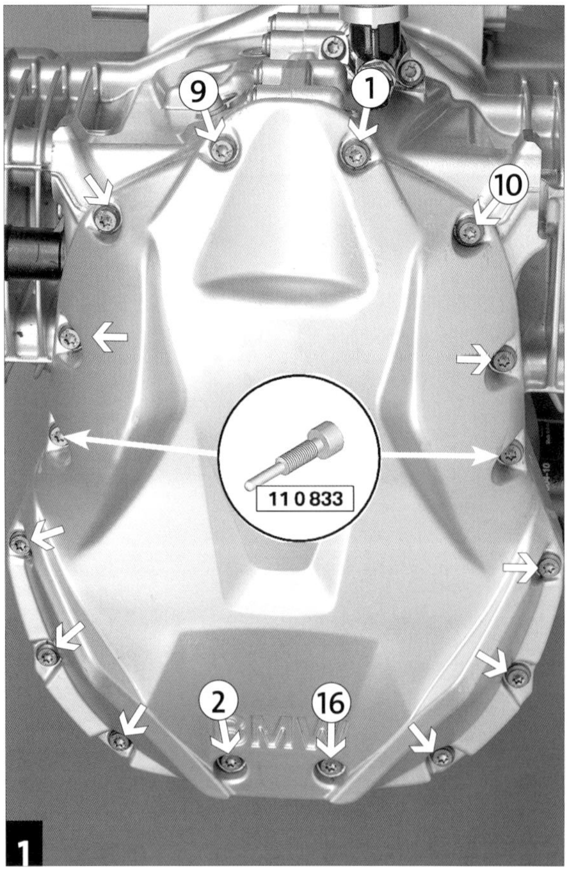

1

Deckelschrauben
- Schrauben schrittweise über Kreuz ausdrehen.
- Falls schwergängig, Gehäusedeckel mit Deckelabdrücker (BMW-Nr. im Bild) an den gezeigten Gewinden lösen und abnehmen.

Gehäusedeckel einbauen
- Schrauben **1** bis **16** (alle) handfest einbauen.
- Schraube **1** festziehen, dann Schrauben **2** bis **9** und **10** bis **16** im Uhrzeigersinn festdrehen.
  Anzugsmoment M6 x 20 .... 10 Nm

2

Befestigungsplatte und Schrauben
- Drei Schrauben abwechselnd ausdrehen und Befestigungsplatte abnehmen.
  Anzugsmoment M6 x 30 Gewinde geölt ..... 10 Nm

3

Druckplatte und Federn
- Drei Federn und Druckplatte abnehmen.

4

Druckstück
- Druckstück abnehmen.
- Reib- und Stahlscheiben entnehmen.

! In Ausbaureihenfolge aufbewahren!

Kupplungsnabe aus-/einbauen
- Arretierungsscheibe **1** BMW-Nr. 11 0 828 einsetzen.
- Mutter **2** ausdrehen. Es folgt eine Scheibe.
- Nabe **3** abnehmen.

Kupplungskorb
- Mitnehmerscheibe **1** abnehmen (Neuteil verbauen).
- Mutter **2** mit Fön auf 150 °C erwärmen und mit langer Nuss SW46 ausdrehen. Es folgt Scheibe. Korb abnehmen. Neue Mutter und Scheibe einbauen!

- Vor Ausbau des Kupplungskorbs Absteckvorrichtung ("Brille") an den Nockenwellen des rechten Zylinderkopfs anbringen (ab Seiten 61/65).

Kupplungskorb-Lagerlaufbuchse
- Lagerlaufbuchse auf Verschleiß untersuchen (Ausbrüche in der Lagerlauffläche, eingelaufene Laufbahn der Lagerkörper oder gar beschädigte Laufkörper). Ggf. ausbauen und ersetzen.

Lager in der Druckplatte
- Festsitz des Lagers prüfen.
- Lager auf Spiel und ruhigen Lauf prüfen (Fingerprobe).

Kupplungskorb-Klassifizierung
- Die drei Größen des Kupplungskorbs werden anhand von 1 bis 3 Kerben an den Zähnen gekennzeichnet. Im Bild Korb mit drei Kerben entspricht dem größten Durchmesser.

Kupplungskorb-Einbau/Zahnflankenspiel
- Zahn **1** an Markierungspunkt (Pfeil) mit Stift markieren.

9.2 Prüfen und Vermessen

Zahnflankenspiel
- Das Spiel muss in folgenden Fällen geprüft werden:
  - Ersatz des Kupplungskorbs oder Motorgehäuse
  - Ersatz der Kurbelwelle oder des Kurbelwellenlagers
  - Ersatz der Ausgleichswelle oder deren Lager
- Korb mit **neuer** Scheibe und **alter** Mutter handfest einbauen.
- Es werden drei Klassen von Kupplungskörben verbaut, um das Zahnflankenspiel in der engen Toleranz zu halten, die notwendig ist, um eine exakte Ventilsteuerung des rechten Zylinders zu gewährleisten (Bild 3).
- Zur Messung des Zahnflankenspiels Steuerkettenspanner rechts ausbauen (ab Seite 59).

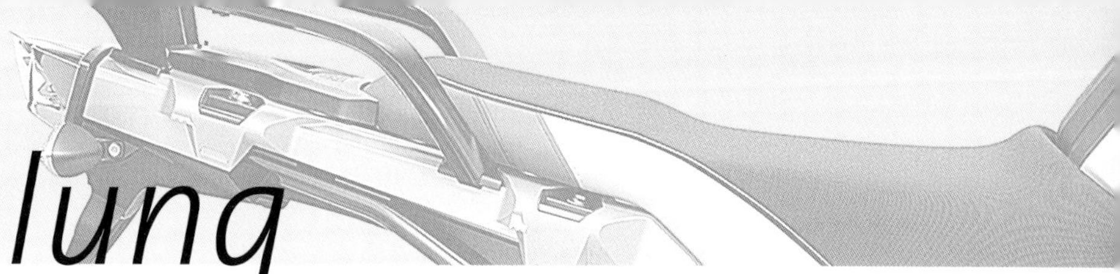

9 Kupplung

9.2 Prüfen und Vermessen

Fortsetzung

Zahnflankenspiel/Kupplungskorb montieren

- Korb mit Scheibenfeder fluchtend auf Welle aufschieben. Zur Orientierung gibt's eine Punktmarkierung auf der Welle (Pfeil).

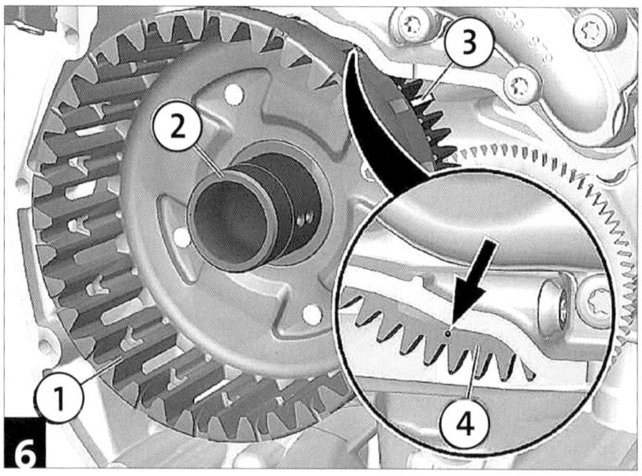

Kupplungskorb

- Kupplungskorb **1** mit Welle **2** so drehen, dass markierter Zahn **3** (Bild 4 vorige Seite) auf Punktmarkierung (Pfeil) des Kurbelwellen-Zahnrads **4** ausgerichtet ist.

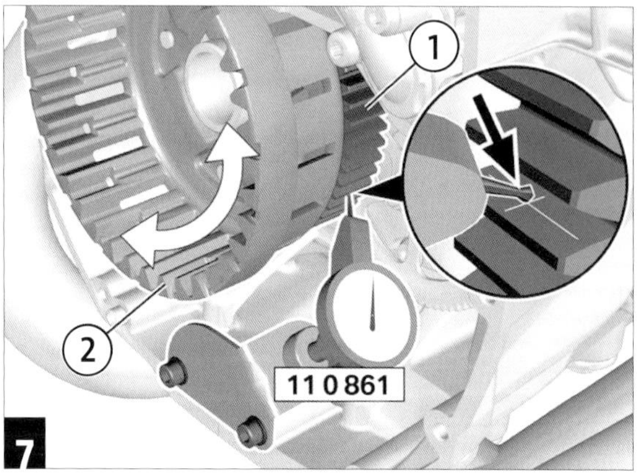

Zahnflankenspiel

- Taster der Messuhr liegt mittig und vorgespannt auf Zahnflanke des Zahnrads **1**.
- Korb **2** ohne Kraftaufwand hin und her bewegen.
  Sollwert .... 0,003 – 0,020 mm

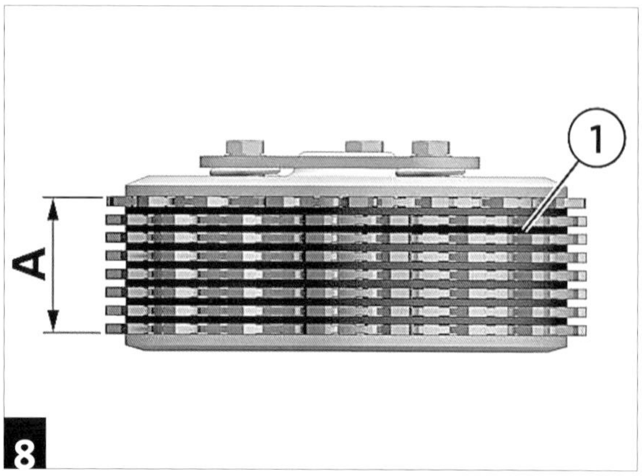

Lamellenpaket

- Neues Lamellenpaket misst vormontiert
  A .... 37,5 – 38,3 mm
- Ggfs. erste Stahllamelle **1** (mit kleinerem Durchmesser) gegen passende austauschen.

9.3
Einbau

Kupplungskorb

! Kurbelwelle ist blockiert im OT (Seiten 60).
- Gewinde der Welle reinigen (fettfrei).
- Kupplungskorb wie in Bild 4 Seite 107 gezeigt markieren und entsprechend Bilder 5 und 6 gegenüberliegende Seite aufschieben.
- Kupplungskorb mit Neuteilen montieren: Scheibe, Mutter und Mitnehmerscheibe (Bild 6 Seite 107).

! Neue Mutter (mikroverkapselt) muss vom Ansetzen bis zum Endanzug innerhalb einer Minute montiert werden, da das Schraubensicherungsmittel schnell aushärtet.

Anzugsmoment M36 x 1,5
1. .... 170 Nm
2. ....Mutter wieder lockern, Drehwinkel 90°
3. .... 250 Nm

Kupplungsnabe

- Kupplungsnabe mit Arretierungsscheibe BMW-Nr. 11 0 828 in Kupplungskorb einsetzen (Bild 5 Seite 107).
- Neue Mutter verwenden. Muttergewinde ölen.
- **Anzugsmoment** M20 x 1,5
  1. .... 150 Nm
  2. .... Mutter vollständig lockern
  3. .... 150 Nm

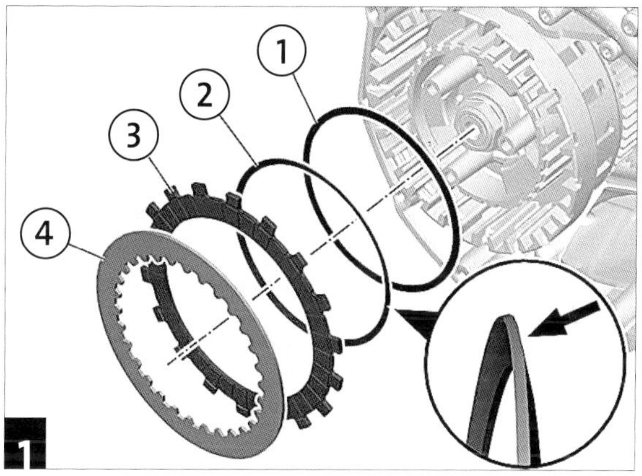

Lamellen einbauen

- Distanzscheibe **1** und Ausrückfeder **2** (Wölbung weist nach innen; Pfeil) einbauen, gefolgt von Belaglamelle **3** mit größerem Innendurchmesser.
- Glatte Stahllamelle **4** einsetzen.

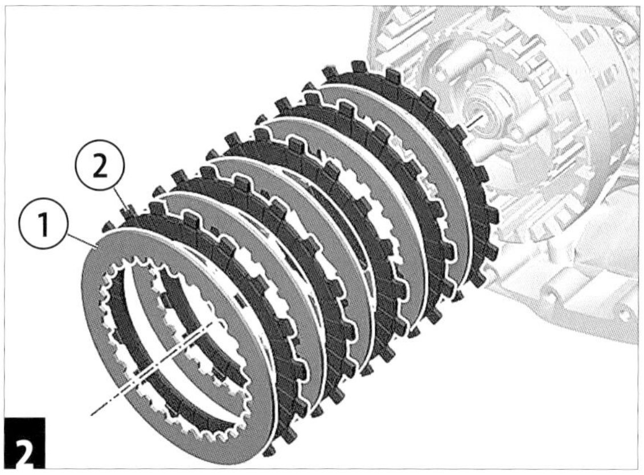

Lamellen einbauen

- Punktplanierte Stahllamellen **1** und Belaglamellen **2** einbauen.

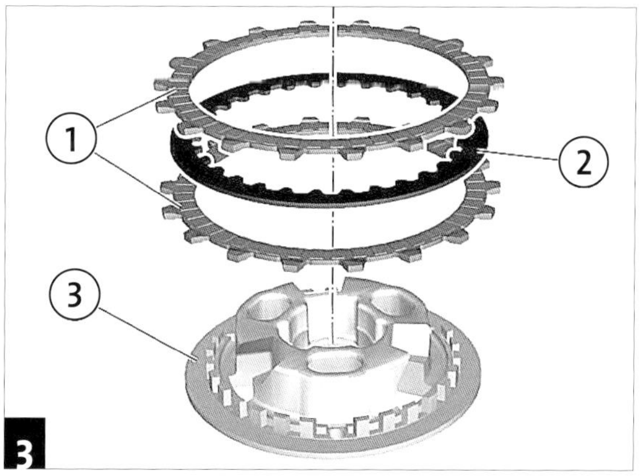

Druckplatte bestücken

- Belaglamellen **1** und punktplanierte Stahllamelle **2** mit **größerem Innendurchmesser** in Druckplatte **3** einsetzen.

9 Kupplung

9.3
Einbau
Fortsetzung

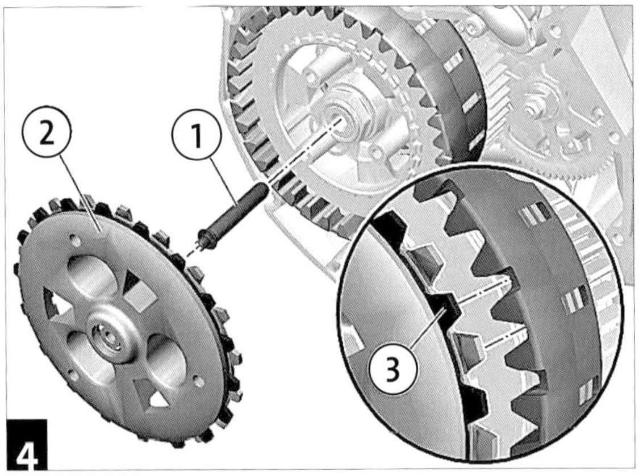

4

Druckplatte einbauen

- Druckstück **1** und Druckplatte **2** einbauen.

! Letzte Belaglamelle **3** versetzt einbauen.

5

Einbau-Kontrolle

👁 Letzte Belaglamelle ist versetzt eingebaut.

6

Druckplatte

👁 Unterlagen der Kupplungsfedern in Druckplatte auf Vollständigkeit kontrollieren.

- Federn einsetzen und Befestigungsplatte montieren (Bilder 2 und 3 Seite 106).

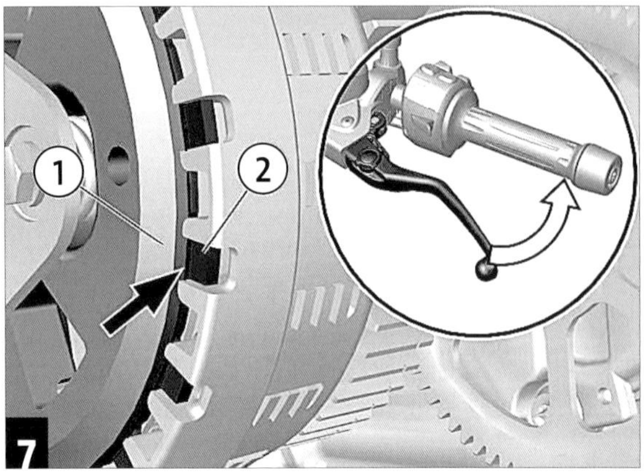

7

Einbau-Kontrolle

👁 Zwischen Druckplatte **1** und Belaglamelle **2** ist kein Spiel!

👁 Kupplungshebel lässt sich komplett durchziehen und Lamellen werden gelockert.

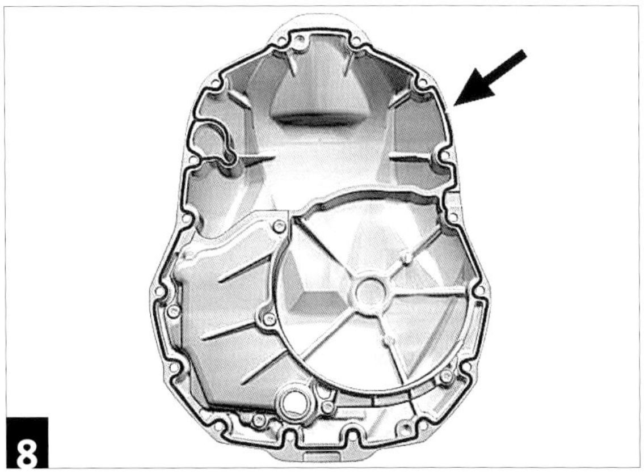

8

Dichtmittel auftragen

- Dichtmittel (Silikondichtmasse) auf öl- und fettfreie Dichtfläche wie gezeigt auftragen.

👁 Passhülsensitz kontrollieren (Bild 10).

- Gehäusedeckel einbauen (Bild 1 Seite 106).

9

Passhülsen

- Festsitz der zwei Passhülsen (Pfeile) kontrollieren.
- Übrige Arbeitsschritte (**Vorarbeiten**) in umgekehrter Ausbaureihenfolge durchführen.

! Ölstand korrigieren.

10 Kupplungshydraulik

10.1
Aus- und Einbau

- Aus- und Einbau des Geberzylinders (Handpumpe) siehe Seite 164 (Kapitel Lenker).

Die Hydralikflüssigkeit bedarf keiner routinemäßigen Erneuerung (auch keine Kontrolle des Pegels). Lediglich bei Beschädigung oder Undichtheit besteht Handlungsbedarf.

- Motorrad sicher aufbocken.
- Batterieabdeckung abnehmen (Seite 33) und Batterie abklemmen (Seite 54).
- Starter ausbauen (Seite 97).
- Schalldämpfer-Abdeckung und Schalldämpfer ausbauen (ab Seite 98).
- Stecker der Lambdasonde links trennen und Krümmer ausbauen (Seite 101).
- Stellmotor der Abgasklappe lösen (Seitc 103).
- Diagnosestecker und Hauptrelais lösen (Seite 188).

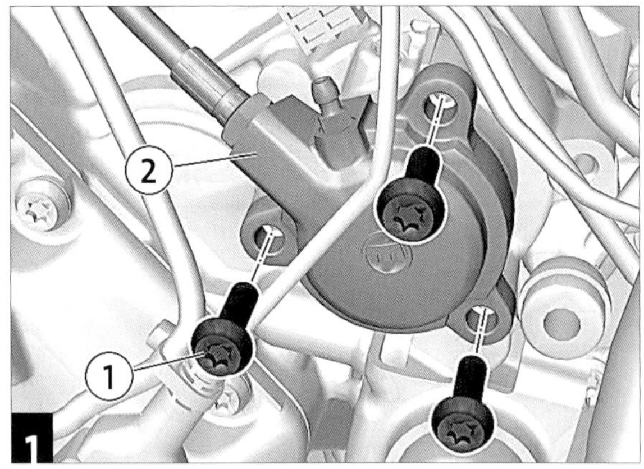

Kupplungsnehmerzylinder aus- und einbauen

- Schrauben **1** lösen und Nehmerzylinder **2** abnehmen.
- Nehmerzylinder aus Fahrzeugrahmen herausführen und System befüllen/entlüften (folgende Seite).

1 **Anzugsmoment** M6 x 20 (zwei Durchgänge). . 8 Nm

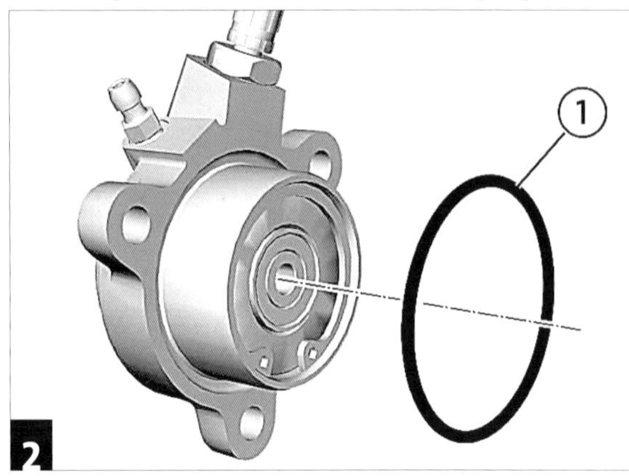

Nehmerzylinder

- So gut wie neuen O-Ring **1** in seine Nut einsetzen.

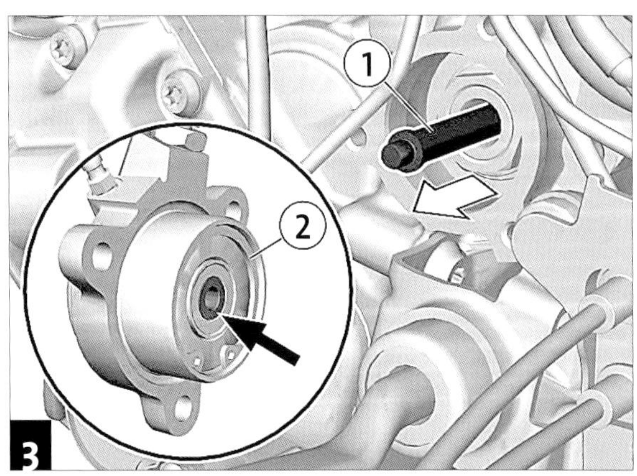

Nehmerzylinder einbauen

- Druckstange **1** etwas herausziehen und in Aufnahme des Zylinders **2** ansetzen. Zylinder anbringen und Schrauben gleichmäßig anziehen (Bild 2).

10.2 Befüllen und Entlüften

! Beim Befüllen des Systems wird eine Spritze mit Schlauch verwendet. Spritze und Schlauch dürfen ausschließlich mit Hydraulikflüssigkeit verwendet werden. Schon geringste Mengen an Bremsflüssigkeit oder Öl können die Dichtungen angreifen und beschädigen.

! Keinesfalls Bremsflüssigkeit verwenden.

Hydraulikflüssigkeit .... **Hyspin V10**

! **Vitamol V10** ist nur noch als Restbestand erhältlich und wird durch **Hyspin V10** ersetzt.

! Grundsätzlich rät BMW davon ab die beiden Flüssigkeiten zu mischen. In der Werkstattpraxis hat das Mischen aber bislang noch keine negativen Folgen zu Tage gefördert, etwa angegriffene Dichtungen.

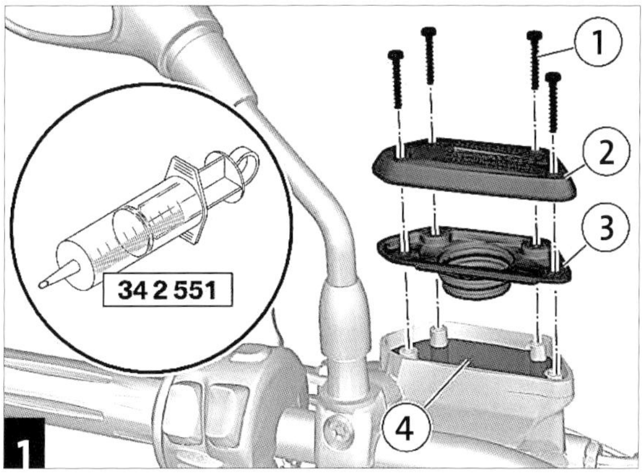

1

Hydraulikflüssigkeit absaugen

- Vier Schrauben **1** ausdrehen und Deckel **2** mit Faltenbalg **3** abnehmen und säubern.
- Hydraulikflüssigkeit mit Spritze (gibt's auch als BMW-Werkzeug) aus Behälter **4** absaugen.

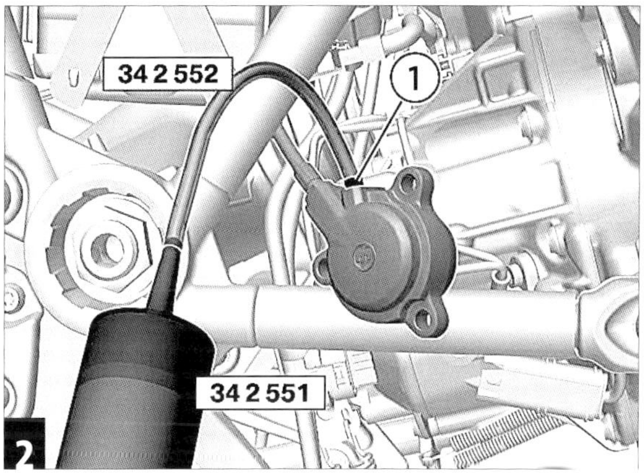

2

Hydraulikflüssigkeit absaugen

- Schlauch mit Spritze am Entlüfterventil **1** (muss ggfs. nachgerüstet werden!) anschließen, Entlüfterschraube öffnen und restliche Flüssigkeit absaugen.
- Entlüfterschraube schließen und Spritze entleeren.

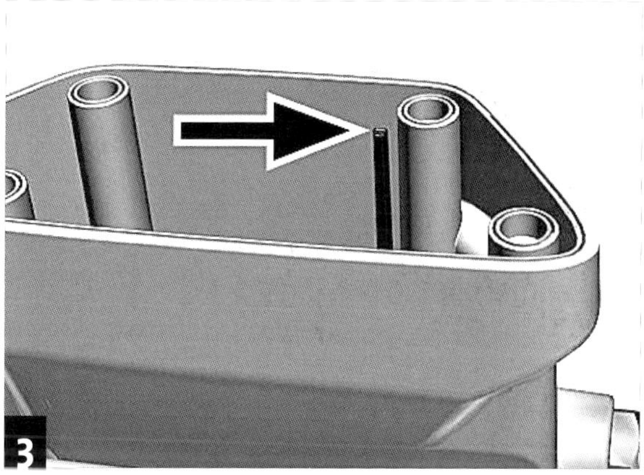

3

Hydraulikflüssigkeit befüllen

- Behälter bei neuen Reibscheiben bis zur Markierung im Behälter befüllen.

! Der Pegel darf die Markierung keinesfalls überschreiten! Anders als bei der Bremshydraulik, wo der Pegel mit dem Belagverschleiß sinkt, steigt hier der Pegel bei zunehmendem Verschleiß! (Je dünner die Belagscheiben werden, desto weiter wird die mehrteilige Druckstange Richtung Nehmerzylinder gedrückt.)

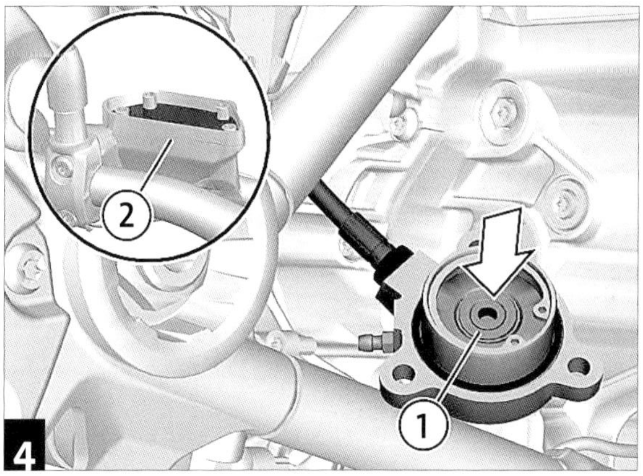

4

System entlüften 1

- Kolben **1** langsam ganz zurückdrücken. Dabei darauf achten, dass am Behälter **2** keine Flüssigkeit an der Nachlaufbohrung herausspritzt, ggfs. abdecken.

System entlüften 2

- Abwarten bis Kolben **1** Bild 4 wieder in Ausgangsstellung ist und Vorgang wiederholen, bis am Behälter keine Luftbläschen mehr aufsteigen.
- Begleitend dazu bei gerade stehendem Fahrzeug Lenker nach rechts schwenken.
- Mit mehreren kleinen kurzen Hüben am Handhebel „nach oben entlüften" (wie bei der Bremshydraulik Seite 75).
- Sobald im Behälter keine Luftbläschen mehr aufsteigen, muss Druckpunkt deutlich spürbar sein.

11 Wasserpumpe

11.1
Aus- und Einbau

- Die Wasserpumpe (amtlich korrekt: Kühlmittelpumpe) wird ggfs. komplett getauscht.
- Kühlmittel ablassen/befüllen (Seite 68).
- Gehäusefrontdeckel aus-/einbauen (Bild 1 Seite 106).

Wasserpumpe
- Schrauben (Pfeile) ausdrehen und Pumpe abnehmen.
  Anzugsmoment M6 x 40 .... 12 Nm

Einbau
- Pumpe so einsetzen, dass Antrieb und Kurbelwelle eingreifen.

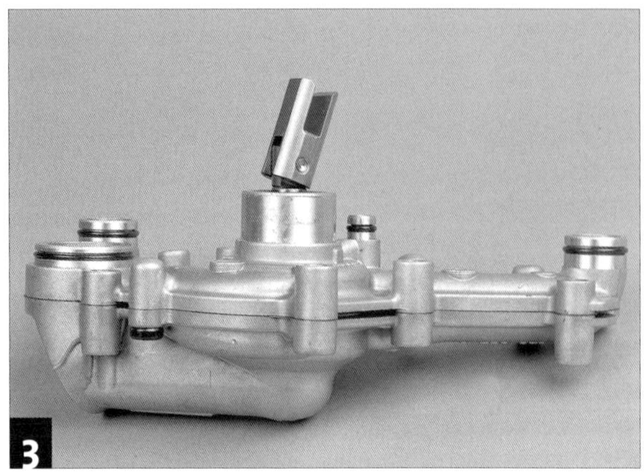

Wasserpumpe Rückseite
- Vier neue O-Ringe beim Einbau leicht ölen.

Ablaufkanal
- Ablaufkanal auf freien Durchlass kontrollieren (Druckluft).

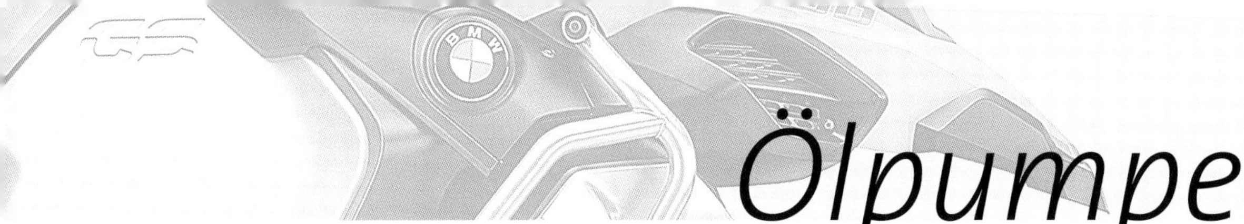

Ölpumpe 12

12.1 Aus- und Einbau

1

2a

2b

- Gehäusefront-deckel aus-/ein-bauen (Seite 106).
- Kupplung ausbauen (ab Seite 106).

Ausgleichsgewicht

- Ausgleichsgewicht abnehmen.

Ölpumpe Antriebsrad

- Mutter ausdrehen.
  Anzugsmoment M6, Mutter erneuern (Schraubensicherung /mechanisch) .... 10 Nm
- Mitnehmerstück und Antriebsrad abnehmen.

3

4

Ölpumpe Gehäusedeckel

- Schrauben ausdrehen und Deckel abnehmen.
  Anzugsmoment M6 x 16..................... 12 Nm

Welle und Rotoren

- Welle und Rotoren aus Gehäuse entnehmen.

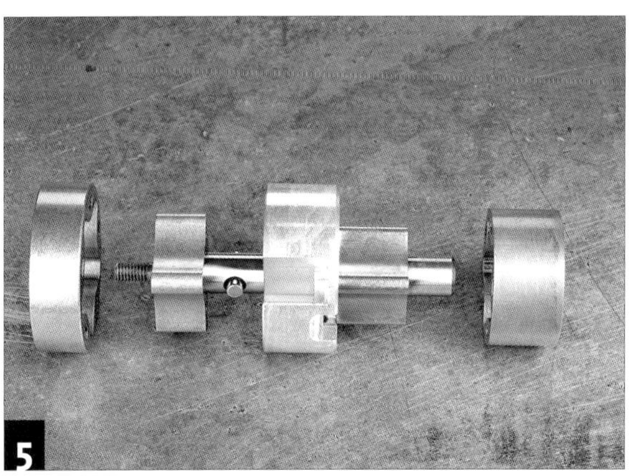

5

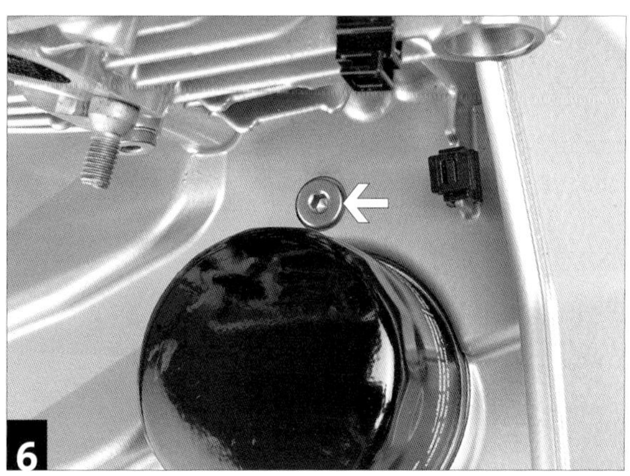

6

Motoröldruck

Motoröl betriebswarm bei Leerlaufdrehzahl ....0,8 – 1,5 bar
bei Drehzahl min. 5000 min^{-1} ....4 – 5 bar

Welle und Rotoren

- Welle und Rotoren in gezeigter Reihenfolge montieren (Teile ausgiebig ölen).

Öldruck

- Stopfen ausdrehen und Öldruckmanometer anschließen.

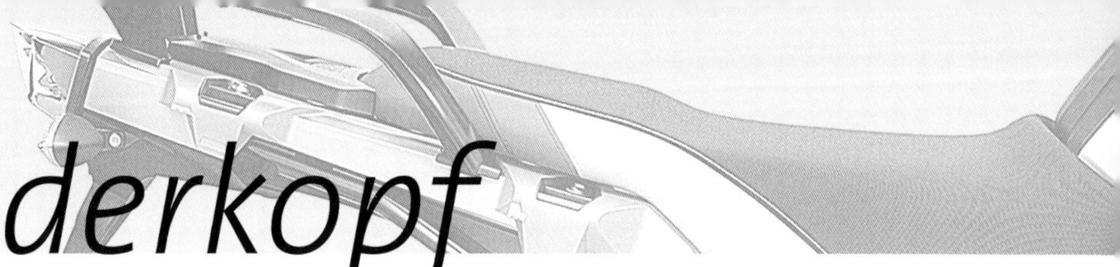

13 Zylinderkopf

13.1 Aus- und Einbau

Die Zylinderköpfe können bei eingebautem Motor demontiert werden – so leicht, wie wohl bei keiner anderen Motorenbauart. Der Ausbau der Ventile ist nur bei entsprechendem Schadensbild notwendig, d.h. bei »rauchendem« Motor, und zwar im Schiebebetrieb. Dabei »saugt« der Motor durch ausgeschlagene Ventilführungen bzw. verschlissene Ventilschäfte Öl in den Verbrennungsraum. Damit einher geht oft auch der undichte Ventilsitz: Der Ventilteller wandert und verbreitert immer mehr seine Dichtfläche, dichtet nicht mehr richtig gegen seinen Sitz ab und der Druck entweicht. Was sich in nachlassender Leistung bemerkbar macht.

Folgende Arbeitsgänge werden bei **montierten Nockenwellen** durchgeführt:

- **Radialspiel** und **Zahnflankenspiel** der Nockenwellen prüfen (Seite 124/125).
- **Nockenwellen-Zahnräder** aus-/einbauen (Seite 122).

Folgender Arbeitsgang wird bei **montierten Ventilen** durchgeführt:

- **Dichtheit der Ventile** prüfen (Zylinderkopf ausgebaut; Seite 123).

Vorarbeiten:

- Seitenteil rechts bzw. links ausbauen (ab Seite 29/41).
- Zündkerze(n) ausbauen (Seite 56).
- Kühlmittel ablassen (Seite 68).
- Schelle des Drosselklappen-Stutzen des betreffenden Zylinders lösen (Seite 94).
- Schalldämpfer und Krümmer ausbauen (Seite 94).
- Zylinderkopf-Deckel, Masse-Anschluss, Steuerkettenspanner und Nockenwellen ausbauen (ab Seite 59 – Ventilspiel einstellen).
- Kurbelwelle mit Absteckdorn im Zünd-OT des betreffenden Zylinders blockiert belassen (ab Seite 59 – Ventilspiel einstellen).

Kettenrad mit Zwischenwelle aus-/einbauen

- Schraube **1** ausdrehen und Welle **2** ausziehen.
- Steuerkette vom Kettenrad abnehmen und Kettenrad mit Zwischenwelle abnehmen.

1 **Anzugsmoment** M6 x 14 .... 8 Nm

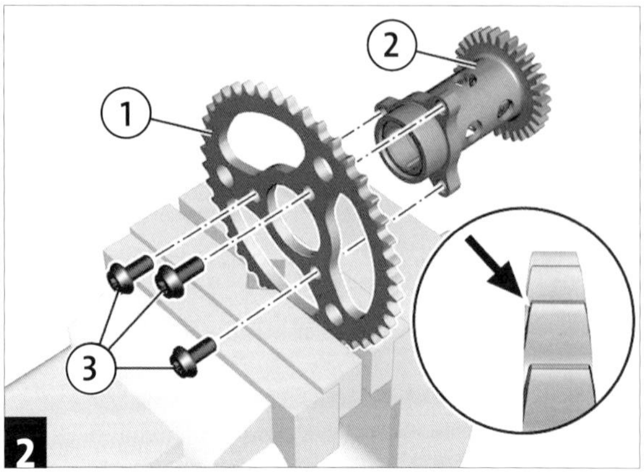

Kettenrad aus-/einbauen

- Kettenrad **1** mit Schutzbacken einspannen, Schrauben **3** ausdrehen und Welle **2** abnehmen.
- Kettenrad mit abgeflachter Seite (Pfeil) nach außen weisend montieren. **Anzugsmoment** M6 x 12 . . .10 Nm

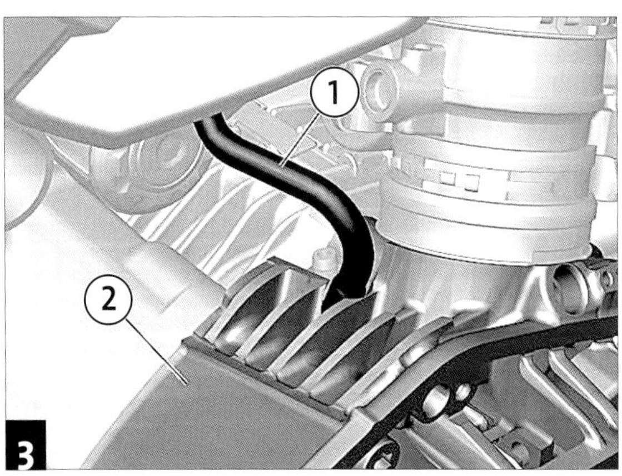

Nebenluftschlauch links

- Nebenluftschlauch **1** von Zylinderkopf **2** abziehen.

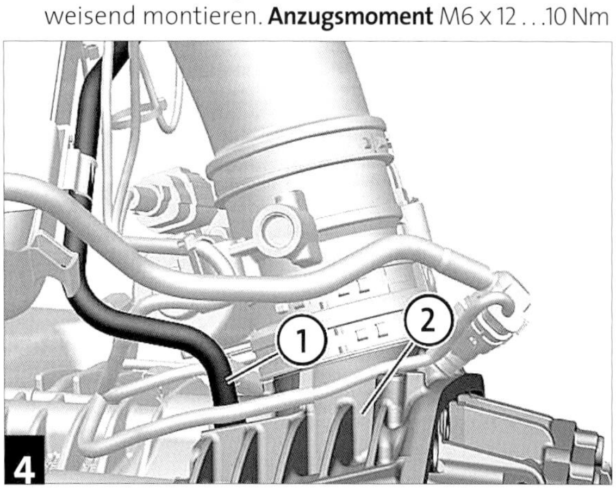

Nebenluftschlauch rechts

- Nebenluftschlauch **1** von Zylinderkopf **2** abziehen.

Schlepphebel und -Achsen

- Stifte **1** abziehen. Schlepphebelachsen **2** ausziehen und Schlepphebel **3** abnehmen.

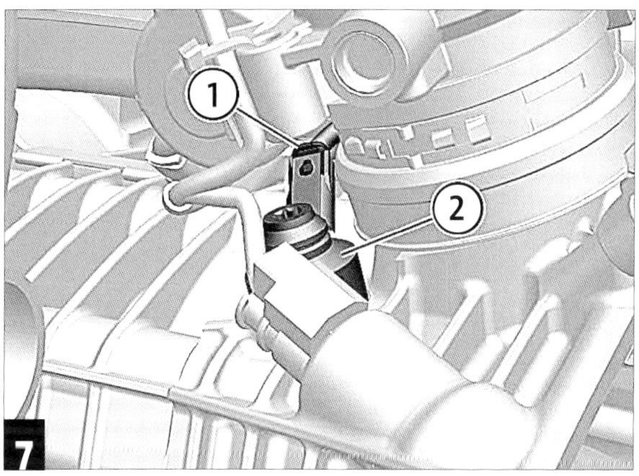

Klopfsensor aus-/einbauen

- Stecker **1** des Klopfsensors **2** abziehen (Beschädigungsgefahr!).

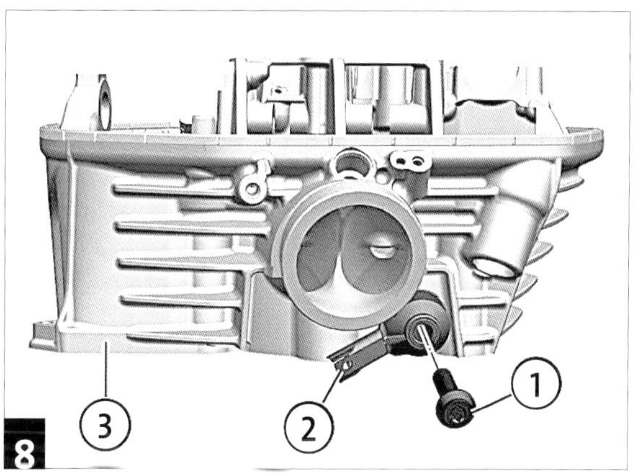

Klopfsensor aus-/einbauen

- Schraube **1** ausdrehen und Klopfsensor **2** vom Zylinderkopf **3** abnehmen.

1 Anzugsmoment M8 x 30.................... 20 Nm

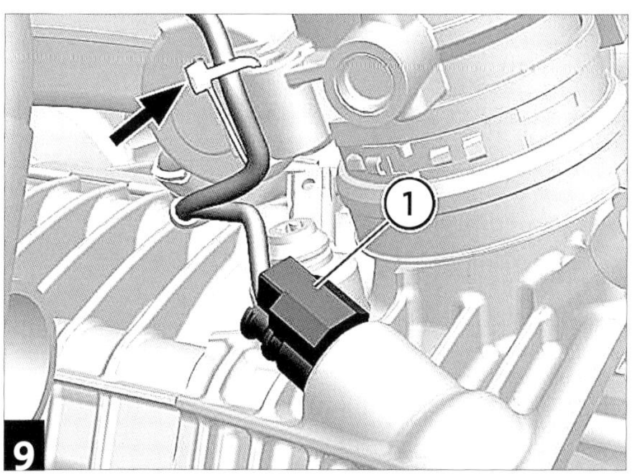

Verstelleinheit

- Kabelbinder (Pfeil) trennen und Stecker **1** der Verstelleinheit abziehen (Beschädigungsgefahr!).

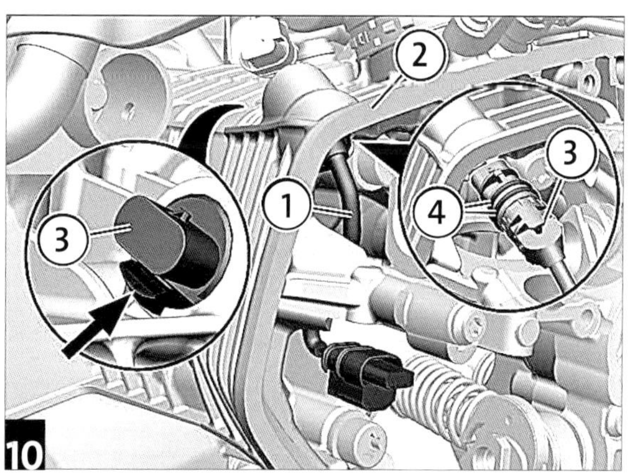

Verstelleinheit-Stecker und -Kabel

- Kabel **1** in Zylinderkopf **2** verlegen.
- Stecker **3** mit so gut wie neuen O-Ringen **4** einsetzen, bis Nase (Pfeil in Lupe) einrastet.

→

13 Zylinderkopf

13.1 Aus- und Einbau
Fortsetzung

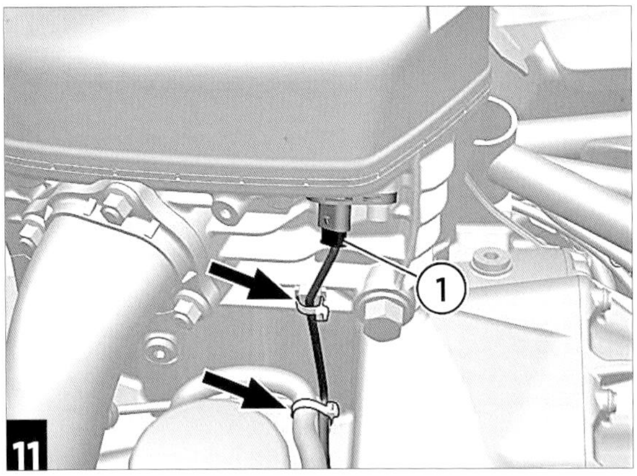

Nockenwellensensor
- Ggfs. Schraube (Pfeil) ausdrehen und Nockenwellensensor abnehmen.

Nockenwellensensor
- Ggfs. Schraube (Pfeil) ausdrehen und Nockenwellensensor abnehmen.

Zylinderkopf rechts (im Bild baugleiche 1200er)
- Zuerst zwei Schrauben **1**, dann Schrauben **2** schrittweise über Kreuz ausdrehen.

14

Zylinderkopf links

- Zuerst zwei Schrauben **1**, dann Schrauben **2** schrittweise über Kreuz ausdrehen **s** (im Bild baugleiche 1200er).

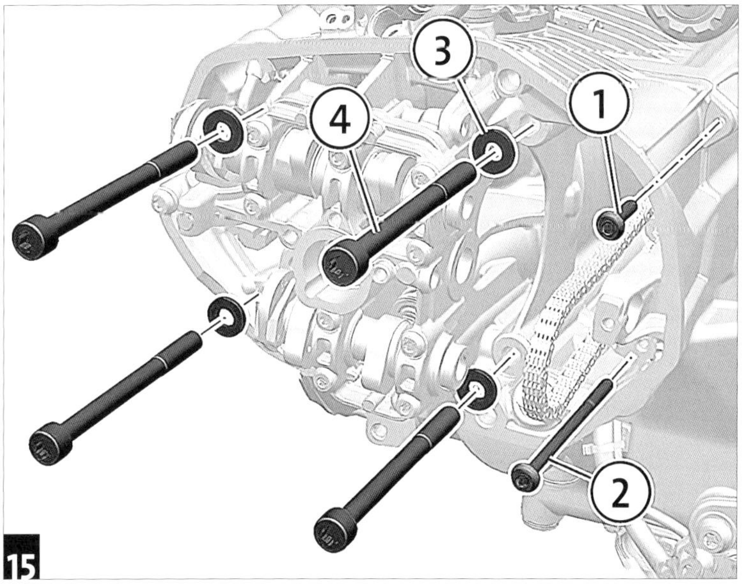

15

- **Zylinderkopfmontage** siehe Bilder 22 bis 24 Seite 121.
- Zuerst schrauben **2** anziehen, dann Schrauben **1**.

Anzugsmomente Zylinderkopf — Anzugsreihenfolge

Schrauben **2** M10 x 90 in vier Durchgängen über Kreuz anziehen.

1. .... 5 Nm
2. .... 20 Nm
3. .... 40 Nm
4. .... Weiterdrehwinkel 120°

Schrauben **1** anziehen.

M6 x 25 .... 12 Nm
M6 x 95 .... 12 Nm

Zylinderkopfschrauben

- Zuerst Schrauben **1** und **2** ausdrehen, dann Schrauben **4** mit Scheiben **3** schrittweise über Kreuz.

13 Zylinderkopf

13.1 Aus- und Einbau

Fortsetzung

Ventile

- Dichtheit der Ventilsitze im eingebauten Zustand prüfen.
- Die Beispielfotos stammen von der F 650 GS (Einzylinder).

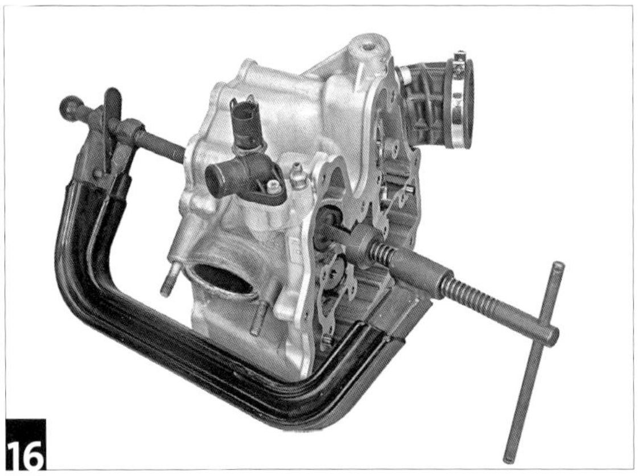

16

- Ventile mit Ventilfederspanner ausbauen.
- ! Ventile so aufbewahren, dass sie wieder an ihrem ursprünglichen Platz eingebaut werden können.

17

- Ventilfedern nur so weit zusammendrücken, bis die Ventilkeile aus ihren Nuten entnommen werden können. Magnetheber oder Pinzette benutzen.
- ! Federn nicht weiter als nötig zusammendrücken.

Ventilausbau

- Aus-/Einbau mit BMW-Spezialwerkzeug.

1 Federteller oben
2 Ventil
3 Ventilkeil
4 Feder

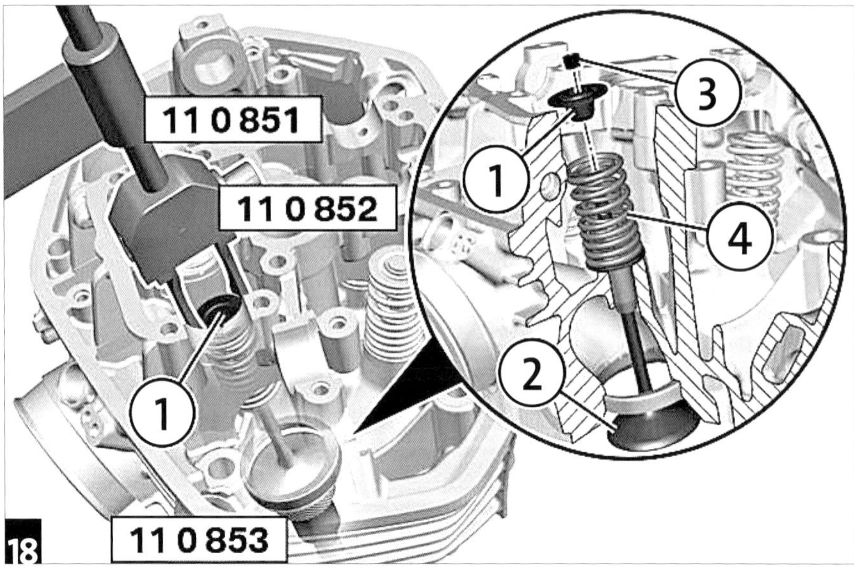

18

Ventilschaftdichtungen

- Ausbau mit BMW-Spezialwerkzeug.

1 Ventilschaftdichtung
2 Federteller unten

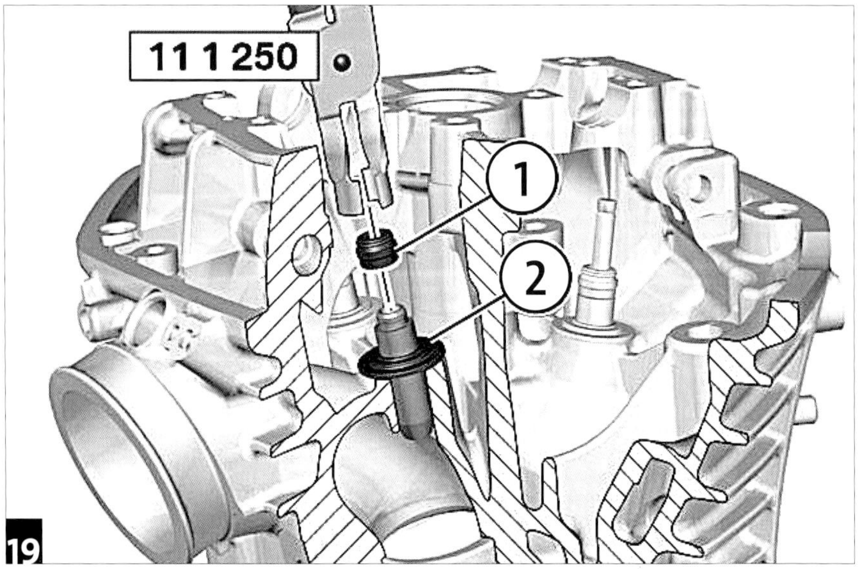

19

20

Ventilschaftdichtungen

- Ventilschaftdichtungen mit Zängchen abziehen.
- ! Unbedingt Neuteile montieren!

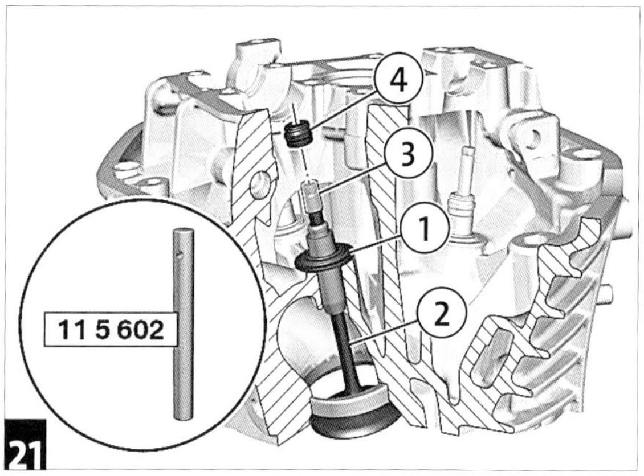

21

1 Ventilteller unten
2 Ventil
3 Schlupfhülse
4 Ventilschaftdichtung

Ventilschaftdichtungen

- Einbau mit BMW-Spezialwerkzeug.
- Ventilschaftdichtungen mit passendem Rohr aufdrücken.

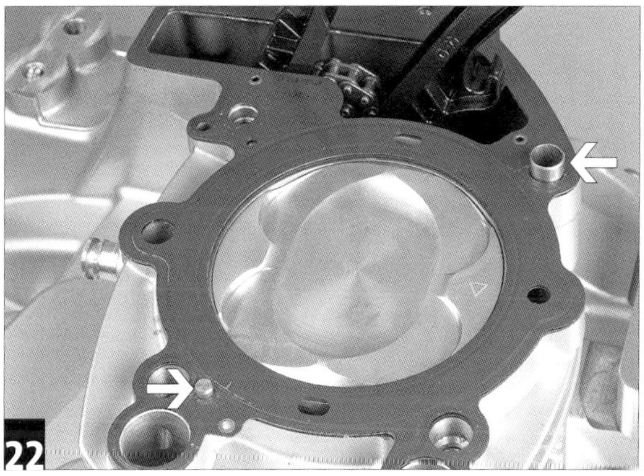
22

Zylinderkopfdichtung auflegen

- Saubere Dichtflächen entfetten (Bremsenreiniger oder Aceton) und neue Dichtung auflegen.
- Auf Festsitz von Passstift und Passhülse (Pfeile) achten.

Einbau

- Zylinderkopf aufs Peinlichste säubern.
- Zylinderkopf komplett mit Druckluft freiblasen.
- Ventile, Schlepphebel und -achsen wieder an ihrem angestammten Platz einbauen.
- Schlepphebel mit geölter Lagerung aufschieben.
- ! Um die empfindlichen Dichtlippen der Schaftdichtungen nicht zu verletzen, wendet der penible Schrauber folgende Methode an, die sich auf jeden Fall empfiehlt, auch wenn die BMW-Ventile mit abgerundeten Keilnuten verwendet werden, und nicht etwa solche mit scharfkantiger Keilnut:
- Ventile vollständig geölt einschieben.
- Falls Schlupfhülse (Bild 21) nicht zur Verfügung steht:
- Knapp passenden Schrumpfschlauch auf Ventilschaft aufschieben, bis er die Keilnut abdeckt.
- Schrumpfschlauch erwärmen.

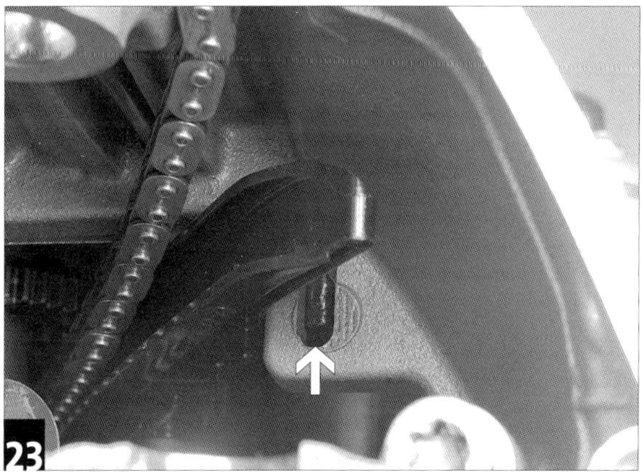
23

Zylinderkopf ansetzen

- Darauf achten, dass Gleitschiene in Halte-Öffnung eingreift (Pfeil).

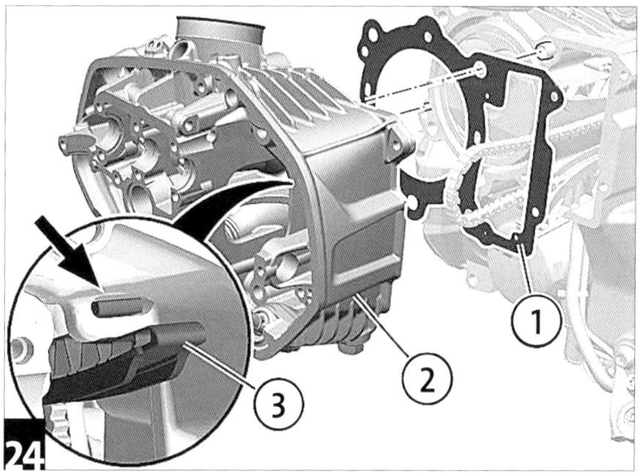

24

Zylinderkopf ansetzen

- Darauf achten, dass Gleitschiene **3** in Halte-Öffnung des Zylinderkopfs **2** eingreift (Pfeil).

1 Zylinderkopfdichtung

13 Zylinderkopf

13.1 Aus- und Einbau

Fortsetzung

- Ventilschaftdichtung gefettet mit passendem Rundmaterial auf Schrumpfschlauch und Ventilführung schieben.
- Schrumpfschlauch abziehen.
- Statt Schrumpfschlauch zu verwenden, kann auch mit Klebefilm improvisiert werden, um die Dichtlippen zu schützen.
- Federsitze, Federn und Federteller einsetzen.
- Damit die Federn nicht frühzeitig erlahmen, diese nicht weiter als nötig zusammendrücken.
- Ventilkeile einsetzen (leicht fetten). Federspanner vorsichtig entlasten und abnehmen.
- Dichtung auflegen (Bild 22) und sauberen Zylinderkopf so ansetzen, dass Gleitschiene und Ansaugstutzen eingreifen (Bilder 23 bis 25).
- Zylinderkopfschrauben anziehen (Bilder 13 und 14).
- Übrige Arbeitsschritte in ungekehrter Ausbaureihenfolge.
- Ventilspiel und Steuerzeiten einstellen (ab Seite 59).

Zahnräder der Nockenwellen

- Zahnräder bei montierten Nockenwellen ausbauen.
- Haltebügel Axialfixierung ausbauen (Seite 62).
- Nockenwellen mit Absteckvorrichtung im OT festlegen.
- Befestigungsschraube der Absteckvorrichtung handfest eindrehen.

Schrauben der Nockenwellenräder

- **Anzugsmoment**
  M10 x 1,25 x 35 10.9 (Auslass links)............65 Nm
  M10 x 1,25 x 25 10.9 (übrige)..................65 Nm

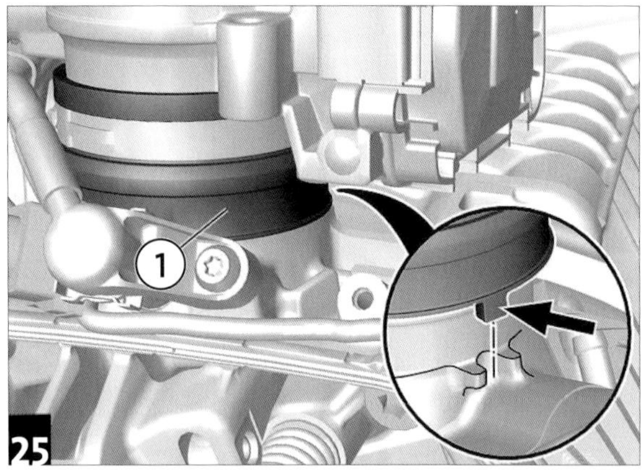

Zylinderkopf ansetzen

- Darauf achten, dass Ansaugstutzen **1** mit Nase (Pfeil) in Aussparung eingreift.
- Anzugsmomente siehe Bilder 5 und 6.

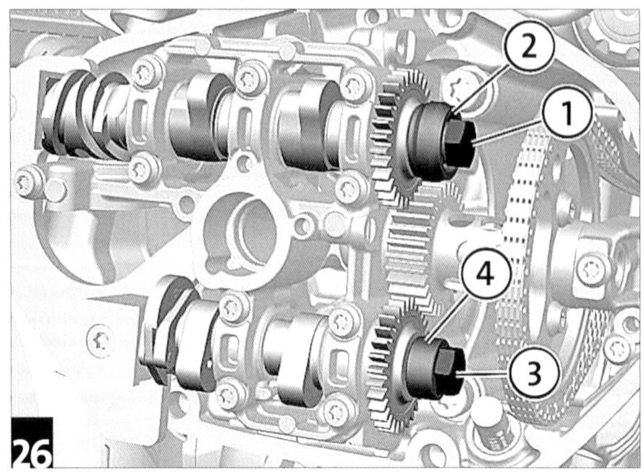

Zahnräder der Nockenwellen

- Schraube **1** ausdrehen und Lager **2** abnehmen.
- Schraube **3** ausdrehen und Hülse **4** abnehmen.

Zahnräder der Nockenwellen

- Zahnrad **1** mit Reibscheibe **2** abnehmen.
- Zahnrad **3** mit Reibscheibe **4** abnehmen.

13.2 Prüfen und Vermessen

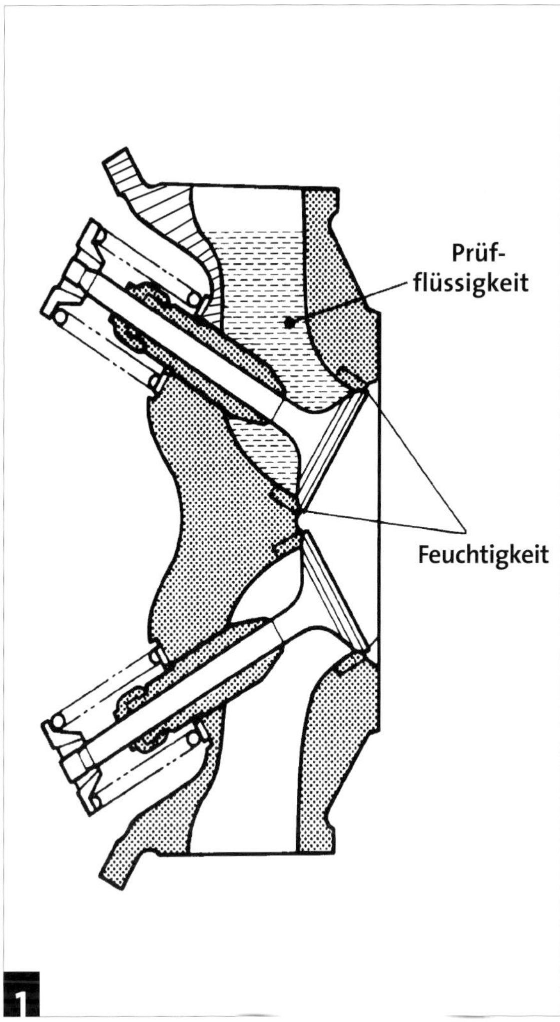

1

! Als »Prüfflüssigkeit« bietet sich Kraftstoff an. Dann aber die einschlägigen Sicherheitsmaßnahmen im Umgang mit Kraftstoff beachten!

2

Zylinderkopf/Brennraum

- Zylinderkopf mit stumpfem Werkzeug reinigen.
- Schön zu erkennen: Die hohe thermische Belastung des unteren Auslassventils (der luftgekühlten GS...).

Dichtheit der Ventilsitze

Dichte Ventilsitze sind grundsätzliche Voraussetzung für die souveräne Leistungsabgabe der Boxer-Twins. Die folgende Prüfung und das eventuelle »Reparaturverfahren« sind meist nur für Motoren mit extrem hoher Laufleistung angezeigt. Und extrem hohe Laufleistung heißt, dass diese die Laufleistung der Kolben/Zylinder-Garnitur leicht übertrifft.

- Zylinderkopf mit eingebauten Ventilen so halten, dass der Ventilsitz des zu prüfenden Ventils unter dem Pegel der Prüfflüssigkeit steht und Prüfflüssigkeit in den betreffenden Kanal gießen (Bild 1).
- 👁 Am Ventilteller darf nichts auslaufen. Dabei darf sich bei Alltagsmotoren – nicht bei Wettbewerbsmotoren! – mit der Zeit schon mal leichte Feuchtigkeit am Ventilsitz zeigen.
- Wer mag, kann die »Feuchte« wie weiter untenbeschrieben in einigermaßen erträgliche Bereiche zurückführen. Wobei sich das beschriebene »Einläppen« der Ventilsitze für den Privatmann durchaus lohnen kann, wenn es darum geht, die anfällige Erneuerung der Ventile und Führungen vielleicht um zehntausend Kilometer hinauszuschieben, wenn die übrigen Verschleißdaten in Ordnung sind.
- ! Für präzise eingepasste neue Ventile und Führungen empfiehlt sich Ihre BMW-Fachwerkstatt, in der die neuen Ventile so präzise eingepasst werden, dass sich das Einläppen erübrigt.
- Betreffendes Ventil ausbauen und Ventil und Ventilsitz aufeinander einläppen:
- Läppmittel (fein) dünn auf Ventilsitz auftragen, Ventil einführen und von der Brennraumseite her mit Gummisauger quirlen (mit etwa 2 kg Druck). (Läpppaste und Gummisauger sind im Werkzeughandel erhältlich.)
- ! Läpppaste darf keinesfalls zwischen Ventilschaft und Führung geraten!
- Ventile wieder einbauen und Prüfung nochmals durchführen.
- Genügt Nachläppen nicht zum Abdichten, Ventil im Fachbetrieb erneuern lassen (inklusive Einfräsen der Ventilsitzflächen).

Zylinderkopf

- Mit passendem Hartholzstückchen Ölkohle-Ablagerungen aus Brennraum entfernen (keine Kratzer hinterlassen!).
- 👁 Besonders den Bereich zwischen den Ventilsitzen und Zündkerzenbohrung auf feine Haarrisse kontrollieren. Gegebenenfalls in Fachbetrieb um Reparaturmöglichkeit nachfragen.
- Zylinderkopfdichtfläche wie Zylinder mit Haarlineal in mehreren Richtungen auf Verzug prüfen (Verschleißgrenze 0,09 mm).

13 Zylinderkopf

13.2 Prüfen und Vermessen
Fortsetzung

Nockenwellen-Verschleiß

- 👁 Lagerflächen der Nockenwellen und -Lagerdeckel auf Riefen, Kratzer oder Anzeichen unzureichender Schmierung untersuchen.

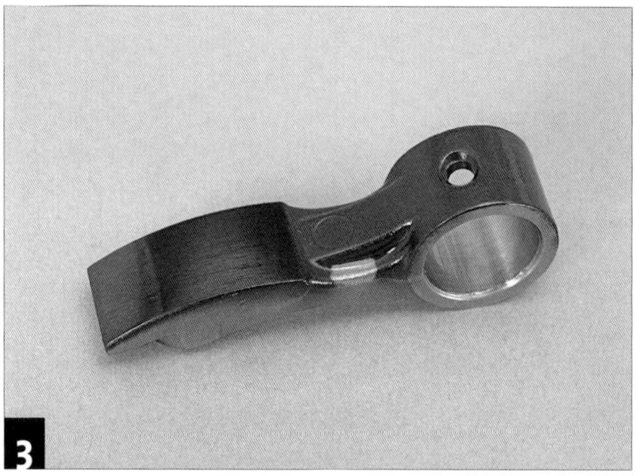

3

4

Schlepphebel
- Schlepphebel auf Ausbrüche in der Härteschicht (Pitting → unzureichende Schmierung) untersuchen. Bei Beschädigung der Lauffläche erneuern.

- Nockenlauffläche auf Ausbrüche in der Härteschicht (Pitting → unzureichende Schmierung) untersuchen. Bei Beschädigung der korrespondierenden Lauffläche ebenfalls Schlepphebel erneuern.

Nockenwellen-Lagerspiel

- **Radialspiel** mit »Plastigage« Typ PG-1, grün (0,025 – 0,076 mm) oder Typ PR-1, rot (0,051 – 0,152 mm; beide im gut sortierten Werkzeughandel erhältlich) messen:
- Öl und Fett von Lagerzapfen der Nockenwellen, Lagerlaufflächen und Passflächen des Lagerdeckels abwischen.
- Nockenwellen einlegen. Bei montierten Ventilen und Schlepphebeln weisen die Nocken nach außen – wie Stellung Zünd-OT.

5

Lagerspiel der Nockenwellen messen
- Plastigage-Messstreifen über Lagerzapfen einlegen.
- ! Messstreifen nicht über Ölbohrung legen!
- ! Nockenwellen nicht mehr drehen!

- Lagerdeckel ölfrei mit korrektem Anzugsmoment montieren (10 Nm).
- Lagerdeckel-Schrauben wieder ausdrehen und Lagerdeckel abnehmen.
- 👁 Bild 6:
  Einbaumaß........................ 0,020 – 0,71 mm
  Verschleißgrenze........................ 0,085 mm
- Eventuell genügt eine neue Nockenwelle, um Spiel wieder in die Toleranz zu bringen.
  Viel Glück!

- **Axialspiel** erfühlen wie in Bild 9 gezeigt (und eben in diesem Betriebszustand – Zünd-OT). Dazu an geeigneter Stelle mit Fühlerblatt-Lehre das Spiel ermitteln.
  Einbaumaß........................ 0,05 – 0,25 mm
  Verschleißgrenze........................ 0,35 mm

6

Lagerspiel der Nockenwellen messen
- 👁 Messstreifen mit Skala vergleichen. Je breiter der Messstreifen gequetscht ist, desto weniger Spiel besteht.

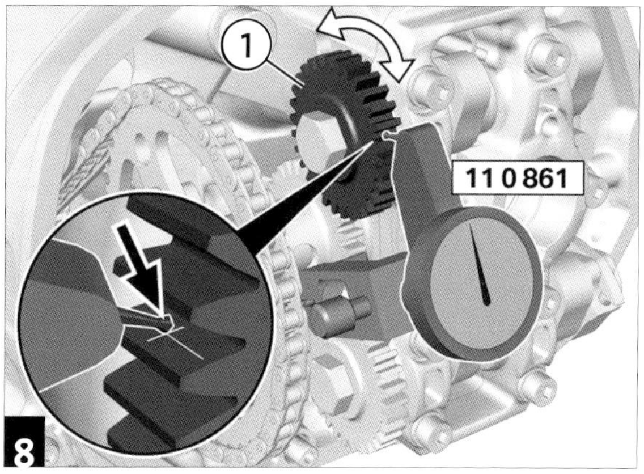

8

- Beim Erfühlen und Messen des **Zahnflanken-Spiels** muss Kolben im Zünd-OT stehen!
- Der Messwerkzeug-aufwand bestimmt diese Arbeit der BMW-Werkstatt.
- Dort wird das Zahnrad einer höheren oder niedrigeren Klassifizierung bestimmt (vier Klassen sind erhältlich.)

Zahnflankenspiel

- Bei der Messung wird ein Zahnrad mit dem Antriebsrad blockiert und das freie Zahnrad **1 ohne Kraftaufwand** gedreht. Sollwert 0,003 – 0,020 mm!

9

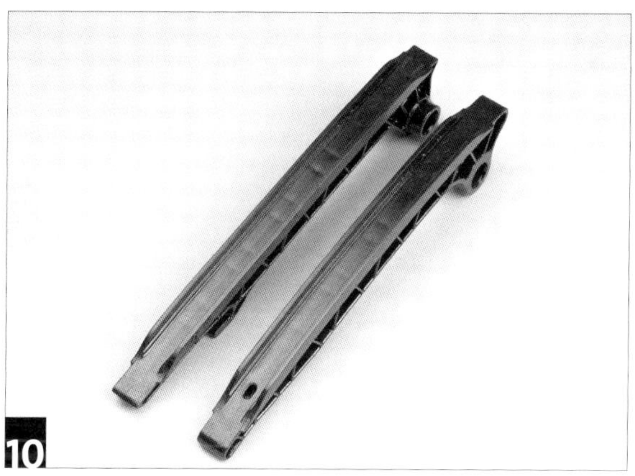
10

- Steuerketten-Spanner- und Gleitschienen sind erst nach Zerlegen des Motors zugänglich.

Ventilschaftspiel

- Beim Hin- und Herdrücken darf kein »Knacken« spürbar sein (natürlich bei ausgebauter Ventilfeder...).

Ventile und Ventilführungen

- Ventildichtflächen am Ventil und Zylinderkopf auf Verschleiß (Grübchenbildung oder Ausbrüche) untersuchen.

! Ventilsitz muss glattes und riefenfreies Tragbild zeigen.
Falls Sitzfläche am Ventilteller verbrannt ist oder ungleichmäßigen Kontakt mit Ventilsitz hat, Ventil erneuern.

- Gegebenenfalls das Ventil erneuern und den Sitz im Kopf neu fräsen lassen.
- Das Ventilschaftende darf keinen anormalen Verschleiß (Ausbrüche oder Aufwerfungen) aufweisen. Eventuell kann das Schaftende im Fachbetrieb nachgeschliffen werden (Härteschicht nicht komplett abschleifen – Ventilspiel geht gleich wieder flöten!).

Steuerketten-Spanner- und Gleitschienen

- Spannerschiene in montiertem Zustand auf freie Beweglichkeit kontrollieren.
- Die Steuerkette darf sich maximal 0,8 mm tief in die Spannerschiene »eingraben«.

- Jedes Ventil muss sauber und spielfrei in seiner Führung gleiten.
- Das Spiel zwischen dem Ventilschaft und der Ventilführung im Zweifel im Fachbetrieb begutachten lassen, der über entsprechend feines (d. h. teures) Messwerkzeug verfügt.
Mit etwas Gefühl kann aber auch anhand des »Knackens« des Ventilschafts beim Hin- und Herdrücken in der Führung schon eine Diagnose gemacht werden.
- Gegebenenfalls Führungen in BMW- oder Fachwerkstatt erneuern lassen, was auf jeden Fall das Nachfräsen der Ventilsitze nach sich zieht!
- Ventile auf Kratzer, Verbiegung und übermäßigen Verschleiß am Schaft untersuchen.

14 Motor

14.1 Aus- und Einbau

Vorarbeiten

- Soziussitz und Fahrersitz ausbauen (Seite 28).
- Motorschutz ausbauen (Seite 39).
- Motoröl ablassen (Seite 51).
- Tankabdeckung, Seitenteile und Seitenblende links/ rechts ausbauen (ab Seiten 29/41).
- Tank ausbauen (Seite 90).
- Ansaugschnorchel links und rechts lösen (Seite 174).
- Luftfiltergehäuse ausbauen (Seite 92).
- Kerzenschachtzündspulen rechts trennen (Seite 58).
- Einspritzventil rechts/links lösen (Seite 130).
- Drosselklappen rechts/links ausbauen (Seite 94).
- Schalldämpfer, Krümmer und Stellmotor für Abgasklappe ausbauen (ab Seite 98).
- Kühlmittel ablassen (Seite 67).
- Batterieabdeckung und Batterie ausbauen (Seiten 33/54).
- Starter ausbauen (Seite 97).

Gewindebolzen der Seitenständer-Zugfedern

- Seitenständerfedern ausbauen (Seite 114).
- Gewindebolzen ausdrehen.
  Anzugsmoment M10 x 1,5 .... 38 Nm

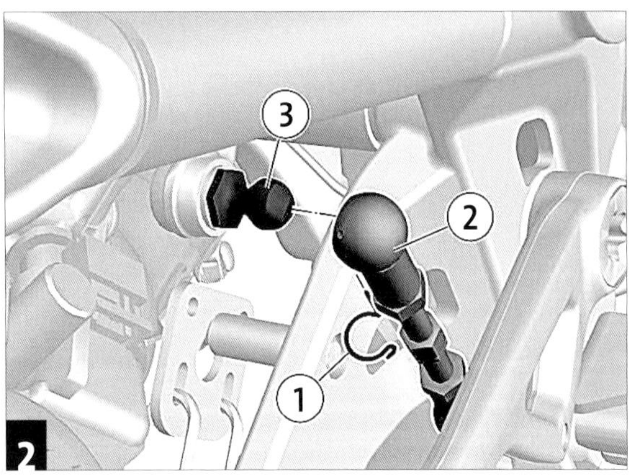

Schaltstange

- Federbügel **1** ausfedern und Kugelkopf **2** von der Kugel des Schalthebels **3** abnehmen.

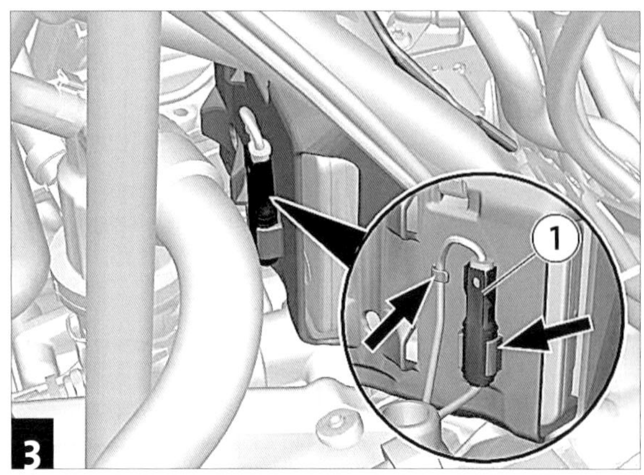

Stecker für Kurbelwellensensor

- Stecker **1** mit Kabel aus Klemmen (Pfeile) abnehmen und Stecker trennen.

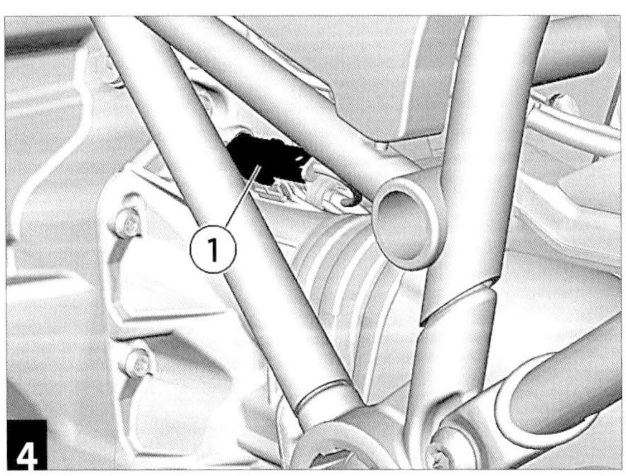

Stecker für Ölstandgeber/Öltemperatur

- Stecker **1** trennen.

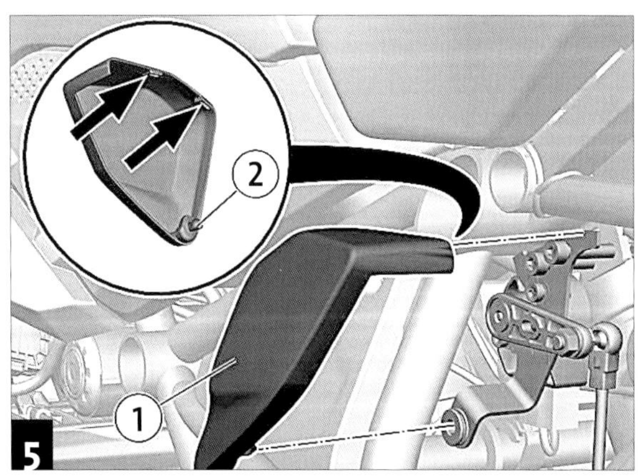

ESA: Abdeckung für Höhenstandsensor

- Abdeckung **1** aus Zapfen **2** ausziehen und aus Haltenasen (Pfeile) abnehmen.

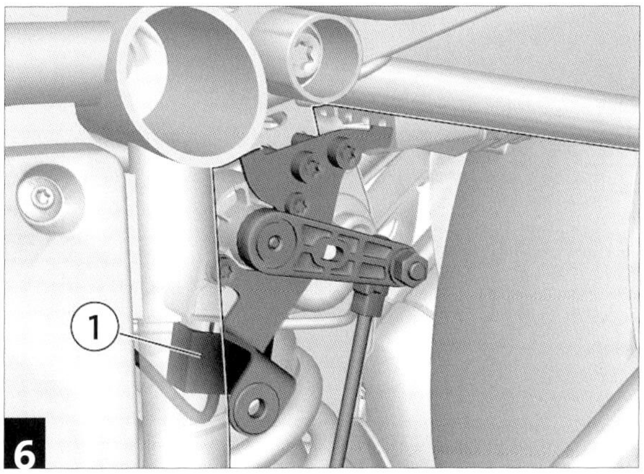

ESA: Stecker für Höhenstandsensor

- Stecker **1** trennen.

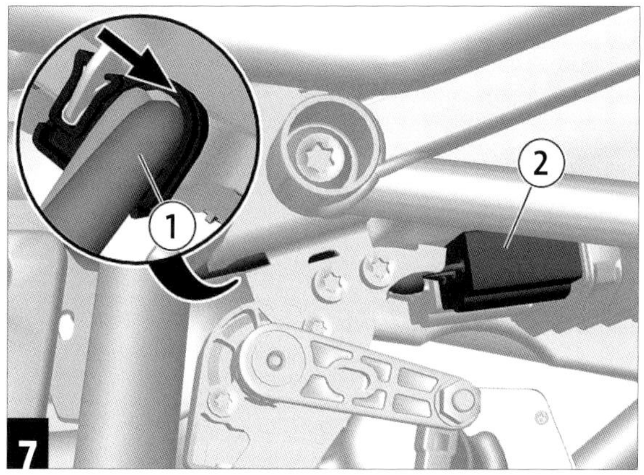

Generatorkabel trennen

- Kabel **1** aus Halter (Pfeil) freilegen.
- Stecker **2** am Spannungsregler trennen.

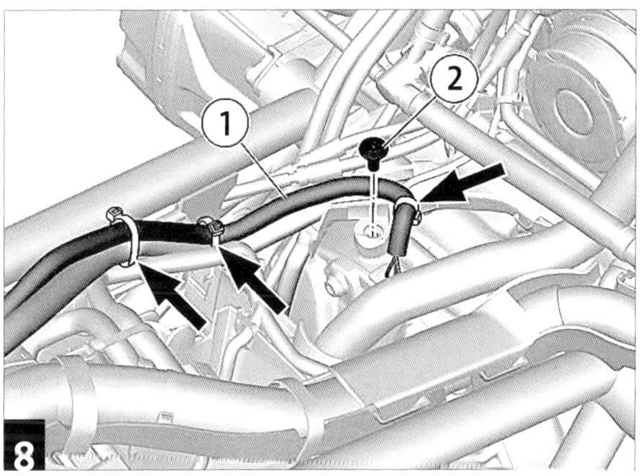

Generatorkabel freilegen

- Kabelbinder (Pfeile) trennen.
- Schraube **2** ausdrehen.
- Generatorkabel **1** nach vorn durchfädeln.

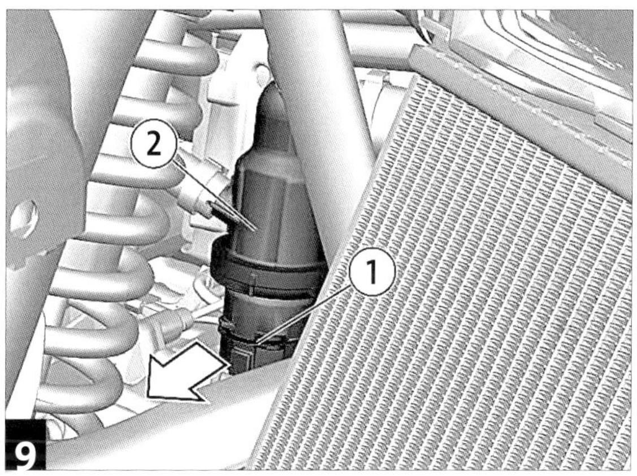

Thermostat

- Federbügel **1** abnehmen und Thermostat **2** nach vorn abnehmen.

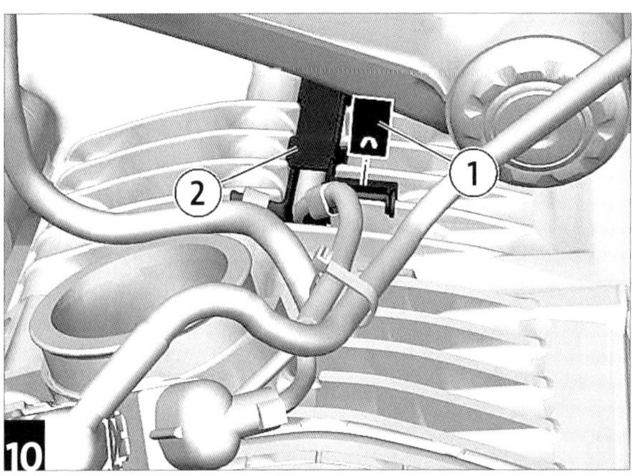

Elektrik an Zylinder links und rechts

- Klammer **1** abnehmen und Kabelkanal **2** lösen.

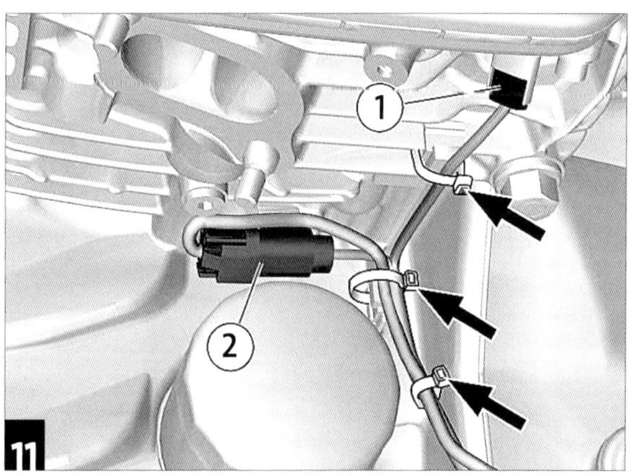

Elektrik an Zylinder links

- Kabelbinder (Pfeile) trennen.
- Stecker **1** (Nockenwellensensor) trennen.
- Stecker **2** (Seitenständer) trennen.

Bild 11: Stecker **2** entfällt wegen geänderter Kabelverlegung.

→

14 Motor

14.1 Aus- und Einbau

Fortsetzung

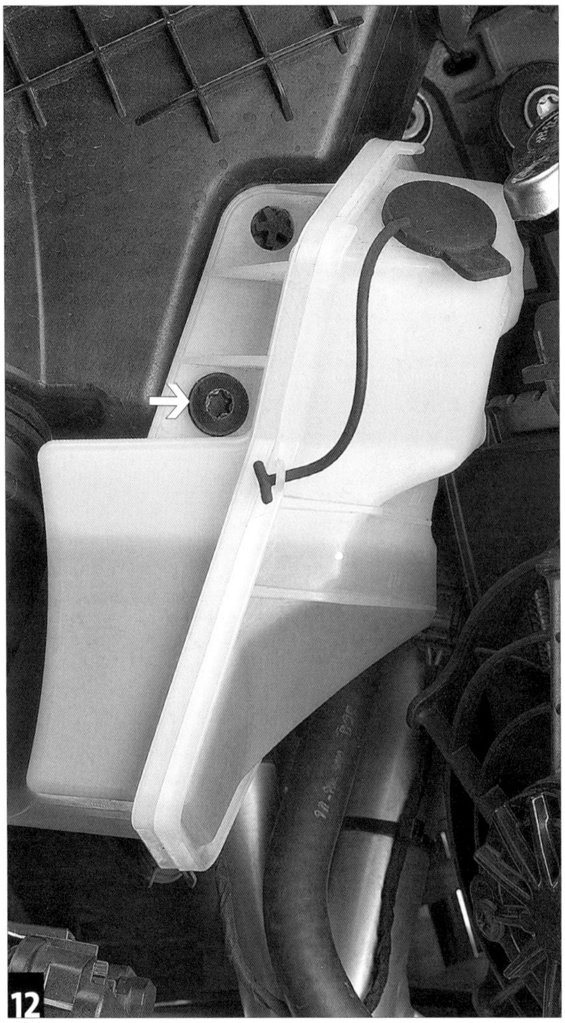

Kühlmittel-Ausgleichsbehälter

- Schraube (Pfeil) ausdrehen und Ausgleichsbehälter abnehmen.
  Anzugsmoment Schraube für Kunststoff
  5,5 x 16 .... 4 Nm

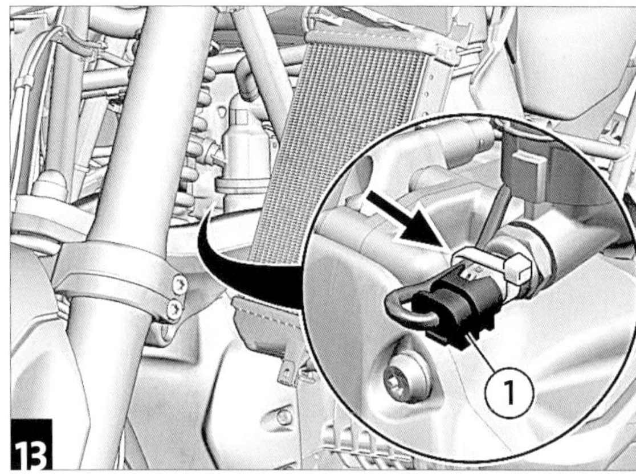

Kühlmitteltemperatur-Sensor

- Kabelbinder (Pfeil) trennen und Stecker **1** abziehen.

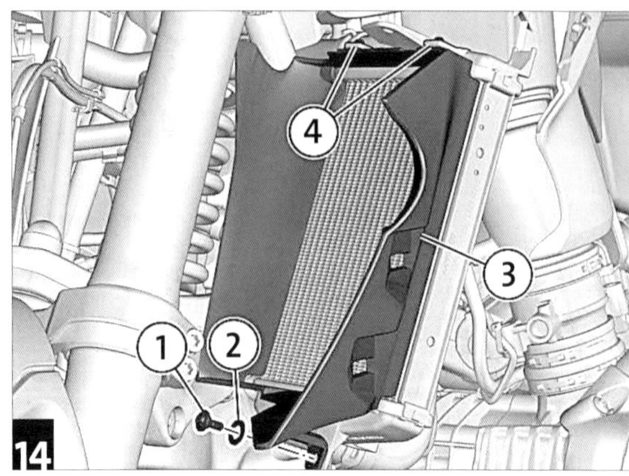

Kühlluftführung links

- Schraube **1** mit Scheibe **2** ausdrehen.
- Kühlluftführung **3** an Nasen **4** ausklinken und abnehmen.

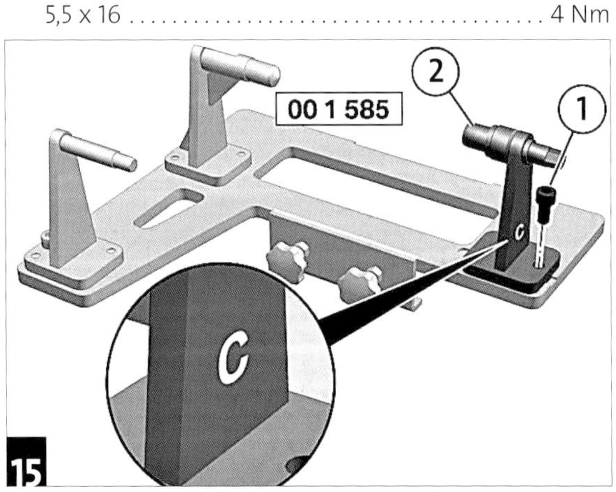

Motorheber einbauen 1

- Schraube **1** ausdrehen und Aufnahme C **2** abnehmen.

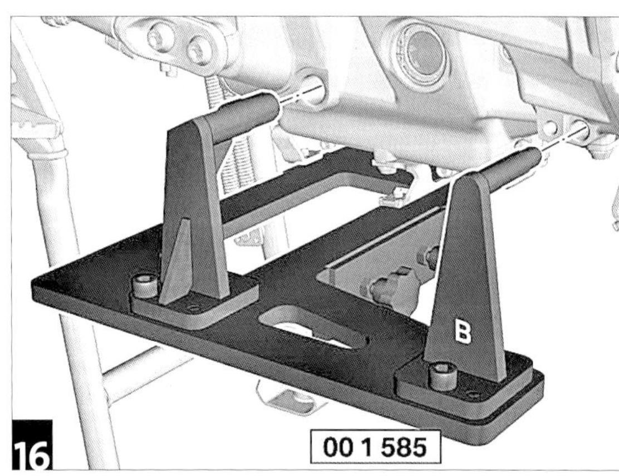

Motorheber einbauen 2

- Motoraufnahme rechts einsetzen.

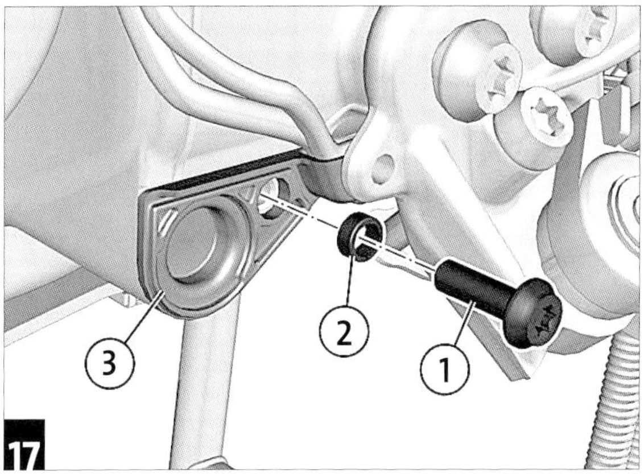

Motorheber einbauen 3
- Schraube **1** ausdrehen.
- Buchse **2** und Kabelkanal **3** abnehmen.

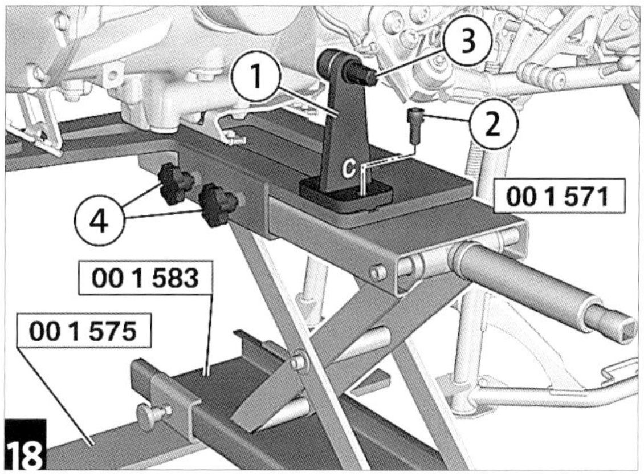

Motorheber einbauen 4
- Aufnahme C **1** mit Schraube **2** befestigen.
- Motoraufnahme mit Schraube **3** fixieren.
- Scherenheber mit Schiene und Verbreiterung einbauen. Rändelschrauben **4** festziehen.

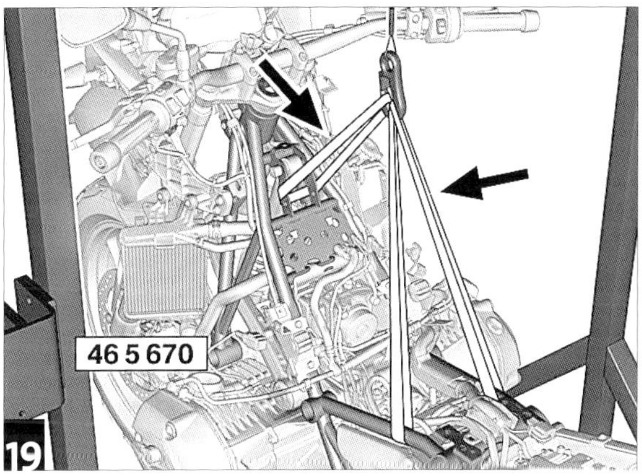

Fahrzeug an Kran befestigen
- Fahrzeug mit Gurten (Pfeile) an einem fahrbaren Kran befestigen. Im Bild die BMW-Teilenummer.

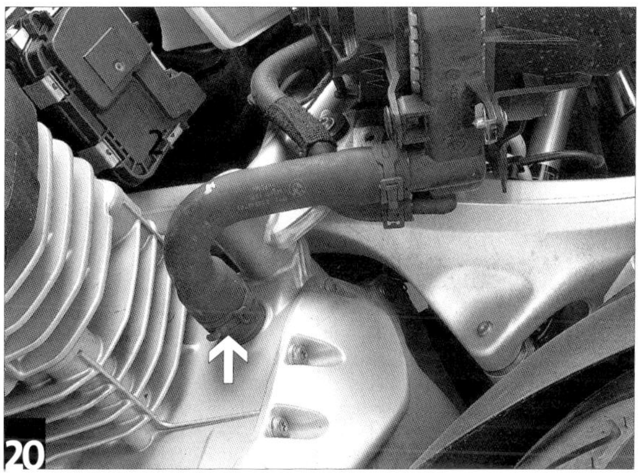

Rücklaufschlauch
- Federschelle (Pfeil) mit passender Zange lösen und Schlauch vom Stutzen abziehen.

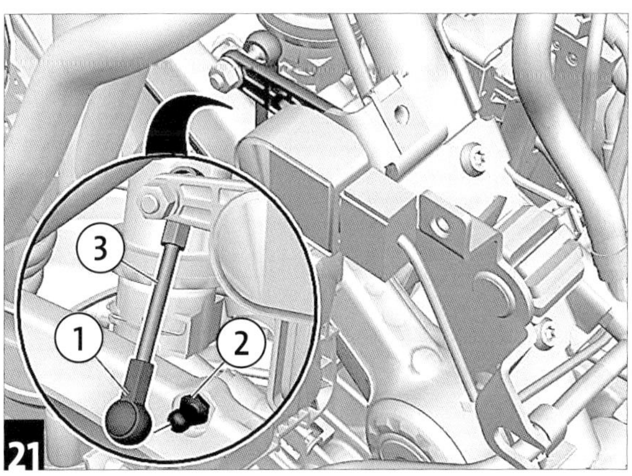

ESA: Sensor-Anlenkstange 3 am Telelever
- Kugelpfanne **1** vom Kugelkopf **2** ausklipsen.
- Beim Einbau muss der Arm des Sensors nach vorn weisen.

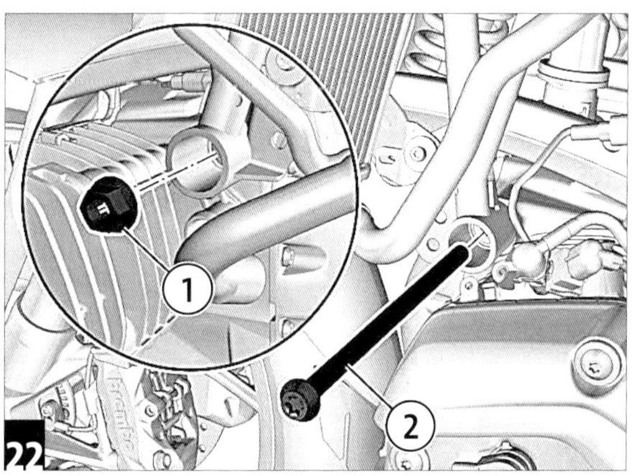

Motorhalterung vorn
- Mutter **1** ausdrehen und Achse **2** ausbauen.
- Achse **2** leicht gefettet montieren.

14 Motor

14.1 Aus- und Einbau

Fortsetzung

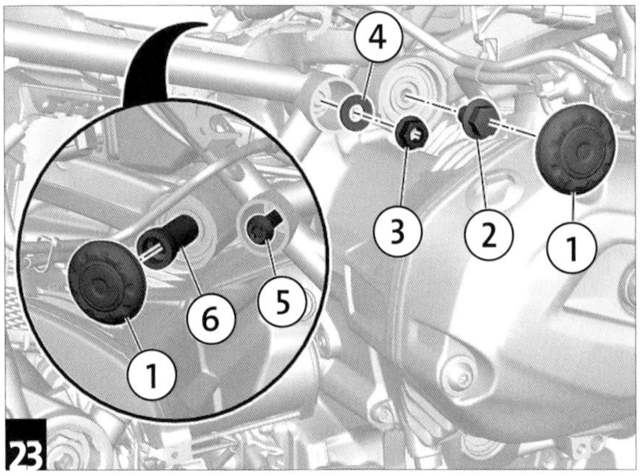

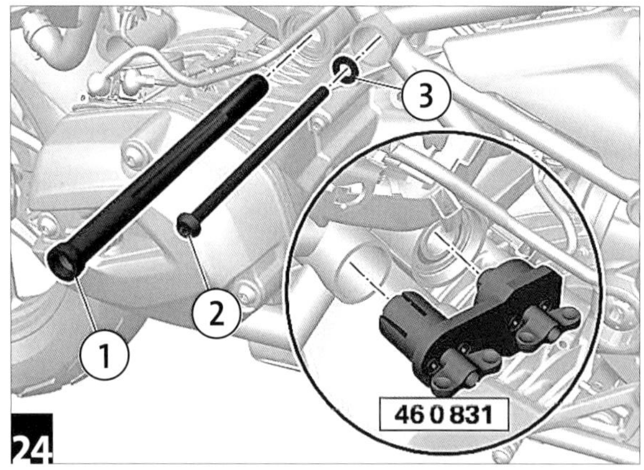

Bild 24: Scheibe **3** entfällt ab Produktion Oktober 2013.

Motorheber einbauen 3

- Abdeckkappen **1** (Telelever) aushebeln.
- Schraube **2** und Mutter **3** mit Scheibe **4** ausdrehen.
- Achsen **5** und **6** etwa 10 cm herausziehen.

Provisorische Telelever-Führung ein-/ausbauen

- Führung des Telelevers (BMW-Nr. im Bild) rechts befestigen und Achsen **1** und **2** (mit Scheibe **3**) herausziehen.
- Zweite Führung links befestigen.

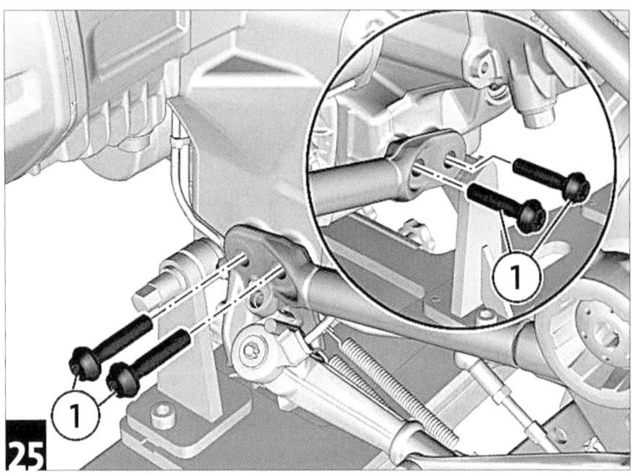

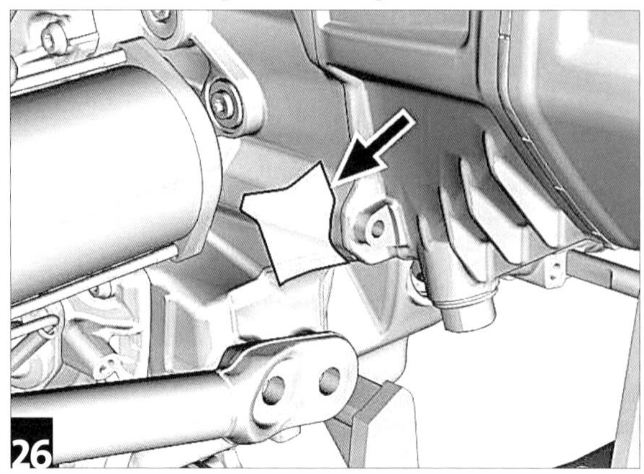

Motorbefestigung unten links/rechts

- Schrauben **1** ausdrehen.

Bauteileschutz 1

- Motorgehäuse durch kräftiges Abkleben im gezeigten Bereich vor Kratzern schützen.

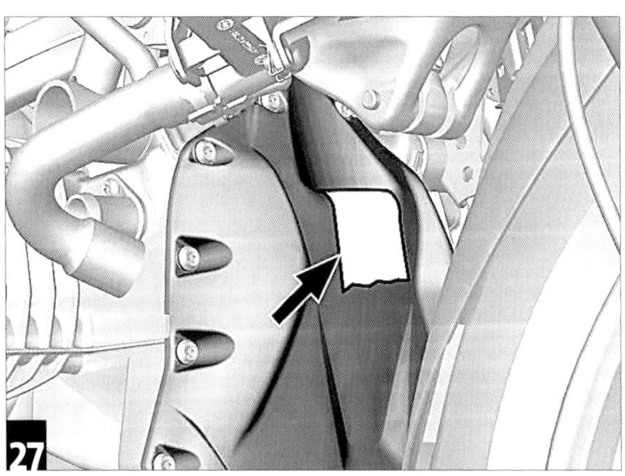

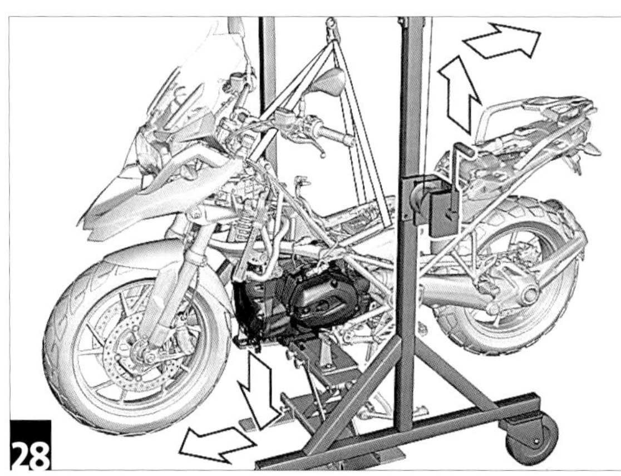

Bauteileschutz 2

- Motorgehäuse durch kräftiges Abkleben im gezeigten Bereich vor Kratzern schützen.

Fahrzeug vom Motor lösen

- Scherenheber ablassen und Fahrzeug mit Kran anheben und nach hinten ziehen. Dabei Welle abdrücken Kabel trennen (folgende Bilder).

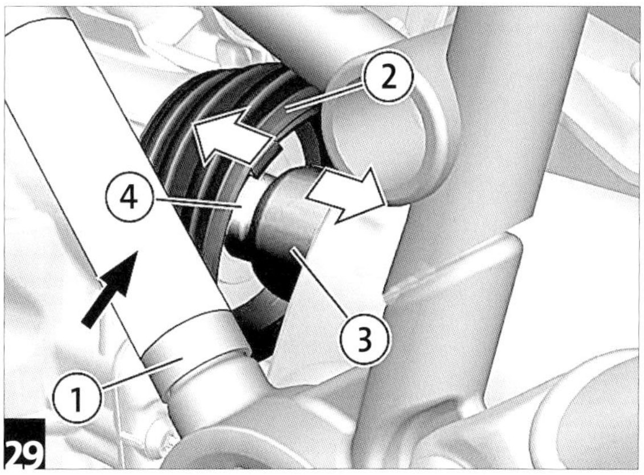

Kardanwelle abdrücken

- Rahmen **1** abkleben (Pfeil) und Faltenbalg **2** nach vorn abziehen.
- Kardanwelle **3** mit kräftigem Schraubendreher o. Ä. von Getriebe-Abtriebswelle **4** abdrücken/hebeln.

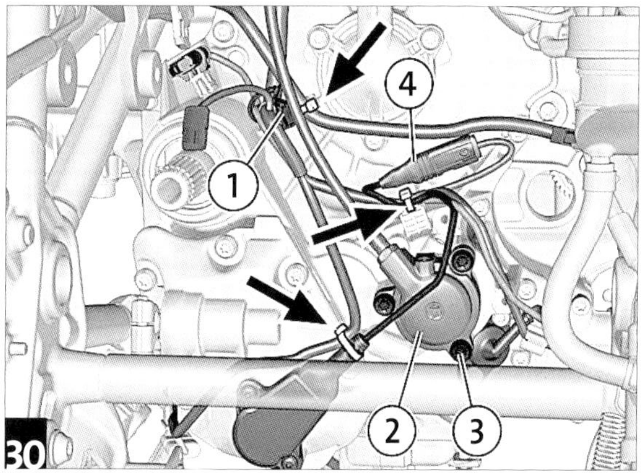

Kabel und Kupplungsnehmerzylinder

- Kabelbinder (Pfeil) und Kabel aus Halter **1** lösen.
- Schrauben **3** ausdrehen und Kupplungsnehmerzylinder **2** abnehmen. Stecker **4** des Getriebepotenziometers trennen und ausklipsen.

- Weiter abwechselnd Scherenheber ablassen und Fahrzeug mit Kran anheben und nach hinten ziehen, bis Fahrzeug und Kran seitlich gelöst sind.

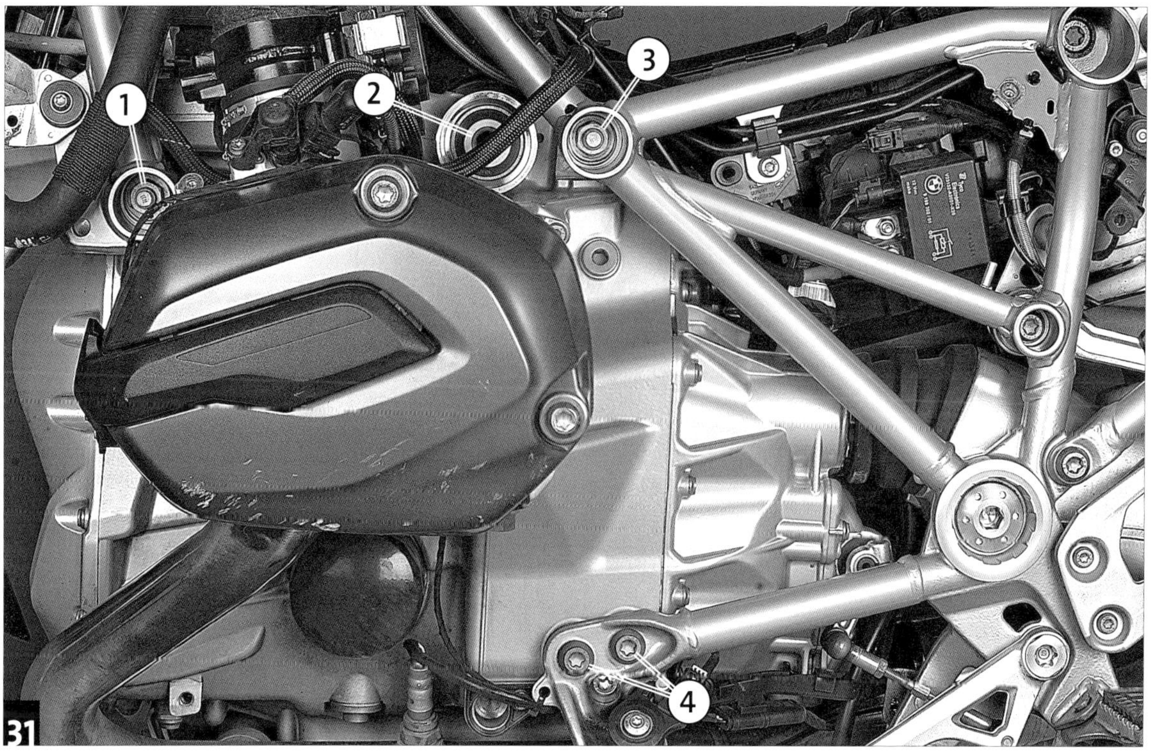

Motor-Einbau (im Bild baugleiche 1200er)

- Motor in umgekehrter Ausbau-Reihenfolge einbauen.
- Bei Inbetriebnahme Fehlerspeicher auslesen, Werte zurücksetzen und Datum einstellen.

Anzugsmomente

1	M12 x 255 10.9	100 Nm
2	M12 x 215	100 Nm
3	M14 x 1,5	120 Nm
4	M10 x 45	55 Nm

- Bei den Verbindungen **1** und **2** mittelfeste Schraubensicherung (Loctite 243) beigeben.

15 Motorgehäuse

15.1 Zerlegen

- Aufgrund der besonderen Konstruktion der neuen "Wasserboxer"-Generation beinhaltet das Zerlegen des Motorgehäuses die "klassischen" Kapitel Getriebe, Kolben und Zylinder, Kurbelwelle und Pleuel.
- Die Baugruppen Kupplung, Zylinderkopf, Wasser- und Ölpumpe ausbauen wie in den Vorkapiteln beschrieben.

Totpunkt suchen

- Kurbelwelle mit Absteckdorn im **unteren** Totpunkt arretieren: Dabei wie bei der Ventilspiel-Einstellung beschrieben vorgehen, jedoch die **6 mm**-Seite des Absteckdorns verwenden.

! Absteckdorn muss spielfrei einrasten. Falls der Dorn Spiel hat, ist er in der 8-mm-Bohrung (OT) eingerastet. Dann Kurbelwelle um 180° drehen.

- Kurbelwelle langsam an der Schraube **1** Bild 3 drehen, bis Absteckdorn mit 6-mm-Seite spielfrei in der UT-Rastung einrastet.

1

Ölstand-/Öltemperatursensor

- Zwei Schrauben ausdrehen und Sensor aus Gehäuse ausfädeln.

2

Motorentlüftung

- Drei Schrauben ausdrehen und Entlüftungsdeckel abnehmen.

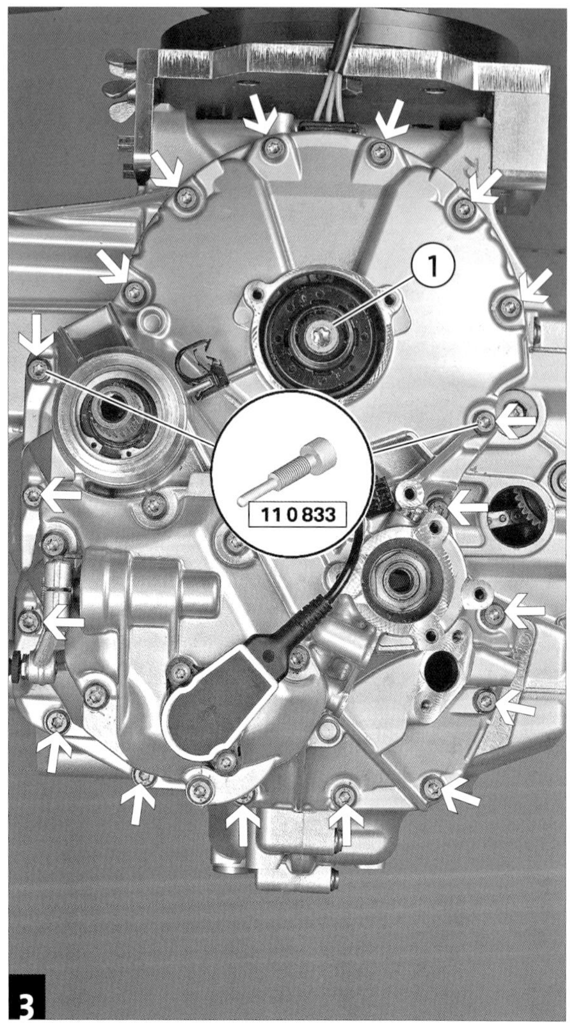

3

Getriebe

- Falls das Lager der Vorgelegewelle ausgebaut werden soll, Bundmutter Bild 4 ausdrehen (Kurbelwelle ist blockiert).
- Schrauben (Pfeile Bild 3) ausdrehen. Gehäusedeckel mit Getriebe abnehmen. Falls schwergängig, Abdrücker 11 0 833 an gezeigten Gewinden ansetzen und Deckel abdrücken.
- Getriebe schräg halten, damit zwei Druckstangen aus Vorgelegewelle herausfallen.

Bundmutter Vorgelegewelle

- Bundmutter bei blockierter Kurbelwelle ausdrehen, falls Lager der Vorgelegewelle gewechselt werden soll.

Entlüftungsrad

- Schraube ausdrehen und Entlüftungsrad abnehmen.
  Anzugsmoment M10 .... 40 Nm

Spulenträger

- Fünf Schrauben ausdrehen und Spulenträger an den gezeigten Stellen (Pfeile) loshebeln.

Spulen

- Drei Schrauben ausdrehen und Spulen vom Träger abnehmen.
- Ggfs. Seegerring ausfedern und Lager ausdrücken. Im Reparaturfall auch Lagerschale 1 Bild 8 ersetzen.

- Absteckdorn ausdrehen und mit 8 mm-Seite montieren.
- Kurbelwelle im OT festlegen.

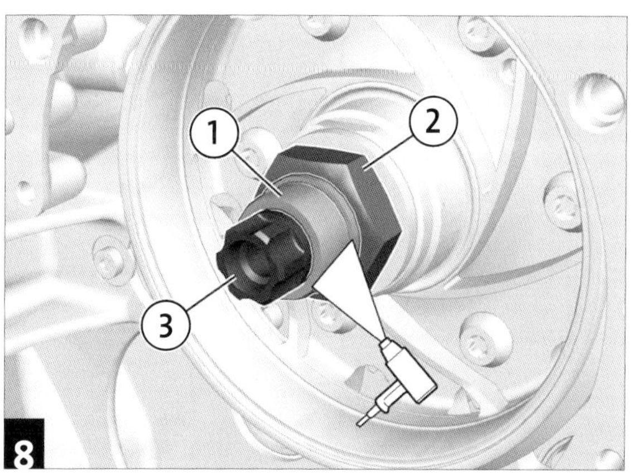

Polrad

- Lagerschale **1** und Mutter **2** erwärmen (120 °C).
- Mutter **2** ganz vom Gewinde ausdrehen und somit Lagerschale **1** von Kurbelwelle **3** lösen.

Polrad

! Absteckdorn zurückziehen!

- Abzieher 12 0 531 aufdrehen und Polrad mit Lagerschale, Mutter und Scheibe ausbauen.

Polrad

- Vollständig aufgedrehten Abzieher am Sechskant **1** mit Ringschlüssel gegenhalten und Abdrückspindel **2** eindrehen, bis Rotor sich löst...

15 Motorgehäuse

15.1 Zerlegen
Fortsetzung

Axialanschlag
- Schraube ausdrehen. Scheibe und Hülse abnehmen.
  Anzugsmoment M6 x 50 (Loctite 243)........ 10 Nm

Starterfreilauf-Zahnrad
- Zahnrad von Kurbelwelle abnehmen.

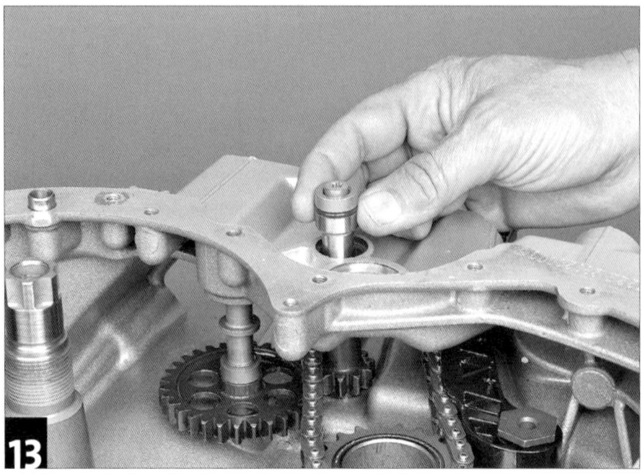

Steuerkettenschienen rechts
- Lagerschraube (Pfeil) ausdrehen. Spannschiene **1** und Gleitschiene **2** abnehmen.
  Anzugsmoment M8 .... 19 Nm

Starterdoppelrad
- Schraube mit Dichtscheibe ausdrehen.
- Achse und Doppelrad entnehmen.
- Steuerkette rechts abnehmen.
  Anzugsmoment M6 x 80 (Loctite 243) .... 8 Nm

Anzugsmomente
1 M6 x 80 (Loctite 243) ....8 Nm
3 M20 x 1,5 Linksgewinde ....18 Nm

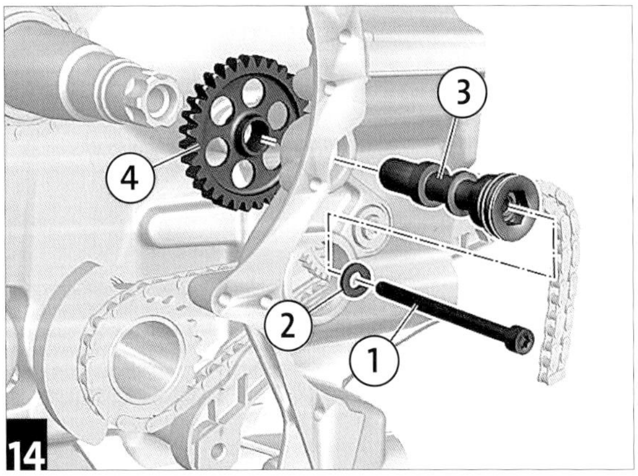

Starterzwischenrad
- Schraube **1** mit Scheibe **2** ausdrehen.
- Achse **3** (**Linksgewinde**!) und Zwischenrad **4** ausbauen.

Steuerkettenschienen links
- Zwei Lagerschrauben ausdrehen.
- Spannschiene **1** und Gleitschiene **2** abnehmen.
- Steuerkette links abnehmen.
  Anzugsmoment M8 .... 19 Nm

Kolbenbolzen links ausbauen

- Kolben **1** durch Drehen der Kurbelwelle in den unteren Totpunkt stellen, sodass Kolbenbolzen durch Bohrung vorn zu sehen ist.

- Falls die Öffnung des Kolbenbolzen-Sicherungsrings bei der Aussparung des Kolbens liegt, muss er gedreht werden. Dazu Auszieher 11 0 826 mit Einsatz 11 0 843 bestücken und Sicherungsring um mindestens 90° drehen.

- Auszieher einsetzen und drehen bis Nase hörbar Aussparung einrastet. (hier „im Freien" aufgenommen.) „Abzug" des Ausziehers betätigen...

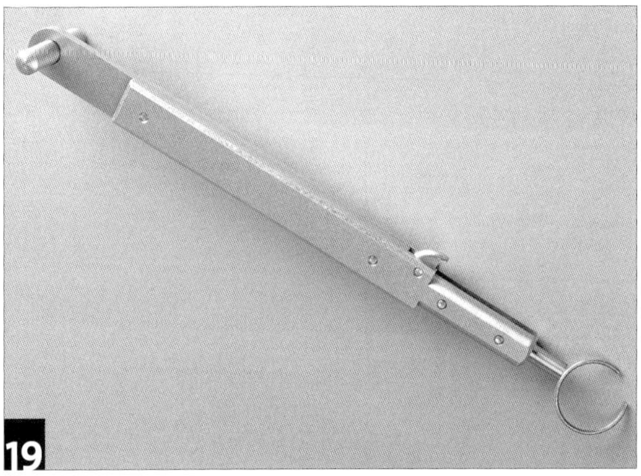

...und Sicherungsring mit der magnetischen Spitze herausnehmen.

- Kolbenbolzen mit Montagewerkzeug-Kolbenbolzen 11 0 829 ausbauen.

15 Motorgehäuse

15.1 Zerlegen

Fortsetzung

Kurbelwellensensor

- Schraube ausdrehen und Sensor abnehmen.

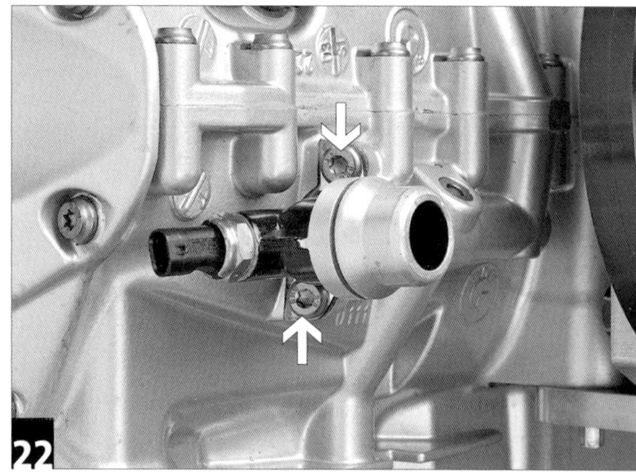

Kühlmittelstutzen für Thermostat

- Zwei Schrauben ausdrehen und Kühlmittelstutzen abnehmen.

Kühlmittelstutzen rechts

- Schraube ausdrehen und Stutzen mit O-Ring abnehmen.

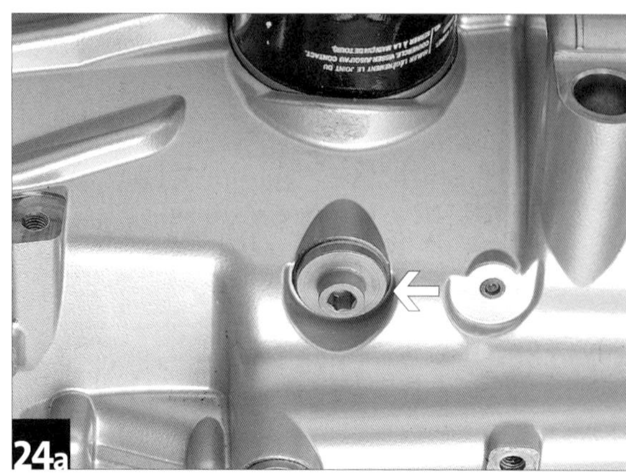

Öldruck-Regelventil

- Verschlussschraube mit Dichtring ausdrehen. Es folgen Feder und Regelventil (siehe Bild 24b).

Öldruck-Regelventil bei eingebautem Motor

- Schalldämpfer-Abdeckung und Schalldämpfer abbauen (Seite 98).
- Motorschutz ausbauen (Seite 39).
- Krümmer lösen (Seite 101).
- Auffangbehälter unterstellen.
- Verschlussschraube **1** ausdrehen.

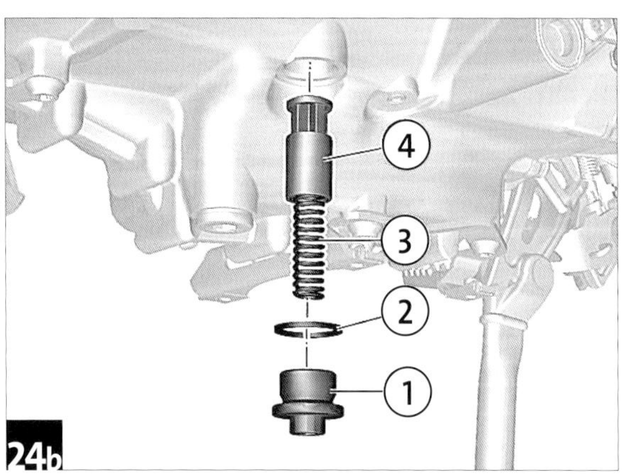

- Es folgen Dichtring **2**, Feder **3** und Regelventil **4**.
  Anzugsmoment M24 x 1,5 .... 42 Nm

Motorgehäuseschrauben

- Zwei Schrauben an Frontseite ausdrehen.

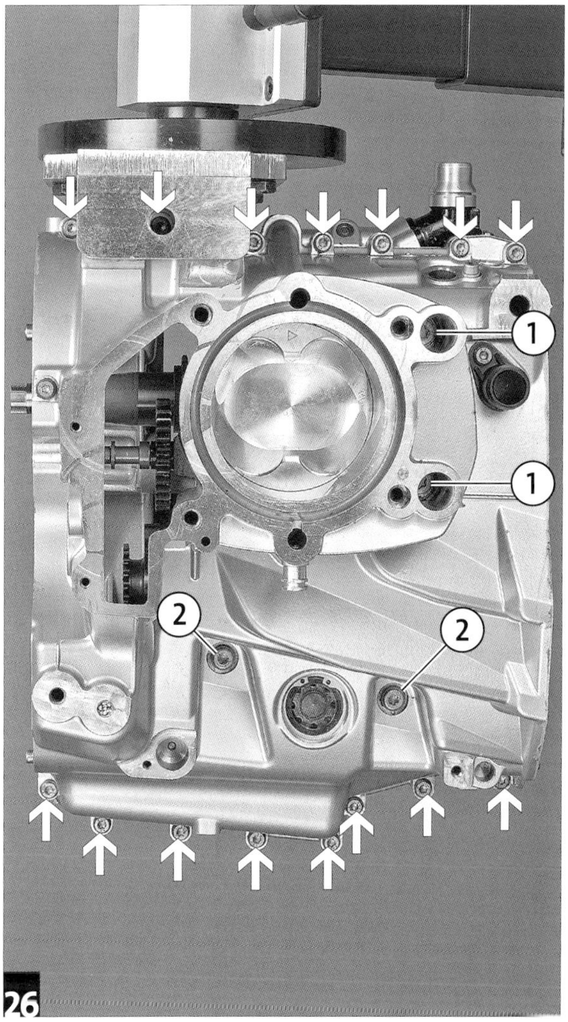

Motorgehäuseschrauben rechts

- Zuerst äußere Schrauben (Pfeil) ausdrehen.
- Schrauben **2**, dann Lagerschrauben **1** ausdrehen.

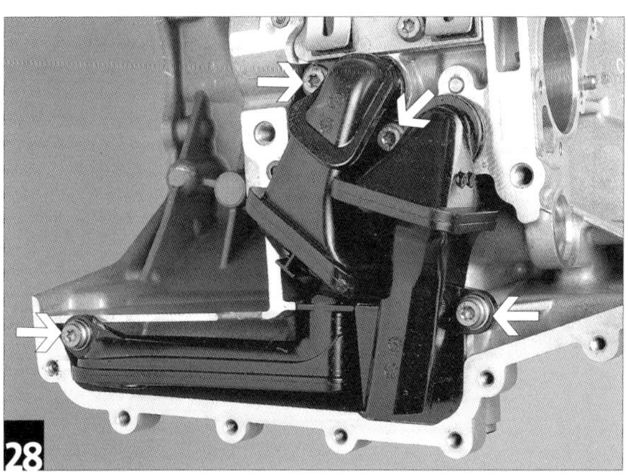

Ölsaugschnorchel

- Vier Schrauben ausdrehen und zwei Ölsaugschnorchel (Druck- und Saugstufe) abnehmen.
  Anzugsmoment M6 x 20 .... 8 Nm

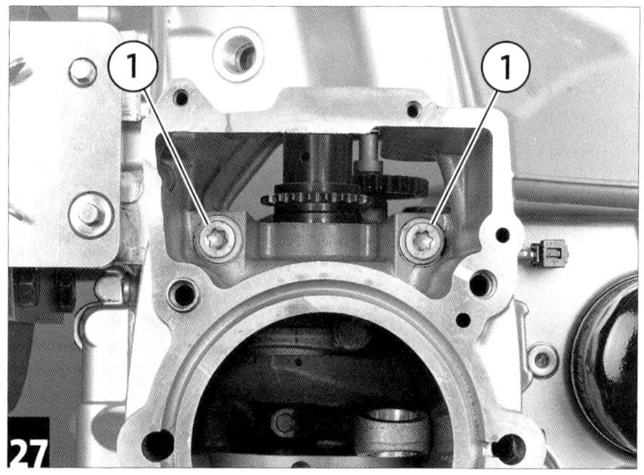

Motorgehäuseschrauben links

- Zwei Lagerschrauben **1** ausdrehen.

- Falls Sie mit der BMW-Motoraufnahme arbeiten, müssen bei dieser jetzt der Gegenhalter abgenommen werden und die Achsen ausgebaut werden.
- Linke Motorgehäusehälfte abnehmen und Kolben aus Zylinder herausschieben.

! Dabei peinlich genau darauf achten, dass die Gehäusehälften nicht verkanten. Andernfalls können die Lager bzw. Lagersitze beschädigt werden.

- Auf Verbleib des O-Rings zwischen den Gehäusehälften achten (Bild 30 Seite 138).
- Ggfs. Gegenhalter der Motoraufnahme mit den zugehörigen Distanzhülsen wieder einbauen.

Anzugsmomente

1 M10 x 130 .... 25 Nm
Weiterdrehwinkel .... 90°
2 M8x 80 .... 19 Nm
Übrige M6 x 30 .... 10 Nm

Membranventil

- Zwei Schrauben ausdrehen und Membranventil abnehmen (ggfs. mit kleinem Schraubendreher loshebeln).
  Anzugsmoment M6 x 16 .... 12 Nm

15 Motorgehäuse

15.1 Zerlegen

Fortsetzung

Pleuel

! Crackpleuel passen nur in einer Stellung zu ihren Lagerdeckeln. Sie dürfen nicht verdreht oder vertauscht werden.

- Kurbelwelle mit Schutzbacken in Schraubstock einspannen und Einbaulage der Pleuel und Lagerdeckel mit Filzstift markieren.
- Schrauben ausdrehen und Pleuel/Lagerdeckel abnehmen.

! Pleuelschrauben sind Dehnschrauben, die nur einmal verschraubt werden dürfen. Nur Neuteile verwenden.

- Pleuellagerschalen wie Kurbelwellen-Lagerschalen ausbauen (Bild 31).
- Auf Verbleib des des O-Rings **1** (Bild 30) achten.
- Rechten Kolben mit Pleuel aus Zylinder schieben.

Pleuel und Kurbelwelle

- Pleuelschrauben des rechten Zylinders (Pfeile) ausdrehen und Kurbelwelle abnehmen. Pleuelschrauben des linken Zylinders ausdrehen.
- Pleuelschrauben und O-Ring **1** erneuern.

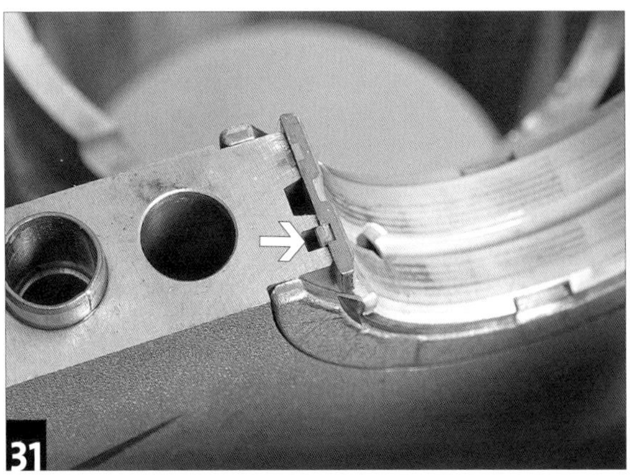

Kurbelwellen-Lagerschalen/Pleuellagerschalen

- Lagerschalen mit kleinem Schraubendreher aushebeln.

Ausgleichswelle

- Ausgleichswelle mit Anlaufscheibe (Pfeil) herausziehen.

15.2 Prüfen und Vermessen

- Der Hauptvorgang des Messens hat natürlich schon vor der Demontage stattgefunden: beim noch (einigermaßen) funktionstüchtigen Motor. Wenn da bei einer Kompressionsdruck- oder Druckverlust-Prüfung Werte auftauchen, die einen „lahmenden Fahreindruck" bestätigen, ist allerdings die Erneuerung der Einheit Motorgehäuse/Kolben angesagt. Klar, in der Praxis wird dies nur bei exorbitanten Laufleistungen vorkommen und zuvor werden in dem Fall auch der oder die Zylinderköpfe einer Untersuchung unterzogen.

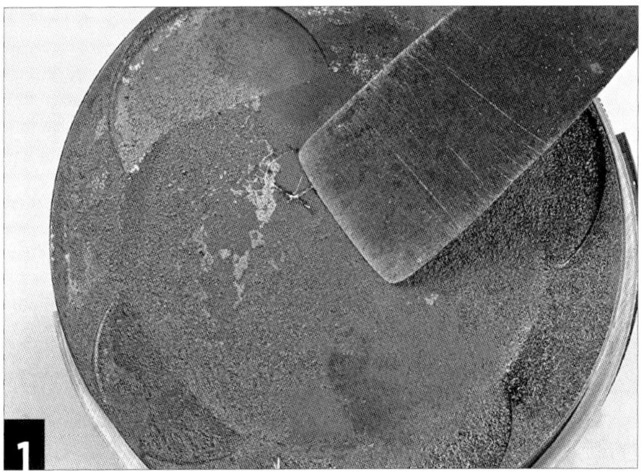

Kolbenboden entkohlen
- Festgebackene Ölkohle mit stumpfem Schaber o. Ä. entkohlen.
- Keine Riefen hinterlassen!

Kolben und Ringe

! Kolbenbolzen darf leicht geölt weder im Pleuelauge noch in der Kolbenbohrung Spiel aufweisen und muss frei beweglich sein.

👁 Kolbenhemd (-Lauffläche) darf keine Ausbrüche, Riefen, Kratzer oder Anzeichen von »Durchblasen« aufweisen.

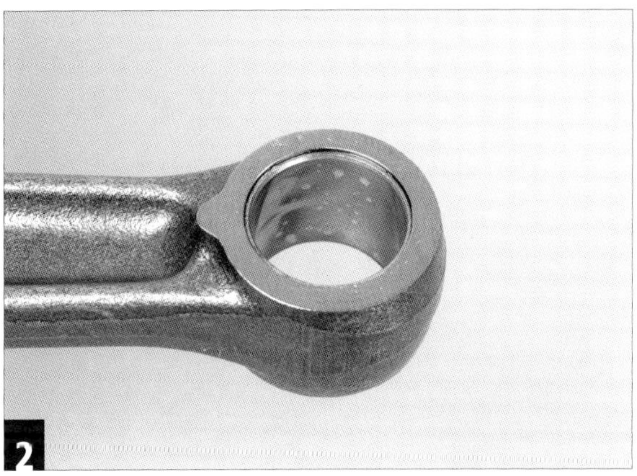

Pleuelauge

👁 Pleuelauge darf keine Anzeichen von mangelnder Schmierung oder Ausbrüche aufweisen.

Ausweichung des Kolbenbolzens
- Bolzen geölt in Pleuelauge einschieben und Bolzen gegenläufig gegen Pleuelauge verdrehen.

👁 Es darf keine Ausweichung spürbar sein, oder gar knacken. Spiel-Verschleißgrenze beträgt 0,060 mm.

Starterfreilauf am Polrad
- Freilauf muss in einer Richtung frei drehen, entgegengesetzt sperren.

Starterfreilauf am Polrad
- Falls Freilauf defekt, sechs Schrauben ausdrehen und Freilauf erneuern

15 Motorgehäuse

15.3 Montage

- Die Montage erfolgt in umgekehrter Ausbaureihenfolge. Dort sind auch die zu verwendenden Anzugsmomente ersichtlich.

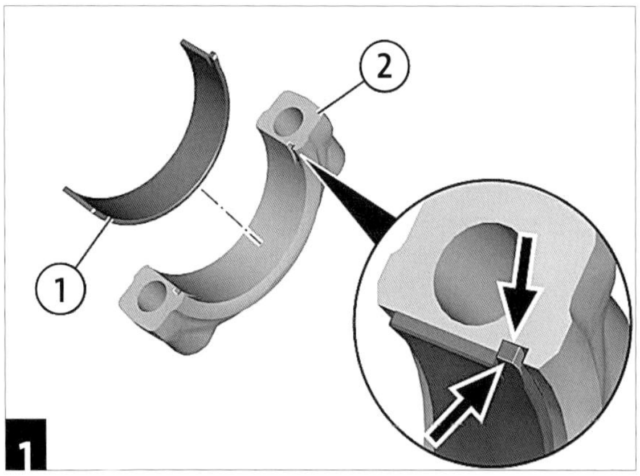

Lagerschalen
- Lagerschalen **1** bündig in Pleuel, Pleueldeckel **2** und Kurbelgehäuse eindrücken und ölen.

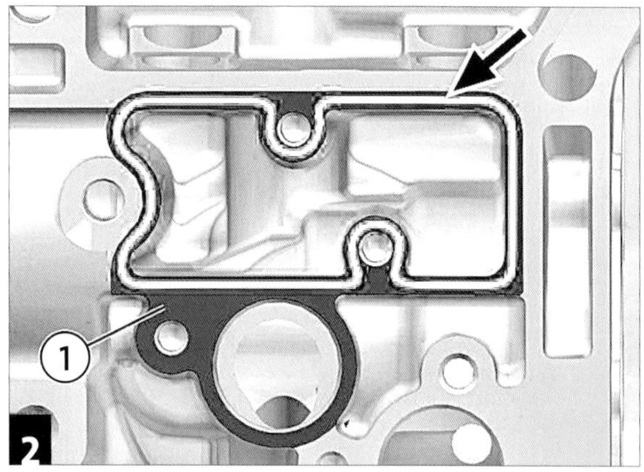

Membranventil
- Dichtfläche säubern (öl- und fettfrei) und Silikondichtmasse auftragen.
- Schrauben abwechselnd anziehen siehe Bild 29 Seite 137.

Anlaufstücke
- Darauf achten, dass die Anlaufstücke beidseitig korrekt in Stellung in sind.

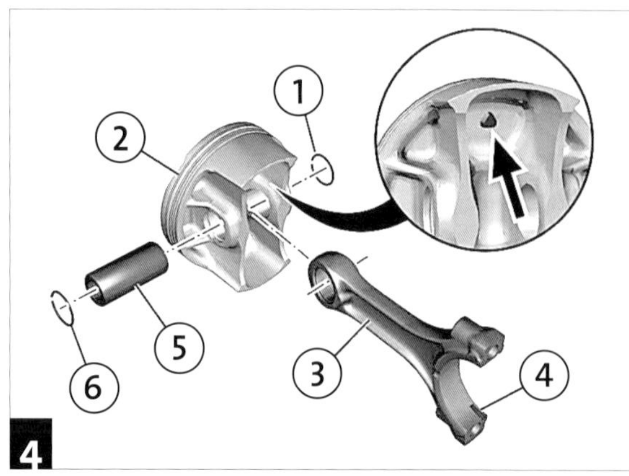

Pleuel rechts an Kolben
- Sicherungsring **1** einsetzen. Kolben **2** so positionieren, dass sich Pfeil **oben** befindet. Rechtes Pleuel **3** mit Sichelnute **4** nach rechts einsetzen. Bolzen **5** einschieben und zweiten Ring **6** einsetzen.

Kolbenringe
- Ersten Kolbenring so anbringen, dass Ringspalt nach **oben** weist.
- Zweiter Kolbenring siehe Bilder 5 und 6.
- Dritten Kolbenring so anbringen, dass Ringspalt nach **unten** weist.

Kolben-Einbau
- Lauffläche im Zylinder und Kolbenringe vollständig ölen.

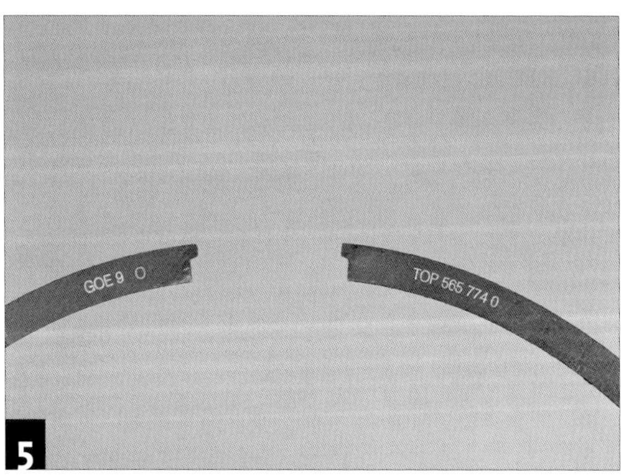

Zweiter Kolbenring
- TOP-Markierung ist von oben zu erkennen.

Zweiter Kolbenring
- Kolbenring am Stift in Ringnut ausrichten.

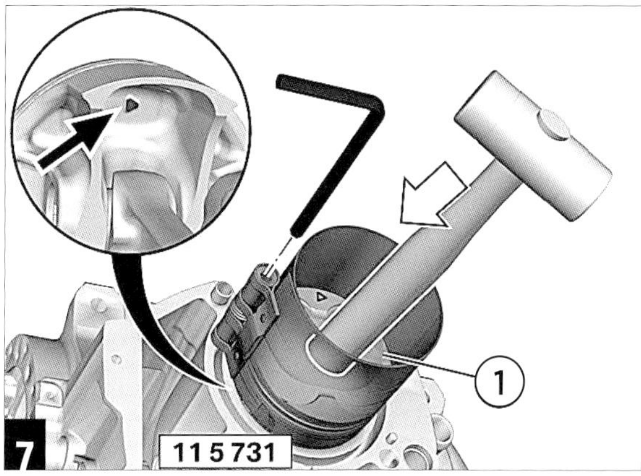

7

Kolben-Einbau rechts

- Kolbenring-Spannband so anlegen, dass alle Ringe gerade umschlossen sind. Spannband anziehen.
- Kolben **1** (Pfeilmarkierung weist nach **oben**) einschieben, ggfs. mit Hammerstiel nachdrücken.

8

Pleuelmontage

- Pleuel und Deckel entsprechend der beim Ausbau gemachten Markierung an ihrem ursprünlichem Platz montieren. Crackpleuel passen nur in einer Stellung.

👁 Festsitz der zwei Passhülsen (Pfeile) kontrollieren.

Pleuelmontage - Anzugsmomente

! Die BMW-Werkstatt verwendet einen elektronischen Drehmoment-/Drehwinkelschlüssel.

! Neue Schrauben **1** verwenden.

- Gewinde und Auflageflächen der Schrauben ölen.
- Schrauben **1** abwechselnd anziehen.
- Schrauben **1** zweimal in drei Durchgängen anziehen:

1 **Anzugsmoment** M10 x 1 - 13.9

1. .... 5 Nm
2. .... 20 Nm
3. .... Weiterdrehwinkel 150°

- Schrauben lockern und nochmals anziehen.

1. .... 5 Nm
2. .... 20 Nm
3. .... Weiterdrehwinkel 150°

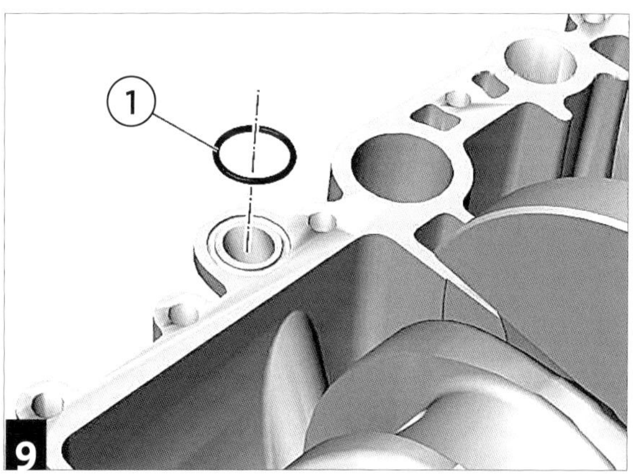

9

Motorgehäuse

- Neuen O-Ring **1** einsetzen.
- Ausgleichswelle mit Scheibe einsetzen (Bild 32 Seite 138).

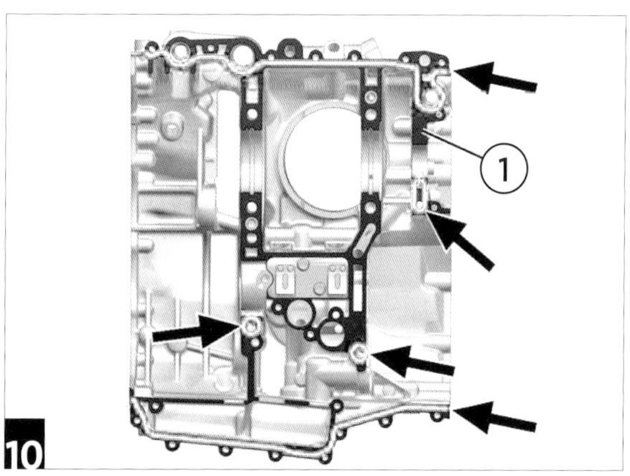

10

Motorgehäuse - Dichtmittelauftrag

- Silikondichtmasse (Pfeile) gleichmäßig auf saubere Dichtfläche **1** auftragen (öl- und fettfrei; mit Aceton oder Bremsenreiniger reinigen).

15 Motorgehäuse

15.3
Montage
Fortsetzung

Motorgehäuse

! Linke Gehäusehälfte ohne Verkanten gerade aufsetzen. Andernfalls können die Lagerschalen beschädigt werden.
- Alle Schrauben zuerst handfest eindrehen.

! Die BMW-Werkstatt verwendet einen elektronischen Drehmoment-/Drehwinkelschlüssel.
- Schrauben wie auf Seite 137 aufgelistet anziehen.

11

Kolben links
- Kolben links wie rechten Kolben montieren (Bilder 4 bis 7). Pfeilmarkierung steht aber **unten** und weist in Fahrtrichtung.

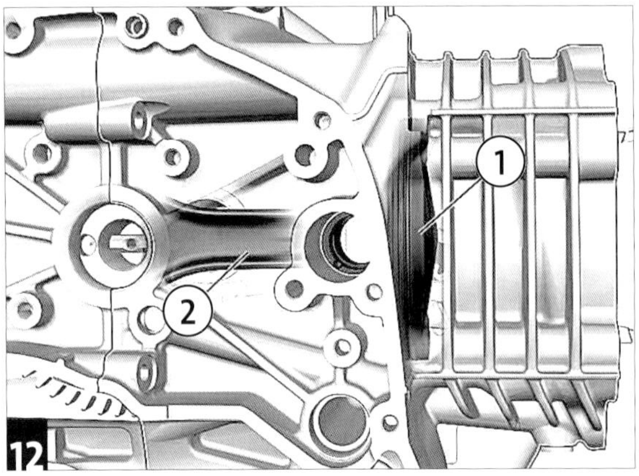

12

Kolben links
- Kolben **1** und Pleuel **2** so positionieren, dass sie fluchten und durch die Bohrung von vorn zu sehen sind. (Kurbelwelle in unteren Totpunkt drehen.)

13

Kolbenbolzen-Sicherungsring links
- Sicherungsring wie gezeigt in Buchse von Montagewerkzeug 11 0 829 anbringen. (Ring muss nicht absolut gerade stehen.)

14

- Buchse mit Sicherungsring so auf Montagewerkzeug aufschieben, dass die abgeflachte Seite der Buchse an der Unterseite des Kolbenringbereichs steht.

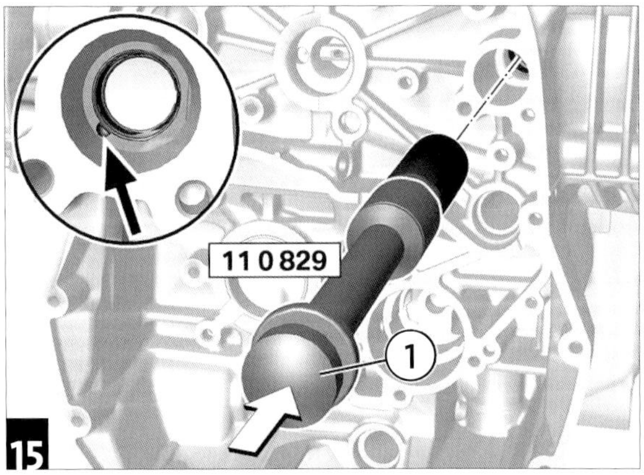

15

- Die Öffnung des Sicherungsrings steht dann versetzt zur Aussparung im Kolben (Pfeil).
- Montagewerkzeug bis zum Anschlag einschieben, Verriegelung **1** drücken und wieder herausziehen.

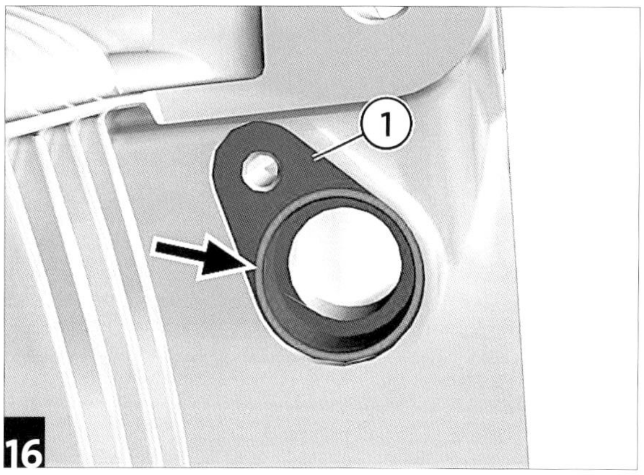

16

Kühlmittelstutzen

- Dichtfläche **1** entfetten und Silikondichtmasse (Pfeil) gleichmäßig auftragen.

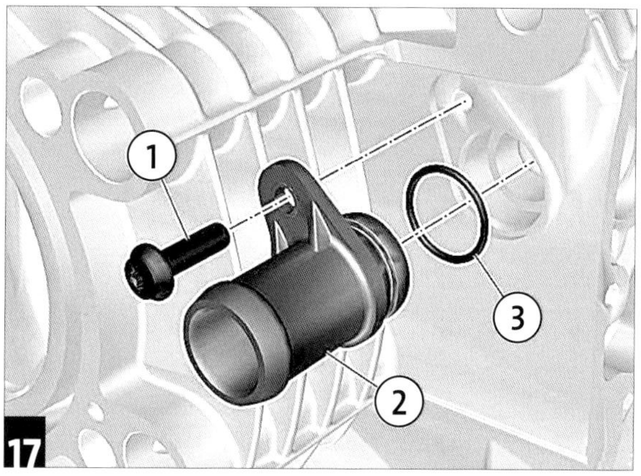

17

- Stutzen **2** mit so gut wie neuem O-Ring **3** anbringen und Schraube **1** eindrehen.
  Anzugsmoment M6 x 20 .... 12 Nm

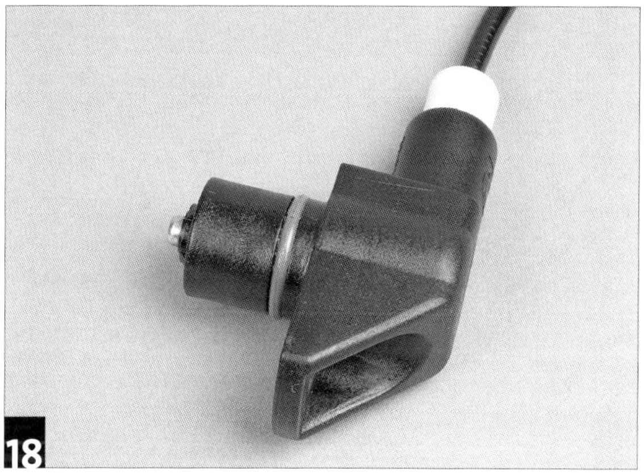

18

Kurbelwellensensor

- Sensor mit so gut wie neuem O-Ring anbringen und Schraube eindrehen (Bild 21 Seite 136).
  Anzugsmoment M6 x 14 .... 8 Nm

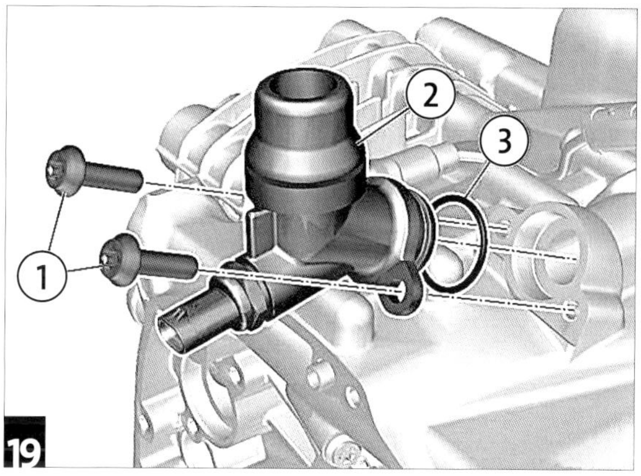

19

Kühlmittelstutzen für Thermostat

- Kühlmittelstutzen **2** mit so gut wie neuem O-Ring **3** anbringen und zwei Schrauben **1** eindrehen.
  Anzugsmoment M6 x 16 .... 12 Nm

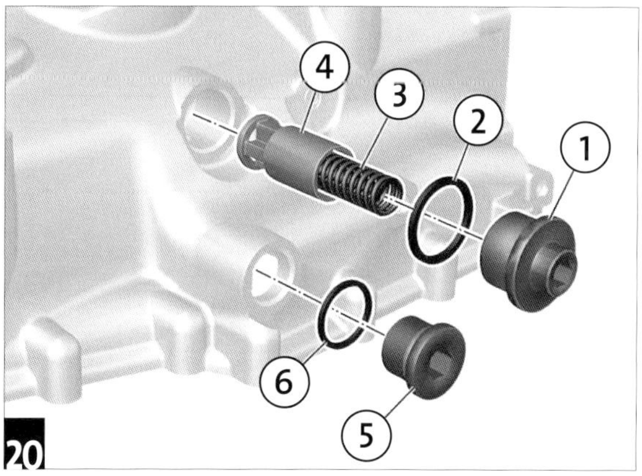

20

Öldruck-Regelventil und Ölablass

- Öldruck-Regelventil **4**, Feder **3**, und Verschlussschraube **1** mit **neuem** Dichtring **2** einbauen.
- Ölablassschraube **5** mit **neuem** Dichtring **6** einbauen.

1 **Anzugsmoment** M24 x 1,5 .... 42 Nm
5 **Anzugsmoment** M20 x 1,5 .... 42 Nm

15 Motorgehäuse

15.3 Montage

Fortsetzung

Arbeitsschritte/Bilder Seite 134:

- Steuerkette links einbauen (Bild 15).
- Linke Steuerkette ist länger als rechte.
- Steuerketten-Spannschiene und -Gleitschiene links einbauen (Bild 15).
- Steuerkette rechts an Ausgleichswelle einbauen (Bild 12).
- Starterdoppelrad einbauen (Bild 13).
- Starterzwischenrad einbauen (Bild 14).
- Spannschiene rechts einbauen (Bild 12).
- Starterfreilauf-Zahnrad einbauen (Bild 22 diese Seite).
- Axialanschlag einbauen (Bild 10).

Starterfreilauf-Zahnrad und Kurbelwellenkonus

- Starterfreilauf-Zahnrad leicht geölt aufsetzen.
- Konus entfetten (Bremsenreiniger oder Aceton verwenden).
- Kontrollieren, dass Passfeder (Pfeil) sicher sitzt.

Polradkonus

- Konus entfetten (Bremsenreiniger oder Aceton verwenden).

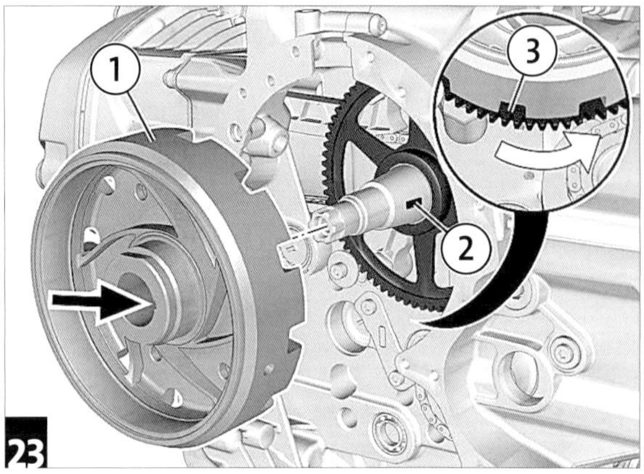

Polrad

- Polrad **1** so ansetzen, dass Nut im Polrad mit Passfeder **2** fluchtet.
- Beim Aufsetzen Zahnrad **3** (Starterfreilauf) gegen den Uhrzeigersinn drehen.

Anzugsmoment
M24 x 1,5 (Loctite 270)
1. .... 150 Nm
2. .... vollständig lösen
3. .... 250 Nm

Polrad

- Absteckdorn im OT blockieren (Dorn greift in Polrad ein). Loctite 270 (hochfest) auf beide Gewinde auftragen und Mutter aufdrehen.

Polrad-Lagerschale

- Lagerschale erwärmen (120 °C) und mit passendem Rundmaterial bis zum Anschlag aufpressen.

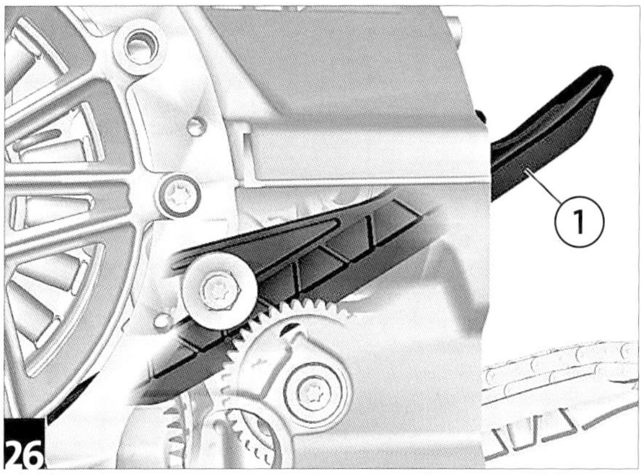

Steuerketten-Gleitschiene

- Gleitschiene **1** wie gezeigt einsetzen.

Ausgleichsgewicht

- Ausgleichsgewicht anbringen (Nut fluchtet mit Passfeder).

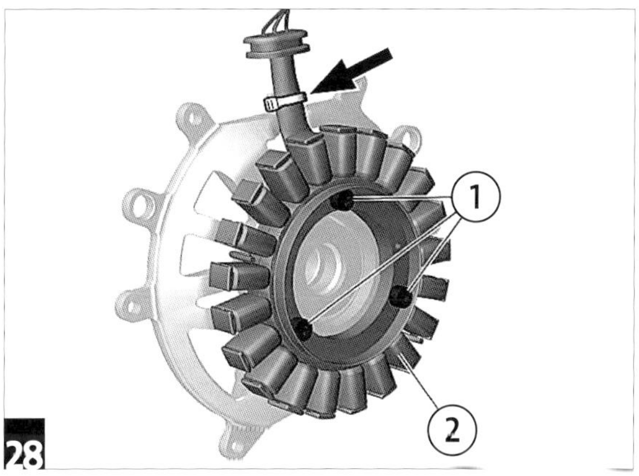

Statorspulen

- Gewinde reinigen und Stator **2** ansetzen.
- Schrauben **1** mit Loctite 270 (hochfest) eindrehen.
- Kabelbinder anbringen (Pfeil).
  Anzugsmoment M6 x 40 .... 10 Nm

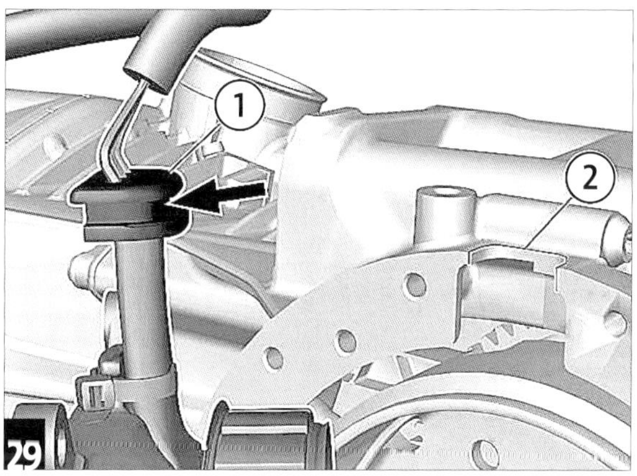

- Gummitülle **1** und Nut **2** reinigen.
- Silikondichtmasse auf Dichtfläche (Pfeil) der Tülle anbringen.

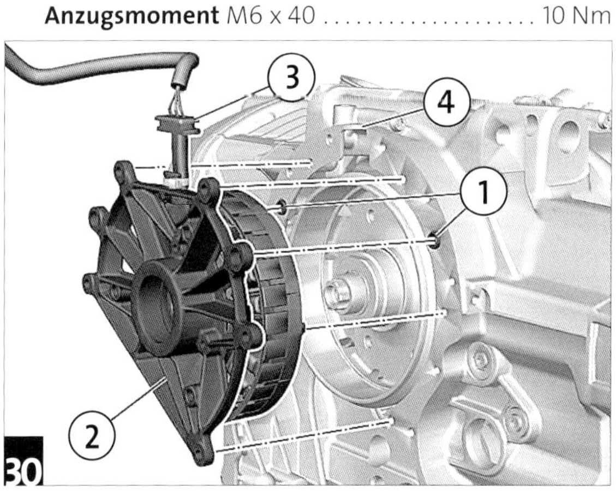

- Festsitz der zwei Passhülsen **1** kontrollieren.
- Spulenträger **2** auf Hülsen ausrichten und ansetzen.
- Gummitülle **3** in Nut **4** eindrücken.

- Schrauben (Pfeile) eindrehen.
  Anzugsmoment M6 x 20 .... 12 Nm

15 Motorgehäuse

15.3 Montage
Fortsetzung

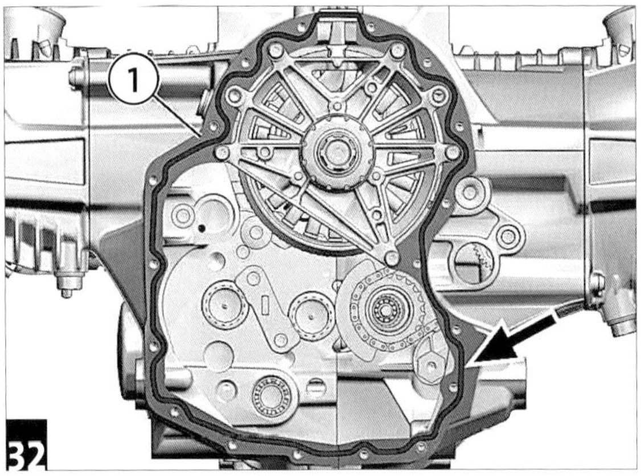

Getriebe
- Dichtflächen reinigen (öl- und fettfrei).
- Silikondichtmasse (Pfeil) gleichmäßig auf saubere Dichtfläche **1** autragen.

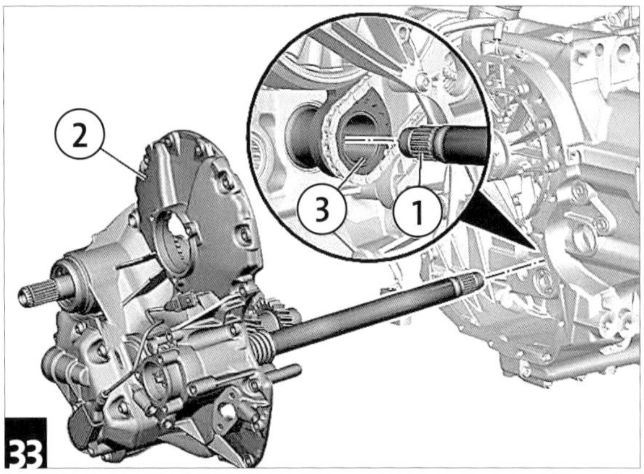

- Vorgelegewelle **1** mit Getriebe **2** in Ausgleichswelle **3** einfädeln.
- Getriebe komplett einsetzen. Dabei darauf achten, dass alle Getriebeteile in die passenden Lagerstellen im Motorgehäuse einspuren.

Bundmutter Vorgelegewelle
- Ggfs. Bundmutter bei blockierter Kurbelwelle anziehen. Mittelfeste Schraubensicherung beigeben (Loctite 243).
  Anzugsmoment M20 x 1,5 .... 100 Nm

Getriebe an Motorgehäuse
- Schrauben **1** und **2** einsetzen und handfest festziehen.
- Schrauben **3** bis **18** einsetzen und handfest festziehen.
- Schrauben **1** und **2** festziehen.
- Schrauben **3** bis **9 im** Uhrzeigersinn festziehen.
- Schrauben **10** bis **18 gegen** den Uhrzeigersinn festziehen.
  Anzugsmoment M6 x 25.................... 10 Nm

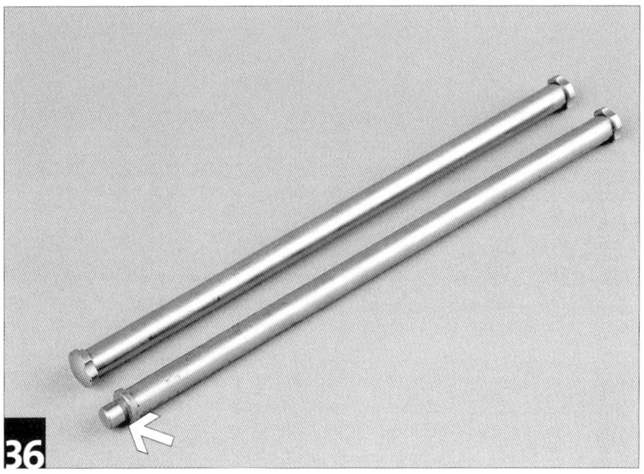

Druckstangen

- Druckstangen in Vorgelegewelle (Bild 35) so einsetzen, das zylindrisches Druckstück (Pfeil) nach außen weist.

Motorentlüftung

- Entlüfter mit so gut wie neuem und geöltem O-Ring **1** einbauen.
- Lauffläche (Pfeil) des Wellendichtrings mit Öl schmieren.

- Deckel einbauen.
  Anzugsmoment M6 x 20 .... 12 Nm

Ölstands-/Öltemperatursensor

- Sensor mit so gut wie neuem O-Ring (Pfeil) einfädeln.

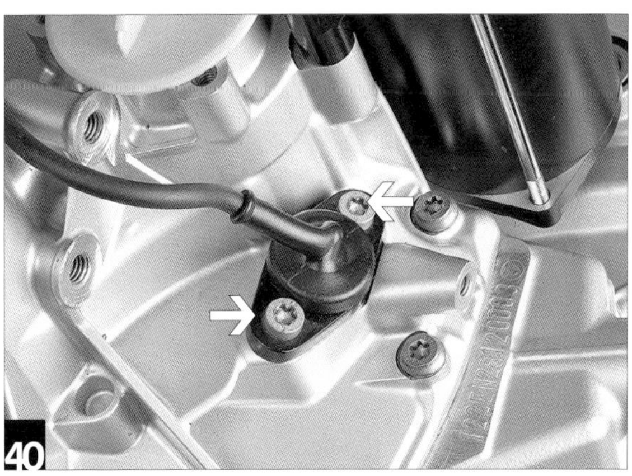

Ölstands-/Öltemperatursensor

- Zwei Schrauben mit mittelfester Schraubensicherung (Loctite 243) eindrehen.
  Anzugsmoment M6 x 16...................... 8 Nm

16 Schaltungsdeckel

16.1 Aus- und Einbau

- Der Schaltungsdeckel kann zur Reparatur oder zur Abdichtung auch bei eingebautem Motor gewartet werden.
- Folgende **Vorarbeiten** durchführen:
- Motorschutz ausbauen (Seite 39).
- Motoröl ablassen (Seite 51).
- Schalthebel lösen (Bild 1).
- Potenziometer der Ganganzeige ausbauen (Bild 2).
- Auspuffanlage komplett ausbauen (ab Seite 89).

Schalthebel
- Klemmschraube (Pfeil) ausdrehen und Schalthebel abziehen.
- Einbaulage Klemmspalt/Markierung beachten.
  Anzugsmoment M6 x 30 (Loctite 243) .... 8 Nm

Potenziometer der Ganganzeige
- Zwei Schrauben ausdrehen und Potenziometer abnehmen.
  Anzugsmoment M5 x 14 - 10.9 .... 5 Nm

Potenziometer der Ganganzeige – Einbau
- Potenziometer mit so gut wie neuem O-Ring (Pfeil) so aufsetzen, dass die Teile fluchtend ineinander greifen.

Schwinge anheben: obere Federbeinbefestigung
- Schraube **1** ausdrehen.
- Beim Eindrehen der Schraube hochfeste Schraubensicherung (Loctite 2701) verwenden.
  Anzugsmoment M12 x 1,5 x 20 .... 100 Nm

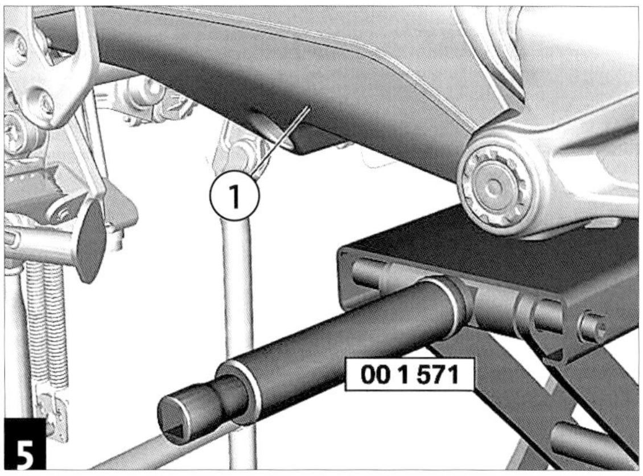

Schwinge anheben
- Schwinge mit Scherenheber etwas anheben.

16

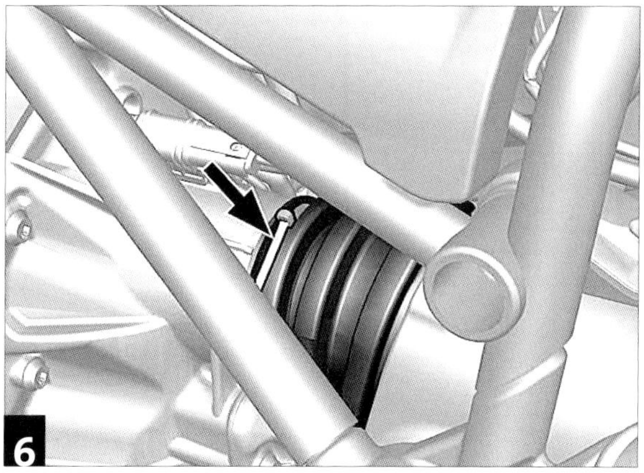

- Kabelbinder (Pfeil) trennen.

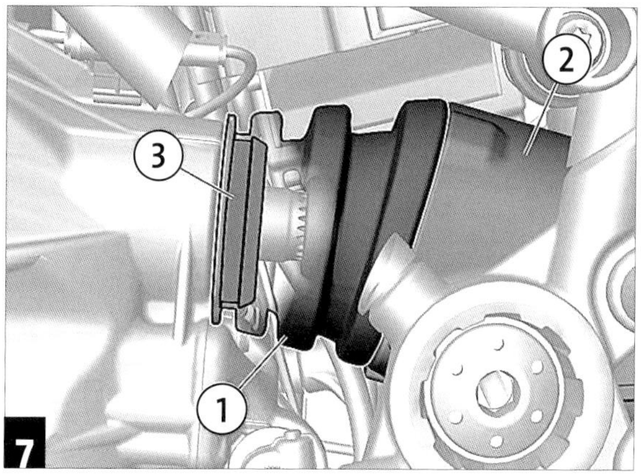

- Faltenbalg **1** aus Schwinge **2** und von Getriebedeckel **3** abziehen.

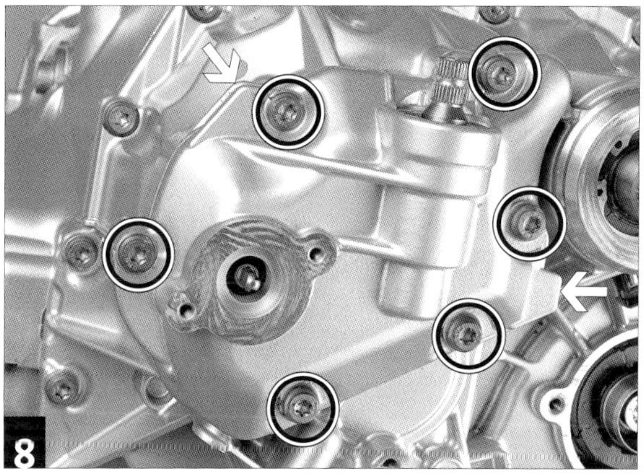

Schaltungsdeckel
- Schrauben ausdrehen.
- Laschen (Pfeile) zum Abdrücken des Deckels benützen.
  Anzugsmoment M6 x 20 .... 10 Nm

Schaltsegment
- Schaltsegment (Pfeil) abnehmen.

Schaltwalzen-Arretierungshebel
- Schraube (Pfeil) ausdrehen und Hebel abnehmen.
- Schaltwalze steht hier in Stellung NEUTRAL.

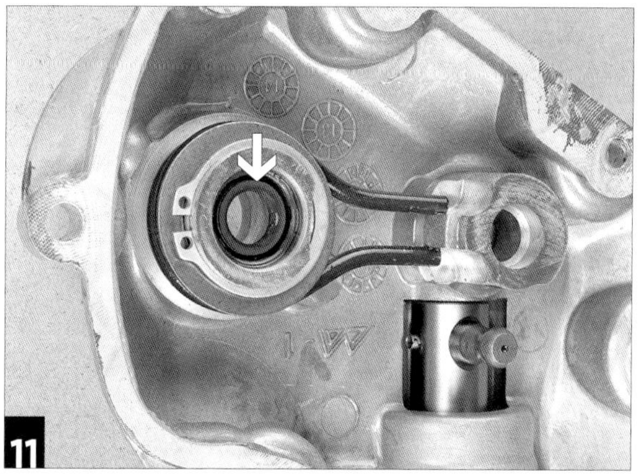

Dichtring und Schenkelfeder
- Schenkelfeder muss gleichmäßig anliegen.
- Dichtlippe des Wellendichtrings (Pfeil) beim Einbau fetten.

Deckel einbauen
- Dichtfläche reinigen (öl-und fettfrei) und Silikondichtmasse gleichmäßig auftragen.
- Deckel aufsetzen und Schrauben anziehen (Bild 8).

17 Bremsen

17.1 Bremssattel

- Am Vorderrad werden zwei Fabrikate verbaut:
  Hayes
  (Bilder 1 und 2)
  Brembo
  (Bilder 3 und 4)
- Beide Fabrikate werden auf gleiche Weise aus- und eingebaut.

! Auffanggefäß für Bremsflüssigkeit bereithalten.

- Bremsscheibenschlag (Seite 157) und -Dicke (Seite 69) in eingebautem Zustand messen.

! Arbeiten an Maschinen, die mit ABS ausgerüstet sind, sind grundsätzlich der BMW-Werkstatt vorbehalten, die für das korrekte Entlüften des Hydrauliksystems ausgerüstet ist! Andernfalls besteht die Gefahr des Verbleibens von Restluft in den Regelkreisen des ABS-Systems.

! Das Befüllen (Seite 159) und Entlüften (Seite 75) »von Hand« dauert mit ABS länger als bei einem normalen Bremssystem.

! Wer das Entlüften der Bremsanlage nicht aus dem »FF« versteht und durchführen kann, sollte das Wechseln der Bremssättel der BMW-Werkstatt anvertrauen.

- Dichtringe der Kolben in Sattel können repariert werden (Seite 153).

! Arbeitsschritte gelten gleichermaßen für Vorder- und Hinterradbremse.

! Bremsschlauchverbindung mit neuen Dichtscheiben anbringen und anziehen.

- Bremsflüssigkeit aus Vorratsbehälter absaugen (z. B. mit Einwegspritze aus der Apotheke).
- Bremsschlauch **1** Bild 1 und **2** Bild 3 schon am montierten Sattel entfernen und Bremsflüssigkeit geduldig in Auffanggefäß austropfen lassen.

! Jedes Tröpfchen, das da immer noch raustropft, kann schon großen Lackschaden anrichten!

! Verkleckerte Bremsflüssigkeit von lackierten Flächen sofort abwischen und nachspülen!

Ausbau ohne Wechsel der Bremsflüssigkeit:

- Bremshebel vorsichtig langsam anziehen, bis der Bremslichtschalter klickt. Hebel in dieser Position fixieren. Die Nachlauf-Bohrung ist dann verschlossen und es kann keine Bremsflüssigkeit nachlaufen.

! **Keinen Druck** am Bremshebel aufbauen!

- Bei der Hinterrad-Bremse entsprechend das Bremspedal fixieren.

! Erspart nicht das Entlüften nach Montage!

Hayes-Bremssattel vorn rechts

- Schlauch abnehmen und restliche Bremsflüssigkeit in Auffanggefäß austropfen lassen.

👁 Auf Verbleib der Kappe **3** achten.

! Neue Dichtringe verwenden.

Anzugsmomente

1 M10 x 1,25 - 10.9 .... 30 Nm
2 M10 x 65 .... 38 Nm

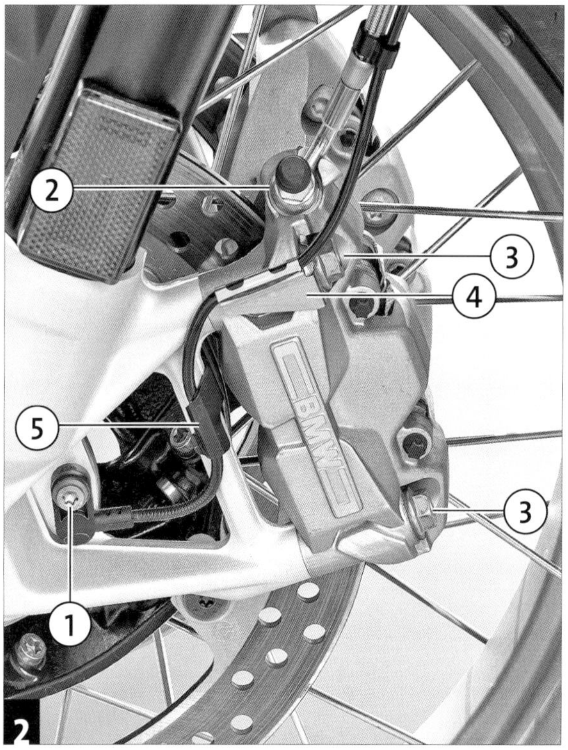

**Hayes-
Bremssattel vorn links/
Raddrehzahlsensor vorn**

- Kabel aus Führung **4** lösen.
- Obere Schraube **3** ausdrehen und Kabel mit Führung **5** abnehmen.
- Ggf. Schraube **1** ausdrehen und Sensor abnehmen.

1 Anzugsmoment
M6 x 16 .... 8 Nm

- Sechskant-Banjo **2** (mit Entlüfterventil) ausdrehen und Schlauch abnehmen. Restliche Bremsflüssigkeit aus Schlauch in Auffanggefäß austropfen lassen.
- Schrauben **3** ausdrehen und Bremssattel abnehmen.
- Beim Montage der Bremsleitung (**2** Bild 2) neue Dichtringe verwenden.

Anzugsmomente
1 M10 x 1,25 - 10.9 .... 30 Nm
2 M10 x 65 .... 38 Nm

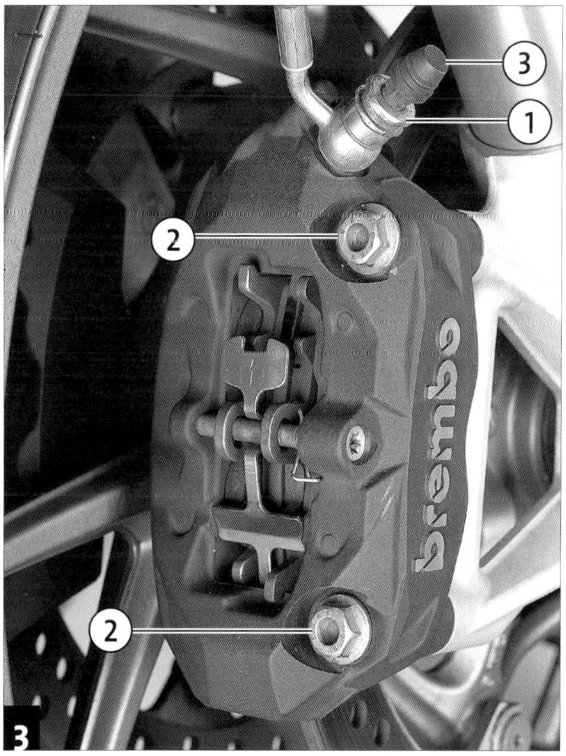

Brembo-Bremssattel vorn rechts

- Schlauch abnehmen und restliche Bremsflüssigkeit in Auffanggefäß austropfen lassen.
- 👁 Auf Verbleib der Kappe **3** achten.
- Neue Dichtringe verwenden.

Anzugsmomente
1 M10 x 1,25 - 10.9 .... 30 Nm
2 M10 x 65 .... 38 Nm

17 Bremsen

17.1
Bremssattel
Fortsetzung

Brembo-Bremssattel vorn links

- Sensorkabel aus Klemme **1** lösen.
- Schlauch abnehmen und restliche Bremsflüssigkeit in Auffanggefäß austropfen lassen.
- Neue Dichtringe verwenden.

! Auffanggefäß für Bremsflüssigkeit bereithalten.

2 Anzugsmoment
M10 x 1,25 - 10.9 .30 Nm

3 Anzugsmoment
M10 x 65 . . . . . . 38 Nm

Raddrehzahlsensor vorn

- Schraube **4** ausdrehen und Sensor abnehmen.
- Kabel aus Führungsblech freilegen.

4 Anzugsmoment
M6 x 16. . . . . .8 Nm

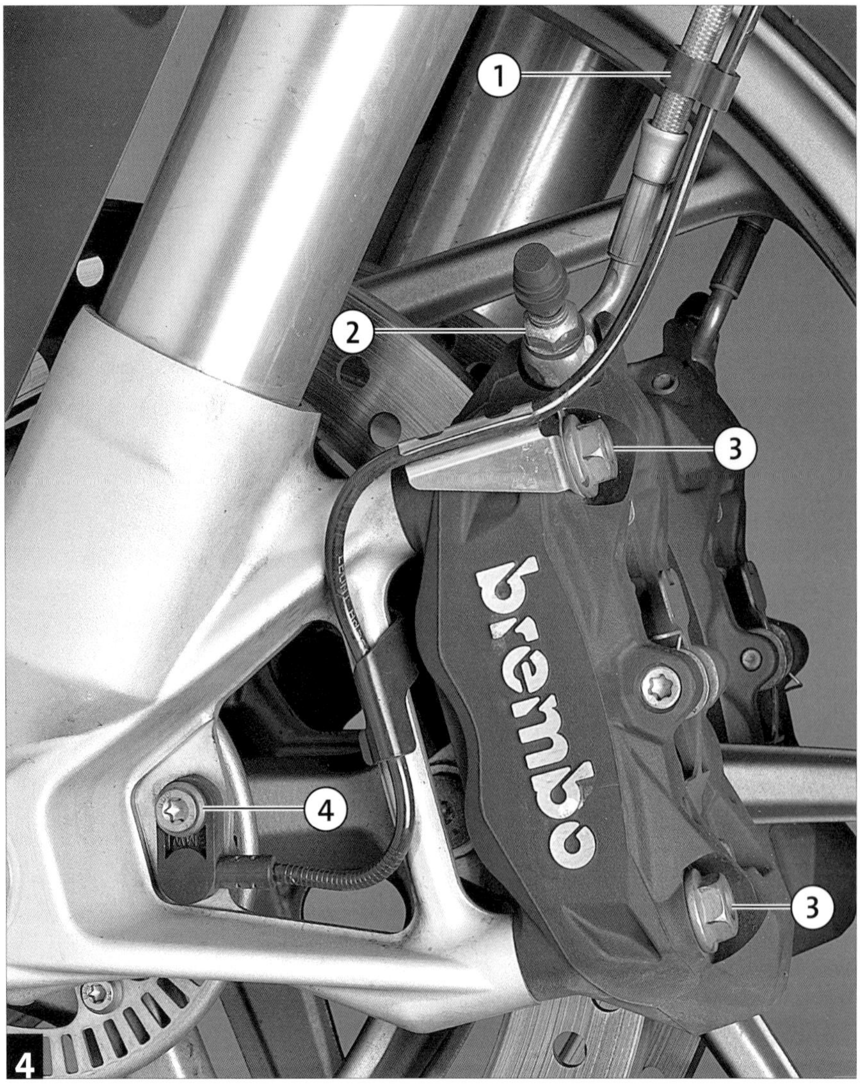

4

Bremssattel hinten

- Anschluss **2** ausdrehen. Restliche Bremsflüssigkeit aus Schlauch in Auffanggefäß austropfen lassen.
- Schrauben **1** ausdrehen und Bremssattel abnehmen.
- Beim Montage der Bremsleitung (**2** Bild 3) neue Dichtringe verwenden. Beim Einbau neue Schrauben (mikroverkapselt).

1 Anzugsmoment
M8 x 30 . . . . 28 Nm

2 Anzugsmoment
M10 x 1. . . . . 24 Nm

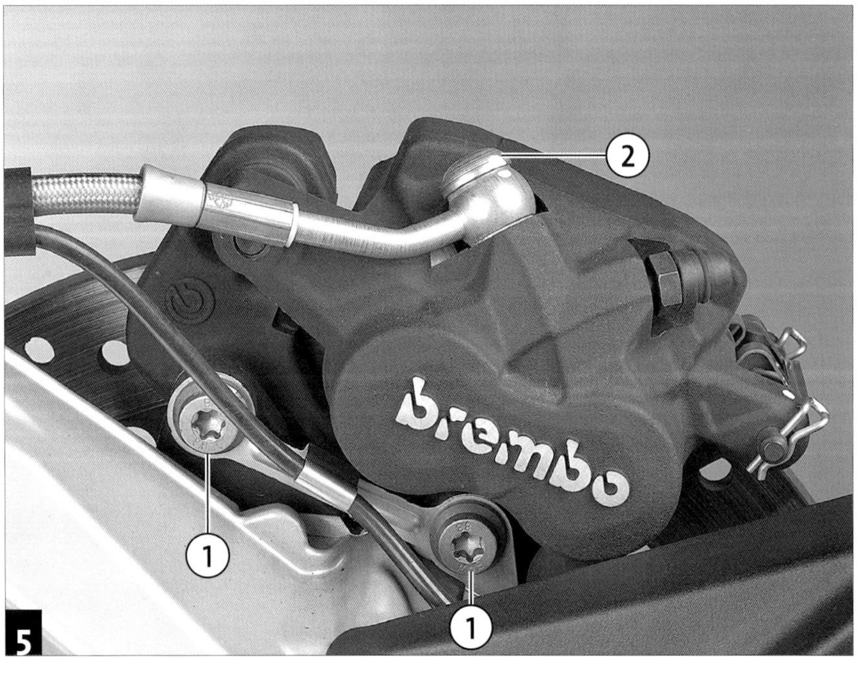

5

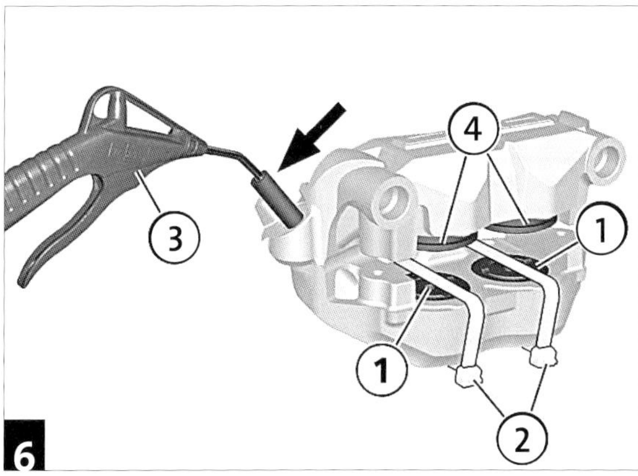

6

Dichtringe

! Bei Arbeiten an den Dichtringe der Kolben nur Werkzeuge aus Holz oder Kunststoff verwenden.

- Bremssattel gründlich reinigen.
- Bei den vorderen Vierkolben-Bremssätteln zuerst die Kolben auf der einen Seite ausbauen, dann auf der gegenüberliegenden ausbauen.
  Sobald die Kolben einer Seite ausgebaut sind die leeren Zylinderbohrungen möglichst luftdicht abdecken, sonst geht der Luftdruck zum Ausbau der verbleibenden Kolben verloren.

- In den Bildern ist der vordere Hayes-Bremssattel dargestellt. Die Arbeitsschritte gelten aber auch für die Brembo-Ausführungen.

- Bremskolben **1** mit Kabelbinder **2** fixieren. Mit Druckluftpistole **3** und passendem Adapter ausdrücken.

! Vorsicht bei der Dosierung walten lassen. Kolben können Geschoss-artig aus Sattel herausfahren!

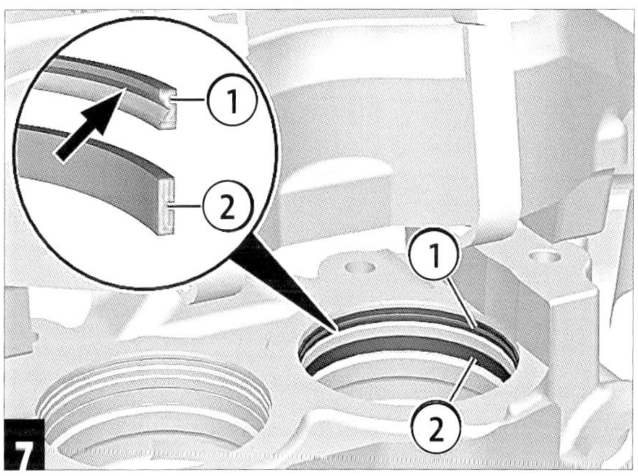

7

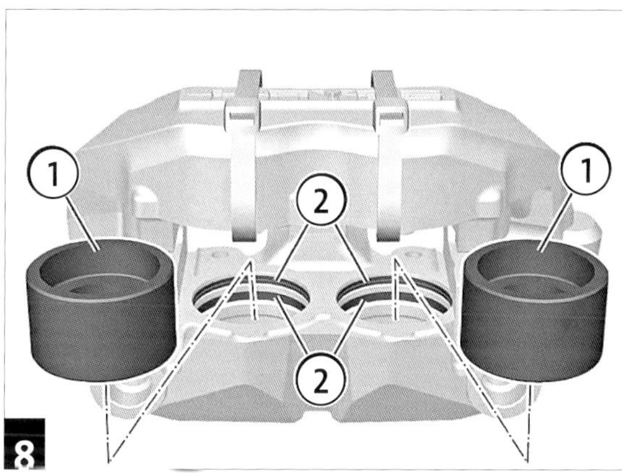

8

- Kleinen Dichtring **1** und großen **2** vorsichtig ausheben. Dabei Bremssattel nicht beschädigen.
- Bremssattel innen mit Bremsenreiniger säubern.
- Kolbenlauffläche und Dichtringe mit Bremsflüssigkeit schmieren und Dichtringe einsetzen.

- Kolben **1** und Dichtringe **2** mit Bremsflüssigkeit schmieren und Kolben einsetzen.

- Nach Einbau aller Kolben Schlauchanschluss abdecken und Bremssattel **außen** sorgfältig mit Wasser waschen. Zum Trocknen keine Druckluft verwenden.

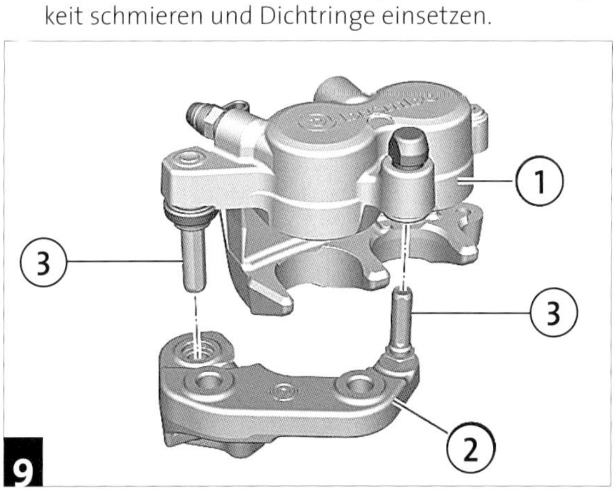

9

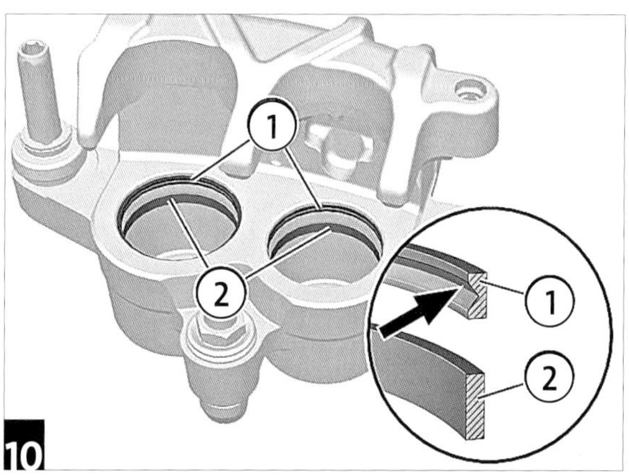

10

Bremssattel hinten

- Bremssattel **1** von Träger **2** abziehen.
- Bolzen **3** reinigen und beim Einbau mit Optimoly TA dünn schmieren.

Bremssattel hinten

- Dichtringe **1**/**2** und Kolben mit beiligendem Schmiermittel balsamieren und wie oben bei den Bilder 6, 7 und 8 beschrieben montieren.

17 Bremsen

17.2 Bremshebel

- Die **Handpumpe** wird im Kapitel Lenker aus- und eingebaut (ab Seite 164).

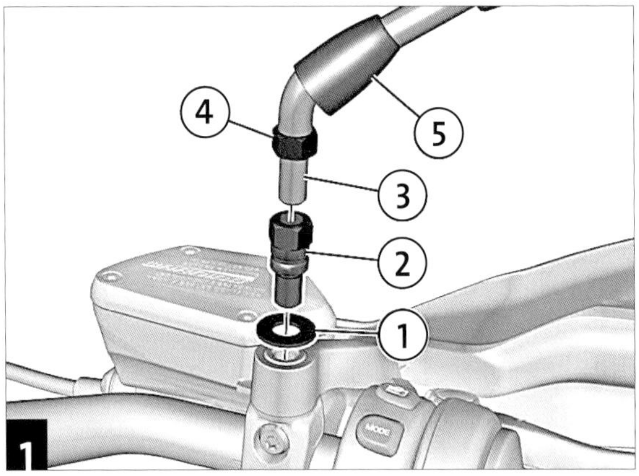

Handschutz rechts
- Abdeckung **5** abziehen, Gegenmutter **4** lockern und Spiegel **3** ausdrehen.
- Adapter **2** ausdrehen und Scheibe **1** abnehmen

2 **Anzugsmoment** M10 x 14 - 4.8 .... 25 Nm

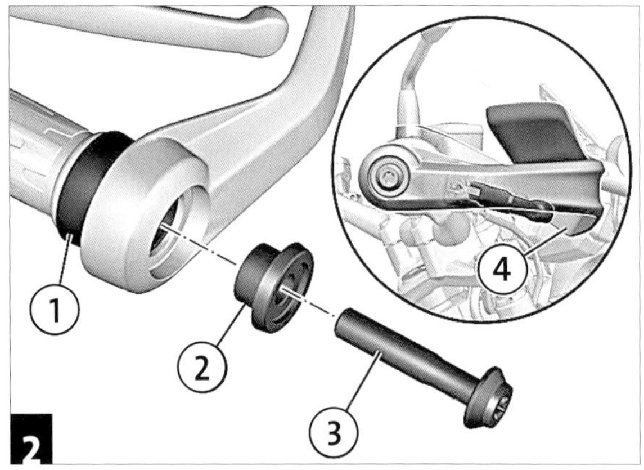

- Schraube **3** ausdrehen. Buchse **2** und Handschutz **4** abnehmen. Ggfs. Lenkergewicht **1** lösen.
- Bei Montage gezeigte Stellung von Handschutz **4** beachten.

3 **Anzugsmoment** M10 x 50 .... 40 Nm

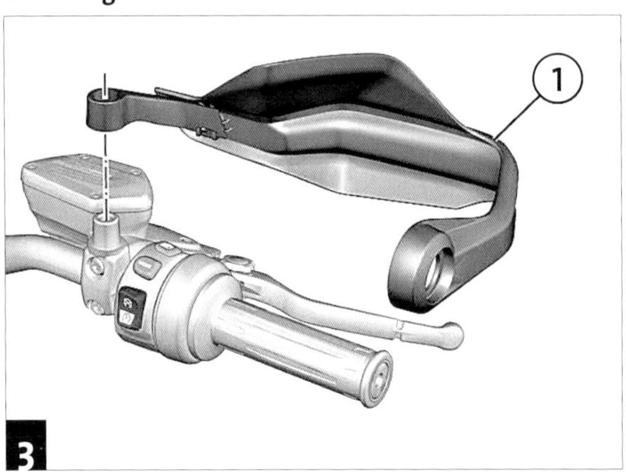

Handschutz
- Handschutz **1** abnehmen.
- Beim Anziehen von Schraube **3** Bild 2 Handschutz ausgerichtet gegenhalten (Bild 2).

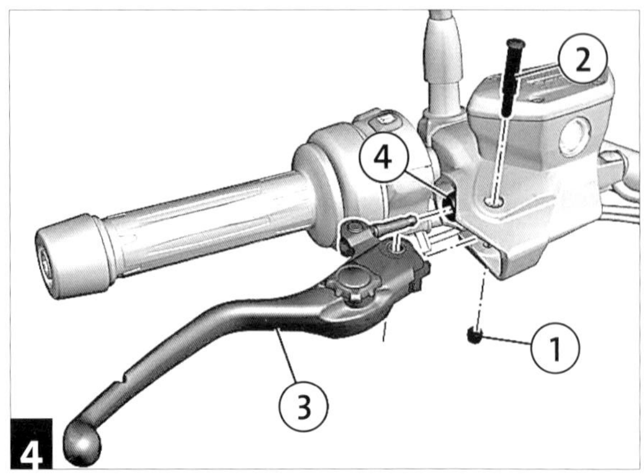

Bremshebel
- Mutter **1** und Schraube **2** ausdrehen. Hebeleinheit **3** abnehmen. Dabei auf Gummimuffe **4** achten.
- Beim Anziehen der Mutter **1** Schraube **2** gegenhalten.

1 **Anzugsmoment** M5 (neue Mutter)............ 7 Nm

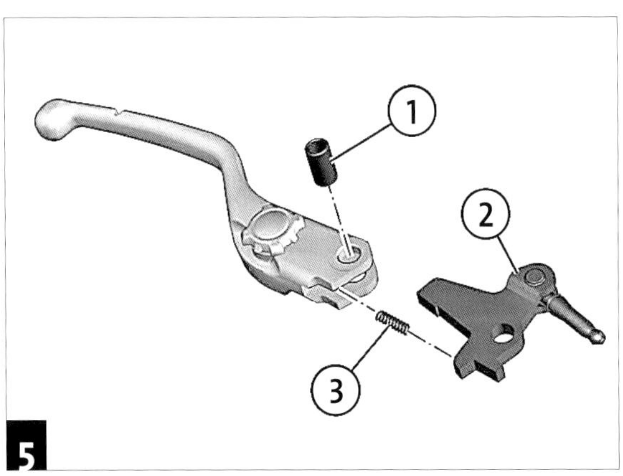

- Neue Hülse **1** beim Einbauen mit Teflonspray schmieren.
- Hebeleinheit mit Feder **3** in Hebelaufnahme mit Druckstange **2** einsetzen.

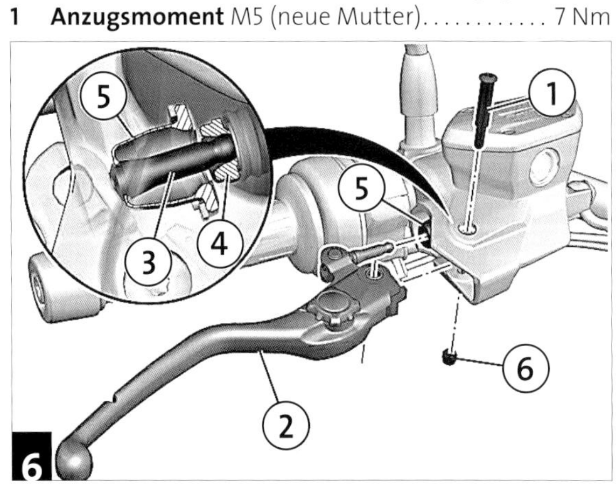

- Hebeleinheit **2** einsetzen. Dabei muss Druckstange **3** in Kolbensitz **4** einrasten.
- Auf korrekten Sitz der Gummimuffe **5** achten.
- Schraube **1** und Mutter **6** einbauen (Bild 4).

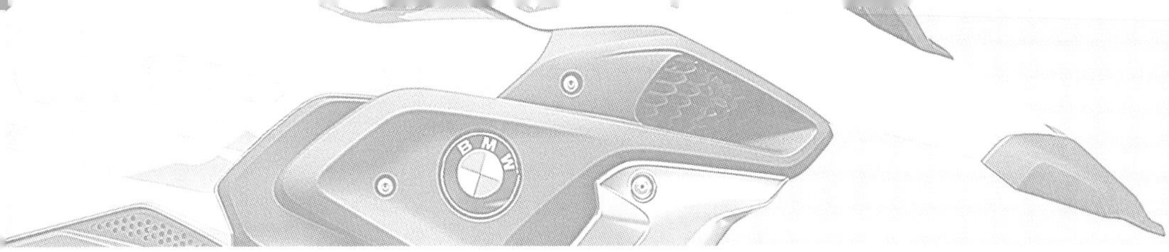

17.3
Bremspedal

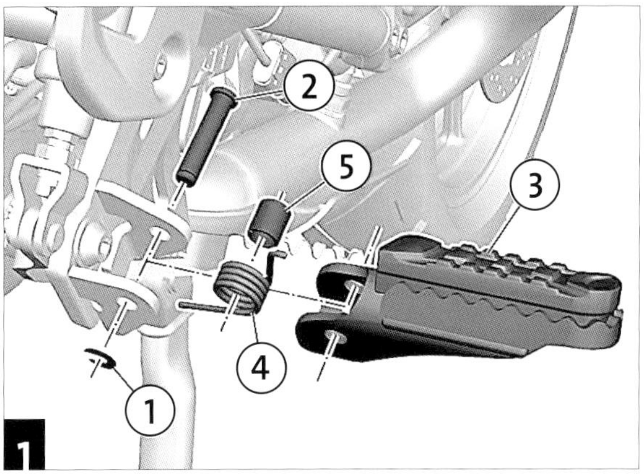

Fußraste rechts
- Sicherungsring **1** aushebeln und Bolzen **2** abziehen.
- Raste **3** mit Feder **4** und Hülse **5** abnehmen.
- Hülse **5** gefettet montieren.

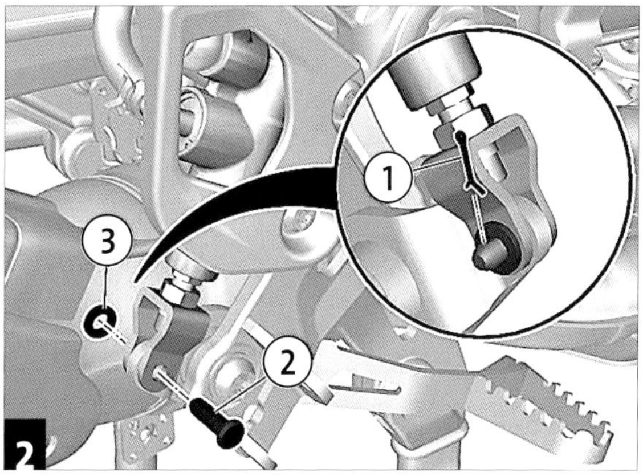

Bremspedal
- Splint **1** mit Zängchen entfernen.
- Bolzen **2** und Scheibe **3** abnehmen.

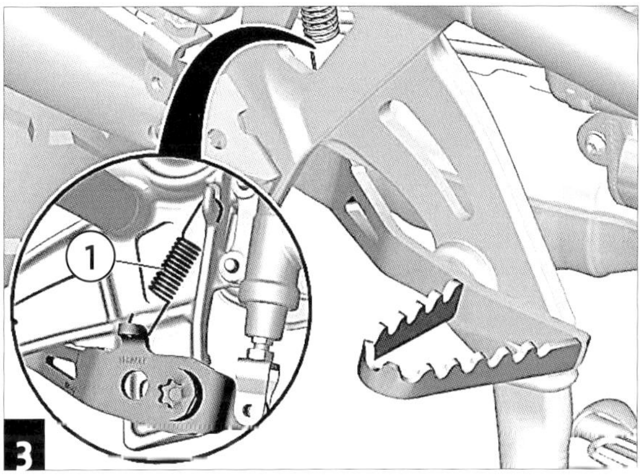

Bremspedal
- Feder **1** aushängen.

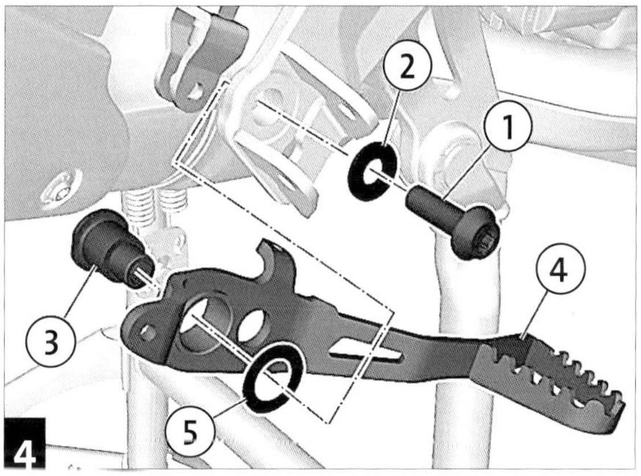

Bremspedal
- Schraube **1** mit Scheibe **2** ausdrehen. Bundbuchse **3**, Pedal **4** und Scheibe **5** abnehmen.
- Bundbuchse **3** gefettet einbauen.

1 **Anzugsmoment** M8 x 25. . . . . 19 Nm

- Pedal mit gefetteter (Hochleistungs-schmierfett) Hülse **3** montieren.
- Schnüffelspiel einstellen, siehe folgendes Kapitel.

17 Bremsen

17.4 Schnüffelspiel

Die Einstellung des Leerwegs des Bremspedals (Schnüffelspiel) nach jeder Arbeit an Pedal oder Pumpe durchführen.

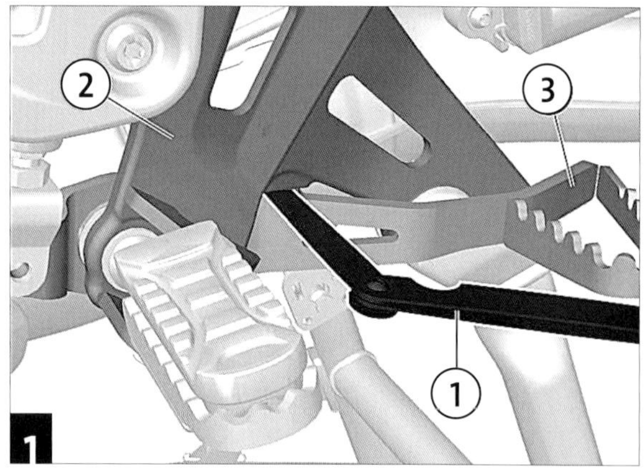

Schnüffelspiel einstellen

- Fühlerlehrenblatt **1** (1 mm dick) quer zur Fahrtrichtung zwischen Bremspedal **3** und Rahmen **2** einsetzen

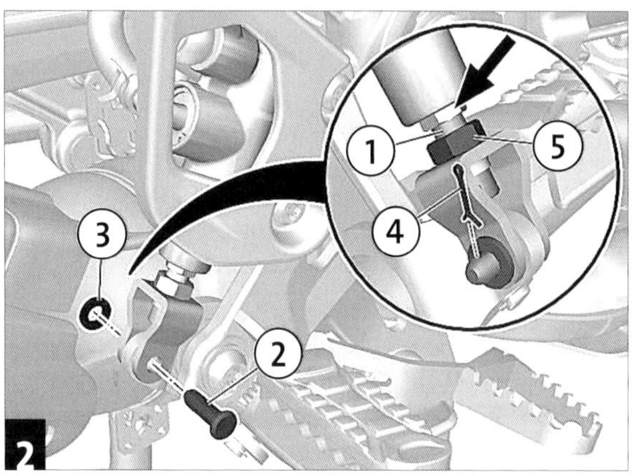

Schnüffelspiel einstellen

- Gegenmutter **5** lockern.
- Kolbenstange **1** bis zum Anschlag herausziehen.
- Kolbenstange **1** am Sechskant (Pfeil) so einstellen, dass Bolzen **2** ohne Widerstand eingesetzt werden kann.
- Bolzen **2** und Scheibe **3** montieren.
- Gegenmutter **5** festziehen.

5 Anzugsmoment M8 .... 17 Nm

- Gegenmutter mittels Sicherungslack (Pfeil) sichern.
- Fühlerlehrenblatt abnehmen.
- Ggfs. Fußraste montieren.

17

17.5 Bremsscheibe

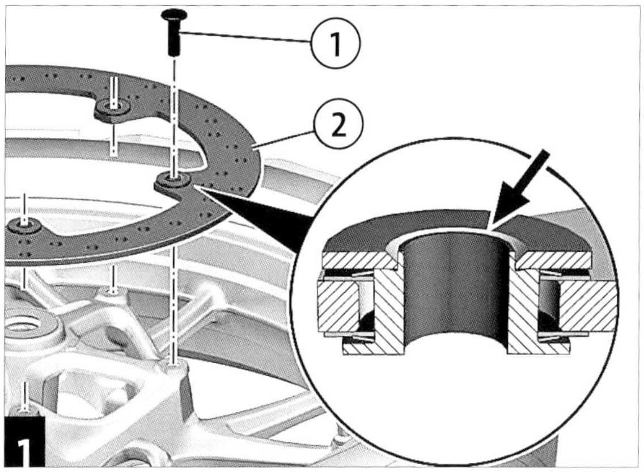

Bremsscheibe und Sensorring vorn

- Mit **neuen** Schrauben **1** montieren.
- 👁 Nietbördel (Pfeil) liegt bei montierter Scheibe **2** außen.
- **Neue** mikroverkapselte Schrauben verwenden.
  Anzugsmoment
  M8 x 27 - 10.9 .... 19 Nm

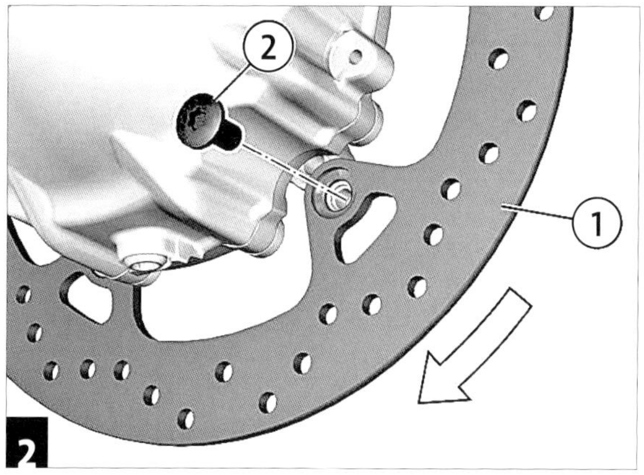

Bremsscheibe hinten

- Scheibe **1** drehen, bis Schrauben **2** zugänglich sind und Schrauben nach und nach ausdrehen.
- Schrauben schrittweise **über Kreuz** anziehen.
- **Neue** mikroverkapselte Schrauben verwenden.
  Anzugsmoment M8 x 15,5
  Voranzug.................................... 12 Nm
  Endanzug ....30 Nm

- Verzug im eingebauten Zustand messen (Bilder 3 bis 5).
- Rad ausbauen.
- Schrauben ausdrehen und Bremsscheibe abnehmen.
- Auflagefläche der Bremsscheibe und Muttergewinde im Rad reinigen.

- Verschmierte Bremsscheiben mit Aceton oder Bremsenreiniger reinigen.
- Maschine so aufbocken, dass Rad freikommt.
- Bremssattel ausbauen und Messuhr samt Halter an Bremssattelaufnahme montieren.
- 👁 Verzug an eingebauter Bremsscheibe mit Messuhr messen.
  Verschleißgrenze
  vorn....................................... 0,15 mm
  hinten.................................... 0,35 mm

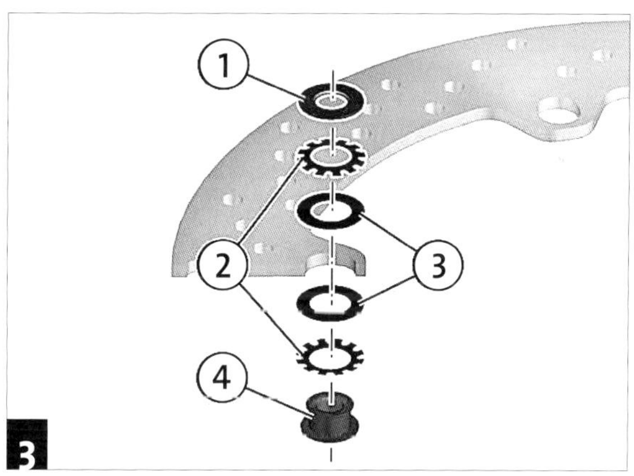

👁 Die Messung des Scheibenverzugs vorn ist nur sinnvoll, wenn das Nietpaket der Bremsscheibe (nicht zerlegbar) unbeschädigt ist.

1 Scheibe
2 Federscheiben
3 Anlaufscheiben
4 Niete

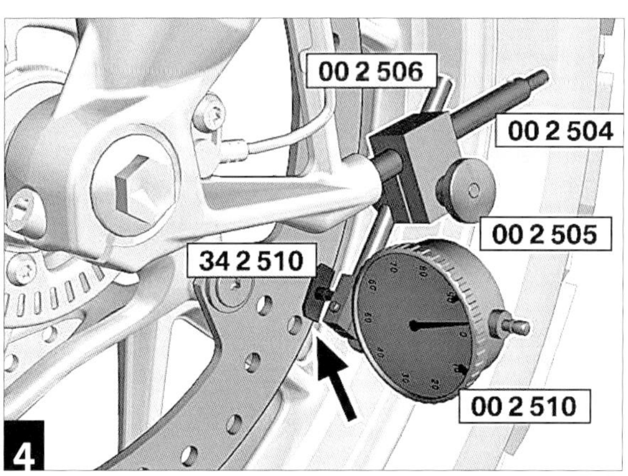

Bremsscheiben-Verzug Messaufbau vorn

- Messschuh nahe der Außenkante ansetzen.
- Eine Rad-Umdrehung messen (langsam drehen).
- Summe der +/- Ausschläge ergibt Verschleißmaß.

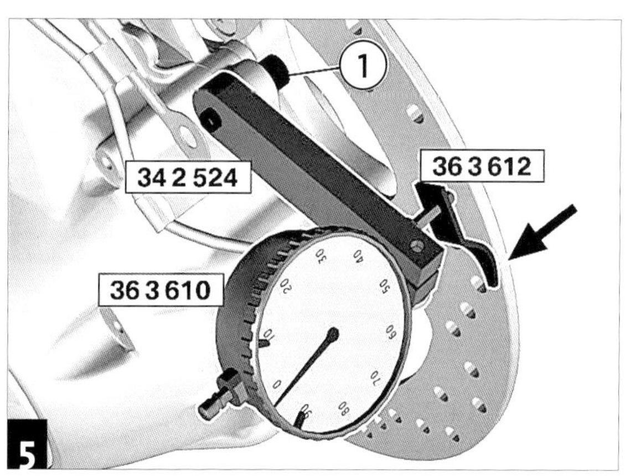

Bremsscheiben-Verzug Messaufbau hinten

- Messschuh nahe der Außenkante ansetzen.
- Eine Rad-Umdrehung messen (langsam drehen).
- Summe der +/- Ausschläge ergibt Verschleißmaß.

17 Bremsen

17.6 Bremsmodulator

! In den folgenden Abschnitten wird von leerem Hydrauliksystem ausgegengen (Vorratsbehälter mit Spritze leersaugen). Trotzdem müssen Vorsichtsmaßnahmen gegen verkleckerte Restflüssigkeit ergriffen werden (Auffanggefäß und Putzlappen bereithalten).

Hydraulikanschlüsse
- Verspannte oder falsch verlegte Bremsleitungen können scheuern und undicht werden.
- Auf Freigängigkeit gegenüber den anderen Bauteilen achten.

Vorarbeiten
- Beide Sitze ausbauen (Seite 28).
- Verkleidung abbauen (ab Seite 29/41):
- Tankabdeckung Mitte ausbauen.
- Seitenteil links ausbauen.
- Seitenblende links ausbauen.
- Tankabdeckung links und rechts ausbauen.
- Seitenteil rechts ausbauen.
- Seitenblende rechts ausbauen.
- Tank ausbauen (Seite 90).
- Ansaugrohr links und rechts lösen (Seite 92).
- Kühlmittel -Ausgleichsbehälter lösen (Seite 128).
- Luftfiltergehäuse ausbauen (Seite 92).

Modulator-Hydraulikanschlüsse
- Auffanggefäß für Leckflüssigkeit bereithalten.
- Anschlüsse lösen. Beim Einbau zwei neue Dichtscheiben je Anschluss verwenden.
  Anzugsmoment M10 x 1 .... 24 Nm

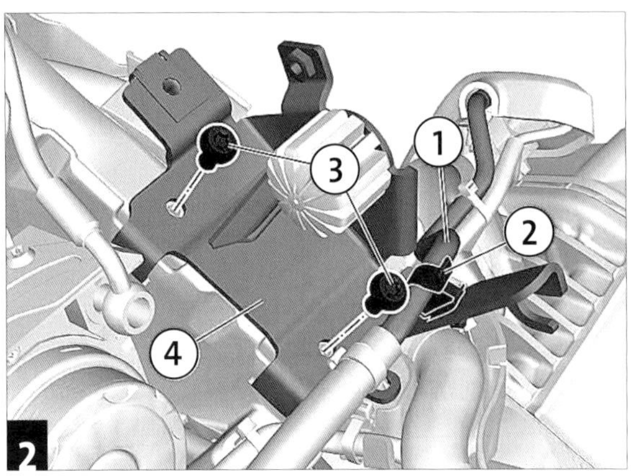

Tankhalter rechts
- Einspritzleitung **1** aus Halter **2** lösen.
- Schrauben **3** ausdrehen und Halter **4** abnehmen.

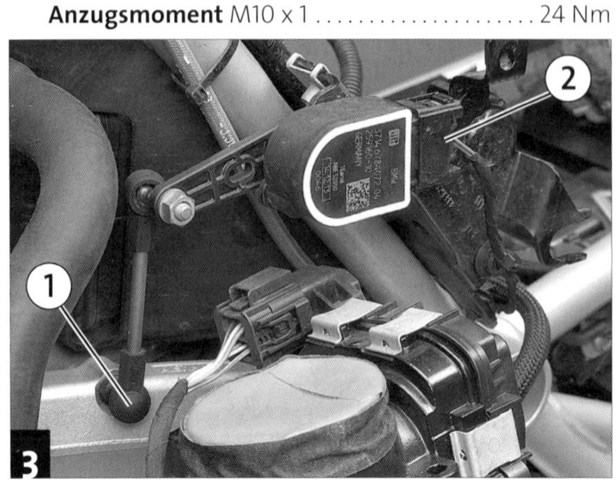

ESA: Sensorstange lösen
- Kugelpfanne **1** von Kugelkopf lösen.
- Stecker **2** trennen.
- Beim Einbau muss Sensorhebel nach vorn weisen.

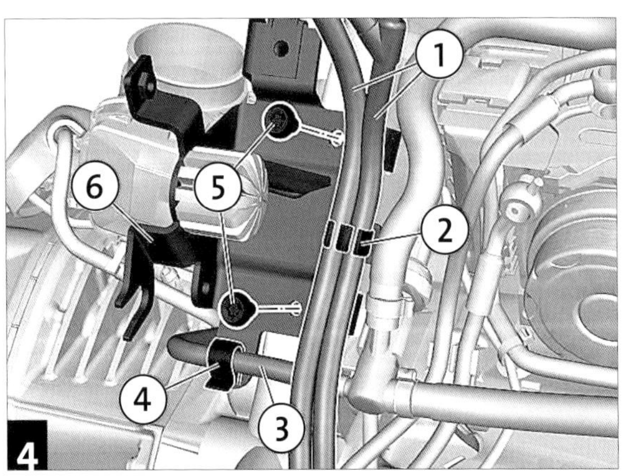

Tankhalter links
- Schläuche **1** aus Halter **2** lösen.
- Einspritzleitung **3** aus Halter **4** lösen.
- Schrauben **5** ausdrehen und Halter **6** abnehmen.

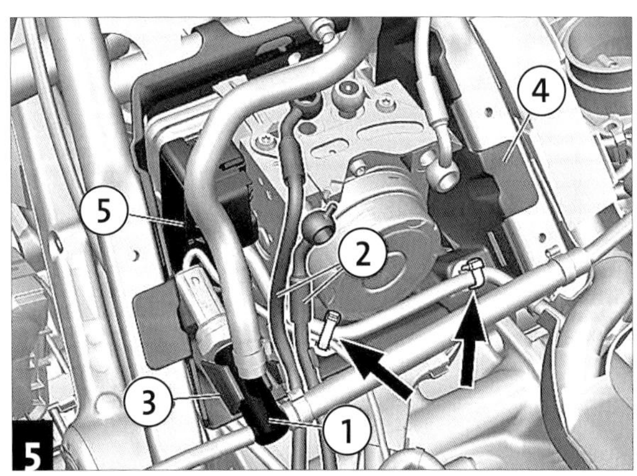

Modulator-Befestigung
- Benzinverteiler **1** und Bremsleitungen **2** aus Halter **3** lösen und Kabelbinder (Pfeile) trennen.
- Modulator und Halter **4** etwas herausziehen und Stecker **5** trennen.

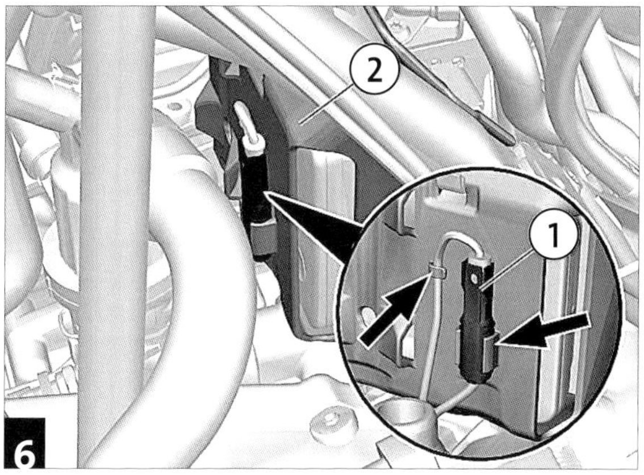

Kurbelwellensensor-Stecker
- Stecker **1** an Rückwand der Modulator-Halterung **2** lösen.
- Modulator mit Halterung **2** ausbauen.

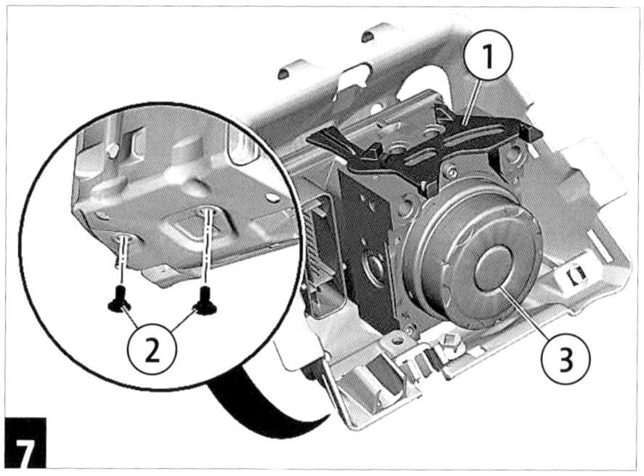

Modulator-Befestigung
- Verdrehanschlag **1** ausbauen und Schrauben **2** ausdrehen. Modulator **3** entnehmen.
- In umgekehrter Reihenfolge einbauen.

2 Anzugsmoment M6 x 14,5 .... 8 Nm

17.7 Fußpumpe

- Pedal lösen (Bild 2 bis 4 Seite 155).

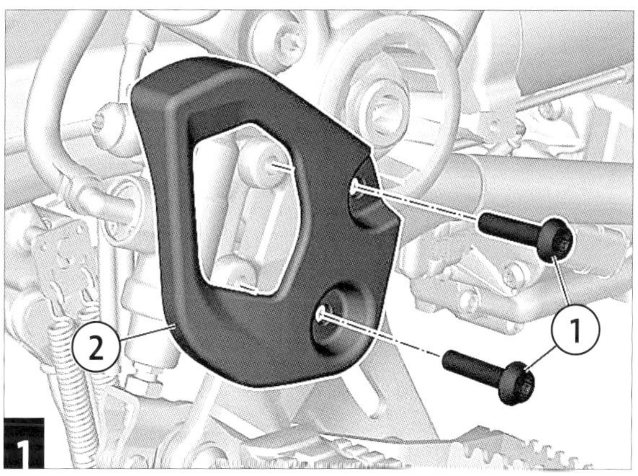

Fersenschutz rechts
- Schrauben **1** ausdrehen und Fersenschutz **2** abnehmen.
  Anzugsmoment M6 x 20 .... 8 Nm

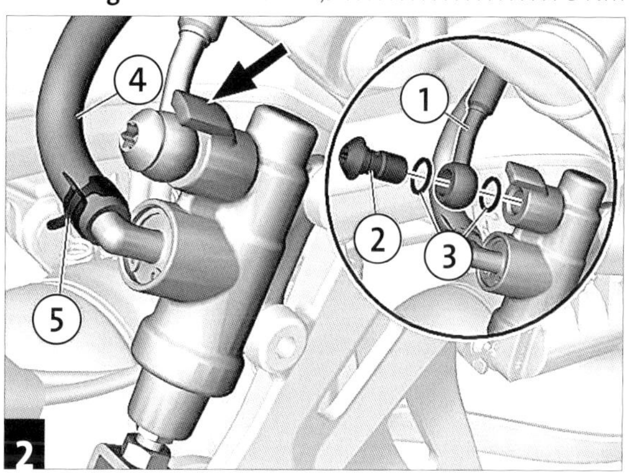

Fußpumpe
- Schelle **5** lösen und Schlauch **4** abziehen.
- Hohlschraube **2** ausdrehen und Schlauch **1** abnehmen. Mit neuen Scheiben **3** montieren.
  Anzugsmoment M10 x 1 .... 24 Nm

17.8 Bremsanlage befüllen

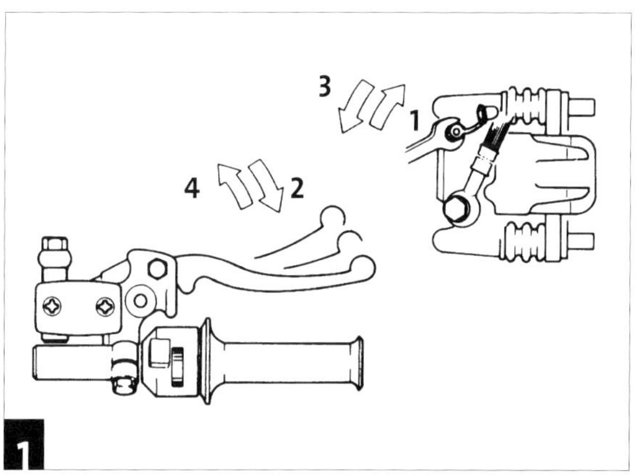

Ablaufschema zum Befüllen des Hydrauliksystems

1 Entlüfterventil öffnen
2 Hebel anziehen
3 Entlüfterventil schließen
4 Hebel schnell rauslassen

- Hydrauliksystem nach dargestelltem Ablauf-Schema befüllen.
  Dabei Schlauch vom Entlüftungsventil in Behälter mit Bremsflüssigkeit enden (damit keine Luft »rückwärts« wieder angesaugt wird).
  Wie erwähnt, muss mit ABS wesentlich länger gepumpt werden.
- Anlage entlüften (Seite 75).

! Vor Teilnahme am Straßenverkehr unbedingt Funktionsprobe der Bremse durchführen.

! Erst wenn Druckpunkt und Bremswirkung deutlich spürbar sind, ist Bremse betriebsbereit.

18 Frontpartie-Rad

18.1 Aus- und Einbau

! Handbremse bei ausgebautem Rad nicht mehr betätigen!
Die Kolben können sonst zu weit aus Bremssattel heraus fahren!

! Maschine sicher aufbocken.

- Fahrzeug am Heck gegen Boden abspannen, damit Vorderrad entlastet ist.

- Kabel des Raddrehzahl-/ABS-Sensors **1** lösen und beide Bremssättel abnehmen (Bild 1).
- Klemmschraube **1** links lockern und Achsschraube **2** ausdrehen (Bild 2).
- Klemmschraube **1** rechts lockern und Achse **2** ausbauen: Vorderrad nach vorn herausrollen (Bild 3).

👁 Auf Verbleib der Distanzhülse achten (Bild 4).

Einbau

- Dichtlippen des Wellendichtrings und Radachse reinigen. Beide dünn mit MoS_2-Fett balsamieren.
- Distanzhülse einsetzen (Bild 2) und Rad vorsichtig in Gabel einführen (Sensorrad und Hülse **1** links).
- Radachse durchschieben.
- Achse gegenhalten und Achsschraube anziehen (Bilder 3 und 4).
- Motorrad vom Ständer nehmen und bei blockiertem Vorderrad Gabel mehrmals »zusammenstauchen« (nicht mit Bremse blockieren, sondern gegen festen Widerstand/Mauer), damit sich Achse setzt.
- Achsklemmschrauben anziehen.

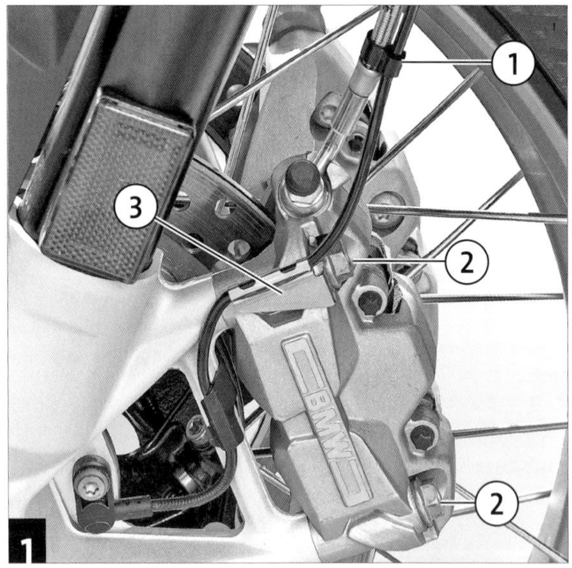

Bremssattel links/rechts

- Links ABS-Sensorkabel **1** lösen, Schrauben **2** ausdrehen, links Kabelführung **3** abnehmen und Bremssättel links/rechts abnehmen.

2 **Anzugsmoment** M10 x 65. 38 Nm

Vorderrad-Befestigung links/Anzugsmomente

1 Klemmschraube M8 x 35 (SW T40 TORX). . . . . 19 Nm
2 Achse M12 x 20 (SW 17) . . . . 30 Nm

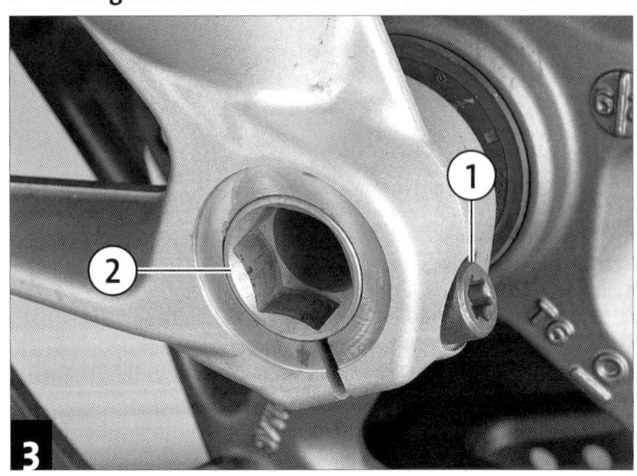

Vorderrad-Befestigung rechts

1 Klemmschraube M8 x 35 (SW T40 TORX). . . . . 19 Nm
2 Achse (19 mm-Innensechskant)

Distanzhülse links

- Hülse **1** mit Absatz (Pfeil) nach außen weisend einsetzen.

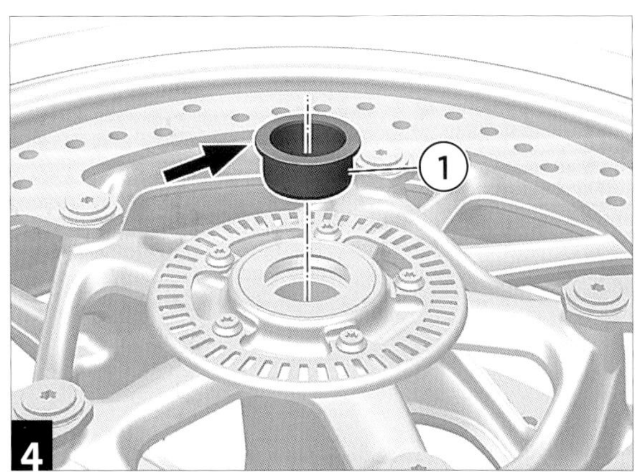

Nach Einbau:

! Bremsdruck durch Pumpen am Hebel aufbauen, bis Bremsbeläge wieder an den Scheiben anliegen, bevor Fahrzeug in Bewegung gesetzt wird.

! Bremse ist erst betriebsbereit, wenn Druckpunkt klar spürbar ist.

18.2 Prüfen und Vermessen

Lagertest – Fingerprobe

- Innenlaufringe mit Finger auf spielfreien und geräuschlosen Lauf und festen Sitz prüfen.
- Außenlaufring muss fest in der Nabe sitzen.

- **Wellendichtring(e)** erneuern, wenn sie erkennbar sabbern.
  Bei ausgebautem Rad Dichtlippen auf Geschmeidigkeit prüfen.
  Ausgehärtete Dichtringe ersetzen.
- Auf Zentrierständer Schlag der Radfelge feststellen (einen solchen Stützbock kann man leicht improvisieren oder selbst herstellen).
  Ein stabiler Schraubstock reicht oft schon aus, um die verschraubte Radachse einzuspannen.
  Seiten- und Höhenschlag mit Messuhr prüfen.

! Unrunde Felgen/Räder erneuern.
! Radunwuchtung nach jedem Reifenwechsel prüfen.
! An der Vorderradfelge nicht mehr als 80 Gramm Wuchtgewichte anbringen.

- Radachsen in Prismenblöcke legen und Achsschlag mit Messuhr messen.

! Bei Verzug Achse erneuern.
Niemals versuchen, Achse gerade zu richten!

- **Felgenschlag-Prüfung** siehe auch Seite 84, Kapitel Wartung.

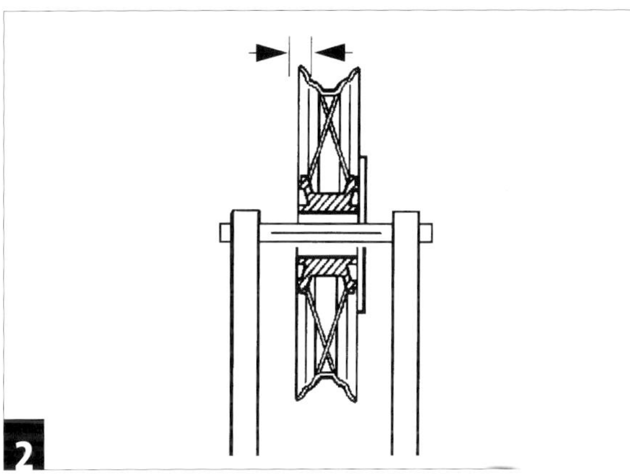

Seitenschlag

- **Verschleißgrenze**
  Gussrad ....1,5 mm
  Drahtspeichenrad ....1,7 mm

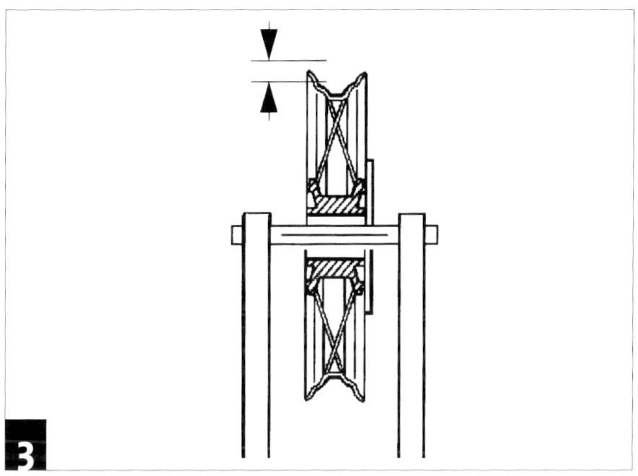

Höhenschlag

- **Verschleißgrenze**
  Gussrad ....1,5 mm
  Drahtspeichenrad ....1,7 mm

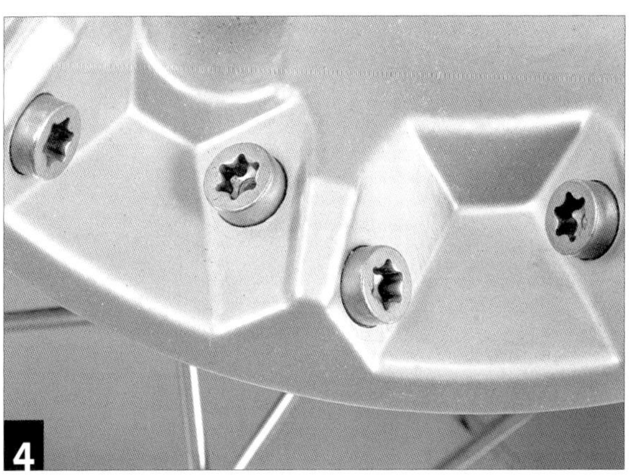

Speichenspann-Nippel

- Madenschrauben ausdrehen (kontern mit 1 Nm).
- Neue Speichen mit Minimum-**Anzugsmoment** montieren (Voranzug 1 Nm, Endanzug 4 Nm).

! Die unter Bild 4 beschriebene Vorgehensweise gilt nur für Notrepararturen unterwegs. Und kann nur durchgeführt werden, wenn Ersatzspeichen an Bord sind...
! Ob unterwegs oder nicht: anschließend das Rad beim Fachmann vorführen und überprüfen lassen.

18 Frontpartie-Rad

18.3 Wellendichtringe und Radlager

- **Wellendichtringe** mit passendem Schraubendreher o. Ä. aushebeln (Seite 24).
- Dichtring trocken mit passender Stecknuss ohne Verkanten bis zum Aufsitzen einschlagen.

👁 Auf **Einbaulage der Wellendichtringe** achten:
links: großer Innendurchmesser
rechts: kleinerer Innendurchmesser

→ Falsche Einbaulage führt zu Lagerschaden.

- **Radlager** nur bei Beschädigung oder Verschleiß ausbauen (Prüfung siehe Bild 1 Seite 161). Einmal ausgebaut, wandern Radlager auf den Schrott!
- Radnabe auf einer Heizplatte oder mit Industriefön auf 100 °C erwärmen (erleichtert Aus- und Einbau).
- Meist verbreitet ist die folgende Methode: Distanzhülse zwischen den Innenringen der Lager mit langem Dorn zur Seite drücken und Lager am Innenring schrittweise über Kreuz austreiben, um das Aufweiten der Lagersitze zu vermeiden (Bild 1).
- Distanzhülse entnehmen und gegenüberliegendes Lager schrittweise über Kreuz austreiben. Der Haken dabei: Bei neueren BMW-Konstruktionen wird ein zweiter Stützring auf der gegenüber liegenden Seite verbaut, der diese Vorgehensweise erschwert, wenn nicht unmöglich macht: bei einem zweiten Stützring muss dieser beschädigt/gequetscht werden, was zum einen unschön ist, zum anderen Nacharbeit zur Wiederverwendung bedeutet.
- Die schonendste Methode des Lagerausbaus ist ab Bild 2 beschrieben.

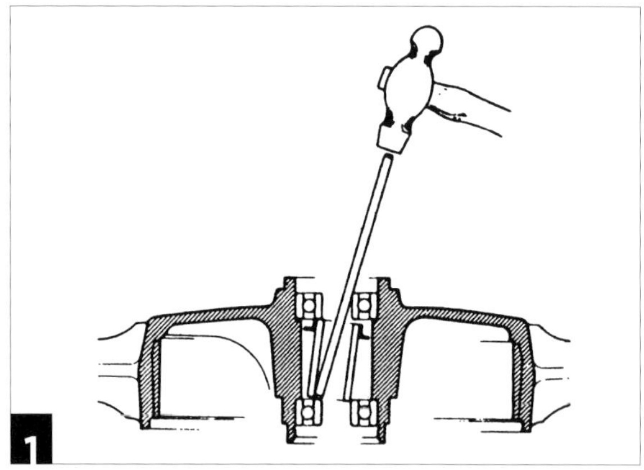

Ausbau der Radlager

- Traditionelle Methode: Schrittweise über Kreuz austreiben, sonst weiten bei ungestümem Vorgehen die Lagersitze auf!

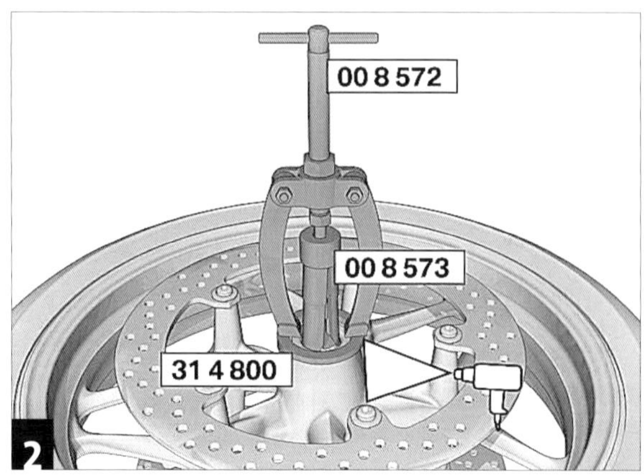

Ausbau Radlager/rechts

- Rechtes Radlager mit Stützring, Gegenstütze und Innenauszieher ausbauen.

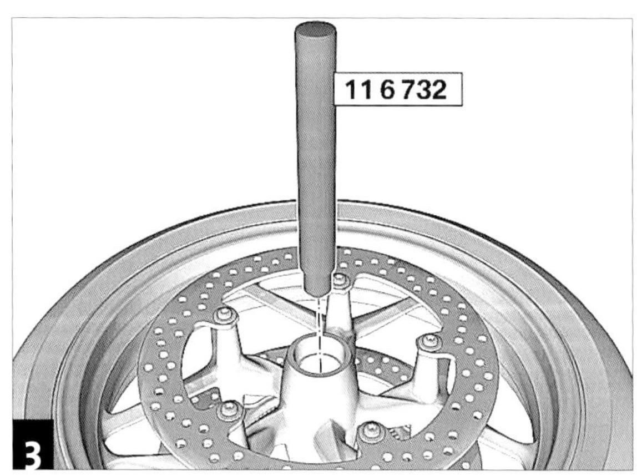

Ausbau Radlager/links

- Linkes Radlager mit Schlagdorn ausbauen (BMW-Nr. 11 6 732).

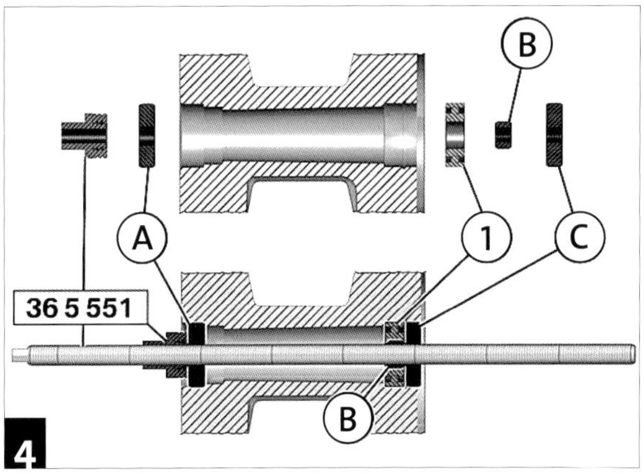

Einbau der Radlager/links

1 Linkes Lager
A Scheibe Ø 52 mm
B Scheibe mit Gewinde Ø 25 mm
C Scheibe mit Gewinde Ø 52 mm

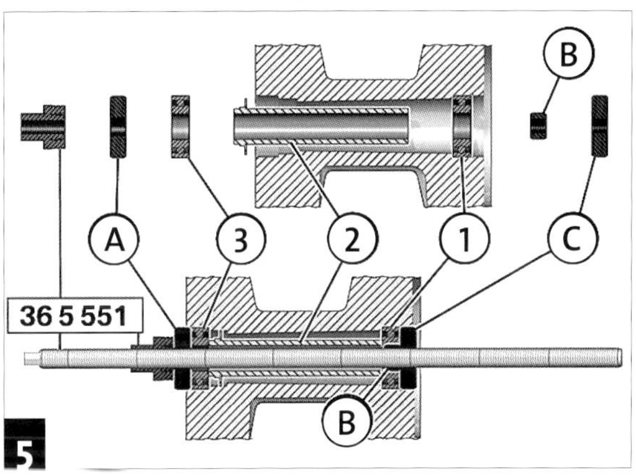

Einbau der Radlager/rechts

1 Linkes Lager
2 Distanzhülse
3 Rechtes Lager
- **A**, **B** und **C** siehe Bild 4.

Einbau

TIPP

- Neue Radlager über Nacht ins Tiefkühlfach legen.
- Mit warmer Radnabe (100 °C) schlupft das Lager dann fast von selbst in seinen Sitz. Die gegensätzliche Materialveränderung schont die Lagersitze!

- Radlager mit Spezialwerkzeug, das relativ leicht selbst improvisiert werden kann, einbauen (Bild 4).
- Lagersitze reinigen.
- Radnabe auf einer Heizplatte oder mit Industrieföhn auf 100 °C erwärmen.

! Lager nur am Außenring eintreiben, nicht auf Innenring oder gar Kugeln schlagen!

- Radlager mit passender Stecknuss ohne Verkanten bis zum Aufsitzen einschlagen.
- Distanzhülse einsetzen und gegenüberliegendes Lager soweit eintreiben, bis Distanzhülse praktisch spielfrei zwischen den Lagern sitzt.

! Distanzhülse darf kein Spiel haben (Fingerprobe).

- Die BMW-Werkstatt treibt einen höheren Aufwand, und zwar aus gutem Grund: Mit der langen Spindel mit Einziehmutter (BMW-Nr. 36 5 551), der Scheibe **A** (BMW-Nr. 36 5 554) und den Scheiben **B** , **C** (BMW-Nr. 36 5 553) ist das Einziehen der Lager ohne Verkanten bei höchster Lager- und Lagersitz-Schonung gewährleistet. Diese Werkzeuge können günstig mit Gewindestangen und passenden Unterlagscheiben improvisiert werden.
- Lagersitze reinigen.
- Radnabe auf einer Heizplatte oder mit Industrieföhn auf 100°C erwärmen.
- **Zuerst linkes Lager** in Lagersitz einsetzen und mit langer Spindel sowie Einziehmutter, Scheibe **A**, **B** und **C** bis zum Aufsitzen einziehen (Bild 4).
- Distanzhülse **2** Bild 5 einsetzen.

👁 Darauf achten, dass Distanzhülse plan und ohne zu verkanten auf Lager sitzt.

! Beim Einziehen des rechten Lagers genau darauf achten, dass sich das linke Lager nicht von seinem Sitz löst und verkantet. Sonst können Radachse, Felge oder Bremssattel beschädigt werden. Beim ABS System kann es zu fehlerhafter Signalgebung des Sensors führen.

- Rechtes Lager in Lagersitz einsetzen.
- Scheibe **A** und Einziehmutter einbauen.
- Lager bis zum Anliegen an der Distanzhülse einziehen.
- Radnabe abkühlen lassen und ggf. Wellendichtringe einbauen.

19 Frontpartie-Lenker

19.1 Aus- und Einbau

! Verbogenen Lenker nicht versuchen wieder gerade zu richten, sondern umgehend ersetzen! Gefahr des Dauerbruchs!
- Zuerst Schalter und Armaturen ausbauen, dann Lenker aus Klemmböcken nehmen und einbauen.

Schalter und Armaturen

! Maschine sicher aufbocken, ggf. mit improvisiertem Hilfsständer, damit Lenker nicht hin- und herschwenkt.

! Falls nur der Lenker gewechselt werden muss, Bremsschlauch nicht trennen, sondern Bremsarmatur abnehmen und waagrecht festlegen, damit keine Luft in den Bremsschlauch gelangen kann. Genauso auch mit Kupplungshydraulik verfahren.

! Falls Pumpe(n) gewechselt werden muss/müssen, Flüssigkeit absaugen und Schlauchanschluss an der Pumpe ausbauen, bevor sie vom Lenker abgenommen wird.

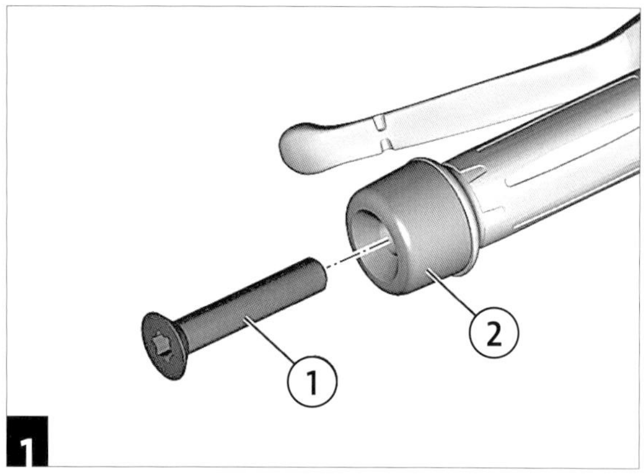

1

Lenkergewicht aus- und einbauen
- Lenkergewicht mit Handschutz siehe Seite 186.

1 Lenkergewicht
2 Schraube
Anzugsmoment M10 x 50 .... 40 Nm

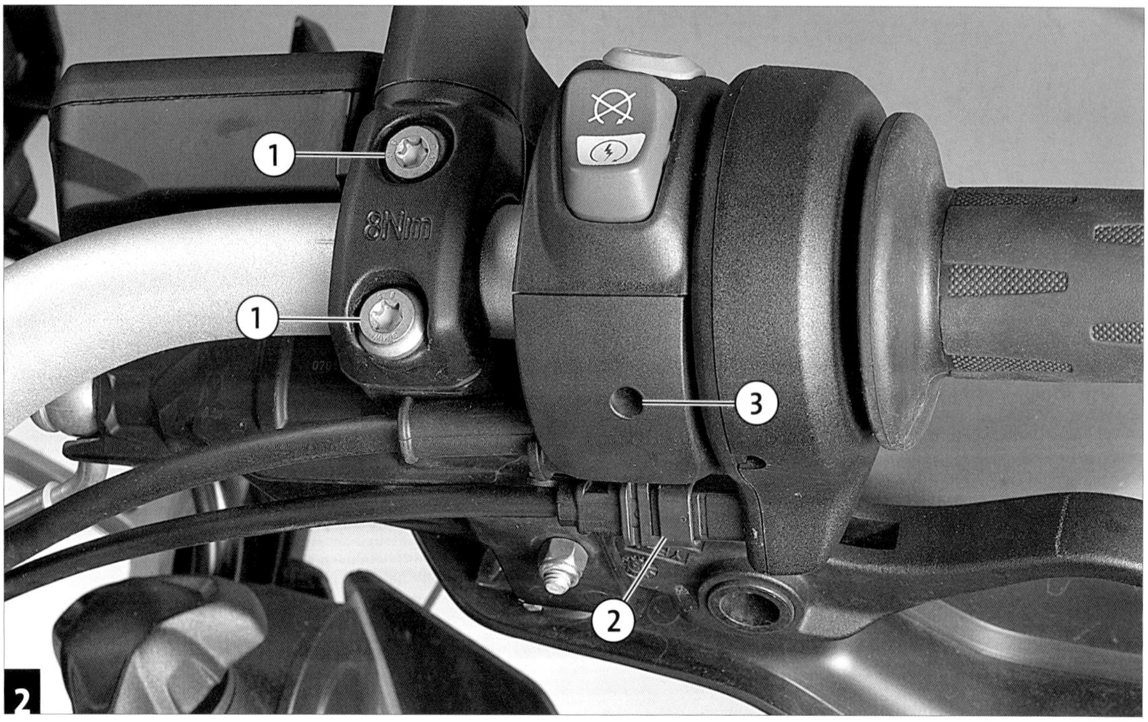

2

Armatur und Kombischalter rechts

1 Schrauben/Bremsarmatur
2 Stecker Gasgriff
3 Schraube Kombischalter-Deckel

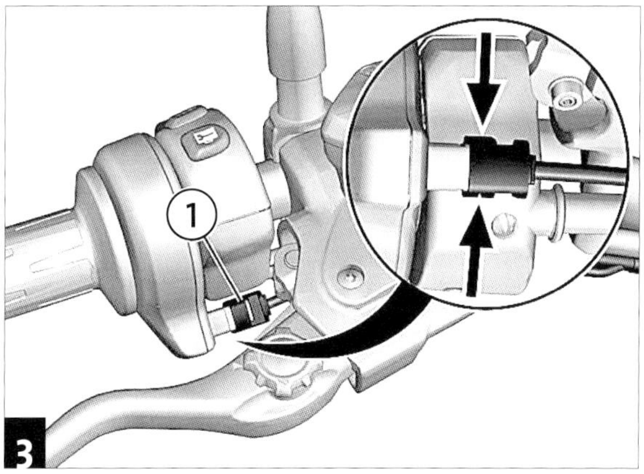

Gasgriffstecker (eGas)

- Stecker **1** eindrücken (Pfeile) und abziehen.

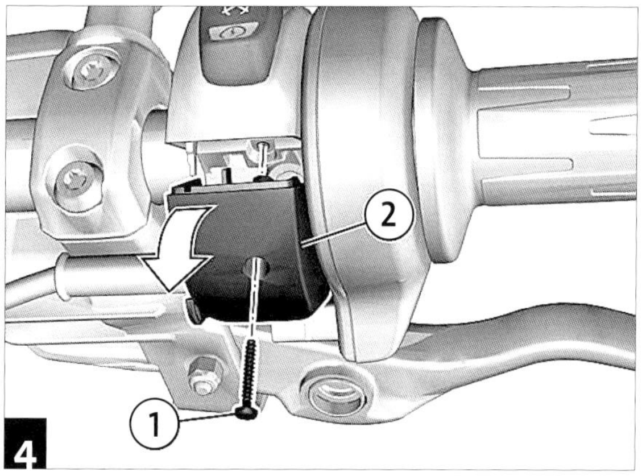

Kombischalter rechts

- Schraube **1** ausdrehen.
- Abdeckung **2** etwas nach unten ziehen.

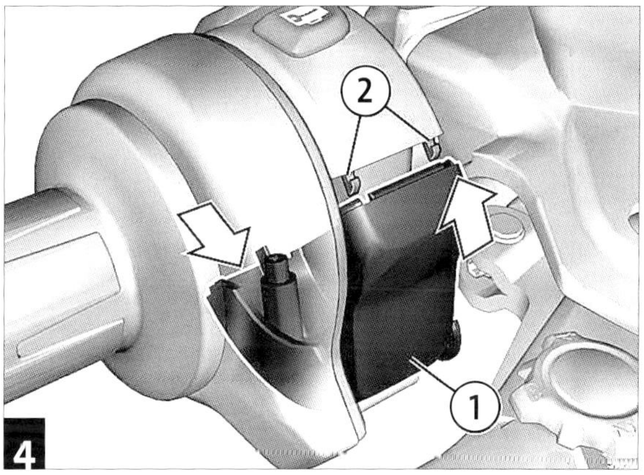

Kombischalter rechts

- Abdeckung **1** nach vorn oben drücken und abnehmen. Dabei auf Haltelasche **2** achten.

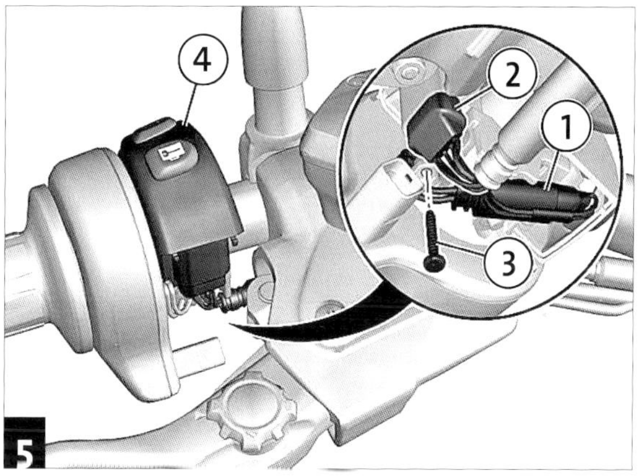

Kombischalter rechts

- Stecker **1** (Griffheizung, so vorhanden, ansonsten Blindkappe trennen).
- Stecker **2** (Kombischalter) trennen. Schraube **3** ausdrehen und Kombischalter **4** abnehmen.

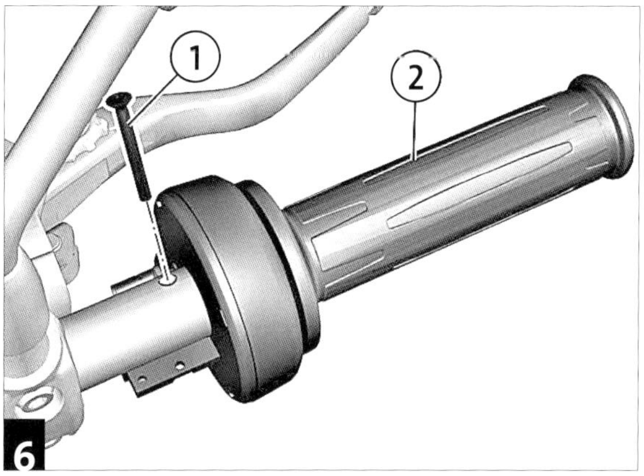

Gasgriff

- Schraube **1** ausdrehen und Gasgriff **2** abnehmen.
  Anzugsmoment M3,5 x 30 .... 2 Nm

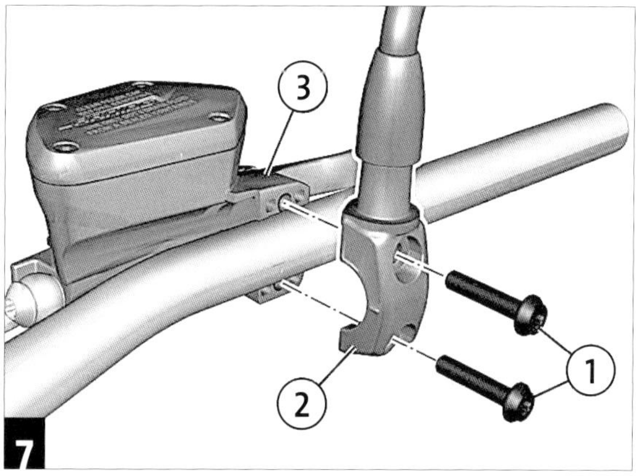

Bremsarmatur

- Schrauben **1** ausdrehen, Klemmbock **2** und Handpumpe **3** abnehmen. Handpumpe **3** festlegen siehe Bild 8.

19 Frontpartie-Lenker

19.1 Aus- und Einbau
Fortsetzung

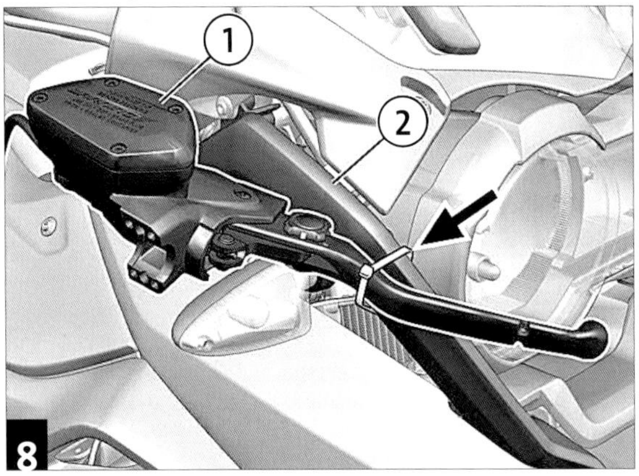

Pumpe sichern
- Handpumpe **1** mit Kabelbinder (Pfeil) waagrecht am Frontträger **2** befestigen, damit keine Luft ins Hydrauliksystem gelangen kann.

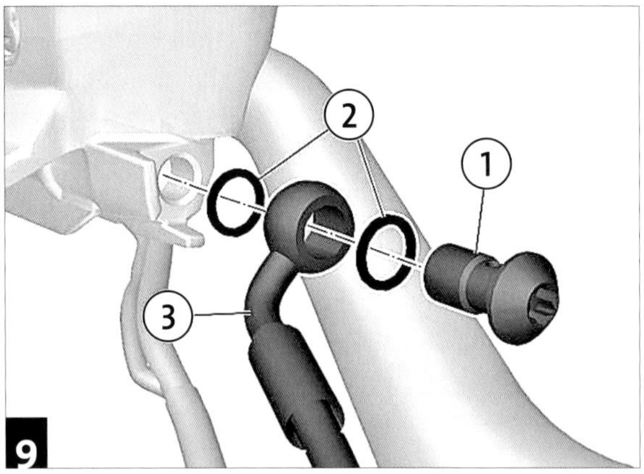

Hydraulikanschluss
- Falls Pumpe gewechselt werden soll, Schlauchanschluss **1** lösen. Schlauch **3** mit zwei neuen Dichtscheiben **2** montieren.
  Anzugsmoment M10 x 1 .... 24 Nm

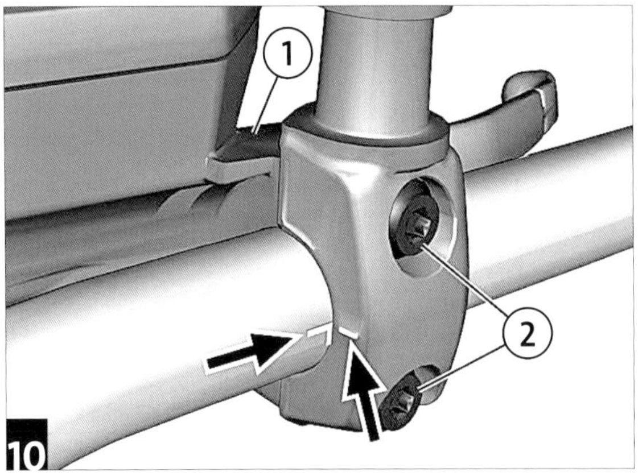

Pumpe einbauen
- Handpumpe **1** ansetzen, Schrauben **2** handfest anziehen und auf Markierungen ausrichten.
- Zuerst obere Schraube **2** auf Block ziehen.
  Anzugsmoment M6 x 30 .... 8 Nm

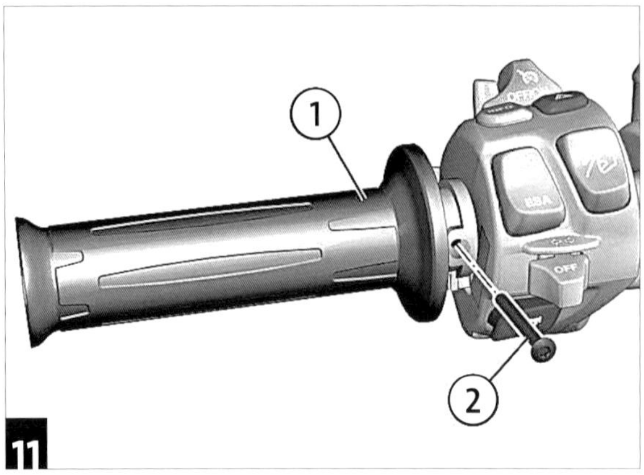

Griffeinheit links
- Griffgummi **1** etwas zurückziehen und Schraube **2** ausdrehen.
  Anzugsmoment M3,5 x 30 .... 2 Nm

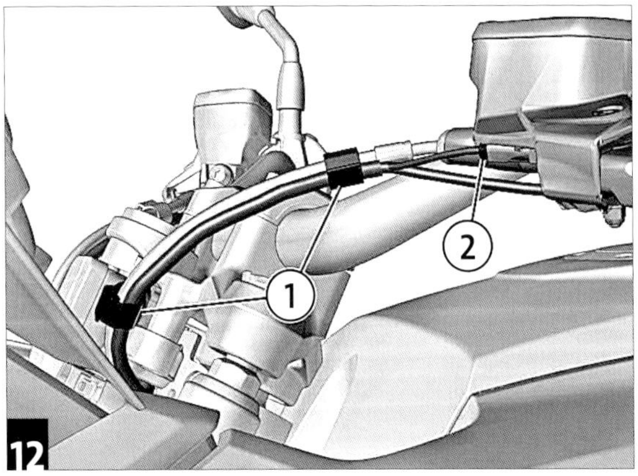

Griffeinheit links
- Halter **1** abnehmen und Stecker **2** (Kupplungsschalter) trennen.

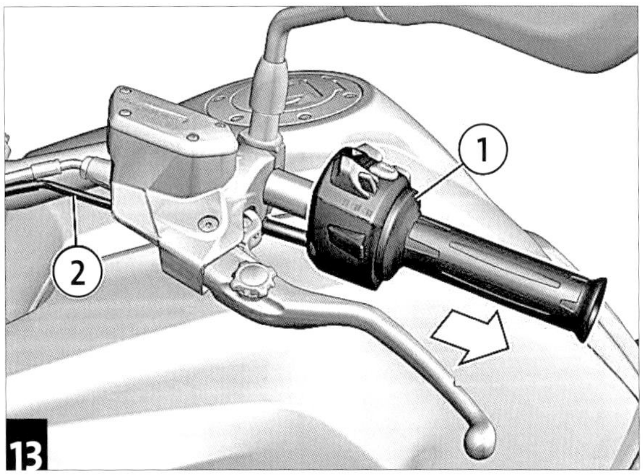

Griffeinheit links
- Lenker nach links schwenken.
- Griffeinheit **1** abziehen. Dabei auf Kabel **2** achten.

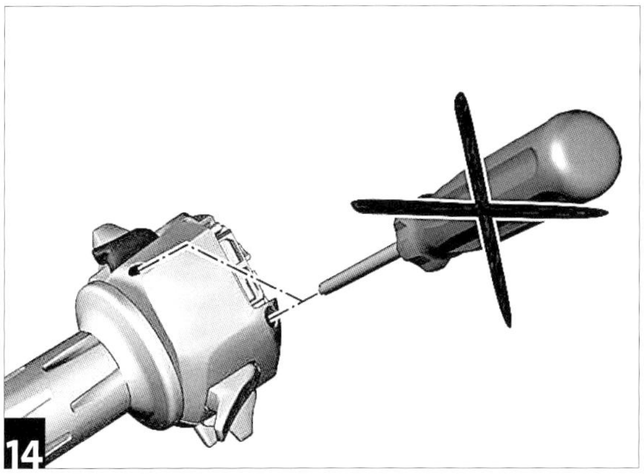

Griffeinheit links

! Keinesfalls versuchen die Schrauben auszudrehen, um das Gehäuse zu öffnen. Dabei werden feine Leiterbahnen und Isolierlack beschädigt.

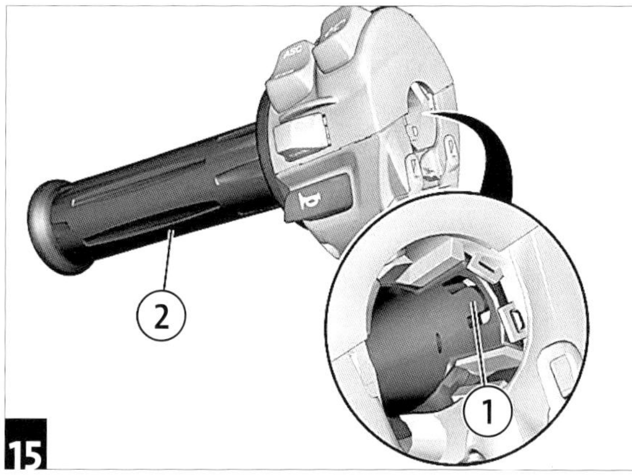

Griffeinheit links

- Nase **1** etwas hochziehen und Griff **2** abziehen. Beim Einbau muss Griff mit Nase einrasten.

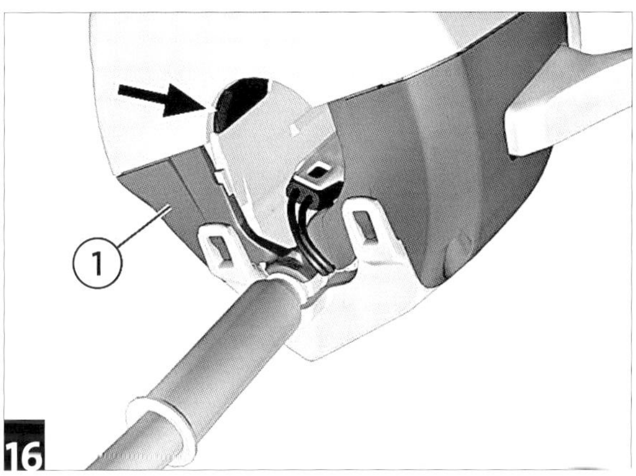

Griffeinheit links

- Beim Einbau der Griffeinheit **1** gezeigten Bereich (Pfeil) mit Silikonspray behandeln.

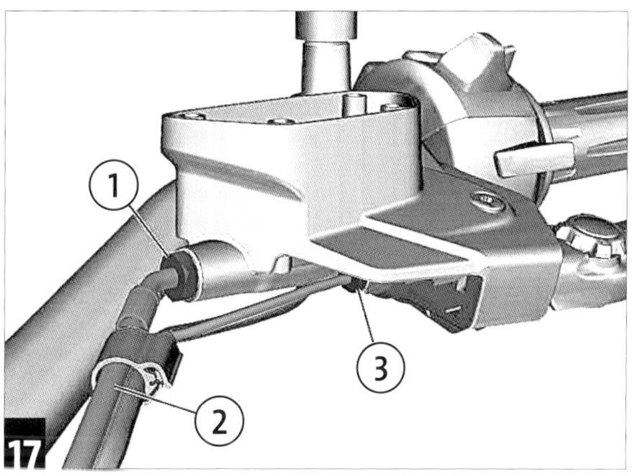

Kupplungsarmatur

- Armatur wie Bremspumpe behandeln (Bilder 7 und 8).
- Zum Ersetzen Stecker **3** trennen, Anschluss **1** ausdrehen und Schlauch **2** abnehmen.

1 Anzugsmoment M10 x 1 .... 7 Nm

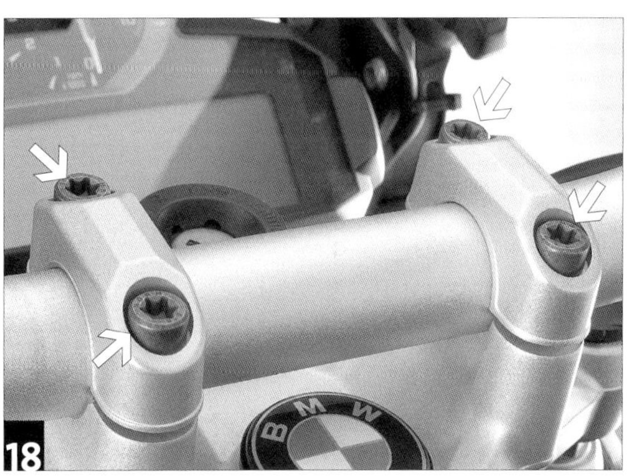

Lenkerklemmbock

- Vier Schrauben ausdrehen. Lenker abnehmen.
- Beim **Einbau** zuerst vordere Schrauben auf Block handfest anziehen (Spalt ist hinten), dann hintere.
- **Anzugsmoment** M8 x 35...................... 19 Nm

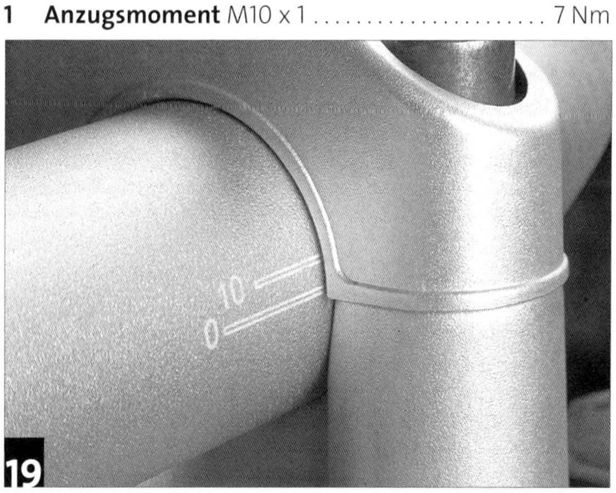

Lenkermarkierung

- Zur Anpassung an den Fahrer kann der Lenker im gezeigten Bereich eingestellt werden.

- Die 0°-Markierung bei Straßenbetrieb verwenden.
- Die 10°-Markierung empfiehlt sich zum stehend Fahren im Gelände.

20 Federbein & Gabel

20.1 Aus- und Einbau

Federbein aus- und einbauen

- Motorheber/Scherenheber unter Motor stellen/ einbauen.
- Sitze ausbauen (Seite 28).
- Ansaugrohr von Drosselklappen links und rechts lösen (Seite 92).
- Tankverkleidung und Tank ausbauen.
- Ausgleichsbehälter für Kühlmittel lösen (Seite 128).
- Luftfiltergehäuse ausbauen (Seite 92).

Federbein Befestigung unten

- Beim Einbau Schraubensicherung beigeben (Loctite 2701, hochfest).
  Anzugsmoment M10 x 1,5 x 55 - 10.9 .... 56 Nm
  (Beispielbild vom Vorgängermodell.)

Federbein-Befestigung oben

- Mutter ausdrehen und dabei am Federbeinbolzen gegenhalten.
- Mutter mit Scheibe und Distanzpuffer abnehmen.
- Fahrzeug mit Scherenheber anheben und Federbein nach vorn herausnehmen.
- **Anzugsmoment**
  Mutter M10 x 1,25 .... 34 Nm

Abdeckkappen

- Abdeckkappen aushebeln.
- ! Kunststoffwerkzeug benützen, um Lackschäden zu vermeiden!

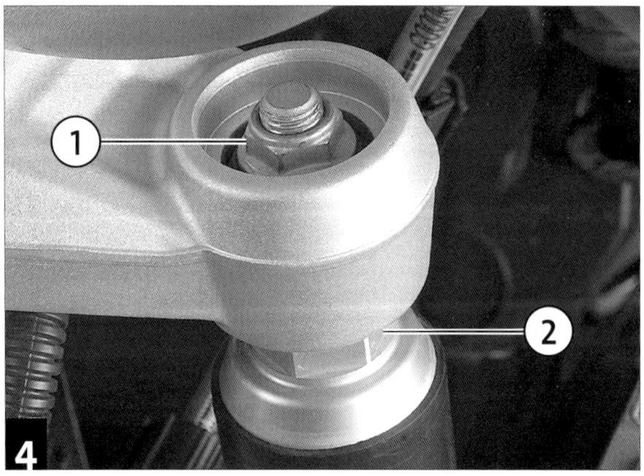

- Mutter **1** ausdrehen, dabei am Sechskant **2** gegenhalten.
- Beim Einbau neue Mutter verwenden.
- **Anzugsmoment** M10 x 1,25 .... 40 Nm

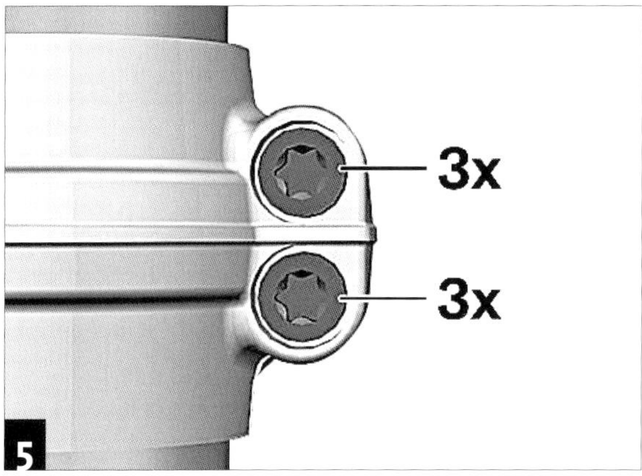

Gabelholm Klemmschrauben

- Gabelholm von unten abstützen und zwei Schrauben ausdrehen. Holm nach unten ausbauen.
- Neue Schrauben (mikroverkapselt) verbauen.
- **Anzugsmoment** M8 x 2 .... 25 Nm

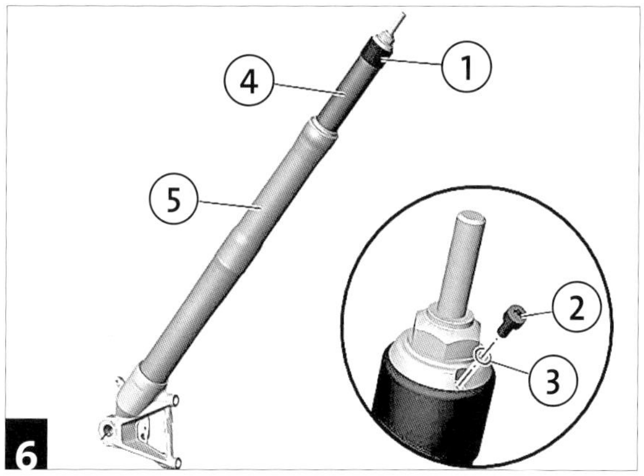

Gabelholm belüften

- Verschlussschraube **2** und Dichtring **3** ausbauen.
- Hülse **1** abnehmen.
- Standrohr **4** aus Tauchrohr **5** ziehen.

2 **Anzugsmoment** M4 x 8 (neuer Dichtring)....2,3 Nm

- Gabelholm belüften: Gabelholm bis zum Anschlag in die Gabelbrücke schieben. Verschlussschraube **2** Bild 6 ausdrehen und Dichtring **3** entsorgen. Verschlussschraube mit neuem Dichtring lose eindrehen. Standrohr bis Anschlag in obere Gabelbrücke einschieben und Verschlussschraube anziehen.

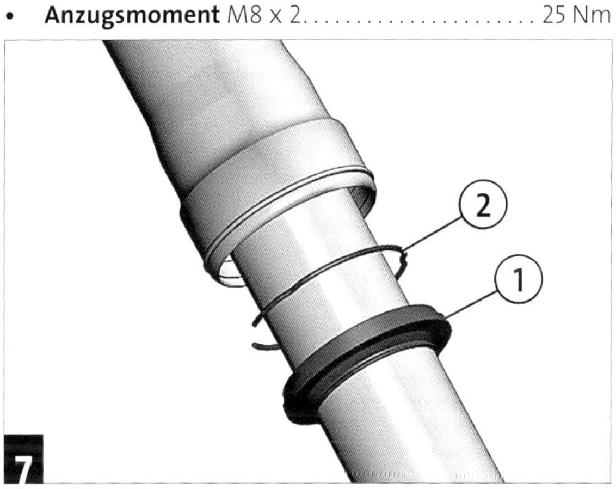

Staubschutzkappe

- Staubschutzkappe **1** mit kleinem Schraubendreher loshebeln und Sicherungsring **2** ausfedern.

Gabelholm ausbauen

- Bremssättel vorn lösen.
- Vorderrad ausbauen.

! Standrohr nur soweit aus dem Gleitrohr herausziehen, wie der normale Arbeitsbereich reicht. Wenn Standrohr weiter herausgezogen wird, kann die Dichtlippe des Wellendichtrings im Gleitrohr durch scharfkantige Entüftungsbohrung beschädigt werden.

- Gabelöl über die Belüftungsschraube **2** Bild 6 ablassen und befüllen.
  Füllmenge
  Teleskopgabelöl SAE 10 ....485 ml
  Füllhöhe
  (von Oberkante ohne Standrohr).......133 – 137 mm

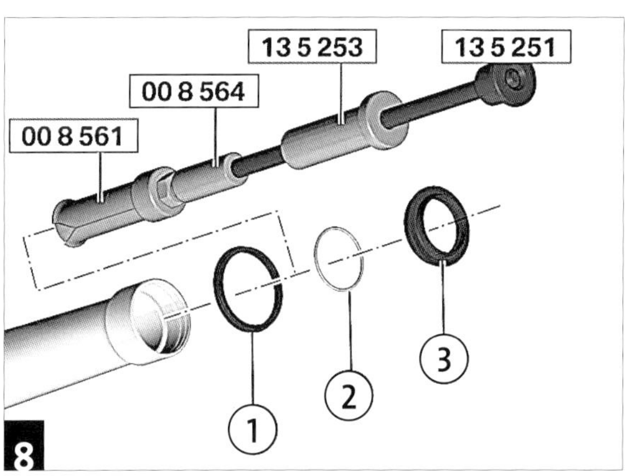

Dichtring ausbauen

- Dichtring **3** mit BMW-Werkzeug nach dem Ziehhammer-Prinzip ausbauen.

1 Staubschutzkappe
2 Sicherungsring

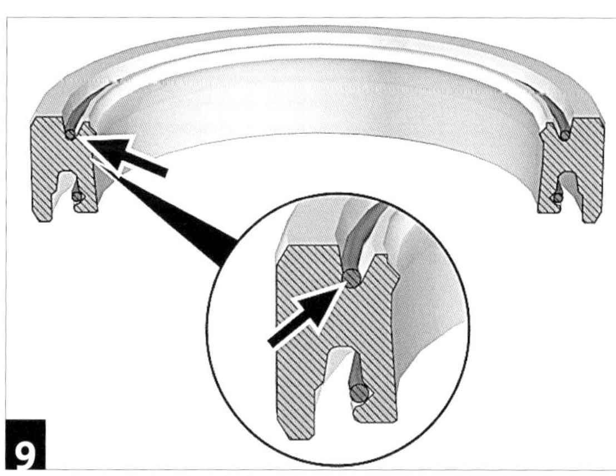

Dichtring einbauen

- Dichtring leicht ölen und mit der kleinen Vertiefung (Pfeil) nach oben weisend auf Standrohr schieben.
- Standrohr mit Dichtring in Tauchrohr einsetzen.

! Schraube in der Bohrung an der Achsführung nicht ausdrehen! Dadurch wird das Gleitrohr dauerhaft undicht. Die Schraube dient der Befestigung eines Verdrängungskörpers. Schraube ist keine Ölablassschraube!

20 Federbein & Gabel

20.1
Aus- und Einbau
Fortsetzung

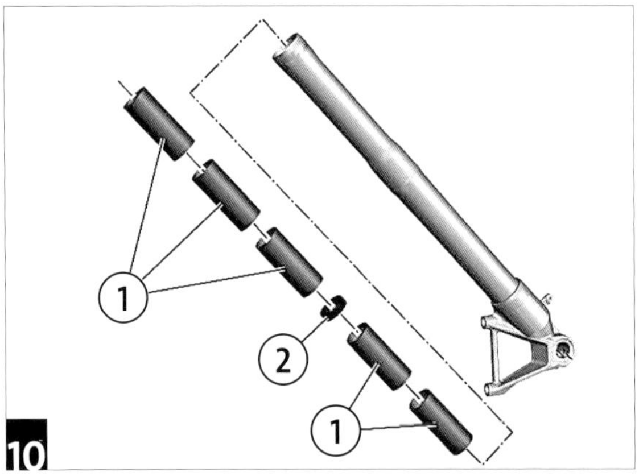

Gabel bestücken
- Hülsen **1** und Buchse **2** in Tauchrohr einsetzen. In diesem Zustand Füllhöhe messen (133 – 137 mm).

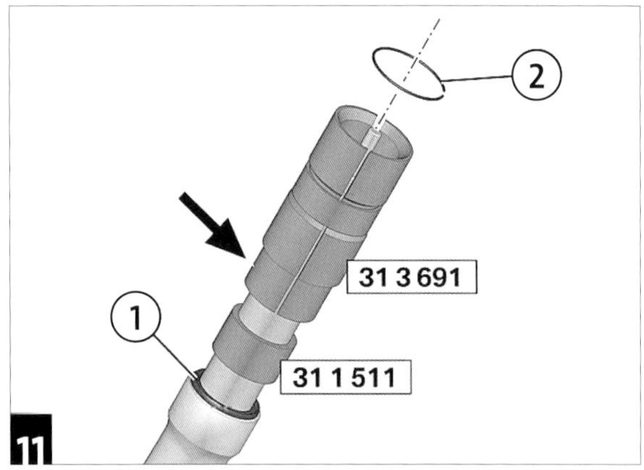

! Standrohr nur soweit aus dem Gleitrohr herausziehen, wie der normale Arbeitsbereich reicht. Wenn Standrohr weiter herausgezogen wird, kann die Dichtlippe des Wellendichtrings im Gleitrohr durch scharfkantige Entüftungsbohrung beschädigt werden.
- Gabelholm befüllen und entlüften siehe Bild 6 Seite 201.
- Zweiten Gabelholm einsetzen. Steckachse eindrehen und damit Gleitrohr ausrichten.

Abdeckung Ringantenne
- Zwei Schrauben ausdrehen und Deckel abnehmen.

Ringantenne Stecker
- Kabelbinder trennen und zwei Stecker trennen.

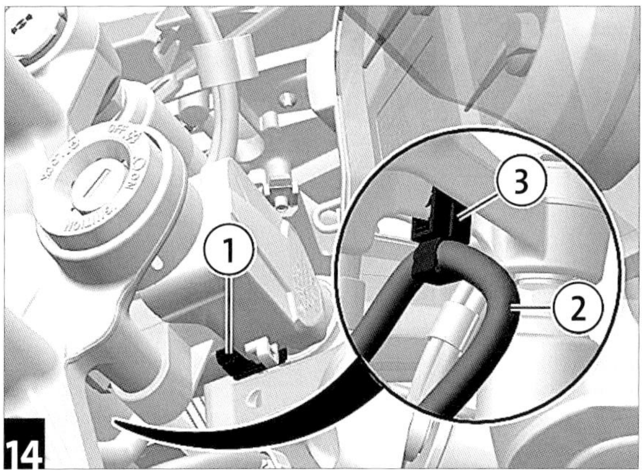

Zündschlosskabel

- Kabel **2** freilegen aus Aufnahme **3** und Stecker **1** trennen.

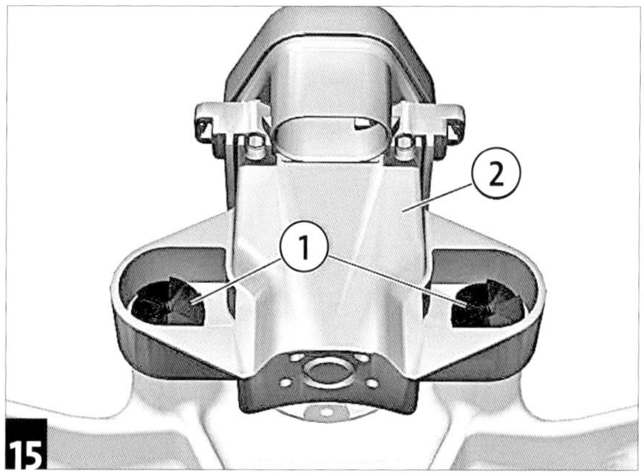

Fächerschrauben

- Schrauben **1** vorbohren mit 4,5-mm-Bohrer (6 mm tief). Ausbohren mit 8,5 mm (max. 6 mm tief).
- Zündschloss **2** abnehmen.

- Neue Fächerschrauben mit BMW-Werkzeug 51 0 531 eindrehen.

Anzugsmoment 20 Nm

- Lenker abbauen.

Emblem

- Emblem vorn eindrücken und von hinten aushebeln.

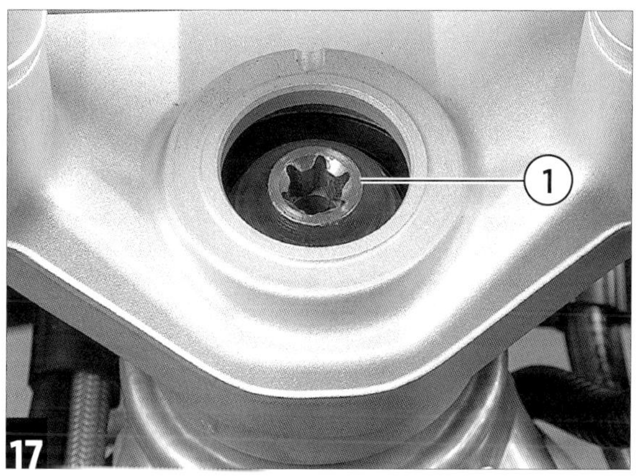

Lenkkopfverschraubung

- Schraube **1** ausdrehen und Gabelbrücke abnehmen.
- Bei Montage mittelfeste Schraubensicherung (Loctite 243) beigeben.
  Anzugsmoment M14 x 1,5 . . . . 130 Nm

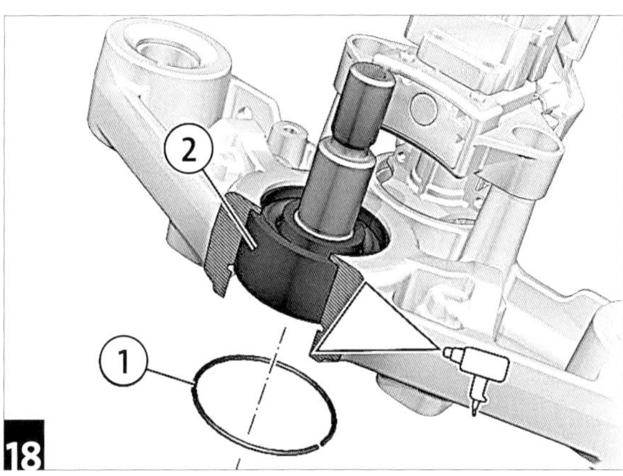

Schrägkugellager ersetzen

- Sicherungsring **1** ausfedern und Gabelbrücke auf 100 °C erwärmen. Mit passendem Rundmaterial Schrägkugellager **2** ausdrücken.
- Beim Einbau erwärmen (100 °C) und mit passendem Rundmaterial am Außenring eindrücken.

20 Federbein & Gabel

20.1 Aus- und Einbau
Fortsetzung

- Gelenk mit Schlagdorn von oben einpressen.
- Sprengring **2** einbauen.
- Manschetten **1** und **4** mit passendem Werkzeug einsetzen.

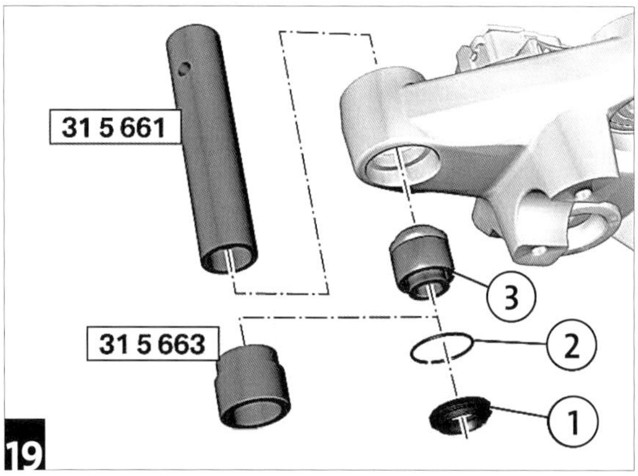

Topfgelenke ausbauen
- Parallelität der Standrohre bei montierten Topfgelenken prüfen (Seite 173).
- Manschette **1** und Sprengring **2** ausbauen.
- Buchse 31 5 663 unterlegen und Gelenk **3** mit Schlagdorn 31 5 661 von unten auspressen.

Längslenker aus- und einbauen
- Motorheber/Scherenheber unter Motor stellen.
- Gabel mit Spanngurt gegen Ausfedern sichern. Untere Federbein-Befestigung (Bild 1 Seite 168) ausdrehen.
- Längslenker-Mutter ausbauen (Bild 21).
- Beim Einbau neue Mutter verwenden (mikroverkapselt).
- Längslenker vom Motor lösen.
- Gabel nach vorn ziehen und Längslenker vorsichtig herausführen, bzw. einsetzen. Gleitrohre dabei nicht zu weit ausfedern (Spanngurtsicherung).

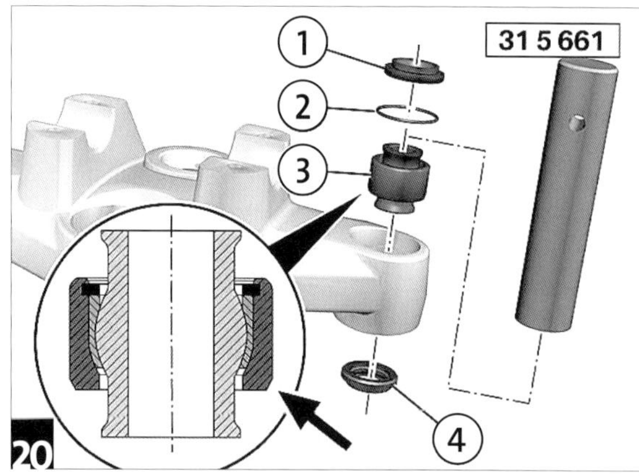

Topfgelenke einbauen
- Schutzmanschetten **1** und **4** vom neuen Topfgelenk **3** abnehmen. Gelenk leicht schmieren und mit großer Fase (Pfeil) nach unten ansetzen. Gelenk **3** einpressen und Sprengring **2** einsetzen.

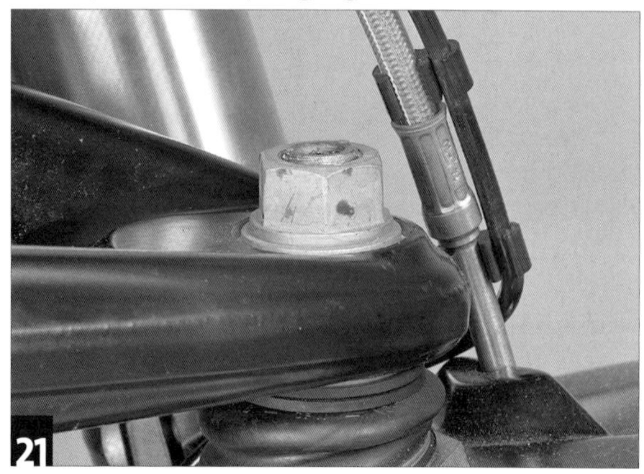

Längslenker Mutter
- Mutter auf 120 °C erwärmen und Mutter ausdrehen. Dabei am Innensechskant gegenhalten.
- **Anzugsmoment** Mutter M14 x 1,5 . . . . 130 Nm

Lenkungsdämpfer
- Vorderrad und Vorderrad-Abdeckung ausbauen.

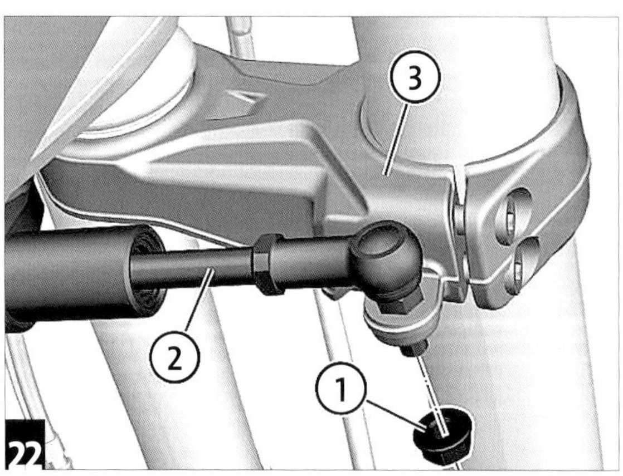

Lenkungsdämpfer
- Mutter **1** ausdrehen und Däpfer **2** von Gabelbrücke **3** abnehmen. Neue, selbstsichernde Mutter beim Einbau verwenden.

1 **Anzugsmoment** . . . . 19 Nm

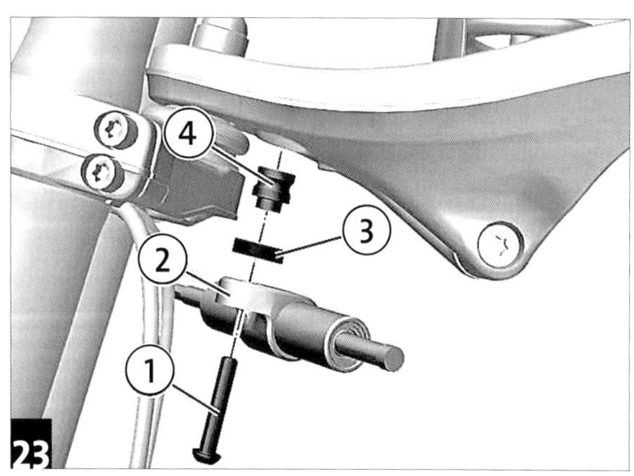

Lenkungsdämpfer
- Schraube **1** ausdrehen und Dämpfer **2** vom Längslenker abnehmen. Es folgen Scheibe **3** und Hülse **4**.

1 **Anzugsmoment** (Loctite 243) . . . . 24 Nm

20.2
Prüfen und Vermessen

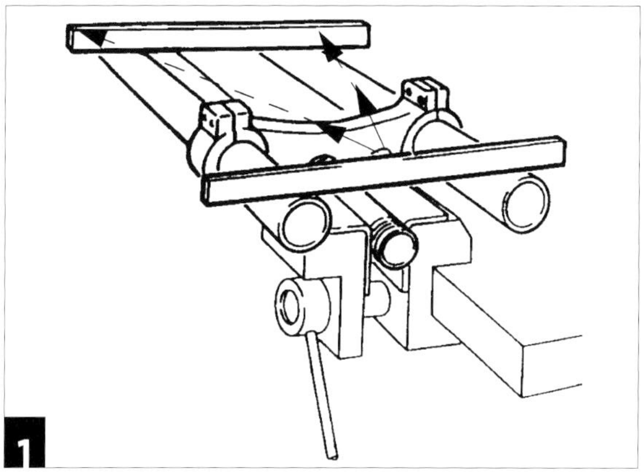

Prüfen und Vermessen

👁 Genau geschliffene Messlineale (z. B. BMW-Nr. 31 4 620) anlegen und durch Visieren auf Verzug kontrollieren.

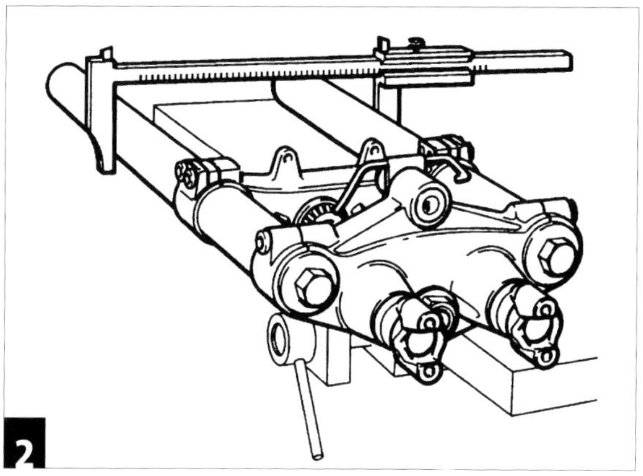

Prüfen und Vermessen

- Klemmschrauben anziehen.
- Topfgelenke einbauen (Seite 178).
- Parallelität der Standrohre mit passendem Messschieber prüfen.

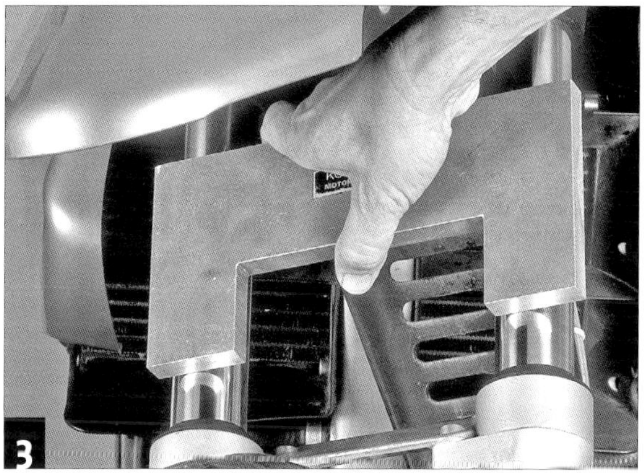

Prüfen und Vermessen

- Verzugfreien Einbau mit geschliffener Metallplatte prüfen.

👁 Platte darf nicht kippeln.
Im Bild F 650 GS.

👁 Nach Unfall Gabel, Längslenker und Gabelbrücken auf Risse, Verzug oder Beschädigung untersuchen.

! Defekte und/oder angerissene Teile nicht richten, sondern durch Neuteile ersetzen.

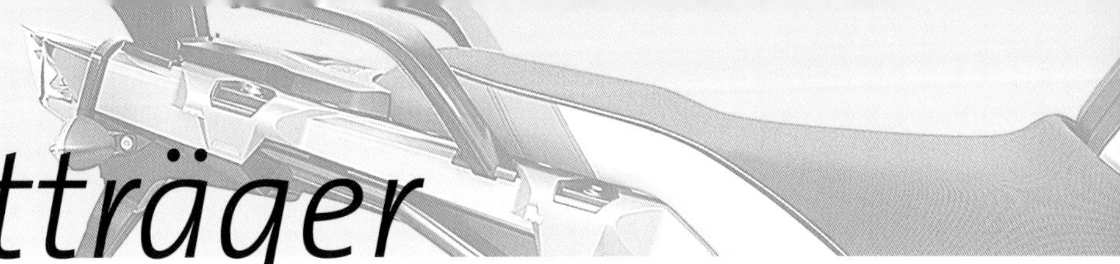

21 Frontträger

21.1 Aus- und Einbau

Vorarbeiten
- Sitze/Sitzbank abnehmen (Seite 28).
- Verkleidung abbauen (ab Seite 29):
- Tankverkleidung komplett abnehmen.
- Beide Seitenteile abnehmen.
- Beide Seitenblenden abnehmen.
- Vorderrad-Abdeckung oben ausbauen.
- Scheinwerfer abbauen (Seite 86).

- Arbeitsgänge gelten gleichermaßen für rechten und linken Frontträger (spiegelbildlich).

Der **Ansaugschnorchel** kann auch montiert bleiben. Schraube **1** Bild 1 muss ausgebaut werden. Der Ausbau erleichtert aber den Zugang zu den anschließenden Arbeitsgängen.

- Schraube **1** ausdrehen.
- Nasen (Pfeile) eindrücken und Schnorchel **2** nach vorn abnehmen.
- In umgekehrter Reihenfolge montieren.

Anzugsmoment
1 M5 .... 2 Nm

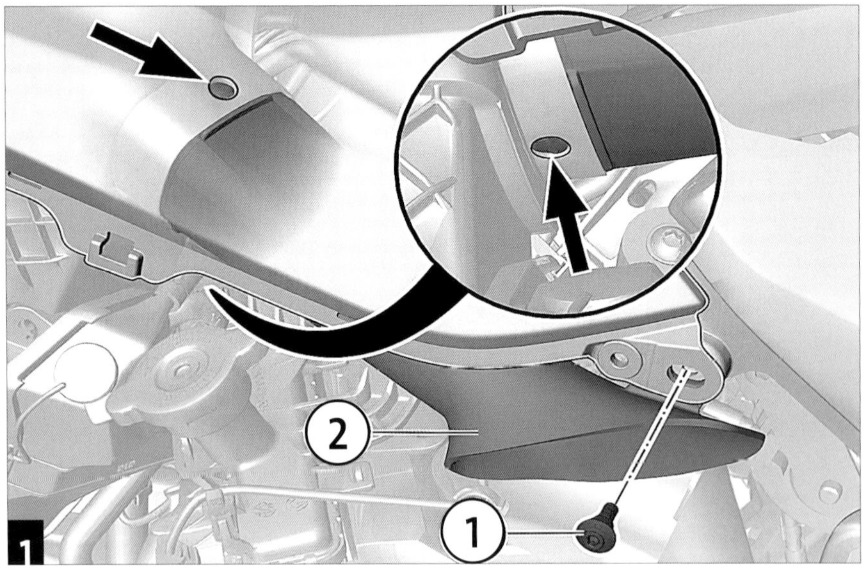

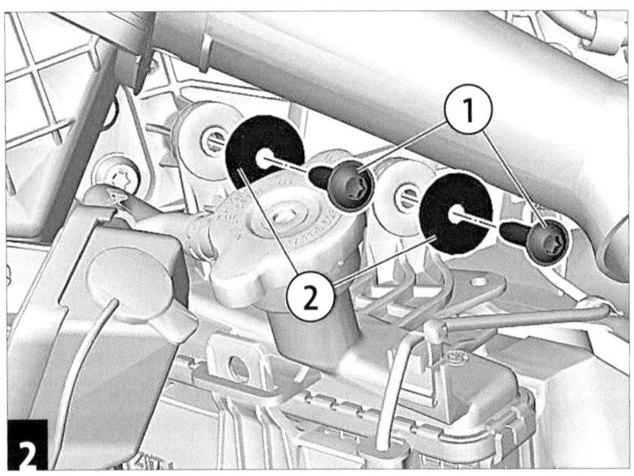

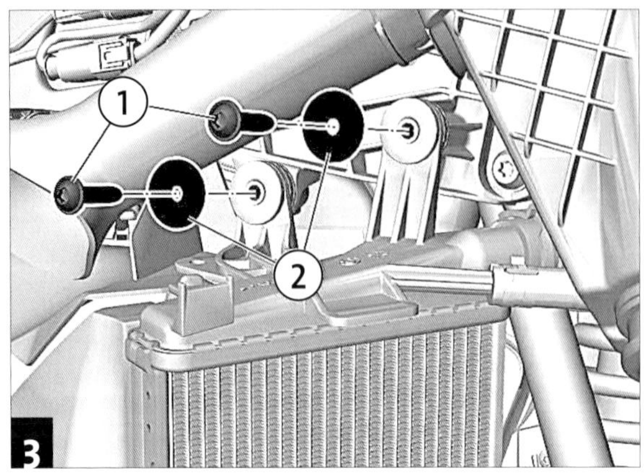

Frontträger links: Kühler rechts lösen
- Schrauben **1** ausdrehen und mit Scheiben **2** abnehmen.

Anzugsmoment
1 Sondergewinde für Leichtmetall 6 x 25....... 12 Nm

Frontträger rechts: Kühler links lösen
- Schrauben **1** ausdrehen und mit Scheiben **2** abnehmen.

Anzugsmoment
1 Sondergewinde für Leichtmetall 6 x 25....... 12 Nm

Frontträger links/rechts
- Schrauben **1** (hinten) und **2** (vorn) ausdrehen.
- Beim **Einbau** neue Schrauben (mikroverkapselt) verwenden oder Schraubensicherung Loctite 243 (mittelfest) beigeben.
- Gewinde reinigen.

Anzugsmoment
1 M6 x 30 .... 8 Nm
2 M6 x 16.......... 8 Nm

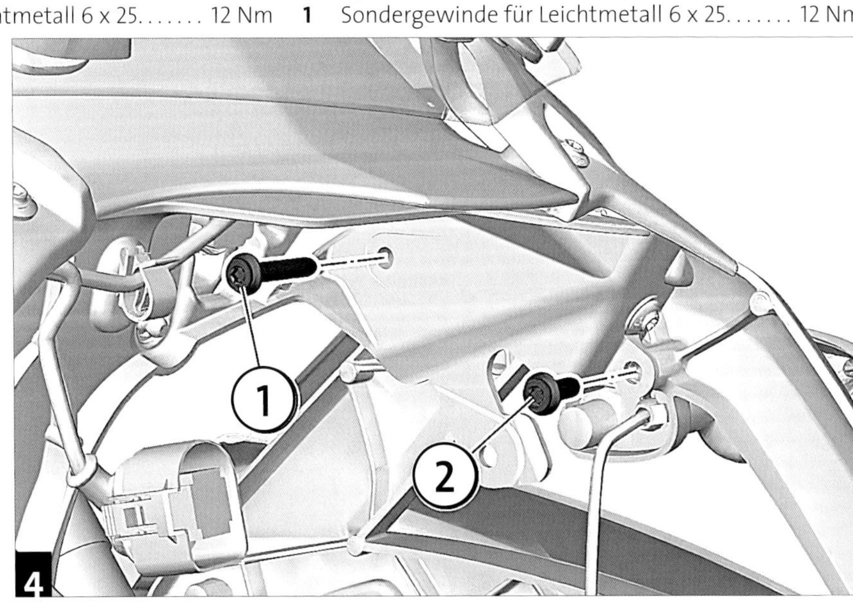

Kabelbaum lösen

- Kabelbinder (Pfeile) trennen.
- Blinkerstecker **1** trennen.
- Kabel **2** für Kabelbaum und Blinkerkabel **3** lösen.
- Stecker Hupe trennen und Befestigungsschraube **4** ausdrehen. Hupe abnehmen.

Anzugsmoment

4 M8 x 18 10.9 . . . .18 Nm

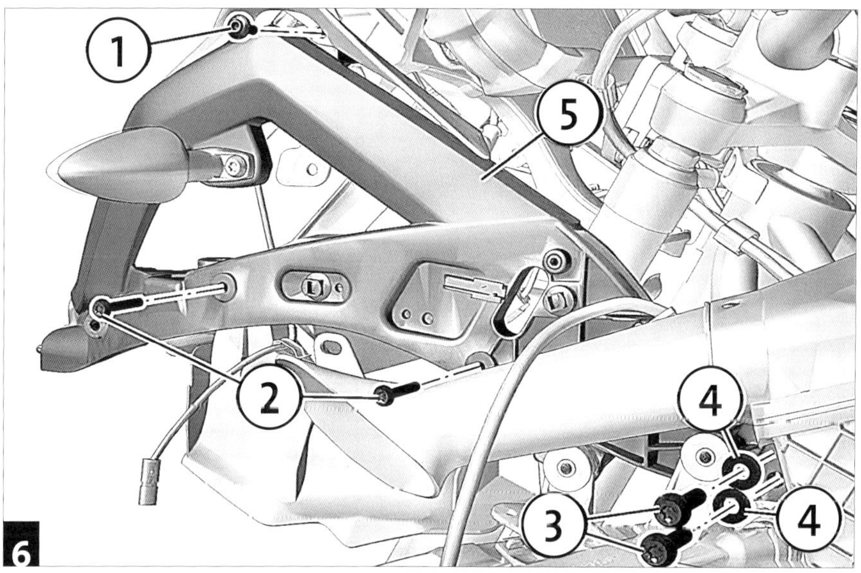

- Schrauben **1** und **2** ausdrehen.
- Schrauben **3** ausdrehen und mit Scheiben **4** abnehmen.
- Frontträger **5** abnehmen.
- Beim **Einbau** neue Schrauben **3** (mikroverkapselt) verwenden oder Loctite 243 (mittelfest) beigeben.
- Gewinde reinigen.

Anzugsmoment

1/2 M5 . . . . .2 Nm
3 M8 x 30 . . . . .19 Nm

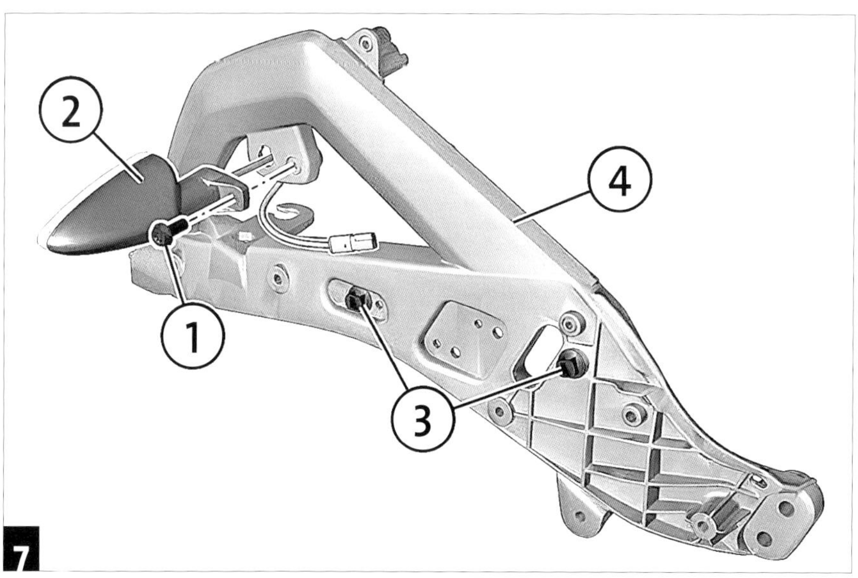

Frontträger ersetzen

- Schraube **1** ausdrehen und Blinker **2** abnehmen.
- Halter **3** am neuen Frontträger **4** anbringen.

Anzugsmoment

1 M6 x 16. . . . . .4 Nm

22 Heckrahmen

22.1 Aus- und Einbau

Vorarbeiten
- Sitze/Sitzbank ausbauen (Seite 28).
- Motorsteuergerät lösen (Seite 184).
- Schalldämpfer abkleben.
- Schalldämpfer lösen (Seite 98).
- Gepäckbrücke ausbauen (ab Seite 35).
- Heckteil ausbauen (ab Seite 35).
- Kennzeichenträger ausbauen (ab Seite 34).
- Hinterradabdeckung lösen (ab Seite 34).
- Zum Ausbau des Federbeins können die letzten vier Punke vernachlässigt werden, siehe Bild 6.

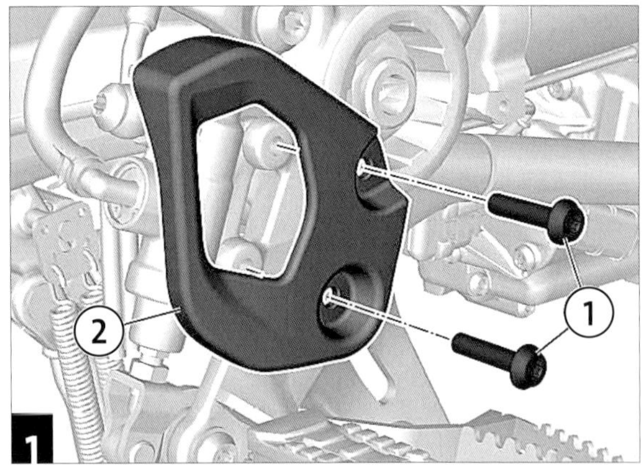

Fersenschutz links und rechts
- Schrauben **1** ausdrehen und Fersenschutz **2** abnehmen.
  Anzugsmoment M6 x 20 .... 8 Nm

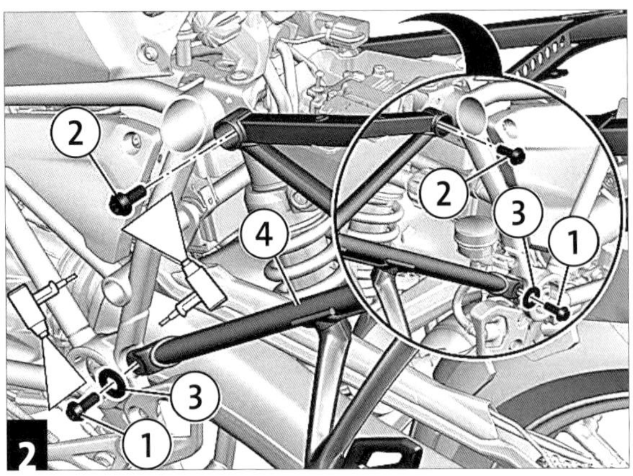

Heckrahmen
- Schrauben **1** und **2** mit Fön erwärmen (80 °C).
- Schrauben ausdrehen und ggfs. mit Scheiben **3** abnehmen.

! Bauteile nicht durch Verkratzen beschädigen.
- Heckrahmen **4** vorsichtig nach oben ausbauen.

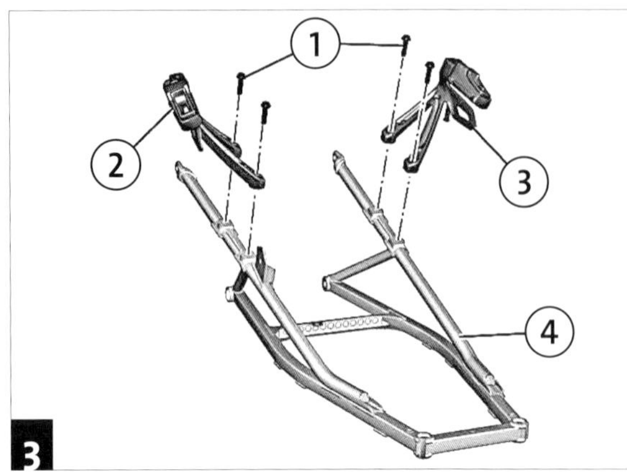

Sozius-Fußrastenhalter
- Schrauben **1** ausdrehen und Sozius-Fußrastenhalter **2** und **3** vom Rahmen **4** abnehmen.

1 **Anzugsmoment** M8 x 30 - 10.9............... 38 Nm

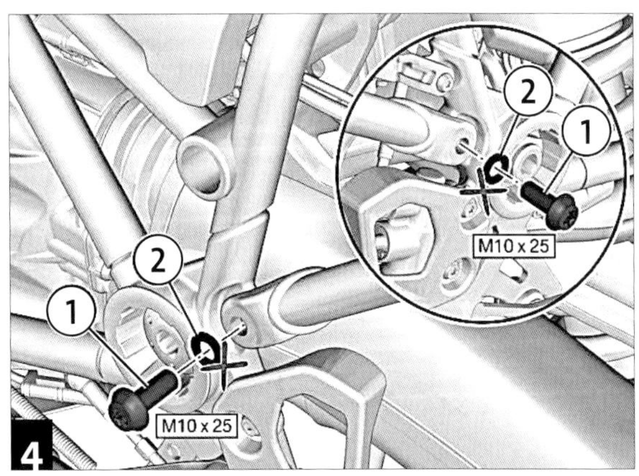

Heckrahmen einbauen
- Bei kurzen Schrauben **1** (25 mm lang) entfallen die Scheiben **2**. Scheiben **2** nur bei Schraubenlänge 30 mm verwenden.

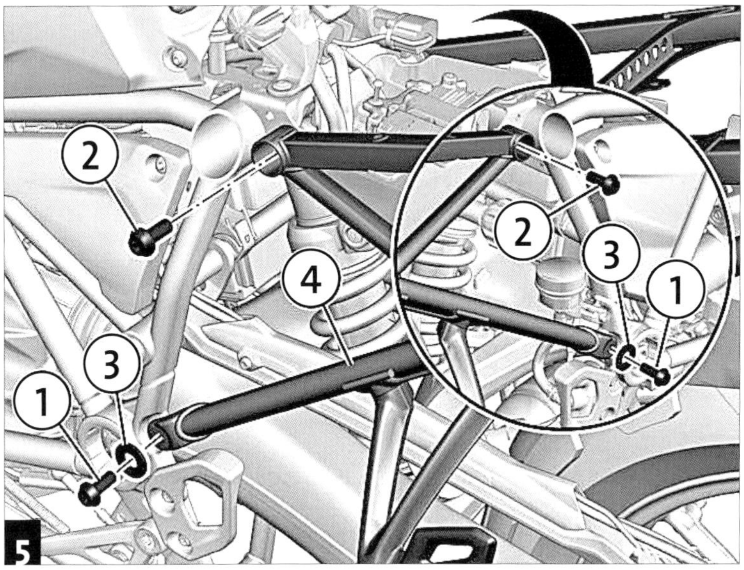

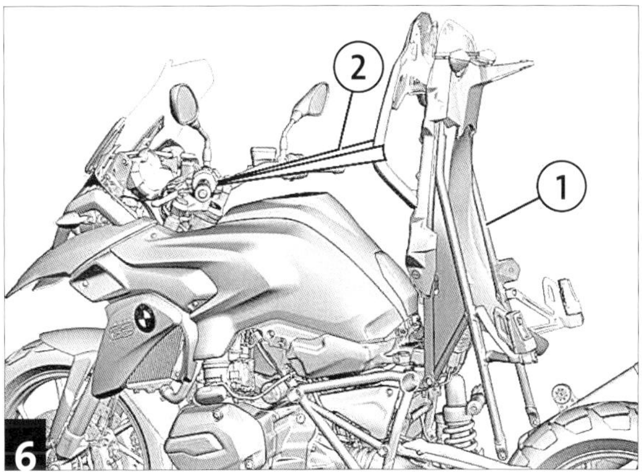

Federbein aus- und einbauen

- Zum Ausbau des Federbeins (Seite 180) die unteren Schrauben komplett ausdrehen und die oberen nur lockern.
- Heckrahmen **1** mit Spanngurt **2** am Lenker befestigen.

Heckrahmen einbauen

- Heckrahmen **4** vorsichtig ansetzen.
- Schraubensicherung (hochfest; Loctite 270) beigeben.
- Schrauben **1** (mit Scheiben **3**) und **2** eindrehen.

1 **Anzugsmoment** M10 x 30 .... 56 Nm
1 **Anzugsmoment** M10 x 25.................... 56 Nm
2 **Anzugsmoment** M10 x 25.................... 56 Nm

23 Heckpartie

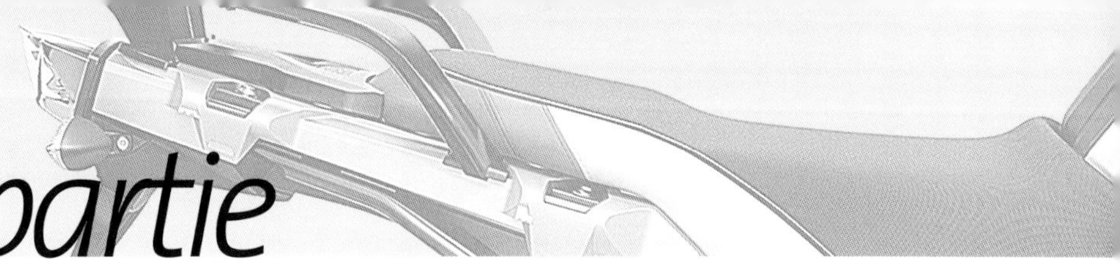

23.1
Aus- und Einbau

Laufrad
- Fahrzeug sicher auf Hauptständer aufbocken.
- Schrauben (Bild 1) schrittweise über Kreuz ausdrehen.

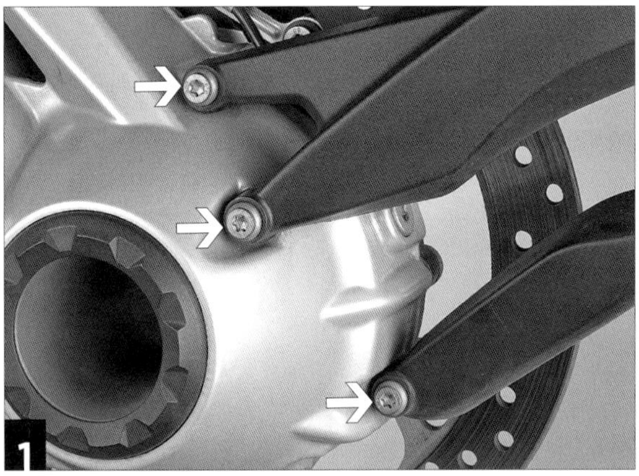
1

Spritzschutz
- Spritzschutz muss für Radausbau **nicht** ausgebaut werden.
- Schrauben ausdrehen und Spritzschutz abnehmen.
Anzugsmoment M6 x 20 . . . . 8 Nm

2

Fünf Radschrauben
- Radschrauben nicht schmieren. Schrauben zuerst locker eindrehen, dann über Kreuz anziehen.
Anzugsmoment Gussrad M10 x 1,25 x 40. . . . .60 Nm
Drahtspeiche M10 x 1,25 x 53 . . . . .60 Nm

3

Radeinbau
- Anlage- und Flanschflächen (dunkle Flächen im Bild) säubern.
- Rad ansetzen und Schrauben wie bei Bild 2 beschrieben eindrehen.

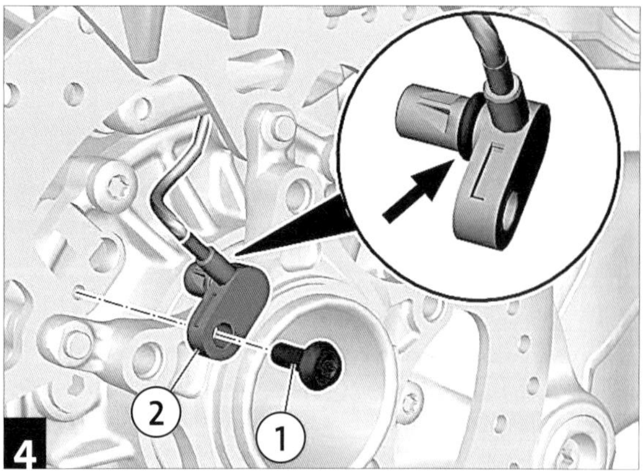

4

(ABS-)Raddrehzahlsensor hinten
- Schraube **1** ausdrehen und Sensor **2** abnehmen.
- Mit so gut wie neuem O-Ring (geölt; Pfeil) einbauen.
Anzugsmoment M6 x 16. . . . . 8 Nm

5

Bohrung Raddrehzahlsensor
- Bohrung **1** mit passendem Gummistopfen **2** verschließen.

6

Bremssattel hinten
- Schrauben (Pfeile) ausdrehen und Sensorkabel aus Führung freilegen. Sattel mit Kabelbinder sichern.
Anzugsmoment M8 x 25. . . . . 24 Nm

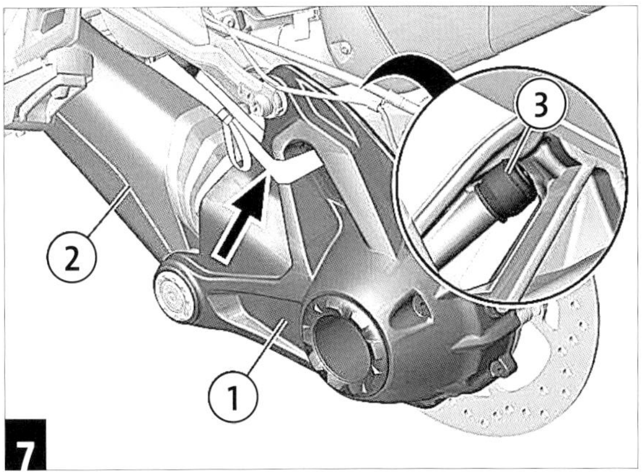

Paraleverstrebe

- Winkeltrieb **1** mit Spanngurt an Schwinge **2** befestigen. Dabei Gummi des Entlüfterdoms **3** nicht beschädigen.

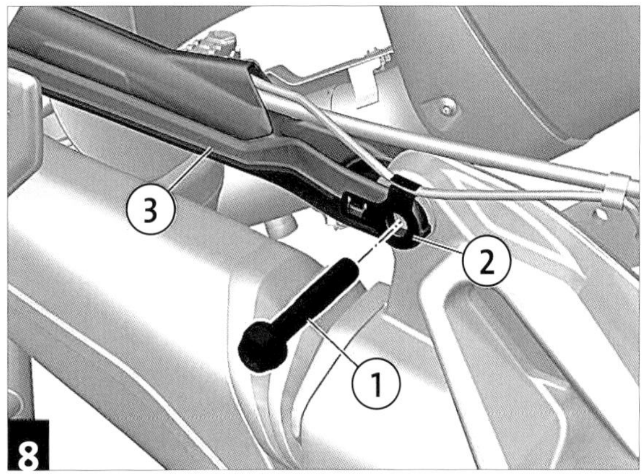

Paraleverstrebe

- Strebe dabei zugentlasten und Schraube **1** ausdrehen. Strebe mit Kabelführung **2** und Schlauchschutz **3** abnehmen.

1 **Anzugsmoment**
mit hochfester Schrauben-sicherung (Loctite 270)
M10 x 60 - 10.9 .... 56 Nm

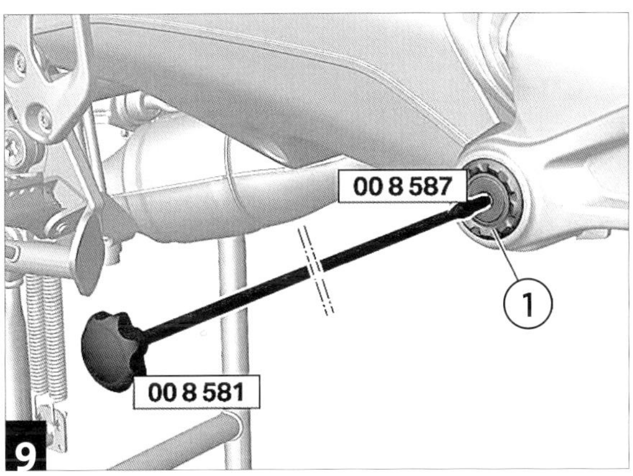

Lagerzapfen Gelenk-Abdeckung

- Abdeckung **1** mittig mit 3-mm-Bohrer anbohren, passende Schraube eindrehen und nach Ziehhammer-Prinzip Deckel ausbauen.

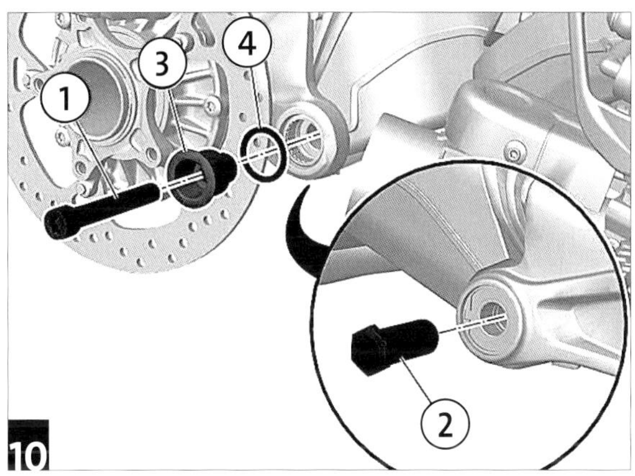

- Schraube **1** ausdrehen, dabei an Lagerzapfen **2** gegenhalten. Lagerzapfen **2** mit passendem Werkzeug austreiben.
- Lagerzapfen **3** und Dichtring **4** ausbauen.

1 **Anzugsmoment**
mit hochfester Schrauben-sicherung (Loctite 2701)
M12 x 1,5... 100 Nm

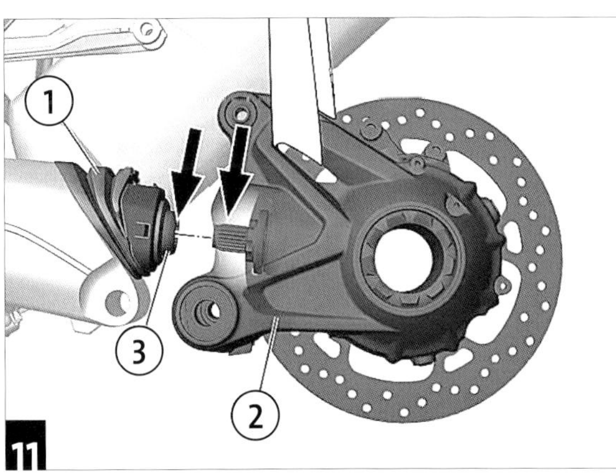

- Faltenbalg **1** aus Winkelgetriebe **2** ausclipsen.
- Winkelgetriebe **2** von Kardanwelle **3** abdrücken und Winkelgetriebe **2** abnehmen.

! Winkeltrieb **2** nur senkrecht lagern.

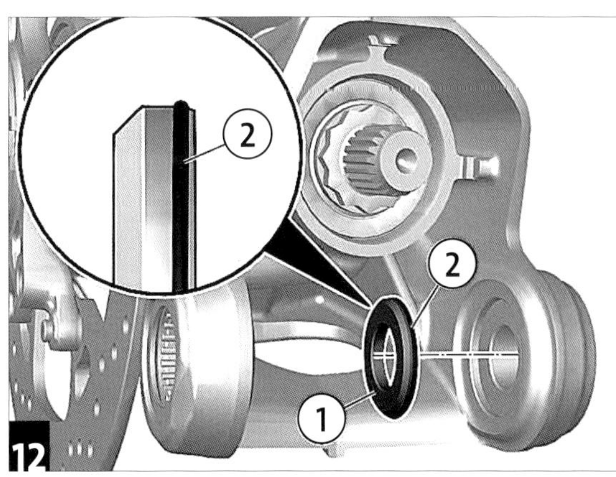

Winkeltrieb-Distanzscheibe

- O-Ring **2** auf Beschädigung untersuchen.
- Beim Einbau weist abgeflachte Seite der Scheibe **1** nach innen.

→

23 Heckpartie

23.1 Aus- und Einbau
Fortsetzung

Federbein
- Bei Ausführung mit ESA entsprechenden Stecker trennen.
- Heckrahmen anheben (siehe Bild 6 Seite 177).

Schwinge

! Lagerzapfen immer im Satz mit Nadellager erneuern (lassen). Andernfalls (Verbau von Alt- und Neuteil-Mix) verschleißt sich Lagerung extrem schnell.
- Rahmen im gefährdeten Bereich abkleben um Lackschäden vorzubeugen (**4** Bild 16).
- Beim Einbau des Winkeltriebs darauf achten, dass Distanzscheibe und O-Ring korrekt positioniert sind (Bild 12 Seite 179; abgeflachte Seite nach innen).
- Antriebsgehäuse ansetzen und Zapfen montieren (Bild 10 Seite 179).
- Verzahnung der Welle schmieren (Optimoly TA).
- Kunststoff-Einsätze auf korrekten Sitz am Faltenbalg prüfen.

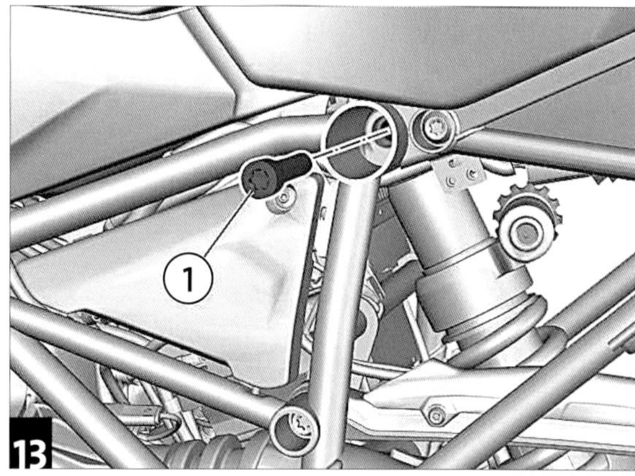

Schwinge anheben: Obere Federbeinbefestigung
- Schraube **1** ausdrehen.
- Beim Eindrehen der Schraube hochfeste Schraubensicherung (Loctite 2701) verwenden.
  Anzugsmoment M12 x 1,5 x 20 .... 100 Nm

Schwinge anheben: Untere Federbeinbefestigung
- Schraube **1** ausdrehen.
- Beim Eindrehen der Schraube hochfeste Schraubensicherung (Loctite 2701) verwenden.
  Anzugsmoment M12 x 1,5 x 20 .... 100 Nm

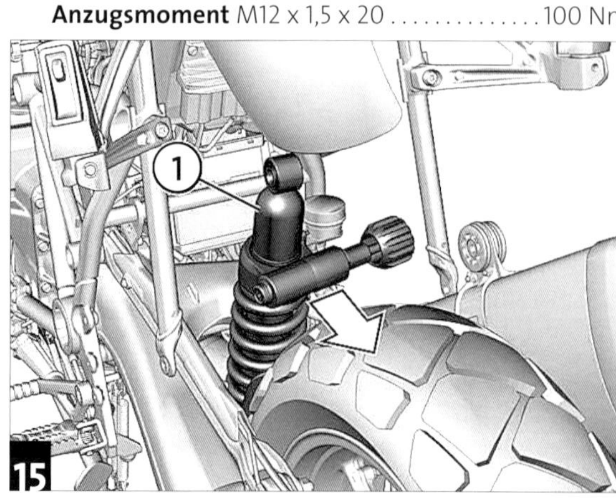

Federbein
- Federbein **1** nach hinten entnehmen.

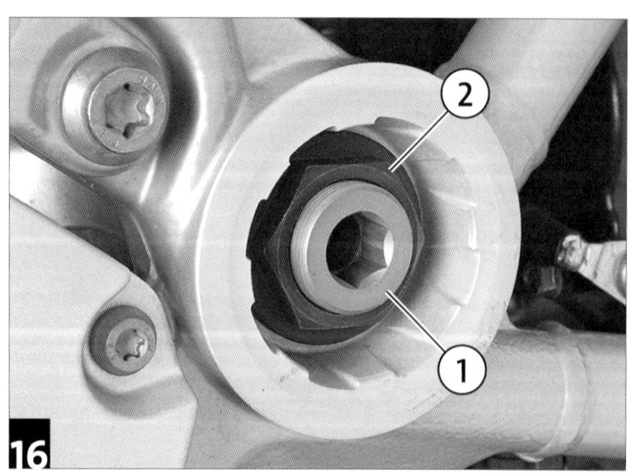

Schwingenlager rechts (Loslagerzapfen)
- Gegenmutter lockern und Zapfen (Pfeil) ausdrehen.

1 **Anzugsmoment** Zapfen M24 x 1,25 1.......... 15 Nm
wieder lösen .... 7 Nm
2 Gegenmutter M24x 1,25 .... 145 Nm

Schwingenlager links (Festlagerzapfen)

- Lagerzapfen mit Fön auf 80 °C erwärmen und ausdrehen. Neuteil einbauen!
- Faltenbalg an Schwinge lösen und Kardanwelle abdrücken.

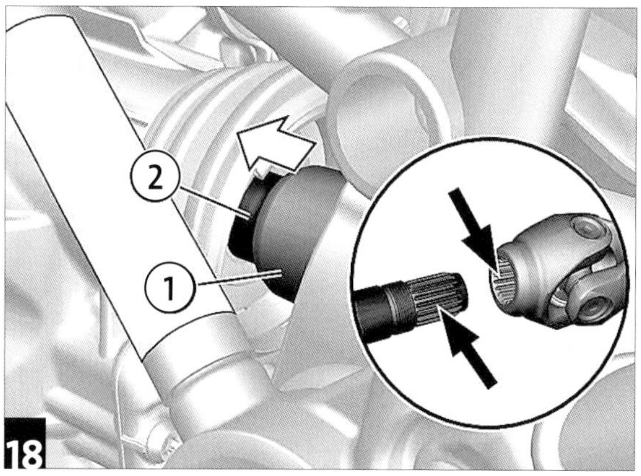

Schwinge einbauen

- Verzahnung der Wellen schmieren (Optimoly TA).
- Kardanwelle **1** drehen, bis Verzahnung eingreift.
- Kardanwelle **1** bis zum Anschlag auf Getriebewelle **2** aufschieben.

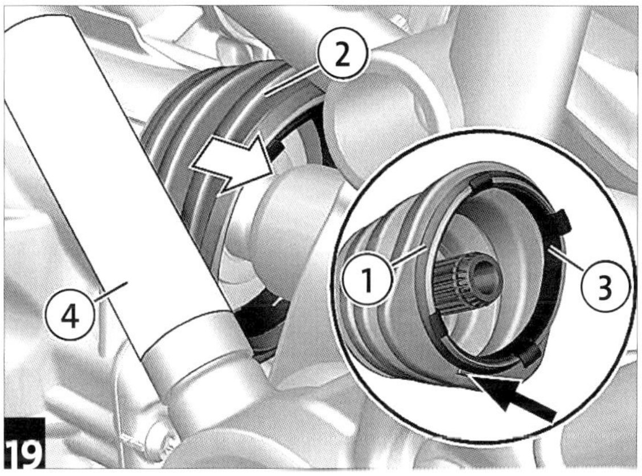

- Anlagefläche **1** des Faltenbalgs **2** fetten.
- Einsatz **3** auf korrekten Sitz prüfen.
- Faltenbalg komplett mit Einsatz einbauen. Auf korrekte Stellung (Pfeil) achten → Einsatz rastet ein.
- Ggfs. Schutz-Abdeckung **4** entfernen.

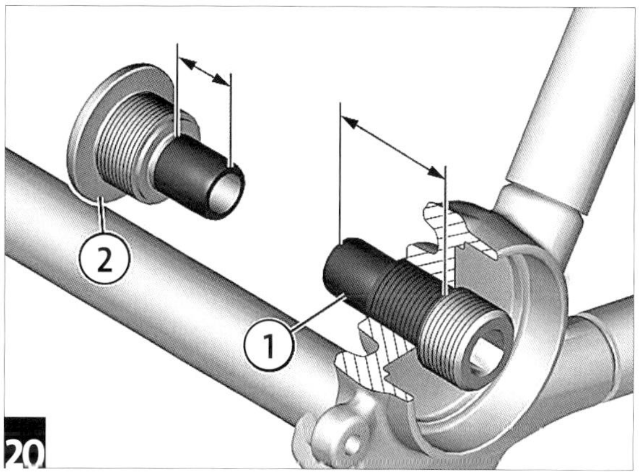

Lagerzapfen einbauen

- Lagerzapfen **1** und **2** im gezeigten Bereich schmieren.
- Loslagerzapfen **1** eindrehen.

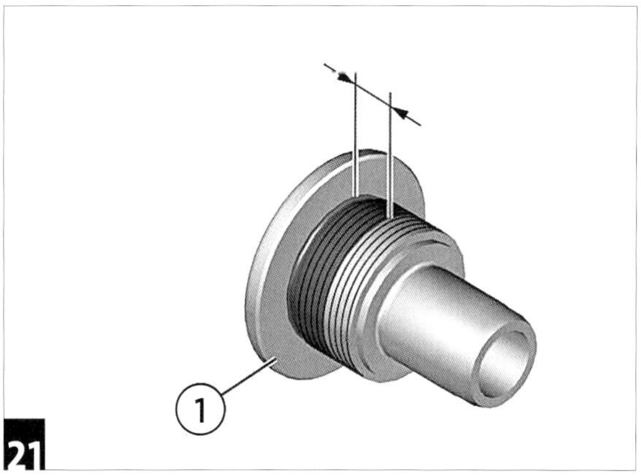

Festlagerzapfen

- Schraubensicherung hochfest (Loctite 2701) im gezeigten Bereich auf **neuen** Festlagerzapfen **1** links auftragen.
  Anzugsmoment M27 x 1,25 .... 100 Nm
- Loslagerzapfen einbauen (Bild 16).

24 Elektrik

24.1 Starterrelais

- Das Starterrelais kann im eingebauten Zustand geprüft werden.
- Linke Seitenblende abnehmen (Seite 30).

Aus- und Einbau

! Zündung ausschalten.
- Batteriemassekabel abnehmen und ggf. isolieren (Seite 53).
- Muttern der Kabel **1** (Klemme 45) und Kabel **2** (Klemme 30) ausdrehen (Bild 1).
- Kabelschuhe abnehmen.
- Stecker **3** trennen.

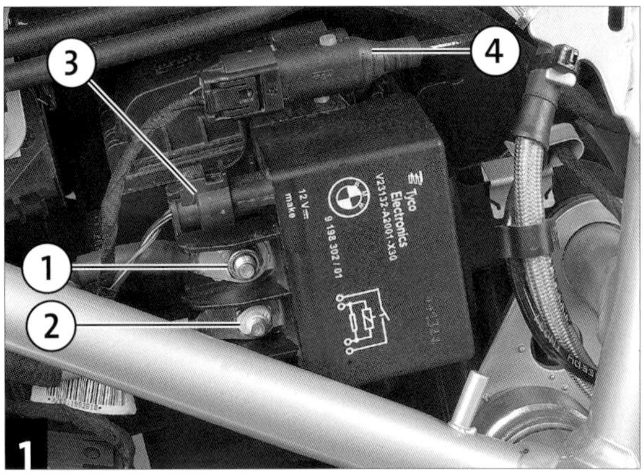

Starterrelais
1 Kabel Klemme 45 ("Pluskabel" von der Batterie)
2 Kabel Klemme 30
3 Stecker
4 ABS-Sensor-Stecker hinten

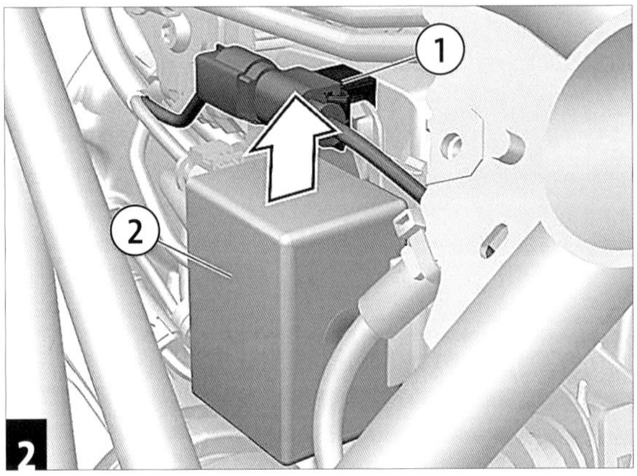

Starterrelais ausbauen
- ABS-Sensor-Stecker hinten **1** mit Halter abnehmen und Starterrelais **2** nach oben abnehmen.

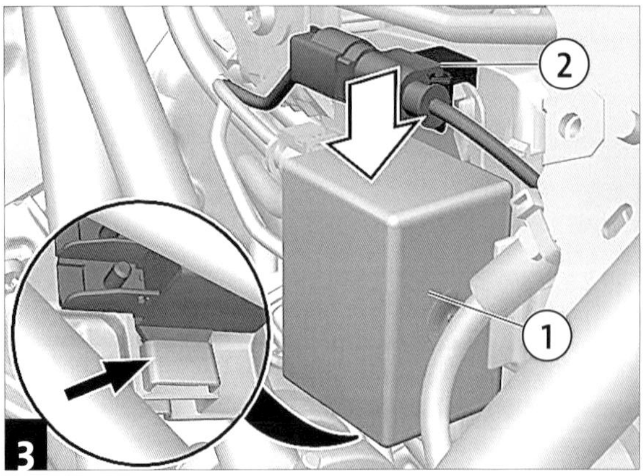

Starterrelais einbauen
- Starterrelais **1** in Lasche (Pfeil) einsetzen.
- ABS-Sensor-Stecker hinten **2** einsetzen.

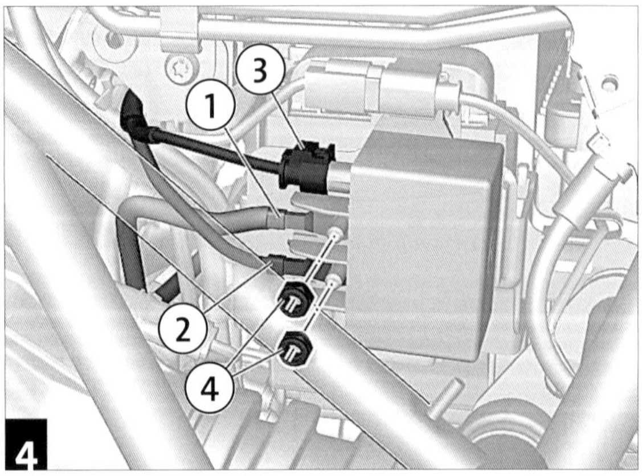

- Stecker **3** einklinken.
- Kabel **1** (Klemme 45) ansetzen.
- Kabel **2** (Klemme 30) ansetzen.
- Muttern **4** montieren.
  Anzugsmoment
  (neue selbstsichernde Muttern verwenden)
  M6 .... 6 Nm
- Batteriemassekabel anschließen (Seite 53).

Prüfen und Vermessen

Messung 1

- Stecker **3** Bild **1** trennen.
- Messgerät auf Spannungsmessung einstellen (Bereich bis 20 V) und Spannung zwischen den Kontakten von Stecker **3** Bild **1** messen.
- Starterknopf betätigen.
- ➔ An den Steckerkontakten muss Batteriespannung anliegen.

Messung 2

- ! An Kabel **1** Bild 1 Seite 182 liegt Batteriespannung an!
- Batterie abklemmen (Seite 54) und Kabelschuh von Kabel **1** abnehmen und sorgfältig isolieren.
- Batterie anklemmen.
- Ohmmeter an Anschlüsse der Kabel **1** und **2** Bild 1 Seite 182 zur Durchgangsprüfung anschließen.
- Starterknopf betätigen.
- ➔ Zwischen den Anschlüssen muss Durchgang (0 Ω) gemessen werden.
- ! Voraussetzung für das Funktionieren des Starterrelais ist die einwandfreie Funktion des Seitenständer- und Kupplungsschalters (siehe folgendes Kapitel).
- ! Zur Montage der Anschlüsse Batterie wieder abklemmen.

24.2 Kupplungsschalter

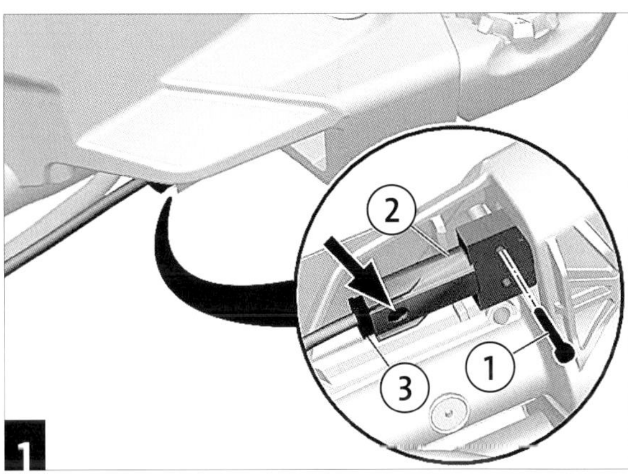

Kupplungsschalter

- Verriegelungslasche (Pfeil) weist nach unten.

1 Anzugsmoment
Schraube für Kunststoff 2,2 x 16. . . . . 0,4 Nm

Um sicher zu gehen, dass nicht ein defekter Kupplungsschalter (am Handhebel) die »Funktionsprüfung Motorstart-Unterdrückung« (Seite 52) verfälscht hat, Stecker des Schalters trennen und am Schalter Stromdurchgang prüfen:

- Kupplungshebel gezogen: Stromdurchgang.
- Kupplungshebel in Ruhestellung: kein Stromdurchgang.
- ! Defekten Schalter umgehend erneuern!
- 👁 Beim Ziehen des Hebels muss das Klicken des Schalters hörbar sein!
- 👁 Funktionsprüfung der Motorstart-Unterdrückung durchführen (Seite 52).
- Schraube **1** ausdrehen, Schalter **2** abnehmen und Stecker **3** trennen.

24.3 Sicherungen

! Sicherungen nicht überbrücken und nur gegen gleichwertige Sicherungen ersetzen.

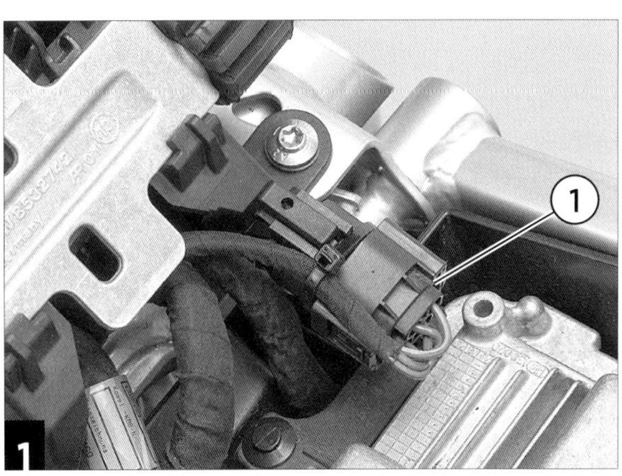

Sicherungen Einbaulage

- Fahrersitz/Sitzbank abnehmen (Seite 59).
- Sicherungsträger **1** rechts am Tankende abnehmen.

Sicherungen im Sicherungsträger

10 A	Cockpit und Zundschloss
7,5 A	Lüfter und Steckdose

24 Elektrik

24.4 Steuergerät

! Der Probetausch des Steuergeräts ist nicht möglich (Fehlfunktionen) und darf **keinesfalls** durchgeführt werden.

- Einbaulage: unter Fahrersitz/Sitzbank.
- Evtl. Tank ausbauen und Kabelbinder trennen, um mehr Freigängigkeit der Kabelstränge zu erlangen.

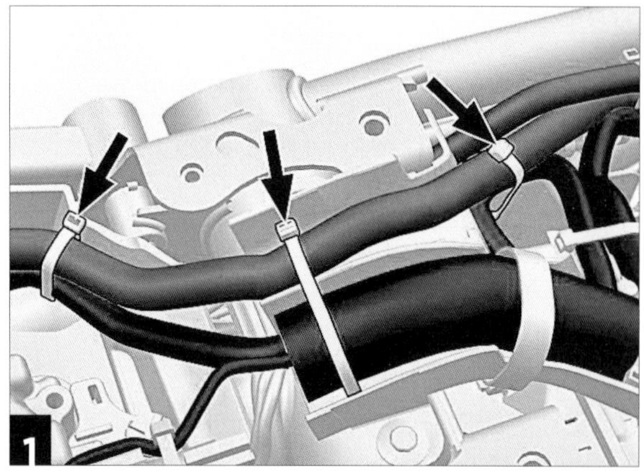

Steuergerät

- Kabelbinder (Pfeil) trennen und Kabel freilegen.

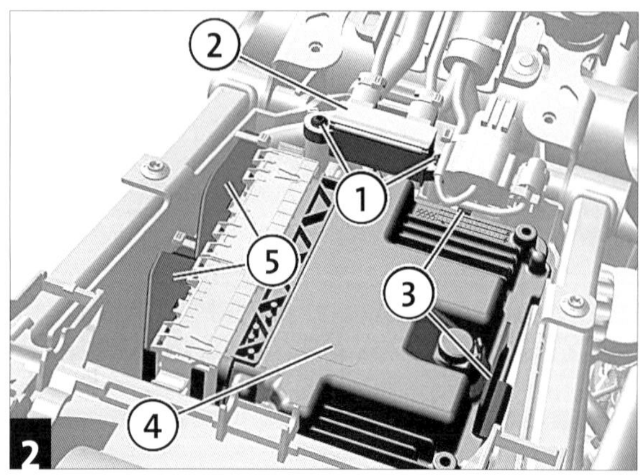

Steuergerät

- Schrauben **1** des Sicherungsträgers ausdrehen und Gehäuse **2** lösen. Steuergerät **4** ausklinken (Positionen **3**) und Stecker **5** trennen (umgekehrt montieren).

24.5 Spannungsregler

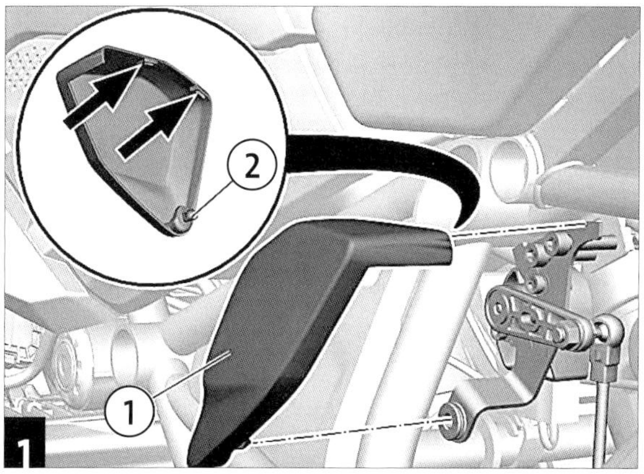

ESA-Abdeckung
- ESA-Abdeckung **1**, so vorhanden, vom Zapfen abziehen und aus Laschen (Pfeile) abnhmen.

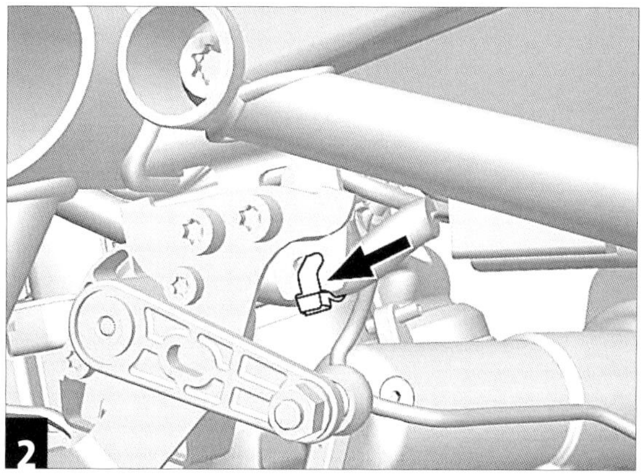

ESA-Kabelbinder
- Kabelbinder (Pfeil) trennen und Kabel freilegen.

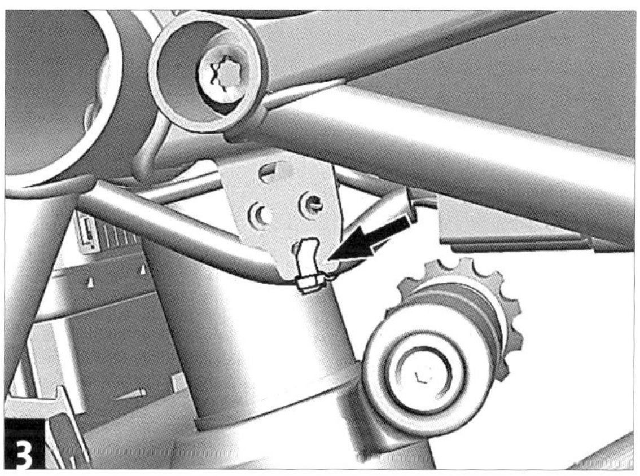

Kabelbinder
- Kabelbinder (Pfeil) trennen und Kabel freilegen.

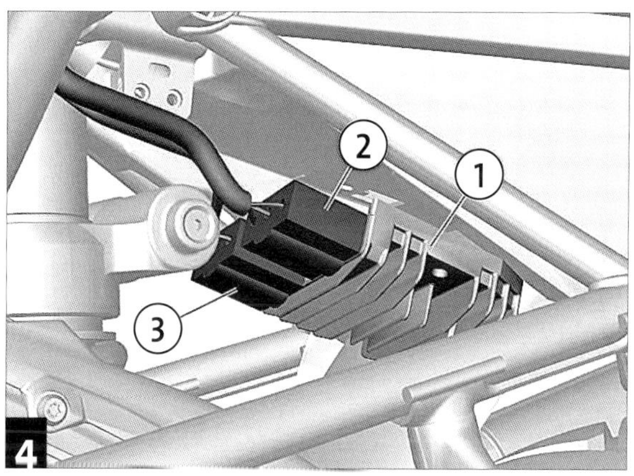

Spannungsregler
- Stecker **2** und **3** trennen und Regler **1** abnehmen.

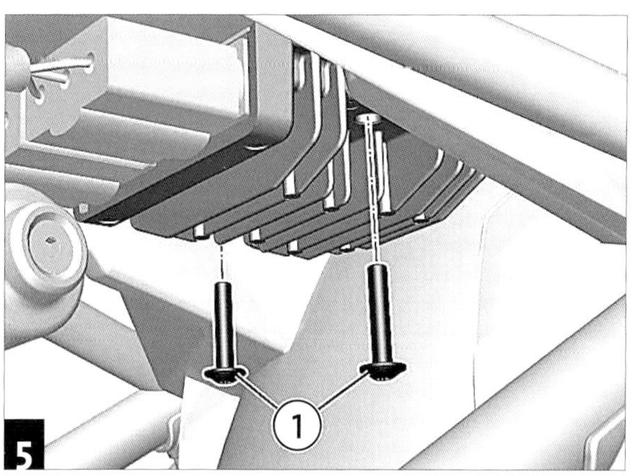

Spannungsregler
- Zwei Schrauben **1** ausdrehen und Regler abnehmen (umgekehrt montieren).

24 Elektrik

24.6
Stecker und Sensoren/Einbaulage

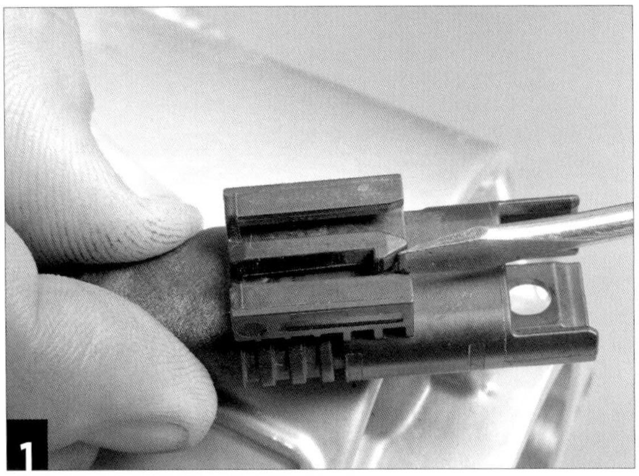

Stecker-Entriegelung
- Haken mit kleinem Schraubendreher wegdrücken und Stecker vom Gehäuse abnehmen.

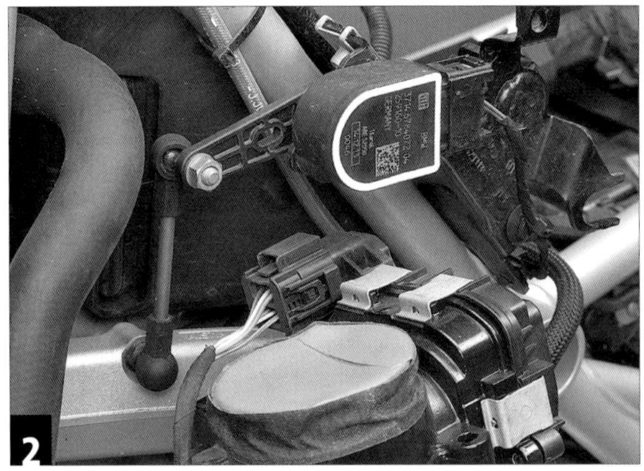

ESA-Sensor vorn
- Einbaulage links am Rahmen kurz hinter Drosselklappengehäuse.

Ansauglufttemperatur-Sensor
- Sitzt rechts unten am Luftfiltergehäuse.

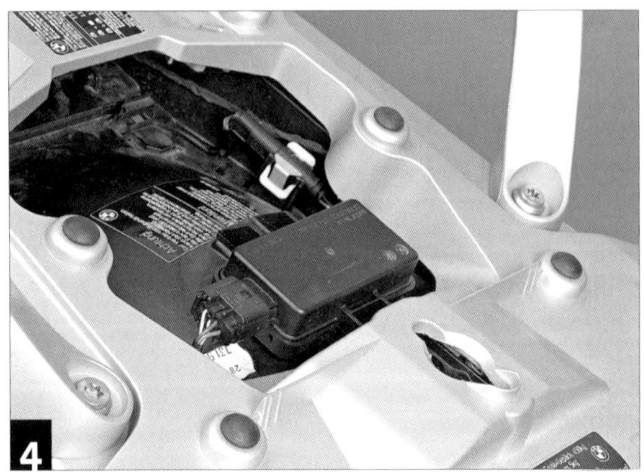

Diebstahlwarnanlage
- Einbaulage unter Beifahrersitz.

Stecker für Ölstandanzeige und Öltemperatur
- Einbaulage unter Seitenblende links (Bild 18 Seite 33).

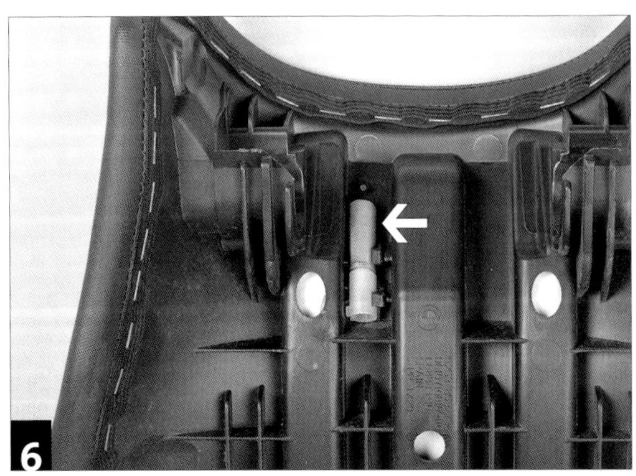

Codierstecker unter Fahrersitz

ESA-Sensor hinten

- Einbaulage hinten am Federbein.

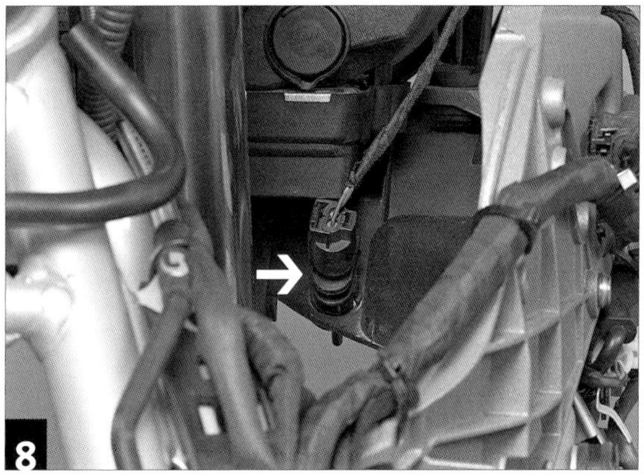

Thermosensor (Umgebungstemperatur)

- Einbaulage vorn rechts unter Scheinwerfer.

24.7 Hupe

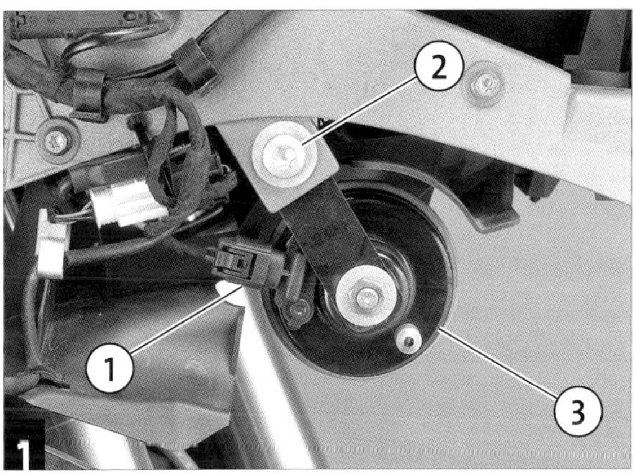

- Seitenteil rechts abbauen (ab Seite 30).
- Ansaugschnorchel rechts abnehmen (Bild 1 Seite 174).
- Stecker **1** trennen.
- Schraube **2** ausdrehen und mit Scheibe abnehmen.
- Hupe **3** abnehmen.

Anzugsmoment

2 M8 x 18 10.9 .... 18 Nm

24.8 Generatorregler-Sicherung

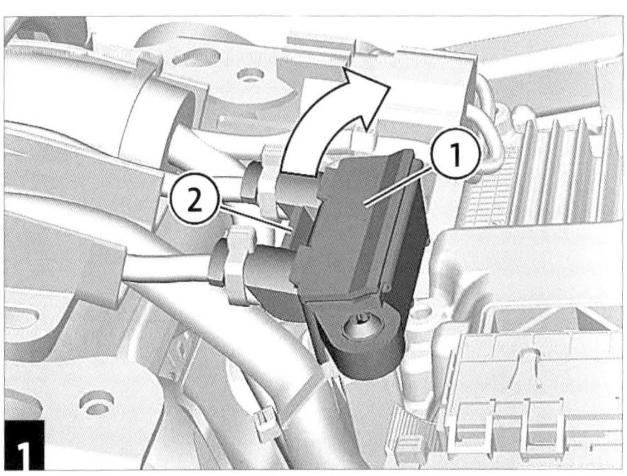

Generatorregler-Sicherung

- Verriegelung **2** lösen und Deckel **1** in Pfeilrichtung aufklappen.

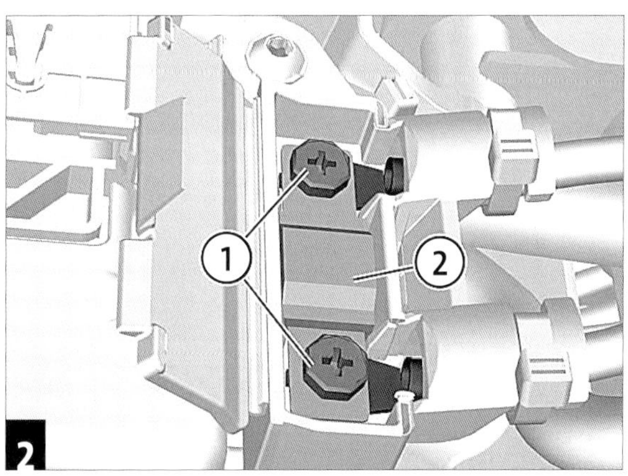

Generatorregler-Sicherung

- Schrauben **1** ausdrehen und Sicherung **2** 50 A abnehmen.

1 **Anzugsmoment** M5 x 8 ....3,5 Nm

! Batterie vom Fahrzeug trennen.

- **Einbaulage**: Unter Fahrersitz/Sitzbank vor dem Motorsteuergerät.
- Einbau in umgekehrter Reihenfolge.

24 Elektrik

24.9
Diagnosestecker und Hauptrelais

- Diagnosestecker und -Halter ausbauen, um das Hauptrelais auszubauen.

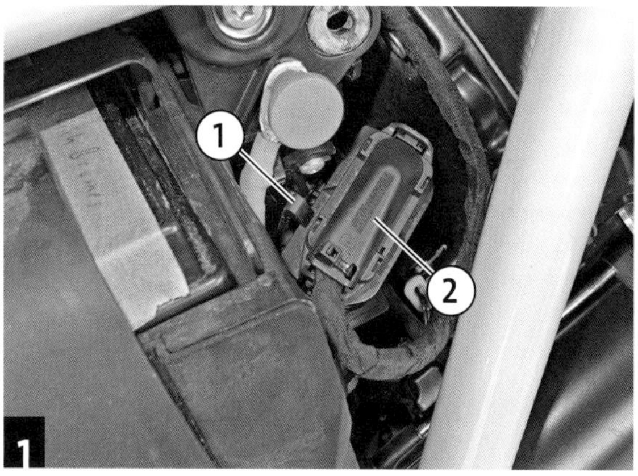

Diagnosestecker
- Einbaulage rechts unter Batteriedeckel (Bild 16 Seite 33).
- Haltefeder **1** zurückschieben und Diagnosestecker **2** abziehen.

Diagnosestecker
- Diagnosestecker an OnBoardDiagnose-System anschließen.
- Einbau in umgekehrter Reihenfolge.

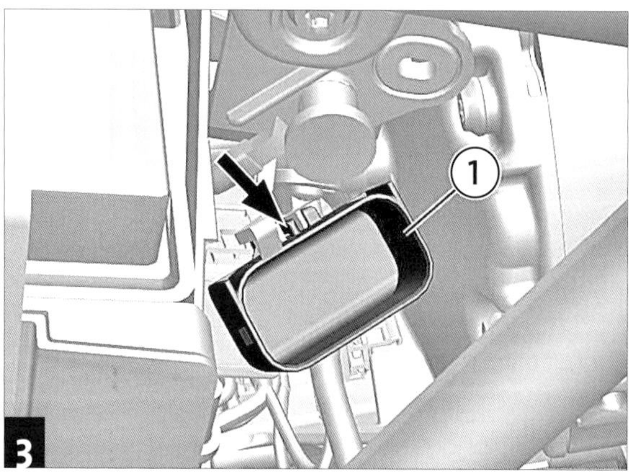

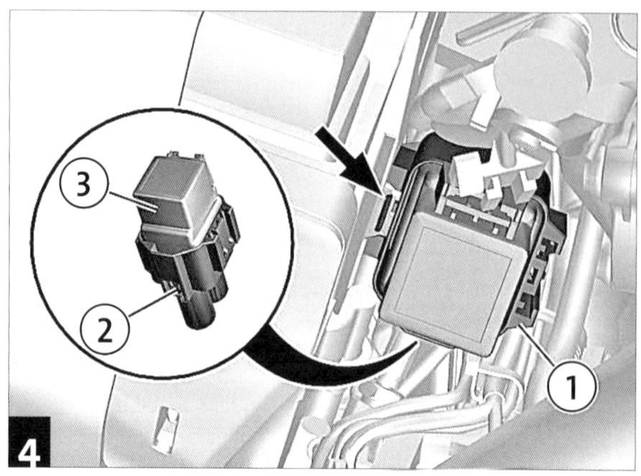

Diagnosestecker
- Diagnosestecker-Halter **1** entriegeln (Pfeil) und abnehmen.
- Einbau in umgekehrter Reihenfolge.

Hauptrelais
- Verriegelung eindrücken (Pfeil), Relaisträger **1** entriegeln und abnehmen.
- Rasthaken **2** entriegeln und Hauptrelais **3** abnehmen.
- Einbau in umgekehrter Reihenfolge.

24

24.10
OnBoardDiagnose

1

Der Computer hält Einzug in die heimische Bastelbude

Wobei es nicht zwangsläufig ein Computer sein muss. Es gibt auch Ausführungen, die mit einem Smartphone "kommunizieren" und solche, die auch autark mitteilen, was Sache ist.

Es gibt z. B. keine Werksseitigen Angaben zum Widerstand der Schachtzündspulen, um sie nach alter Väter Sitte auf die Widerstandswerte ihrer Spulen zu prüfen. Etwaige Probleme zeigt die OnBoardDiagnose (OBD) an. Wobei uns Werkstatt-Erfahrung lehrt, dass auch dort die als defekt angezeigte Schachtzündspulen durch eine Erneuerung der Zündkerze(n) wieder anstandslos zum Dienst antreten können...
Im Beispielbild das GS911-Diagnosegerät an einer BMW F 800 S. Hier kommt noch der runde OBD I-Stecker zum Einsatz (10polig, bis 2017). Ab 2017 wird der rechteckige OBD II-Stecker verwendet (16polig, Bild 1 gegenüberliegende Seite).

Elektrische Sicherungen dienen der Absicherung elektrischer Schaltkreise, werden aber zunehmend von kleinen schwarzen oder silbernen Kästchen abgelöst, die selbsttätig den entsprechenden Schaltkreis bei Fehlfunktion lahmlegen.
Das funktioniert natürlich nur in entsprechend ausgelegten Schaltkreissystemen, den CAN-Bus-Systemen. Und der mit der Wartung betraute Mensch lässt sich per USB-Kabel oder Bluetooth-Verbindung zu seinem Computer die entsprechenden Fehlermeldungen anzeigen. Ohne weiteres werden so Steckverbindungen, Spulen, Stellmotoren und Potentiometer, die ihren Zweck nicht erfüllen, aufgezeigt. Denn bei der gebotenen Verbindungssicherheit der aktuell verbauten Stecker ist die Möglichkeit gammeliger elektrischer Übergänge nahezu ausgeschlossen. Womit eine Grundvoraussetzung für so ein System erfüllt ist. In der Regel verfügt aber eben nur der Mensch in der »Vertragswerkstatt« über entsprechendes Gerät und Software zum Auslesen der Daten.
Mittlerweile sind verschiedene Diagnose-Helfer auf dem Markt. Beispielhaft hier das GS911 von HEX. Die zugehörige Software wird von der Homepage des Herstellers herunter geladen. Ein entsprechendes Smartphone vorausgesetzt (Bluetooth-Handy mit iOS oder WindowsMobile-Betriebssystem, je nach verwendeter Ausführung des GS911) können die Fehlermeldungen auch unterwegs ausgelesen werden. Die Software wird übrigens ständig weiterentwickelt, und kostenlose Updates werden für die Dauer von einem Jahr gewährt.
Das Adapterkästchen wird in Hobby- und Profiversion angeboten. Beide Versionen haben den gleichen Leistungsumfang, lediglich bestimmte Wartungsfunktionen, wie z. B. »Service Intervall zurückstellen« sind bei der Hobbyversion auf zehn Fahrzeug-Ident-Nummern (FIN) beschränkt, bei der Profiversion unbeschränkt. Alle anderen Funktionen sind gleich, bzw. nicht eingeschränkt. Tipps und Tricks hierzu werden auf einer entsprechenden Internetseite diskutiert, auf der auch der Hersteller selbst Stellung bezieht.
Das kleine gelbe – mittlerweile rote – Kästchen ist also nicht nur Spielzeug für Kontroll-Freaks, sondern auch ein ernsthaftes Werkzeug, um nach der getanen Arbeit die Fehlermeldungen zu überprüfen.

→

24 Elektrik

24.10
OnBoardDiagnose
Fortsetzung

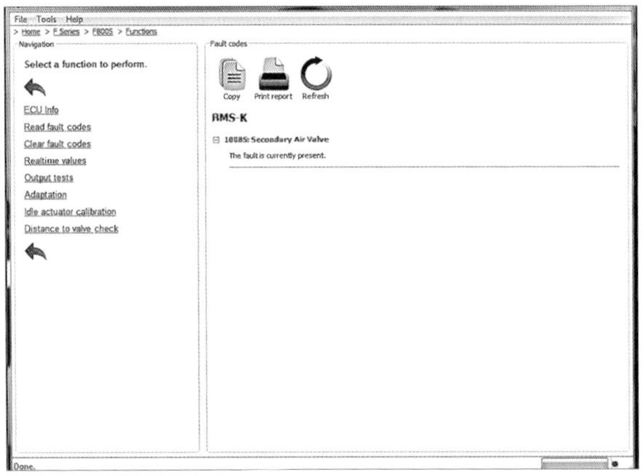

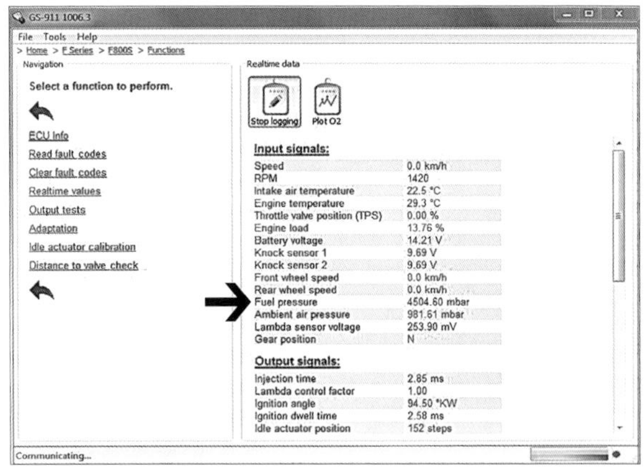

Fehlerspeicher auslesen
Brav wird der testweise abgezogene Stecker des Sekundärluft-Ventils angezeigt (bei der F 800, nicht bei der GS vorhanden).

Kraftstoff-Förderdruck
- Der Förderdruck (Pfeil: Fuel pressure) wird mit dem GS 911-Diagnoseprogramm bei laufendem Motor unter »Functions« angezeigt.

Test der Lambdasonde
Bei betriebswarmem, laufenden Motor (Leerlauf) und einwandfreier Funktion wechselt die Spannung vorschriftsmäßig zwischen über 800 mV und unter 200 mV.

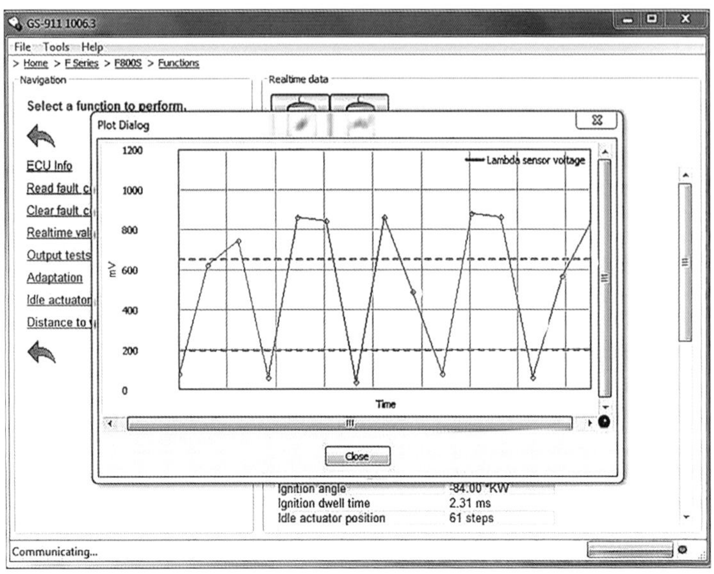

Funktionstest
Solche Tests sind schwerlich mit einem Prüflämpchen durchzuführen.

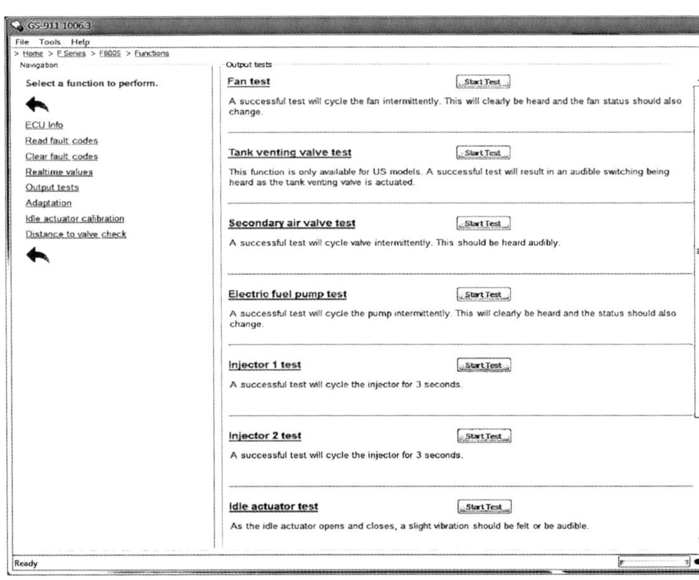

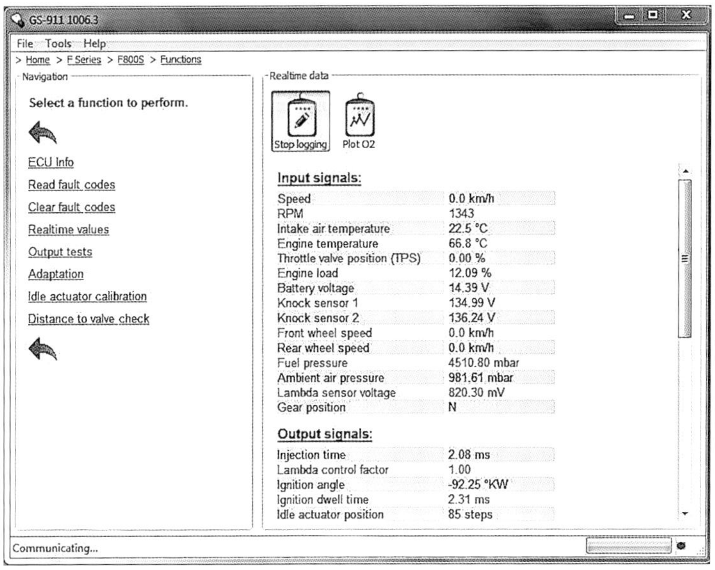

Ein- und Ausgangssignale
Beim GS911 bleiben keine Fragen offen.

Die Rundstecker-Ausführung **OBD I** ist bis Modelljahr 2017 verwendbar. Mit Euro 4 ab 2017 muss also ein ODB II-Adapter (10- auf 16pol) verwendet werden. Alternativ bietet der Importeur eine Inzahlungnahme gegen ein OBD II-Gerät (Bild rechts) an.

Die Rechteckstecker-Ausführung **OBD II** ist in verschiedenen Versionen erhältlich. Im Bild die WiFi-Version, die sich neben den Windows-und Android-Applikationen auch mit iPhone und iPad (iOS) drahtlos unterhalten kann.

Links

Hersteller Hex GS911
https://www.hexgs911.com/product/

Importeur Hex GS911
https://www.mft-shop.de/marken/hex/gs-911/
MFT - Milewski Fahrzeugtechnik GmbH
Hanomagstr. 20
21244 Buchholz

Auch im Angebot bei:
www.motorradzubehoer-hornig.de
www.touratech.de

Die Preise starten bei etwa:
GS911-USB: 300 Euro
GS911-WiFi: 350 Euro

25 Technische Daten

BMW R 1250 GS/Adventure
Typ K50/K51

Wartung und Konstruktionsgruppen allgemein

Fahrzeuglänge über Spritzschutz	2207/2255 mm
Höchstgeschwindigkeit	>200 km/h
Sitzhöhe ohne Fahrer bei Leergewicht	850 – 870/890 – 910 mm
Fahrzeughöhe über Windschild, bei DIN-Leergewicht	1430 – 1490/ 1450 mm
Fahrzeugbreite mit Spiegel	952/952 mm
über Handschutz	973 mm
Leergewicht DIN Leergewicht, fahrfertig 90 % vollgetankt, ohne SA	249/260 kg
Fahrerschrittbogenlänge ohne Fahrer bei Leergewicht	1870 – 1910/1950 – 1990 mm
Maximale Zuladung	216/220 kg
Zulässiges Gesamtgewicht	465/480 kg
Abgasnorm	EU 4
CO2-Emission nach WMTC	110 g/km

Motor

Motortyp	A74B12M
Motorbauart	Luft-/Flüssigkeitsgekühlter Zweizylinder-Viertakt-Boxermotor mit zwei obenliegenden, stirnradgetriebenen Nockenwellen, einer Ausgleichswelle und variabler Einlass-Nockenwellensteuerung **BMW ShiftCam**
Motornummernsitz	Kurbelgehäuse unten rechts, unterhalb Starter
Leerlaufdrehzahl Motor betriebswarm	1050 min^{-1}
Nennleistung bei Drehzahl 7750 min^{-1}	100 kW
Drehmoment bei Drehzahl 6250 min^{-1}	143 Nm
Zylinderbohrung	102,5 mm
Kolbenhub	76 mm
Hubraum	1254 cm^3
Verdichtungsverhältnis	12,5:1
Höchstdrehzahl	max. 9000 min^{-1}
Kompressionsdruck	
gut	>14 bar
normal	10 – 14 bar
schlecht	<10 bar
Einfahrdrehzahlen	
Kilometerstand 0 – 1000 km	<5000 min^{-1}
Kilometerstand 0 – 1000 km	keine Volllast
Druckverlust über Ventile oder Zylinder Motor betriebswarm	max. 25 %

Betriebsstoffe

Viskositätsklasse	Spezifikation SAE 5W-40, API SL / JASO MA2 Additive (z. B. auf Molybdän-Basis) sind nicht zulässig, da beschichtete Motorenbauteile angegriffen werden. BMW Motorrad empfiehlt die Verwendung von BMW Motorradölen, die Sie bei Ihrem BMW Motorrad Partner erhalten.
Motoröl-Füllmenge mit Filterwechsel	max. 4 l
Motoröl-Sollstand	zwischen MIN- und MAX-Markierung

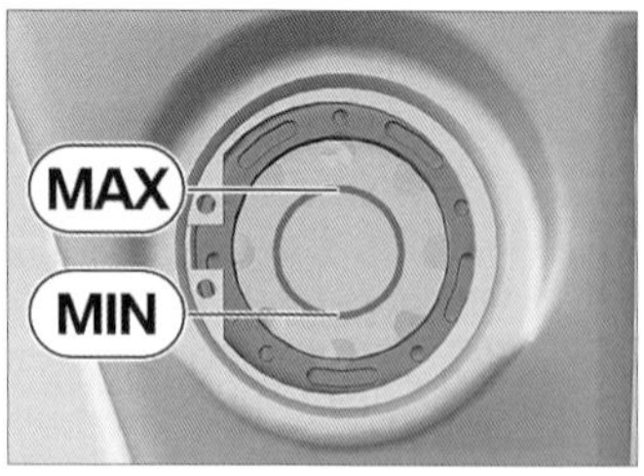

Motoröl-Nachfüllmenge Differenz zwischen MIN und MAX	max. 0,95 l

Motorblock

Zylinderbohrungsdurchmesser Toleranzgruppe A	
Neuzustand	100,995 – 101,005 mm
Verschleißgrenze	max. 101,03 mm
zulässige Unrundheit der Zylinderbohrung	
von der Oberkante 20 mm	max. 0,010 mm
von der Oberkante 100 mm	max. 0,015 mm
Gesamtverschleißspiel zwischen Kolben und Zylinder	max. 0,08 mm

Zylinderkopf mit Deckel

Innendurchmesser der Ventilführung	5,500 – 5,507 mm
Ventilschaftspiel Auslass neu	0,047 – 0,054 mm
Verschleißgrenze	0,070 mm
Ventilschaftspiel Einlass neu	0,032 – 0,034 mm
Verschleißgrenze	0,055 mm

Zylinderkopf mit Deckel

Ventilführungs-Innendurchmesser	5,000 – 5,012 mm

Kurbelwelle mit Lager

Axialspiel der Kurbelwelle	
Neuzustand	0,075 – 0,258 mm
Verschleißgrenze	max. 0,30 mm
Markierung des Kurbelwellenlagers Farbmarkierung an Außenseite	gelb/grün/violett

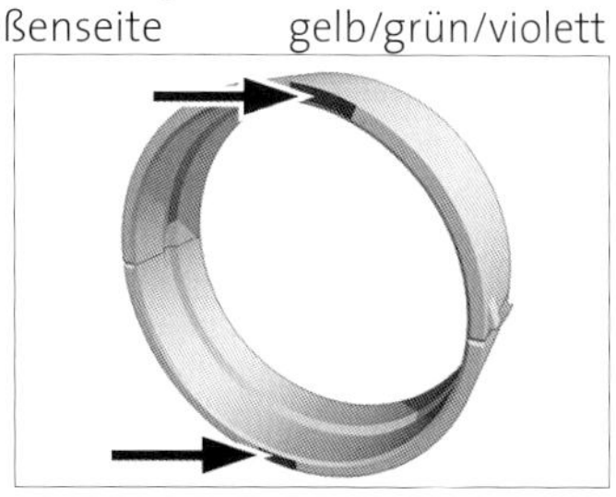

Radialspiel des Kurbelwellen-Hauptlagers 0,041 +/- 0,016 mm

Radialspiel des Kurbelwellen-Führungslagers 0,041 +/- 0,016 mm

Markierungen auf Kurbelwelle zur Bestimmung der Lagerschalen

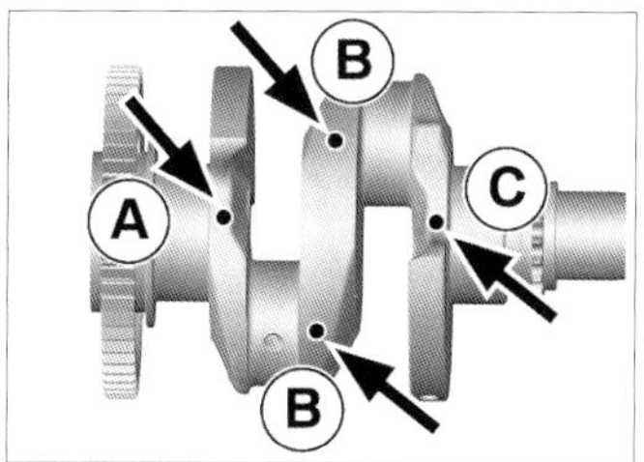

A vorn: Kennzeichnung für Spurlager
Farbpunkte gelb/grün/violett
B innen: Kennzeichnung für Pleuellager
Farbpunkte blau/rot
C hinten: Kennzeichnung für Hauptlager
Farbpunkte gelb/grün/violett

Pleuel mit Lager

Pleuelaxialspiel

Neuzustand	0,130 – 0,312 mm
Verschleißgrenze	max. 0,50 mm

Markierung der Pleuelgewichtsklassen

Pleuelgewichtsklasse 1/ 2 x weiß	542,0 – 547,9 g
Pleuelgewichtsklasse 2/ 2 x blau	548,0 – 553,9 g
Pleuelgewichtsklasse 3/ 3 x weiß	554,0 – 559,9 g
Pleuelgewichtsklasse 4/ 3 x gelb	560,0 – 565,9 g
Pleuelgewichtsklasse 5 / 1 x blau	566,0 – 571,9 g

Markierung der Pleuelgewichtsklassen
Beschriftung am Pleuelfuß 0...5
Pleuellager-Farbkennzeichnung

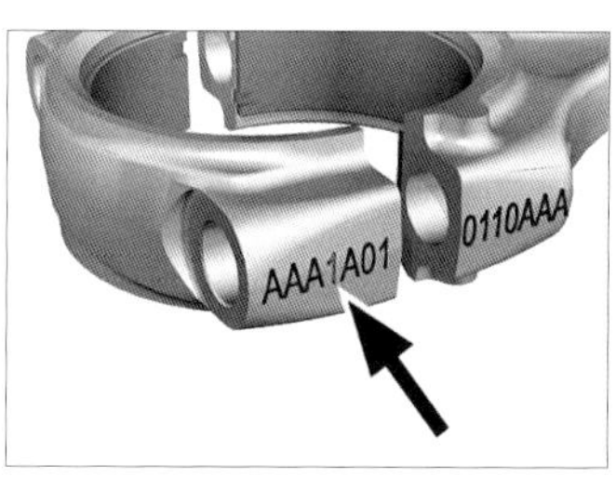

Kolben mit Ringe und Bolzen

Kolbeneinbaurichtung	Pfeil in Fahrtrichtung
Kolbenring-Einbaurichtung	Bezeichnung "TOP" nach oben

Kolbenbolzenradialspiel im Kolben

Neuzustand	0,005 – 0,015 mm
Verschleißgrenze	max. 0,025 mm

Nockenwelle

Axialspiel der Nockenwelle

Neuzustand	0,05 – 0,25 mm
Verschleißgrenze	max. 0,35 mm

Zahnflankenspiel des Nockenwellenrades 0,003 – 0,020 mm

Kipp-/Schlepphebel mit Lagerung

Schlepphebel-Axialspiel 0,10 – 0,30 mm

Ventile mit Federn

Einlassventilspiel
bei kaltem Motor max. 35 °C 0,10 – 0,17 mm
Auslassventilspiel
bei kaltem Motor max. 35 °C 0,34 – 0,41 mm

Ölversorgung

Motoröldruck
Motoröl betriebswarm
bei Leerlaufdrehzahl 0,8 – 1,5 bar
bei Drehzahl min. 5000 min^{-1} 4 – 5 bar

Motorelektrik

Zündgeschirr, Zündkerzen
Zündkerzen-Hersteller und -Bezeichnung NGK LMAR8D-J
Elektrodenabstand der Zündkerze

Neuzustand	0,8 +/- 0,1 mm
Verschleißgrenze	1,0 mm

Generator mit Antrieb und Befestigung

Generatordrehzahl bei Ladebeginn	Leerlaufdrehzahl
Übersetzungsverhältnis des Generators	1 : 1

Generatorstrom
bei Motordrehzahl 4000 min^{-1} 40 A
Generator-Nennstrom
bei Leerlaufdrehzahl 28 A

25 Technische Daten

Kraftstoffaufbereitung und Regelung

Empfohlene Kraftstoffqualität — Super bleifrei, max. 10 % Ethanol, E10, 95 ROZ/RON, 89 AKI

Alternative Kraftstoffqualität — Normal bleifrei (Einschränkungen bei Leistung und Verbrauch. Soll der Motor beispielsweise in Ländern mit minderer Kraftstoffqualität mit 91 ROZ betrieben werden, dann muss das Motorrad bei Ihrem BMW Motorrad Partner vorher entsprechend programmiert werden.) max. 10 % Ethanol, E10, 91 ROZ/RON, 87 AKI

Einspritzdüsen und Leitungen

Kraftstoffdruck des Einspritzsystems — 4 +/- 0,5 bar

Kraftstoffversorgung

Nutzbare Kraftstofffüllmenge — ca. 20/30 l
Kraftstoffreservemenge — ca. 4 l

Kraftstoffpumpe

Betriebsdruck der Kraftstoffpumpe — ca. 5 bar

Kühlung

Kühlsystemprüfdruck — 1,5 bar
Prüfdruck muss unverändert bleiben: min. 5 min
Einschalttemperatur für Kühlmitteltemperatur-Warnanzeige — 118 °C
Kühlmittel-Sollstand bei kaltem Motor — zwischen MIN- und MAX-Markierung am Ausgleichsbehälter

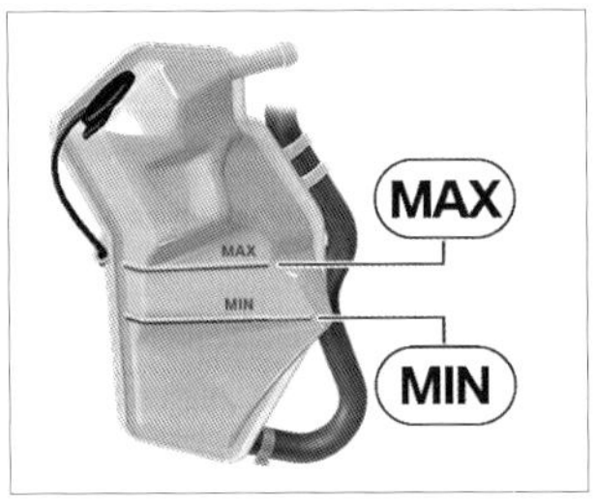

Kühlmittel-Füllmenge
im Kühlmittelkreislauf gesamt — 1,5 l
im Ausgleichsbehälter — 0,25 l
Allgemeiner Betriebsstoff (Gefrier- und Korrosionsschutzmittel)
Kühlmittel Frostsicherheit — min. -25 °C

Lüfter

Einschalttemperatur für Kühlerlüfter — 105 °C

Kupplung

Kupplungsbauart — Mehrscheiben-Ölbadkupplung, Anti-Hopping
Kupplungsbetätigung — hydraulisch
Kupplungsflüssigkeitsstand (Reparaturfall)
bei neuem Kupplungsbelag, Behälter steht waagerecht — Markierung im Ausgleichsbehälter

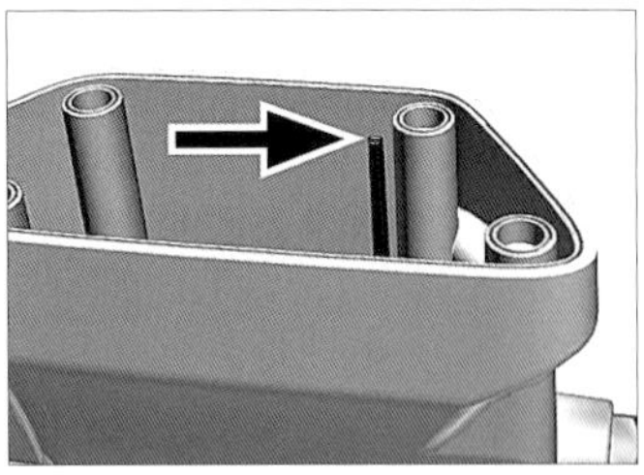

Hydraulikflüssigkeit........................Hyspin V10
Ggf. statt Vitamol V10 Hyspin V10 verwenden.

Kupplung mit Mitnehmerscheibe

Höhe des gesamten Lamellenpakets
Neuzustand, vormontiert — 38 + 0,3/- 0,5 mm
Zahnflankenspiel des Kupplungskorbs — 0,003...0,025 mm

Schaltgetriebe

Getriebebauart — klauengeschaltetes 6-Gang-Getriebe mit Schrägverzahnung

Zahnräder

Getriebeübersetzungen

Primärübersetzung	1,000 (60:60 Zähne)
Getriebeeingangsübersetzung	1,650 (33:20 Zähne)
1. Gang	2,438 (39:16 Zähne)
2. Gang	1,714 (36:21 Zähne)
3. Gang	1,296 (35:27 Zähne)
4. Gang	1,059 (36:34 Zähne)
5. Gang	0,943 (33:35 Zähne)
6. Gang	0,848 (28:33 Zähne)
Getriebeausgangsübersetzung	1,061 (35:33 Zähne)

Innere Schaltungsteile

Schaltwellenaxialspiel — 0,10 – 0,20 mm
Schaltgabelstegbreite an den Anlageflächen — 4,90 /- 0,07 mm

Äußere Schaltbetätigungsteile

Schaltstangenlänge

Abstand zwischen Kugelkopf-Achsen — max. 107 mm
Adventure — 107,3 +/- 0,5 mm

Vorderachse, Vorderradführung

Bauart der Vorderradführung BMW-Telelever, obere Gabelbrücke kippentkoppelt, Längslenker im Motor und an der Teleskopgabel gelagert, zentral angeordnetes Federbein, auf Längslenker und Rahmen abgestützt
Federweg vorn
am Rad 190 mm
mit Sonderausstattung Tieferlegung 160 mm
Gabelöl Füllmenge pro Gabelholm ca. 485 ml
Teleskopgabelöl (Teleskopgabelöl SAE 10)
Gabelöl Füllhöhe ohne Standrohr
von Oberkante gemessen 135 $^{+}/_{-}$ 2 mm

Federbein

Bauart der Vorderradfederung
Zentralfederbein mit Schraubenfeder/ Dynamic ESA: Zentralfederbein mit Schraubenfeder und Ausgleichsbehälter, elektrisch einstellbare Zug- und Druckstufendämpfung

Hinterachse, Hinterradantrieb, -führung

Bauart des Hinterradantriebs Wellenantrieb mit Winkelgetriebe
Bauart der Hinterradführung Aluminiumguss-Einarmschwinge mit Paralever
Winkelgetriebe Ölfüllmenge
Getriebeöl .... Hypoid Axle Oil G3
Neubefüllung 200 ml
Wechsel 180 ml

Federbein, Anbauteile

Grundeinstellung der Hinterraddämpfung
Solobetrieb ohne Beladung
Einstellrad im Uhrzeigersinn bis zum Anschlag drehen, dann 8 Klicks gegen Uhrzeigersinn drehen

Solobetrieb mit Beladung
Einstellrad im Uhrzeigersinn bis zum Anschlag drehen, dann 2 Klicks gegen Uhrzeigersinn drehen

Soziusbetrieb mit Beladung
Einstellrad im Uhrzeigersinn bis zum Anschlag drehen, dann 2 Klicks gegen Uhrzeigersinn drehen

Grundeinstellung der Federvorspannung hinten
Solobetrieb ohne Beladung
Einstellrad bis zum Anschlag in Richtung LOW drehen

Solobetrieb mit Beladung
Einstellrad bis zum Anschlag in Richtung LOW drehen, dann 15 Umdrehungen Richtung HIGH

Soziusbetrieb und Beladung
Einstellrad bis zum Anschlag in Richtung LOW drehen, dann 30 Umdrehungen Richtung HIGH

Bauart der Hinterradfederung Zentralfederbein mit Schraubenfeder, einstellbare Zugstufendämpfung und Federvorspannung/ Dynamic ESA: Zentralfederbein mit Schraubenfeder und Ausgleichsbehälter, elektrisch einstellbare Zug- und Druckstufendämpfung, elektrisch einstellbare Federvorspannung
Federweg am Hinterrad 200 mm
mit Sonderausstattung Tieferlegung 170 mm

Winkelgetriebe hinten

Übersetzungsverhältnis des Hinterradantriebs 2,91 (32/11 Zähne)

25 Technische Daten

Bremsen

Bremsflüssigkeitsbehälter waagerecht, Fahrzeug steht gerade

Der Bremsflüssigkeitsstand darf die MIN-Markierung nicht unterschreiten.

Hydraulikflüssigkeit — Bremsflüssigkeit, DOT4

Bremsflüssigkeitsstand vorn

Bremsflüssigkeitsstand hinten

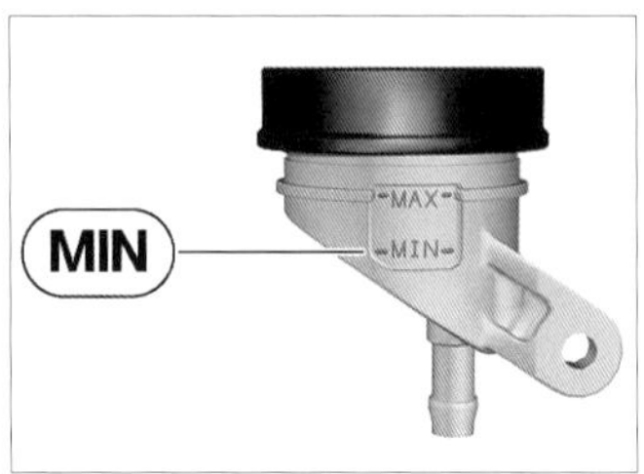

Vorderradbremse

Bauart der Vorderradbremse — Hydraulisch betätigte Doppelscheibenbremse mit 4-Kolben-Radial-Monoblocksätteln und schwimmend gelagerten Bremsscheiben

Bremsbelagsmaterial vorn — Sintermetall

Bremsscheibenstärke vorn
- Neuzustand — 4,5 mm
- Verschleißgrenze — 4 mm

Bremsbelagverschleißgrenze vorn — 1,0 mm
- Nur Reibbelag ohne Trägerplatte. Die Verschleißmarkierungen (Nuten) müssen deutlich sichtbar sein.

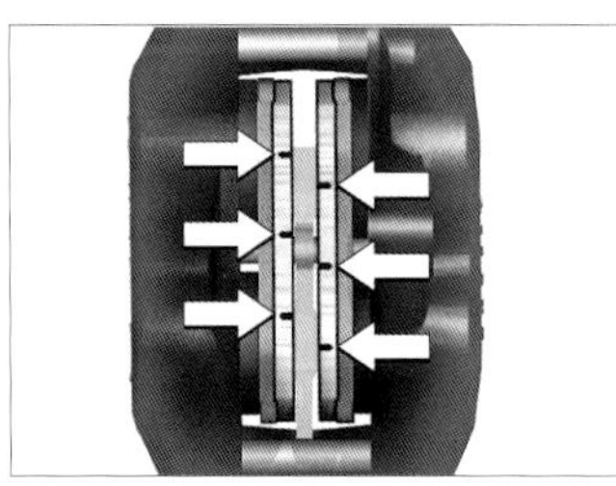

Bremsscheibendurchmesser vorn — 305 mm

Bremsscheibenseitenschlag vorn
- am Außendurchmesser — max. 0,15 mm

Bremsscheibenstärke vorn
- Verschleißgrenze — min. 4 mm

Leerweg der Bremsbetätigung
- Vorderradbremse am Kolben — ca. 1,85 mm

Hinterradbremse

Bauart der Hinterradbremse — hydraulisch betätigte Scheibenbremse mit 2-Kolben-Schwimmsattel und fester Bremsscheibe

Bremsscheibendurchmesser hinten — 276 mm

Bremsbelagsmaterial hinten — Organisch

Bremsscheibenstärke hinten
- Verschleißgrenze — min. 4,5 mm

Bremsbelagverschleißgrenze hinten
- nur Reibbelag ohne Trägerplatte — 1,0 mm

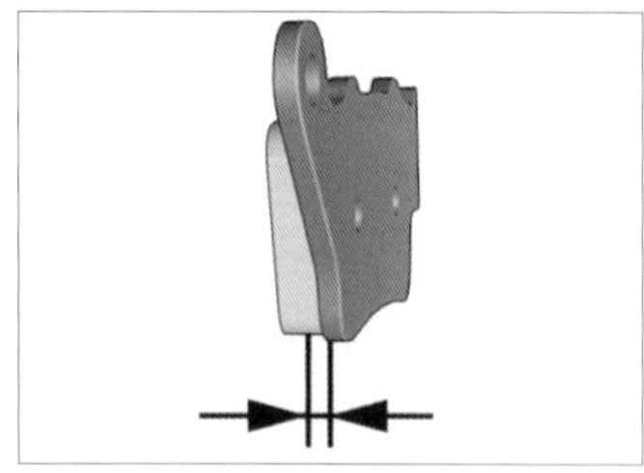

Bremsscheibenstärke hinten
- Neuzustand — 5 mm
- Verschleißgrenze — min 4,5 mm

Bremsscheibenseitenschlag hinten
- am Außendurchmesser,
- Bauteile abgekühlt — max. 0,35 mm

Leerweg der Bremsbetätigung
- Hinterradbremse
- am Kolben — ca. 1 mm

Fußbremshebel mit Verbindungsgestänge

Schnüffelspiel des Fußbremshebels
- zwischen Rahmen und Fußbremshebel — 1 mm

Räder und Bereifung

Elektronische Komponenten

Raddrehzahlsensor vorn
- Abstand zum Sensorring — 0,1 – 1,4 mm

Raddrehzahlsensor hinten
- Abstand zum Sensorring — 0,1 – 1,6 mm

Räder

Zulässige Vorderradunwucht — max. 5 g

Zulässige Hinterradunwucht — max. 45 g

Wuchtgewicht

Gewichte sind je zur Hälfte rechts und links an der Felge anzubringen

Hinterrad und Vorderrad — max. 80 g

25

Räder mit Lagerung

Vorderradbauart	Aluminium-Gussrad/ Drahtspeichenrad mit Leichtmetallfelgen
Hinterradfelgengröße	4.50"x17"
Vorderradfelgengröße	3.0"x19"
Hinterradbauart	Aluminium-Gussrad
Höhenschlag Vorderrad (/Kreuzspeiche)	max. 1,5 mm/1,7 mm
Seitenschlag Vorderrad	max. 1,5 mm
Höhenschlag Hinterrad	max. 1,5 mm
Seitenschlag Hinterrad	max. 1,5 mm

Bereifung

Reifenbezeichnung vorn	120/70 - 19
Reifenfülldruck vorn bei kaltem Reifen	2,5 bar
Reifenbezeichnung hinten	170/60 - 17
Reifenfülldruck hinten bei kaltem Reifen	2,9 bar
Reifenprofiltiefe vorn und hinten nur für Deutschland	min 1,6 mm
Radventil-Prüfdruck	4 bar

Empfohlene Reifenpaarungen
Eine Übersicht der aktuellen Reifenfreigaben erhalten Sie bei Ihrem BMW Motorrad Partner oder im Internet unter "www.bmw-motorrad.com".

Allgemeine Fahrzeugelektrik

Steckverbindung, Klemme

Elektrische Belastbarkeit der Steckdosen alle Steckdosen in Summe	max. 5 A

Sicherungsträger 1

Steckplatz 1: Instrumentenkombination, Diebstahlwarnanlage (DWA), Zündschloss, Diagnosesteckdose	10 A
Steckplatz 2: Kombischalter links, Reifendruck-Control (RDC)	7,5 A

Sicherungsträger

Sicherung 1. Generatorregler	50 A

Batterie mit Halter

Batteriebauart	AGM-Batterie (Absorbent Glass Mat)
Batterienennspannung	12 V
Batterienennkapazität	12 Ah

Leuchten

Vordere Leuchten, Begrenzungs- und Seitenleuchten

Abstand zwischen Scheinwerfer und Projektionsfläche für Scheinwerfereinstellung	5 m
Abstand Hell-/Dunkelgrenze zur Höhe der Scheinwerfermitte	5 cm

Bedingung:
Fahrwerk in Grundeinstellung und Fahrzeug belastet mit 85 kg (ESA-Modus "1 Person ohne Koffer - Comfort" und Fahrzeug belastet mit 85 kg)

Diebstahlwarnanlage

Batterietyp	CR 123 A
Batterietyp für Fernbedienung	CR 1632
Aktivierungszeit bei Inbetriebnahme	ca. 30 s
Alarmdauer	ca. 26 s

Funk-Schließ-System

Batterietyp für Keyless Ride-Funkschlüssel	CR 2032

Sonderzubehör Motorrad

Tankrucksack

Volumen des Tankrucksacks groß ohne Volumenerweiterung	ca. 11 l
mit Volumenerweiterung	ca. 4 l
Volumen des Tankrucksacks klein	ca. 5 l
Zuladung des Tankrucksacks	max. 5 kg

25 Technische Daten

26.1 Anzugsmomente

Motor

Motorblock

Verschlussschraube für OT-Absteckung in Kurbelgehäuse M16 x 1,5 .... 30 Nm
Halter Motorschutz an Kurbelgehäuse M8 x 25 .. 19 Nm
Ölablassschraube an Kurbelgehäuse M20 x 1,5 . 42 Nm
Zusammenbau Kurbelgehäuse M10 x 130
Anzugdrehmoment .... 25 Nm
Weiterdrehwinkel .... 90°
Motorschutz an Halter M6 x 20 .... 8 Nm
Verdrehsicherungsplatte (Gleitlager) an Kurbelgehäuse M6 x 25 .... 12 Nm
Zusammenbau Kurbelgehäuse
M6 x 30 .... 10 Nm
M8 x 80 .... 19 Nm
Membranventil an Kurbelgehäuse M6 x 16 ...... 12 Nm
Verschlussschraube (Anschluss Öldruckmessung) in Kurbelgehäuse M10 x 1 .... 10 Nm
Kühlmittel-Ablassschraube in Kurbelgehäuse M10 x 1 .... 10 Nm
Kühlmittel-Befüllschnittstelle in Kurbelgehäuse M10 x 1 .... 5 Nm

Zylinderkopf mit Deckel

Zylinderkopfhaube an Zylinderkopf M6 .... 10 Nm
Zylinderkopf an Kurbelgehäuse M10 x 110; über Kreuz festziehen
1. Anzugdrehmoment .... 5 Nm
2. Anzugdrehmoment .... 20 Nm
3. Anzugdrehmoment .... 40 Nm
Weiterdrehwinkel .... 120°
M6 x 25 .... 12 Nm
M6 x 95 .... 12 Nm
Nockenwellenlagerbrücke an Zylinderkopf M6 x 35; wechselnd festziehen .... 10 Nm
Öleinfüllschraube in Zylinderkopfhaube M34 x 1,5 .... 8 Nm

Gehäusedeckel

Motorgehäusedeckel an Kurbelgehäuse M6 x 20
Anzugreihenfolge siehe Seite 104 .... 10 Nm

Gehäuseentlüftung

Entlüftungsdeckel an Getriebedeckel M6 x 20 ... 12 Nm
Entlüftungsrad an Kurbelwelle M10 x 1 x 25 ..... 40 Nm

Pleuel mit Lager

Pleuelschraube M10 x 1 x 50 - 13.9; Schraube erneuern; Gewinde und Auflagefläche der Schraube geölt
1. Anzugdrehmoment .... 5 Nm
2. Anzugdrehmoment .... 20 Nm
Weiterdrehwinkel .... 150°
Schraube lockern und nochmals festziehen
1. Anzugdrehmoment .... 5 Nm
2. Anzugdrehmoment .... 20 Nm
Weiterdrehwinkel .... 150°

Starterfreilauf, Vorgelege

Freilaufgehäuse an Generator M8 x 16 - 12.9 ..... 35 Nm
Hülse (Axialanschlag Freilaufrad) an Kurbelgehäuse M6 x 50; Schraubensicherungsmittel (Loctite 243, mittelfest) .... 10 Nm
Achse für Starterdoppelrad an Kurbelgehäuse M6 x 80 mikroverkapselt oder Schraubensicherungsmittel (Loctite 243, mittelfest) .... 8 Nm
Achse für Starterzwischenrad an Kurbelgehäuse
Linksgewinde, M20 x 1,5 .... 18 Nm
M6 x 80; mikroverkapselt oder Schraubensicherungsmittel (Loctite 243, mittelfest) .... 8 Nm

Nockenwelle

Steuerkettenschienen an Kurbelgehäuse M8 .... 19 Nm
Nockenwellenrad an Nockenwelle
Auslassnockenwelle (mit Geber für Nockenwellensensor), M10 x 1,25 x 35 - 10.9 .... 65 Nm
sonstige Nockenwellen, M10 x 1,25 x 25 - 10.9 .... 65 Nm
Geber für Nockenwellensensor an Nockenwelle (Klemmung) M5 x 20 .... 5 Nm
Sicherungsschraube für Zwischenwellenachse in Zylinderkopf M6 x 14 .... 8 Nm
Kettenrad an Zwischenwelle M6 x 12 .... 10 Nm
Kettenspanner an Zylinder M18 x 1,5 .... 30 Nm

Ölpumpe mit Sieb und Antrieb

Ölpumpendeckel an Kurbelgehäuse M6 x 16 ..... 12 Nm
Ölsaugschnorchel in Kurbelgehäuse M6 x 20 mikroverkapselt oder Schraubensicherungsmittel (Loctite 270, hochfest) .... 8 Nm
Verschlussschraube für Öldruckregelventil in Kurbelgehäuse M24 x 1,5 .... 42 Nm
Ölpumpenritzel an Ölpumpenwelle M6, Mutter erneuern (Schraubensicherung /mechanisch) ... 10 Nm

Ölfilter und Leitungen

Ölfilter an Kurbelgehäuse; Dichtring mit Motoröl schmieren .... 11 Nm
Ölfilterstutzen an Kurbelgehäuse M20 x 1,5 ...... 35 Nm

Kühlmittelpumpe mit Antrieb

Kühlmittelpumpe an Kurbelgehäuse M6 x 40 .... 12 Nm

Thermostat und motorfeste Kühlmittelleitungen
Kühlmittelstutzen für Thermostat an Kurbelgehäuse M6 x 16 ... 12 Nm
Kühlmittelstutzen an Kurbelgehäuse M6 x 16 ... 12 Nm

Abgassteuerungen
Lambdasonde an Abgaskrümmer M18 x 1,5
Gewinde schmieren,
Schmiermittel (Optimoly TA) ... 45 Nm

Motorelektrik
Zündkerze an Zylinderkopf M10 x 1 ... 12 Nm

Zündspule
Zündspulenabdeckung an Zylinderkopf M5 x 20 ... 5 Nm

Generator mit Antrieb und Befestigung
Rotor an Kurbelwelle M24 x 1,5
Schraubensicherungsmittel (Loctite 270, hochfest)
1. Anzugdrehmoment ... 150 Nm
vollständig lösen
2. Anzugdrehmoment ... 250 Nm
Spulenträger an Kurbelgehäuse M6 x 20 ... 12 Nm
Stator an Spulenträger M6 x 40
Schraubensicherungsmittel (Loctite 270, hochfest) 10 Nm

Regler
Spannungsregler
an Hinterradabdeckung M5 x 25 ... 5 Nm

Starter mit Befestigung
Starter an Getriebedeckel M6 x 40 ... 12 Nm
Kabelbaum (Masse) an Starter M6 x 10 ... 8 Nm
Kabelbaum (Plus) an Starter M6, Mutter erneuern
Schraubensicherung (mechanisch) ... 8 Nm

Öldruck-, Öltemperatur-, Ölstandsanzeige
Ölstandsensor an Getriebedeckel M6 x 16
mikroverkapselt oder Schraubensicherungsmittel
(Loctite 243, mittelfest) ... 8 Nm

Kühlmitteltemperatur
Kühlmitteltemperatursensor an
Wasseranschlussstutzen M12 x 1,5 ... 15 Nm

Geber für Steuergerät
Kurbelwellensensor an Kurbelgehäuse M6 x 14 ... 8 Nm
Nockenwellensensor an Zylinderkopf M6 x 16 ... 8 Nm

Kraftstoffaufbereitung und Regelung

Einspritzdüsen und Leitungen
Einspritzventil an Zylinderkopf M5 x 20 ... 5 Nm

Einspritzventile, Startventile
Abdeckung für Einspritzventil
an Zylinderkopf M5 x 20 ... 5 Nm

Ansauggeräuschdämpfer
Ansauggeräuschdämpfer an Tankhalter M6 x 25 ... 8 Nm

Luftfilter
Luftfilterdeckel an Ansauggeräuschdämpfer M5 x 50
über Kreuz ... 3 Nm

Kraftstoffversorgung

Kraftstoffbehälter mit Einfüllrohr
Tankhalter an Rahmen M6 x 12 ... 8 Nm
Kraftstoffbehälter an Rahmen M8 x 45 ... 19 Nm
Tankdeckel an Kraftstoffbehälter M5 x 28 ... 4 Nm

Förderung, Aufbereitung und Inhaltsmessung, Steuergerät, Kraftstoffpumpe
Kraftstoffpumpe an Kraftstoffbehälter
Überwurfmutter ... 35 Nm
Kraftstoffpumpenelektronik an Pumpeneinheit
Schraube für Kunststoff 3,5 x 14 ... 0,7 Nm

Kühlung

Motorkühler mit Befestigung
Kühler an Frontträger
Sondergewinde für Leichtmetall, 6 x 25 ... 12 Nm
Kühler an Rahmen M6 x 25
Schraubensicherung (mikroverkapselt)
oder Schraubensicherungsmittel (Loctite 243,
mittelfest) ... 8 Nm

Ausgleichsbehälter
Ausgleichsbehälter an Ansauggeräuschdämpfer
Schraube für Kunststoff 5,5 x 16 ... 4 Nm

Abgasanlage

Abgasanlagenteile mit Befestigung
Bowdenzug an Abgasklappe M6 ... 5 Nm
Aufnahme für Stellmotor an
Getriebedeckel M6 x 25 ... 8 Nm
Abgaskrümmer an Zylinderkopf M8 ... 28 Nm
Halter für Abgaskrümmer
an Getriebedeckel M8 x 20 ... 19 Nm
Abdeckung an Schalldämpfer/Abgaskrümmer M5 x 10
Anziehreihenfolge: 1. Abgaskrümmer, 2. Schalldämpfer
oben, 3. Schalldämpfer unten ... 5 Nm
Schelle an Schalldämpfer und Abgaskrümmer ... 22 Nm
Schalldämpfer an Heckrahmen M8 x 35 ... 19 Nm
Schelle an Schalldämpfer M5 x 16 Schraubensicherungsmittel (Loctite 243, mittelfest) ... 8 Nm
Kunststoffblende an Schalldämpfer M5 x 10
mikroverkapselt oder Schraubensicherungsmittel
(Loctite 243, mittelfest) ... 5 Nm

25 Technische Daten

Kupplung

Kupplung mit Mitnehmerscheibe

Kupplungsnabe an Vorgelegewelle M20 x 1,5
Mutter erneuern und mit Motoröl schmieren
Anzugdrehmoment ... 150 Nm
Mutter vollständig lockern
Anzugdrehmoment ... 150 Nm
Kupplungskorb an Ausgleichswelle M36 x 1,5
Mutter erneuern, Gewinde fettfrei
Schraubensicherung (mikroverkapselt)
1. Anzugdrehmoment ... 170 Nm
Mutter lockern
Drehwinkel ... 90°
2. Anzugdrehmoment ... 250 Nm
Antriebsrad an Kupplungskorb M8 x 15,5
mikroverkapselt oder Schraubensicherungsmittel
(Loctite 243, mittelfest) ... 22 Nm
Befestigungsplatte an Kupplungsnabe M6 x 30
mit Motoröl schmieren ... 10 Nm

Kupplungsbetätigung (Hydraulik)

Kupplungsnehmerzylinder an Getriebedeckel M6 x 20
Schrauben zweimal festziehen ... 8 Nm
Kupplungsleitung an Kupplungsarmatur M10 x 1 . 7 Nm
Kupplungsleitung an Kupplungsnehmerzylinder
M10 x 1 ... 7 Nm
Entlüfterschraube an Kupplungsnehmerzylinder . 5 Nm

Schaltgetriebe

Gehäuse mit Deckel

Getriebedeckel an Kurbelgehäuse M6 x 25 ... 10 Nm
Schaltungsdeckel an Getriebedeckel M6 x 20 ... 10 Nm

Lager im Gehäuse, Dichtringe

Halteblech für Festlager an Getriebedeckel
innen, M6 x 16 mikroverkapselt oder
Schraubensicherungsmittel (Loctite 243, mittelfest)
Anzugdrehmoment ... 8 Nm
Weiterdrehwinkel ... 90°
außen, M6 x 25 mikroverkapselt oder
Schraubensicherungsmittel (Loctite 243, mittelfest)
Anzugdrehmoment ... 8 Nm
Weiterdrehwinkel ... 90°
Halteblech für Loslager
an Kurbelgehäuse M6 x 18 ... 10 Nm

Elektrische Anbauteile

Getriebepotenziometer
an Getriebedeckel M5 x 14 - 10.9 ... 5 Nm

Getriebewellen

Lager an Vorgelegewelle M20 x 1,5
mikroverkapselt oder Schraubensicherungsmittel
(Loctite 243, mittelfest) ... 100 Nm

Innere Schaltungsteile

Halteblech für Schaltwalze an Getriebedeckel M6 x 16
mikroverkapselt oder Schraubensicherungsmittel
(Loctite 243, mittelfest)
Anzugdrehmoment, ... 8 Nm
Weiterdrehwinkel ... 90°
Arretierhebel an Getriebedeckel M6 x 18
Anzugdrehmoment ... 8 Nm
Weiterdrehwinkel ... 90°

Äußere Schaltbetätigungsteile

Schalthebel (Klemmung) an Schaltwelle M6 x 30 . 8 Nm
Trittstück (Klemmung) an Schalthebel M6 x 16 ... 8 Nm
Fußschalthebel an Rahmen M8 x 25 ... 19 Nm
Kugelzapfen an Schalthebel M8 ... 19 Nm
Kugelgelenk an Schaltstange
Kontermutter M6 ... 8 Nm

Vorderachse, Vorderradführung

Teleskopgabel

Klemmschraube für Steckachse in
Teleskopgabel M8 x 35 ... 19 Nm
Längslenker an Motor M14 x 1,5 ... 120 Nm
Verschlussschraube an Gabelstopfen
M4 x 8, O-Ring erneuern ... 2,5 Nm
Kugelgelenk an Längslenker M14 x 1,5 mikroverkapselt
oder Schraubensicherungsmittel (Loctite 2701,
hochfest) ... 130 Nm
Schraubbolzen in Gabelbrücke M14 x 1,5
mikroverkapselt oder Schraubensicherungsmittel
(Loctite 243, mittelfest) ... 130 Nm
Gabelbrücke oben an Standrohr M10 x 1,25
Schraubensicherung (mechanisch; hochfest) ... 40 Nm
Gabelbrücke unten an Gleitrohr M8 x 35

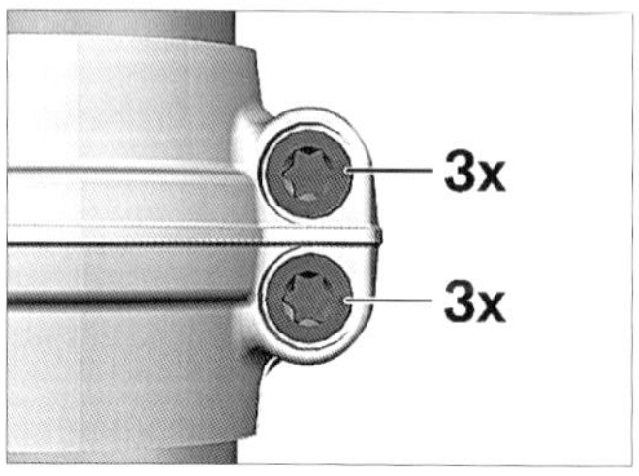

Schrauben sechs Mal im Wechsel festziehen ... 19 Nm

Federbein, Anbauteile

Federbein vorn an Rahmen und Längslenker
M10 x 1,5 x 55 - 10.9 mikroverkapselt oder
Schraubensicherungsmittel
(Loctite 2701, hochfest) ... 56 Nm

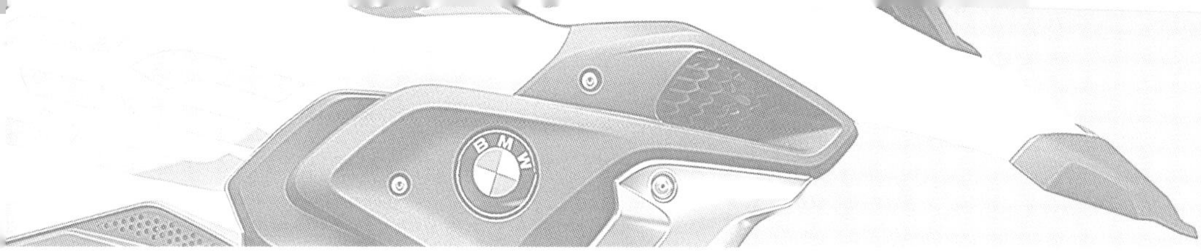

Lenkung

Motorradlenker

Lenkergewicht an Lenker M10 x 50 .... 40 Nm
Klemmbock (Lenkerklemmung)
an Gabelbrücke M8 x 35
in Fahrtrichtung vorn auf Block festziehen ...... 19 Nm

Handhebel

Deckel an Ausgleichsbehälter M4 x 16 .... 2,5 Nm
Handarmatur an Lenker M6 x 30
oben auf Block festziehen .... 8 Nm
Hebel an Handarmatur M5, Mutter erneuern
Mutter festziehen, an Schraube gegenhalten .... 7 Nm

Hinterachse, Hinterradantrieb, -führung

Hinterradschwinge mit Lagerung, Strebe

Winkelgetriebe an Schwinge M12 x 1,5
mikroverkapselt oder Schraubensicherungsmittel
(Loctite 2701, hochfest) .... 100 Nm
Kontermutter (Loslagerzapfen)
an Rahmen M24 x 1,25 .... 145 Nm
Festlagerzapfen (Schwinge) an Rahmen links
M27 x 1,25, Festlagerzapfen erneuern
(mikroverkapselt) .... 100 Nm
Loslagerzapfen (Schwinge) an Rahmen M24 x 1,25
Gewinde und Lagersitz schmieren, Schmiermittel
(Optimoly TA)
Anzugdrehmoment .... 15 Nm
lösen
Anzugdrehmoment .... 7 Nm
Paralever-Strebe an Rahmen/Winkelgetriebe
M10 x 60 - 10.9 mikroverkapselt oder Schrauben-
sicherungsmittel (Loctite 270, hochfest) .... 56 Nm

Federbein, Anbauteile

Federbein an Rahmen M12 x 1.5 x 60
mikroverkapselt oder Schraubensicherungsmittel
(Loctite 2701, hochfest) .... 100 Nm
Federbein an Schwinge M12 x 75 - 10.9
mikroverkapselt oder Schraubensicherungsmittel
(Loctite 2701, hochfest) .... 100 Nm
Spritzschutz an Federbein M4 x 6 Schrauben-
sicherungsmittel (Loctite 270, hochfest) .... 3 Nm

Winkelgetriebe hinten

Deckel an Winkelgetriebe hinten M8 x 30
Schrauben erneuern
über Kreuz festziehen
Anzugdrehmoment .... 10 Nm
Weiterdrehwinkel .... 45°

Gehäuse Winkelgetriebe hinten

Ölablassschraube in Winkelgetriebe M12 x 1 ..... 20 Nm
Öleinfüllschraube an Winkelgetriebe M12 x 1,5 ... 20 Nm

Bremsen

Vorderradbremse

Bremsscheibe an Vorderrad M8 x 27, Schraube erneuern
Schraubensicherung (mikroverkapselt)
über Kreuz stufenweise festziehen .... 19 Nm
Bremssattel an Teleskopgabel M10 x 65 .... 38 Nm
Sensorring an Vorderrad M5 x 10 .... 5 Nm
Entlüfterschraube in Hohlschraube .... 10 Nm
Stiftschraube (Bremsbeläge) in Bremssattel ...... 6 Nm

Hinterradbremse

Bremssattel an Winkelgetriebe M8 x 25 .... 24 Nm
Entlüfterschraube in Bremssattel hinten M10 x 1. 14 Nm
Bremsscheibe an Radflansch M8 x 15,5,
Schraube erneuern (mikroverkapselt), über Kreuz
stufenweise festziehen
Anzugdrehmoment .... 12 Nm
Weiterdrehmoment .... 30 Nm

Hauptbremszylinder

Kontermutter an Kolbenstange (Fußbremszylinder)
M8 .... 17 Nm
Fußbremszylinder mit Fersenabweiser
an Rahmen M6 x 20 .... 8 Nm
Bremsflüssigkeitsbehälter an Rahmen M6 x 16 ... 8 Nm

Bremsleitungen

Bremsschlauchabdeckung an Strebe M5 x 12 ..... 5 Nm
Bremsschlauch mit Hohlschraube M10 x 1 an
Komponenten .... 24 Nm
Bremsleitung an Gabelbrücke M6 x 16 mikroverkapselt
oder Schraubensicherungsmittel (Loctite 243,
mittelfest) .... 8 Nm

Mechanisch-hydraulische Komponenten

ABS-Druckmodulator an Halter M6 x 14,5 .... 8 Nm

Fußbetätigung

Fußbremshebel mit Verbindungsgestänge

Fußbremshebel an Rahmen M8 x 25 .... 19 Nm

25 Technische Daten

Räder und Bereifung

Elektronische Komponenten

Kabelhalter für Raddrehzahlsensor an Teleskopgabel M5 x 10 .... 5 Nm
Raddrehzahlsensor an Winkelgetriebe M6 x 16 ... 8 Nm
Raddrehzahlsensor an Gabel M6 x 16 mikroverkapselt oder Schraubensicherungsmittel (Loctite 243, mittelfest) .... 8 Nm

Räder mit Lagerung

Steckachse in Teleskopgabel M12 x 20 .... 30 Nm
Hinterrad an Radflansch M10 x 1,25 x 40 über Kreuz festziehen .... 60 Nm
Metallventil in Felge G 1/8 Zoll Schraubensicherungsmittel (Loctite 243, mittelfest) .... 12 Nm
Reifendruck-Control Sensor an Felge M8 x 25, im Reparaturfall Schraubensicherungsmittel verwenden (Loctite 243, mittelfest) .... 9 Nm
Metallventil in Felge G 1/8 Zoll Schraubensicherungsmittel (Loctite 243, mittelfest) .... 12 Nm

Kreuzspeichenräder

Nippel auf Speiche M4
1. Anzugdrehmoment .... 1 Nm
2. Anzugdrehmoment .... 4 Nm
Schraubsicherung für Speichennippel Madenschraube M4 .... 2 Nm

Rahmen und Anbauteile

Motorradrahmen

Heckrahmen oben an Hauptrahmen M10 x 30 mikroverkapselt oder Schraubensicherungsmittel (Loctite 2701, hochfest) .... 56 Nm
Heckrahmen unten an Hauptrahmen ohne Scheibe, M10 x 25 mikroverkapselt oder Schraubensicherungsmittel (Loctite 2701, hochfest) .... 56 Nm
mit Scheibe, M10 x 30 mikroverkapselt oder Schraubensicherungsmittel (Loctite 2701, hochfest) .... 56 Nm
Hauptrahmen an Motor vorn oben, M12 x 255 - 10.9 mikroverkapselt oder Schraubensicherungsmittel (Loctite 243, mittelfest) .... 100 Nm
Hauptrahmen an Motor hinten oben, M12 x 215 mikroverkapselt oder Schraubensicherungsmittel (Loctite 243, mittelfest) .... 100 Nm
unten, M10 x 45 .... 55 Nm

Seitenstützen

Seitenstütze an Lagerbock M10 x 1 mikroverkapselt oder Schraubensicherungsmittel (Loctite 243, mittelfest) .... 40 Nm
Seitenstützenschalter an Lagerschraube M6 x 16 mikroverkapselt oder Schraubensicherungsmittel (Loctite 243, mittelfest) .... 6 Nm
Gewindebolzen (Seitenstützenfeder) in Rahmen M10 x 1,5 .... 38 Nm

Gepäcksystem

Gepäckbrücke-Unterteil an Gepäckbrücke M6 x 20 .... 5 Nm
Gepäckbrücke an Heckrahmen M8 x 25 mikroverkapselt oder, Schraubensicherungsmittel (Loctite 243, mittelfest) .... 19 Nm
M8 x 40 mikroverkapselt oder Schraubensicherungsmittel (Loctite 243, mittelfest) .... 19 Nm
Gepäckbrücke an Heckrahmen M8 Schraubensicherungsmittel (Loctite 243, mittelfest) .... 19 Nm

Vorderradabdeckung

Vorderradabdeckung oben an Verkleidungshalter M5 x 14,5 .... 2 Nm
Vorderradabdeckung an Teleskopgabel/Gabelbrücke M5 x 14,5 .... 2 Nm

Hinterradabdeckung, Kennzeichenträger

Kennzeichenträger an Heckrahmen M6 x 17,5 .... 8 Nm
Hinterradabdeckung an Heckrahmen
oben, M6 x 14,5 .... 8 Nm
unten, M6 x 17,5 .... 8 Nm
Spritzschutz an Winkelgetriebe M6 x 20 mikroverkapselt oder Schraubensicherungsmittel (Loctite 243, mittelfest) .... 8 Nm
Heckteil an Heckrahmen
vorn, M8 x 40 mikroverkapselt oder Schraubensicherungsmittel (Loctite 243, mittelfest) .... 19 Nm
hinten, M8 x 25 mikroverkapselt oder Schraubensicherungsmittel (Loctite 243, mittelfest) .... 19 Nm

Motorradverkleidung, Windschild

Halter an Windschild und Blenden M5 x 12 ohne Bund .... 4 Nm
Frontträger links/rechts an Rahmen M8 x 30 mikroverkapselt oder Schraubensicherungsmittel (Loctite 243, mittelfest) .... 19 Nm
Verkleidungen M5 .... 2 Nm
Verkleidungen M5 x 14,5, 3 mm Bund .... 2 Nm
Verkleidungen M5 x 17,5, 6 mm Bund .... 2 Nm
Windschild an Windschildverstellung M5 x 10 .... 4 Nm
Frontträger Mitte an Rahmen M6 x 50 mikroverkapselt oder Schraubensicherungsmittel (Loctite 243, mittelfest) .... 12 Nm
M8 x 55 .... 19 Nm
Frontträger links/rechts an Frontträger Mitte
vorn, M6 x 16, Schraube erneuern .... 8 Nm
hinten, M6 x 30, Schraube erneuern .... 8 Nm
Windschildverstellung an Frontträger M6 x 16 .... 5 Nm
Abdeckung für Kraftstoffbehälter Mitte an Rahmen M6 x 25 .... 8 Nm
Linearführung an Windschildverstellung M5 x 10 . 4 Nm
Kühlerblende an Abdeckung Ansaugschnorchel M5 x 14,5 .... 1,5 Nm

Motorbefestigungen, Fußrasten
Fußrastenhalter an Heckrahmen M8 x 30 - 10.9 mikroverkapselt oder Schraubensicherungsmittel (Loctite 243, mittelfest) .... 38 Nm
Fersenabweiser links an Rahmen M6 x 12 .... 8 Nm

Karosserieausstattung
Spiegel (Kontermutter) an Adapter Linksgewinde, M10 x 1,25 .... 22 Nm
Adapter an Klemmbock M10 x 14 - 4.8 .... 25 Nm

Sonstige Verschlüsse
Zündlenkschloss an Gabelbrücke
Fächerschraube M8, Schraube erneuern (mikroverkapselt) .... 20 Nm

Sitzbank
Verriegelung Soziusitz an Heckträger
Schraube für Kunststoff, 4 x 10 .... 1 Nm
Sitzverstellung an Rahmen M6 x 14,5 .... 4 Nm

Allgemeine Fahrzeugelektrik
Kabelbaum (Masse) an Zylinderkopf M6 x 10 ..... 8 Nm
Kabelbaum (Masse) an Kurbelgehäuse M6 x 14,5 . 8 Nm
Kabelkanal an Kurbelgehäuse M6 x 16 .... 8 Nm
Batterieplus-Stützpunkt an Batterieträger M6 x 14 .... 2 Nm
Kabelbaum an Batterie M6 x 10 .... 5 Nm

Schalter, Sensor
Kombischalter an Griffeinheit
Schraube für Kunststoff, 2,5 x 15 .... 0,5 Nm
Deckel an Kombischalter
Schraube für Kunststoff, 2,5 x 15 .... 0,5 Nm
Lenkergriff links an Lenker M3,5 x 30 .... 1 Nm
Gasgriff an Lenker M3,5 x 30 .... 2 Nm
Kupplungsschalter an Handarmatur
Schraube für Kunststoff, 2,2 x 16 .... 0,4 Nm
ESA:
Kugelzapfen (Anlenkstange) an Hinterradschwinge M6 mikroverkapselt oder Schraubensicherungsmittel (Loctite 270, hochfest) .... 8 Nm
Kugelzapfen (Anlenkstange) an Höhenstandssensor Mutter, M6;
Kugelzapfen, M6 mikroverkapselt oder Schraubensicherungsmittel (Loctite 270, hochfest) .... 8 Nm

Signalhorn
Hupe an Frontträger M8 x 18 .... 19 Nm

Steckdosen
Steckdose an Frontträger M18 x 1 .... 3 Nm

Relais
Kabelbaum an Starterrelais M6, Mutter erneuern. 6 Nm

Instrumente
Abdeckscheibe an Instrumentenkombination
Schraube für Kunststoff, 3 x 12 .... 0,5 Nm

Leuchten
Scheinwerfer an Frontträger M6 x 20 .... 5 Nm
Tagfahrlicht an Scheinwerfer
Schraube für Kunststoff, 3,5 x 12 .... 1 Nm
Blinker an Frontträger M6 x 16 .... 4 Nm
Blinker an Kennzeichenträger M6 x 20 .... 3 Nm

Navigationssysteme
Haltebügel links an an Frontträger M6 x 18 .... 8 Nm
Haltebügel rechts an an Frontträger M6 x 16 ..... 8 Nm

Keyless Ride
Keyless Ride-Steuereinheit an Lenkerbrücke
Fächerschraube, M8 x 26 (mikroverkapselt) ...... 20 Nm

Sonderzubehör Motorrad

Abgasanlage
Sportschalldämpfer an Heckrahmen M8 x 35 .... 19 Nm
Hitzeschutzblende an Abgaskrümmer
Schelle .... 3 Nm
Schraube, M5 x 12 .... 3 Nm
Sportschalldämpfer an Abgaskrümmer ..... 10 Nm

Gehäusedeckel, Abdeckung, Blende
Zylinderkopfhaubenschutz an Kurbelgehäuse
M5 x 12 .... 5 Nm
Zylinderkopfhaubenschutz an Zylinderkopfhaube
M6 .... 10 Nm

25 Technische Daten

Motorschutz, Motorschutzbügel
Motorschutzbügel an Motor M8 x 35 .... 19 Nm
Rohrschelle mit Halteblech an Rahmenrohr
M6 x 16 .... 8 Nm
Enduro-Motorschutz an Halteblech M6 x 16 ...... 8 Nm
Enduro-Motorschutz an Halter M6 x 25........... 8 Nm
Distanzscheiben (Motorschutzbügel) an Rahmen
M8 x 20 mikroverkapselt oder Schrauben-sicherungsmittel (Loctite 243, mittelfest) .... 19 Nm
Motorschutzbügel an Rahmen oben M8 x 30.... 19 Nm
Motorschutzbügel mit Rahmen an Motor hinten unten, M10 x 45 Schraubensicherungsmittel (Loctite 243, mittelfest) .... 55 Nm

Rahmen, Fußrasten, Anbauteile
Aufnahme an Träger M8 x 25 mikroverkapselt oder Schraubensicherungsmittel (Loctite 243, mittelfest) .... 20 Nm
Klemmbock an Fußraste M8 x 20 .... 20 Nm
Anbauteile, Verkleidung
Blende für Haltegriffbohrung an Heckrahmen
M8 x 25 mikroverkapselt oder Schrauben-sicherungsmittel (Loctite 243, mittelfest) .... 8 Nm
M8 x 40 mikroverkapselt oder Schrauben-sicherungsmittel (Loctite 243, mittelfest) .... 8 Nm

Anbauteile Koffer
Kappe an Fußrastenplatte M4 x 12............... 1,5 Nm

Anbauteile Topcase, Gepäckbrücke
Topcasehalter mit Haltegriff an Heckrahmen
M8 x 35 Schraubensicherungsmittel (Loctite 243, mittelfest) .... 19 Nm
M8 x 40 Schraubensicherungsmittel (Loctite 243, mittelfest) .... 19 Nm
Blende an Trägerplatte M5 x 14,5.................. 2 Nm
Topcasehalter an Haltegriff M6 x 20.............. 5 Nm
Trägerplatte an Heckrahmen M8 x 35............ 19 Nm
M8 x 50 .... 19 Nm

Tankrucksack
Anbindung vorn für Tankrucksack an Rahmen
M6 x 28 .... 8 Nm

Beleuchtung
Adapter an LED-Zusatzscheinwerfer M5 x 16
Schrauben gleichmäßig festziehen .... 4 Nm
LED-Zusatzscheinwerfer an Halter M6 x 40....... 6 Nm
Halter LED-Zusatzscheinwerfer an Frontträger M6 x 30
Schraubensicherungsmittel (Loctite 243, mittelfest)
.... 8 Nm
Halter an Cockpitverkleidung M5 x 17,5........... 2 Nm
Distanzbolzen an Scheinwerferschutz M6 x 10...2,5 Nm

Schalter, Klein-, Steuergerät
Zusatzschalter an Klemmbock M5 x 12............ 2 Nm

Standard-Schraubverbindungen

Falls keine Drehmomente in den Arbeitsschritten/ Anzugdrehmomenttabellen angegeben sind, gelten die hier aufgeführten Werte für Standard-Schraubverbindungen.
Weiterhin gilt die DIN EN ISO 4014 (Sechskantschrauben mit Schaft).

Anzugdrehmomente nach BMW
GS 90003-2 von 2005-07
Verschraubungsklasse III +/-15%

Gewinde	F	Nm
M3 x 0,5	8.8	1
	10.9	1,4
M4 x 0,7	8.8	2,3
	10.9	3,3
M5 x 0,8	8.8	4,6
	10.9	6,8
	12.9	7,6
M6 x 1	8.8	8
	10.9	11,8
	12.9	13
M7 x 1	8.8	13
	10.9	19
	12.9	21
M8 x 1,25	8.8	19
	10.9	28
	12.9	31,5
M8 x 1	8.8	20,5
	10.9	30
	12.9	33
M10 x 1,5	8.8	38
	10.9	56
	12.9	62
M10 x 1	8.8	41
	10.9	60
	12.9	67
M12 x 1,75	8.8	66
	12.9	108
M12 x 1,5	8.8	68
	10.9	100
	12.9	110

26 Sachwortregister

26 Sachwortregister

Einwintern 27

Richtiges Einwintern oder »Einmotten« für längere Zeiträume (etwa ab einem Monat) macht sich auf jeden Fall bezahlt. Und zwar nicht nur durch den Werterhalt der Maschine, sondern es erhöht auch die Lebensqualität im wichtigen Frühling ungemein, wenn die Kiste nach dem Winterschlaf ihre Arbeit wieder aufnimmt, als wäre nichts gewesen.

Als **Aufbewahrungsort** empfiehlt sich eine trockene und gut belüftete Garage oder Ähnliches. Und im Fall einer Garage bitte darauf achten, dass nicht etwa salzhaltige Feuchtigkeit durch Fahrzeuge eingeschleppt wird, die auch bei Streusalz-Einsatz bewegt werden und die Garage mitbenutzen.
Eine spezielle Abdeckplane aus dem Zubehörhandel hilft natürlich auch – und zwar der Kasse des Verkäufers. Im geschilderten Idealfall genügt ein altes Bettlaken als Staubschutz.
Anders sieht es bei einem weniger günstigen Abstellplatz aus, etwa ein überdachter Stellplatz im Freien. Hier ist eine hochwertige Abdeckplane natürlich angebracht. Hochwertig heißt in dem Fall, dass die Plane aus einer sogenannten Klimamembran aufgebaut ist, welche von außen nach innen wasser- und luftdicht abschließt und umgekehrt entsprechend durchlässig ist.
Bei Verwendung einer preisgünstigeren Kunststoffplane (oft auch innen mit Baumwolle beschichtet) unbedingt unten so weit geöffnet lassen, dass die Luftzirkulation nicht behindert wird und sich so keine Feuchtigkeitsnester bilden können.

So oder so, bevor die Maschine eingestellt wird, steht penibles Putzen und Abschmieren auf dem Programm. **Frisches Motoröl** (Seite 51) rundet die letzte Huldigung ab, wo auch nach »schwitzenden« Motordeckeln, angescheuerten Kabeln und »gammeligen« Steckern Ausschau gehalten wird.

> ! Motor **keinesfalls** gelegentlich starten und kurz laufen lassen! Der Motor wird dabei nicht ausreichend erwärmt und die entstehenden Verbrennungsrückstände greifen Lager und Laufflächen an!

27
Einwintern

Batterie

- Falls im Aufbewahrungsort die Temperatur unter Null Grad Celsius fallen kann, Batterie ausbauen und frostfrei lagern.
- Mit Ladegerät Batterie regelmäßig alle 10 bis 14 Tage nachladen (Seite 53).
- 👁 Im Motorradzubehör-Handel sind auch praktische Ladungserhaltungsgeräte erhältlich, die das Nachladen erübrigen.

Kraftstoffanlage und Tank

Die Einspritzanlage bietet keine Ansatzpunkte, hier die Vergaser-übliche Vorsorge zu betreiben. Dies als Indiz für die Anspruchslosigkeit der zeitgemäßen Gemischaufbereitung.
Ebenso ist der Kunststoff-Tank gegenüber den sonst üblichen Anfechtungen eines Stahlblechtanks immun.

Räder und Reifen

- Reifen 0,5 – 1,0 kg/cm^2 über Normaldruck aufpumpen, um Standschäden an den Reifen vorzubeugen.
- Wenn möglich Fahrzeug so an Rahmen, Schwinge oder Motor (Gehäuse nicht eindrücken!) aufbocken, dass beide Räder frei in der Luft hängen und so die Gefahr von Standschäden zusätzlich minimiert wird.

Inbetriebnahme

Wenn alles wie in den Vorkapiteln beschrieben ausgeführt wurde, heißt es – in der Regel – wenn die Sonne wieder richtig 'rauskommt: Kontrollieren und starten!

- Bremssystem: unter Druck setzen und nach etwa 20 Sekunden System auf Leckage sichtprüfen (insbesonders an den Verbindungselementen).
- 👁 Druckpunkt immer noch deutlich fühlbar?
- Reifenluftdruck
- Hebel und Pedale
- Beleuchtungseinrichtungen
- Motorölstand

28 Kabelverlegung

R 1250 GS Kabelbaum links

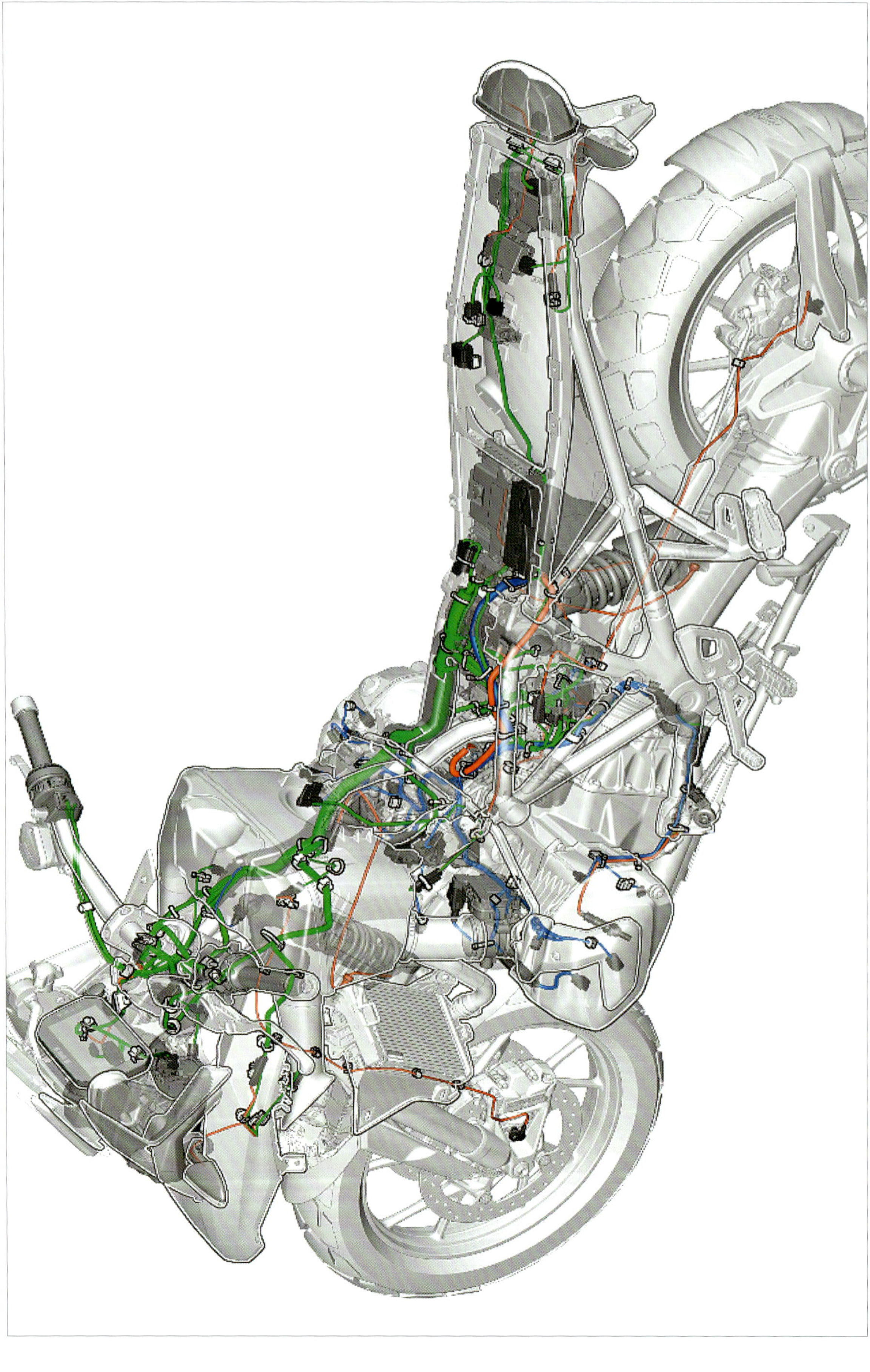

28

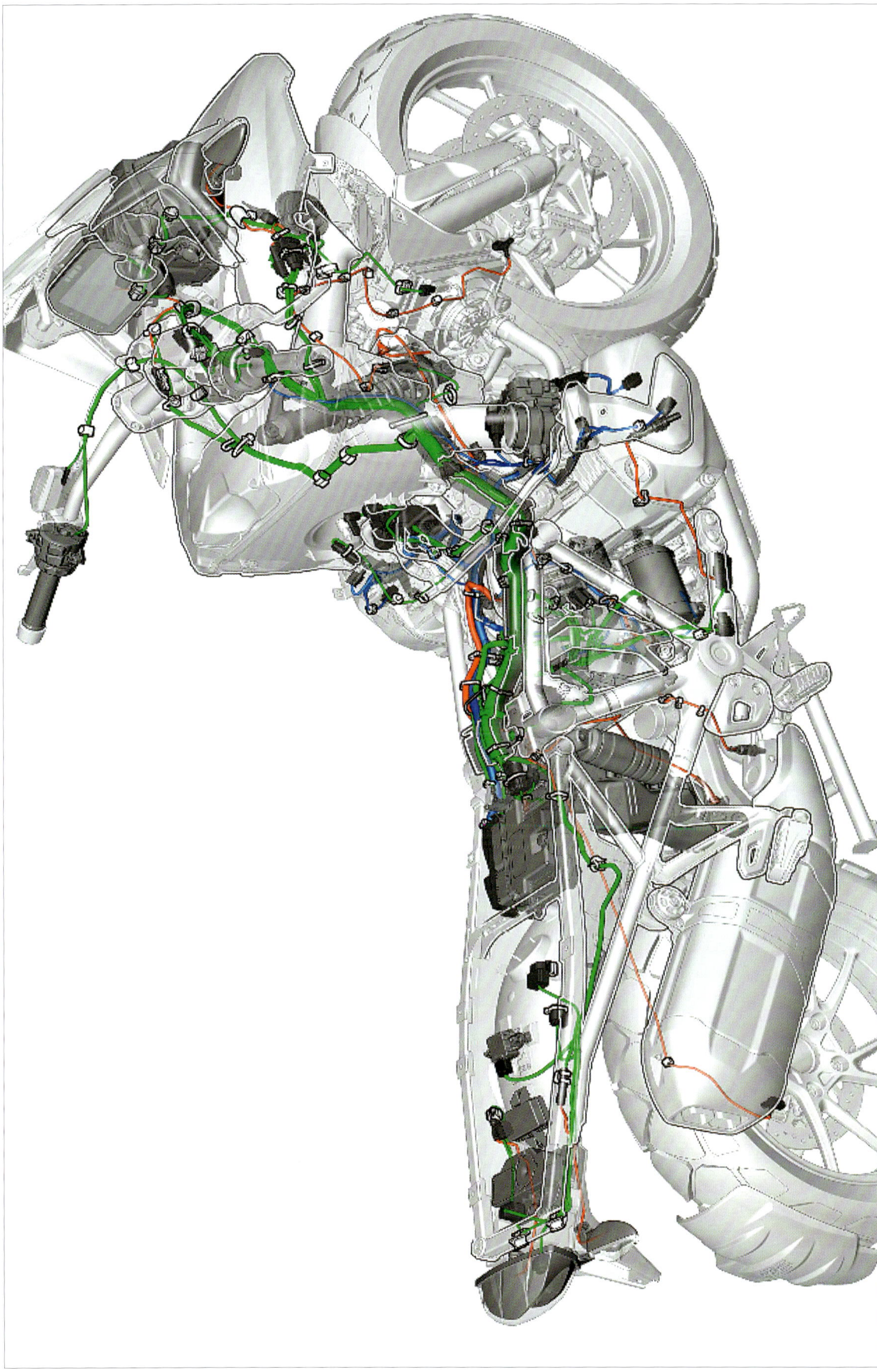

R 1250 GS
Kabelbaum
rechts

28 Kabelverlegung

Kabelbaum vorn

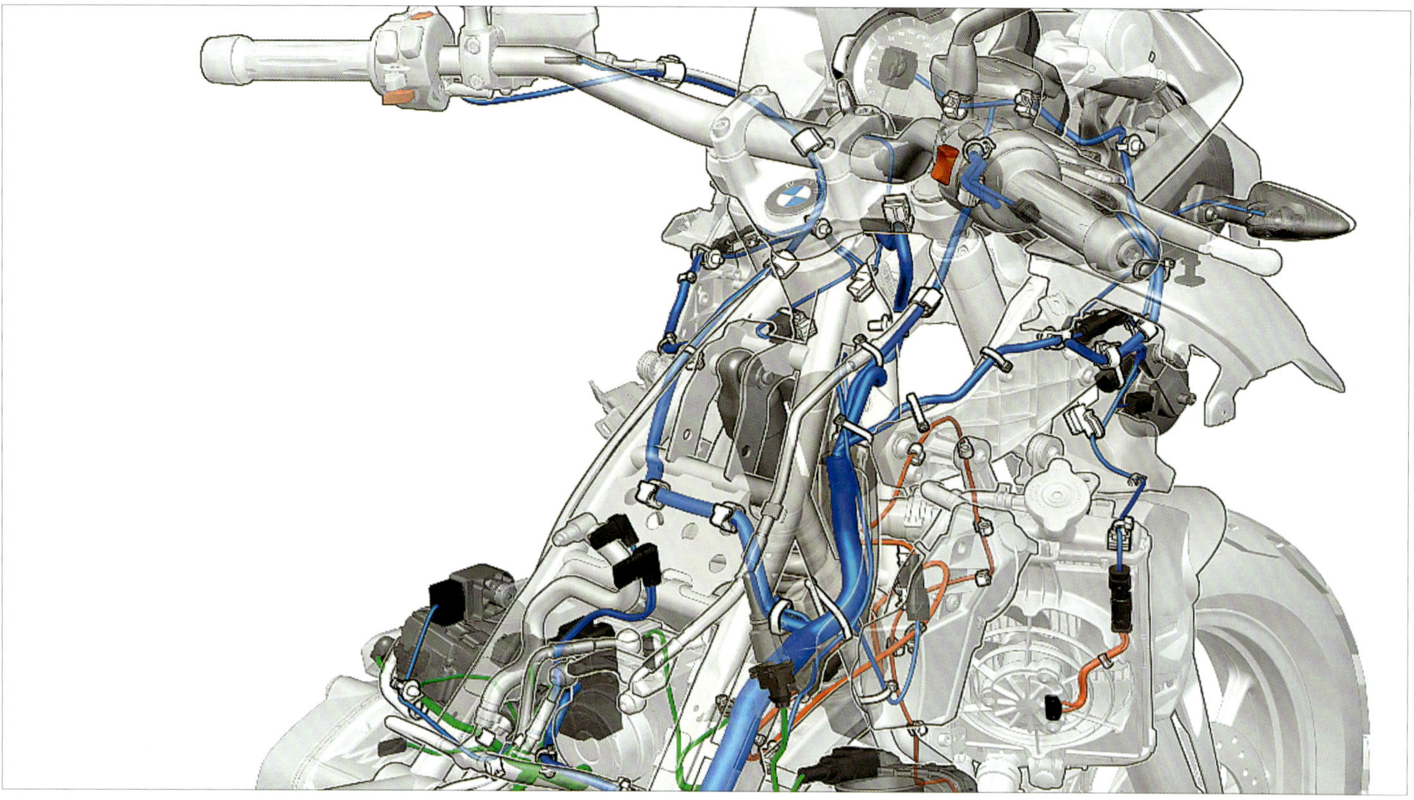

Kabelbaum Mitte

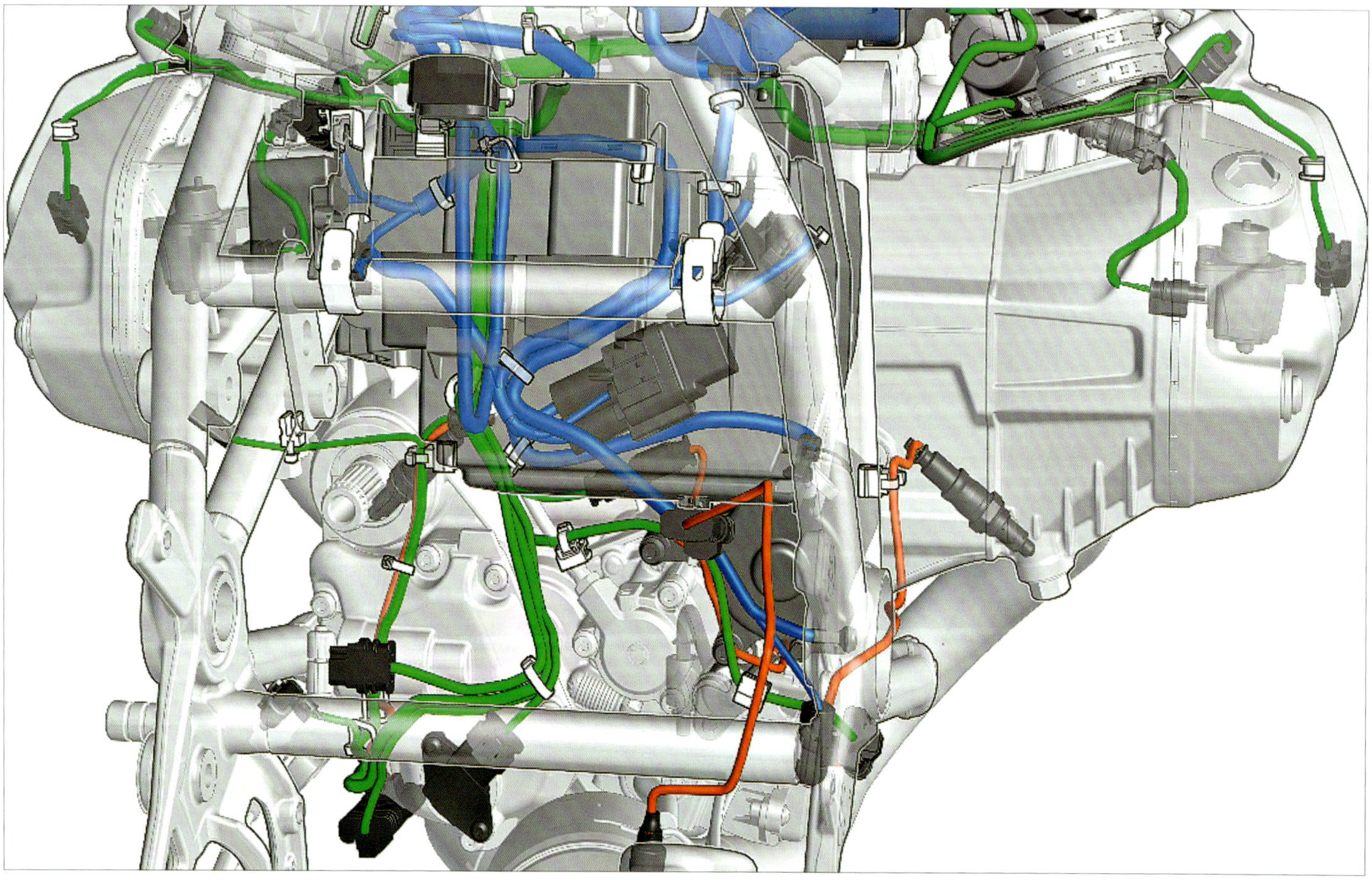

Funktionsbilder 29

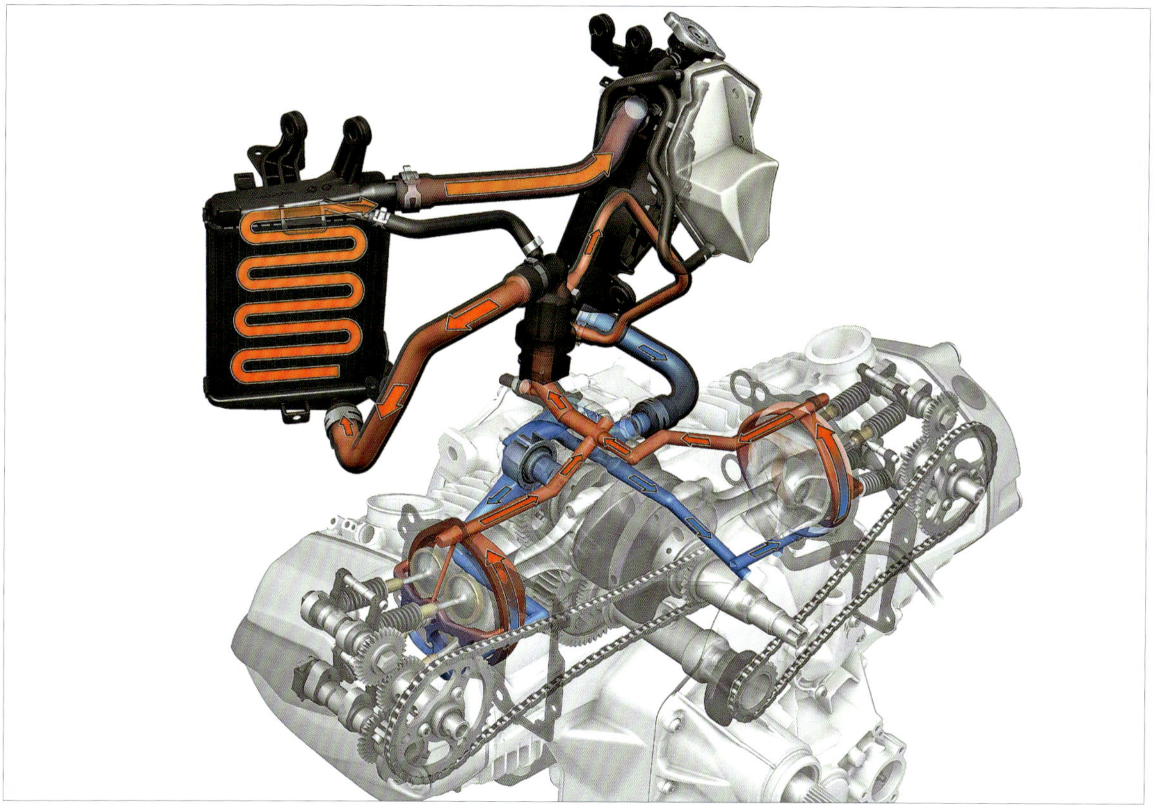

Kühlkreislauf

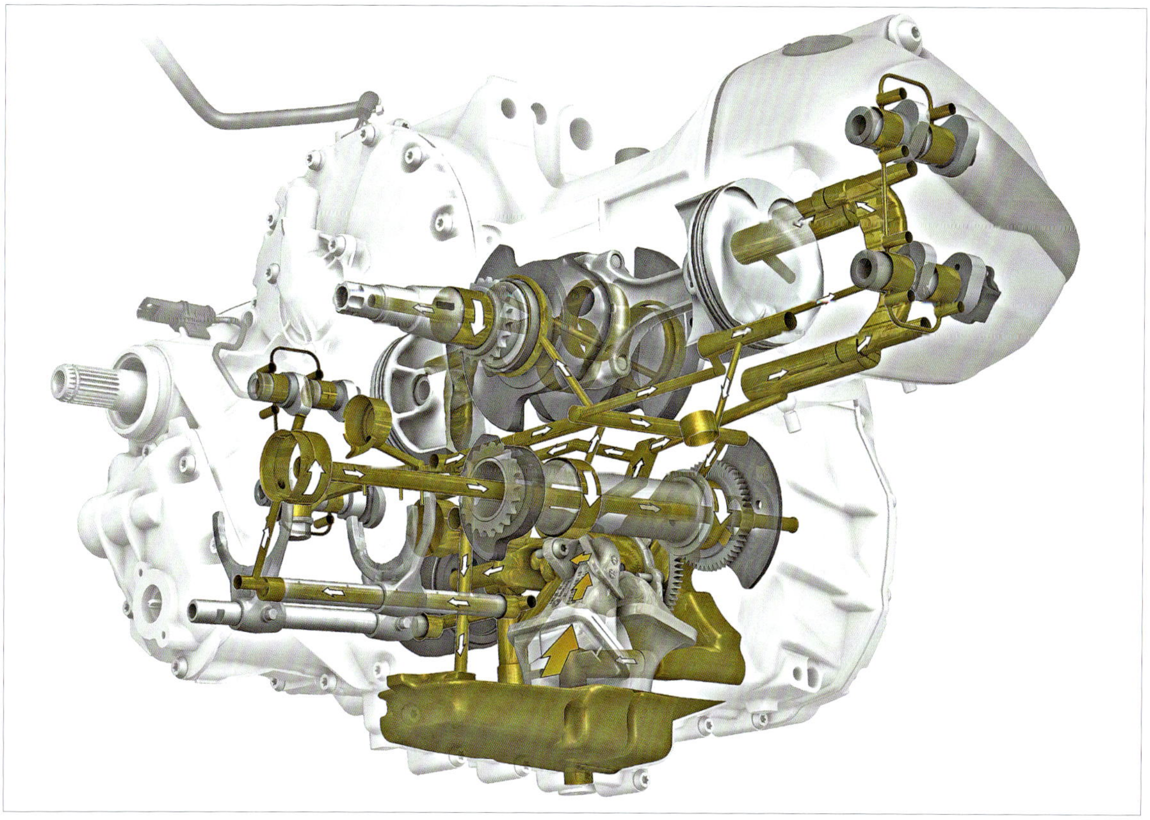

Ölkreislauf

30 Modelle

30.1
R 1250 GS 2019

Basisvariante in Blackstorm Metallic
Preis: 16 150 Euro

Leistung: maximal 136 PS (100 kW) bei 7750/min,
Drehmoment 143 Nm bei 6250/min
Tankinhalt 20 Liter
Gewicht vollgetankt 249 kg (Grundausstattung)
Berganfahrhilfe (Hill Start Control) jetzt serienmäßig.
LED-Scheinwerfer in Serie und LED-Tagfahrlicht als Sonderausstattung ab Werk.

Weiterentwickelter Boxermotor mit BMW ShiftCam-Technologie zur Variierung der Ventilsteuerzeiten und des Ventilhubs auf der Einlassseite.
Asynchrone Ventilöffnung auf der Einlasseite für optimierten Drall und damit noch bessere Verbrennung.
Nockenwellenantrieb jetzt über Zahnkette (bisher Rollenkette) sorgt für die Verringerung des Laufgeräuschs.
Bei einer Hubraumerhöhung um 7 % bietet der neue Boxermotor 14 % mehr Drehmoment und 9 % mehr Leistung als die 1200er GS.

Exclusiv
Mit exklusiver Lackierung (u.a. Tankdekor) und Kühlerblende in Edelstahl
Aufpreis 2019: 440 Euro;
Aufpreis 2020: 648,23 Euro

Cosmic Blue metallic

30 Modelle

30.1
R 1250 GS Modelljahr 2019
Fortsetzung

HP-Style Variante

Die 1250er-GS gibt es nun endlich auch mit "maskulinen, robusten Charakter", unterstrichen durch die in Schwarz matt gehaltene Antriebseinheit, schwarze Tauchrohre des Telelever sowie zusätzliche Elemente wie die verlängerte Vorderradabdeckung und der Rahmenschutz.
Goldfarbene Bremssättel
Wahlweise Gelände-Bereifung
Aufpreis 731,09 Euro

30.2
R 1250 GS Adventure Modelljahr 2019

Adventure Exclusive: Kalamata metallic matt
17 546,22 Euro
DIN Leergewicht, fahrfertig 90 % vollgetankt, ohne Sonderausstattung 260 kg

Die Adventure in Icegrey uni

30 Modelle

30.2
R 1250 GS Adventure Modelljahr 2019
Fortsetzung

Advanture HP...in den BMW-Motorsport-Farben:
light White uni
racing Blue metallic
racing Red

Wie bei allen 1250er-Versionen: Neueste Generation der Motorsteuerung BMS-O und Einsatz von Zweistrahl-Einspritzventilen für noch effektivere Gemischaufbereitung.

Neue Abgasanlage für optimale Leistungs-Charakteristik (erkennbar am Krümmer mit weniger Schwung nach vorn).

Elektronisches Fahrwerk Dynamic ESA „Next Generation" mit vollautomatischem Beladungsausgleich.

30.3
R 1250 GS Modelljahr 2021

R 1250 GS Modelljahr 2021
(Produktion ab den Werksferien 08/2020)
Light white Standardfarbe
16 162,01 Euro

Edition "40 Years GS"
18 101,85 Euro

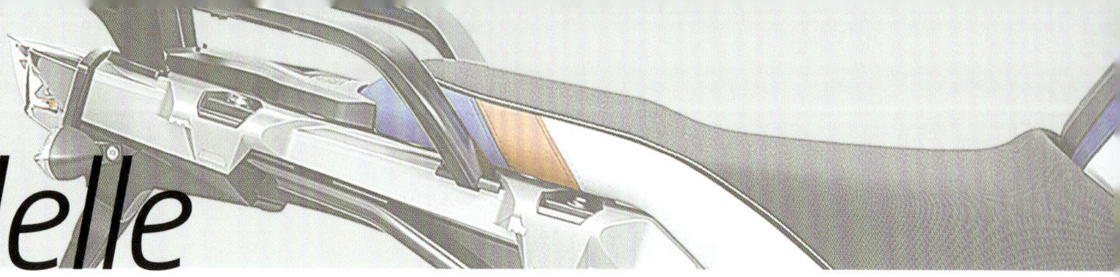

30.3
R 1250 GS Modelljahr 2021
Fortsetzung

R 1250 GS Modelljahr 2021 in Style Triple Black
790,83 Euro Aufpreis

Style Rallye
974,79 Euro Aufpreis

30.4
R 1250 GS Adventure Modelljahr 2021

Die Adventure in Icegrey uni Standardfarbe
17 672,74 Euro

Die Adventure in Style Triple Black
555,63 Euro Aufpreis

30 Modelle

30.4
R 1250 GS Adventure Modelljahr 2021
Fortsetzung

Die Adventure in Style Rallye
750,59 Euro Aufpreis

Adventure als Edition "40 Years GS"
19 378,82 Euro

30.5
R 1250 GS Modelljahr 2023

Zum Modelljahr 2023 fließen wieder diverse Modellpflegemaßnahmen ein. Die Modelle können in den neuen Konfigurationen von August 2022 an bei allen BMW Motorrad Partnern geordert werden.

GS Trophy in Gravityblue metallic

- Basismodell: 17 750,00 Euro
- Style GS Trophy: 1220,00 Euro

- Neu in der Serienausstattung: Komfortblinken im Menü der Instrumentenkombination abschaltbar.
- RDC weltweit verfügbar (alle Fahrzeuge mit Keyless Ride).
- RDC nur mit Keyless Ride (RDC-Funktion in Keyless-Ride-Steuergerät integriert, zweiter Radsatz möglich).
- RDC jetzt Inhalt des Komfortpakets.
- Neu: GS Trophy in Gravityblue metallic mit Kreuzspeichenrädern, Sitzbank Rallye, Windschild Sport, Kühlerschutzgitter, Rahmenschutz, Fußrasten Enduro.
- Edition „40 YEARS GS“ und Blackstorm metallic entfallen.